大学文科数学

（上册）

徐 岩 主编
周庆欣 李为东 编

科学出版社
北 京

内 容 简 介

本书为高等学校非数学专业的高等数学教材，是根据多年教学经验，参照“文科类本科数学基础课程教学基本要求”，按照新形势下教材改革的精神编写而成. 本套教材分为上、下两册，上册内容包括一元微积分、二元微积分、简单一阶常微分方程等内容. 下册内容为线性代数和概率论与数理统计. 各章配有小结及练习题，并介绍一些与本书所述内容相关的数学家简介.

本书可作为高等学校文科类、艺术类等少学时高等数学课程的教材.

图书在版编目(CIP)数据

大学文科数学：全2册/徐岩主编. —北京：科学出版社，2014
ISBN 978-7-03-040765-8

Ⅰ. ①大… Ⅱ. ①徐… Ⅲ. ①高等数学-高等学校-教材 Ⅳ. ①O13

中国版本图书馆 CIP 数据核字(2014)第 106031 号

责任编辑：昌　盛　周金权 / 责任校对：蒋　萍
责任印制：徐晓晨 / 封面设计：陈　敬

科 学 出 版 社 出版
北京东黄城根北街16号
邮政编码：100717
http://www.sciencep.com

北京捷迅佳彩印刷有限公司 印刷
科学出版社发行　各地新华书店经销
*
2014年 8 月第 一 版　开本：720×1000　1/16
2020年 8 月第五次印刷　印张：24 1/2
字数：494 000

定价：59.00 元(上、下册)
(如有印装质量问题，我社负责调换)

前　言

当前的时代是信息化时代，也就是数字化时代. 数学对信息化时代的影响是巨大的，同时也是深远的. 20世纪，随着电子计算机的问世，计算技术得到了迅猛的发展和进步，使得数学不仅仅是自然科学的语言，也逐渐成长为社会科学、文化艺术等诸多社会学领域的不可或缺的语言. 当今社会，数学早已不仅仅是人类思维的载体、人类智慧的试金石，更是诸多学科的思想和方法的描述工具、解决问题的强有力的武器，数学方法本身就是一种思想方法.

在这样一个时代，了解和掌握必要的数学知识对于每一个接受高等教育的人来说，都是十分必要的. 在这样的大背景下，近年国内许多高等学校相继为大学文科学生开设了高等数学课程. 多年的大学教学实践使得编者认识到大学数学教育的目的应包括三个基本方面：一是掌握数学知识、二是提高数学素养、三是培养数学美感.

在现代社会，数学在各个学科的渗透越来越广泛，越来越深入. 统计的方法、组合的方法早已应用于社会科学研究和社会实践活动的很多方面. 而经历上千年酝酿，几百年发展起来的微积分学则被认为是人类智慧发展的一个顶峰. 微积分的发现帮助社会解决了大量的实际问题，促使人类获得更大的进步. 在当今社会，微积分仍然发挥着巨大的作用，因此掌握基本的微积分知识和方法对于大学本科生是十分必要的.

大学数学教育的目的之一就是提高学生的数学素养，培养学生使用数学工具解决实际问题的意识、思想和能力. 知识的重要价值之一就是它的实用性. 对于一个大学文科生而言，建立起用数学方法解决问题的意识和观点比单纯掌握数学知识重要得多. 因此，本书选择了一些应用型问题作为例题或习题，目的是为学生展示微积分在解决实际问题的过程中是如何发挥作用的.

美是人类最高级别的一种意识感受. 伽利略说过数学是上帝用来书写宇宙的文字，数学中充满了各种各样的美的要素. 数学的简洁性、抽象性、和谐性无不体现着数学美. 但是，由于数学知识抽象难懂和人们对数学美的无意识性，使得大多数人很难从数学中体会到美的存在. 培养学生美的意识和欣赏美的能力也是大学文科数学课程的重要任务之一，这有助于真正培养学生对数学的兴趣和爱好，培养学生的数学意识.

有鉴于此，编者在课堂教学内容、课后学习资料等诸多环节进行了精心的选择，希望本教材可以尽可能多地为学生带来益处.

本套教材分为上、下两册，上册内容包括微积分和常微分方程，下册内容包括线性代数与概率统计.

2005 年，我校开始在文法学院等文科专业设置数学课，内容包括微积分、线性代数、概率论与数理统计等内容. 2006 年开始立项自编校内讲义，并于 2007 年完成，该讲义作为校内讲义正式开始使用，其间又几经修改成现在的教材. 本教材的编写和正式出版还得到“十二五”高等学校本科教学质量与教学改革工程建设项目和北京科技大学教材建设经费资助.

在讲义与教材的编写过程中，周庆欣老师编写了函数与极限，导数与微分，不定积分与定积分；李为东老师编写了中值定理及其应用，线性代数部分；胡志兴老师编写了古典概型部分；徐岩老师编写了二元函数，微分方程，概率论与数理统计部分并负责全书统稿. 郑连存教授、范玉妹教授、廖福成教授等多位老师提出了丰富而宝贵的意见和建议，编者对诸位老师的热情帮助非常感谢，在此一并致谢.

编　者

2014 年 6 月于北京

目　录

(上　册)

(下 册)

第 1 章　函数与极限

本章主要介绍高等数学的函数、极限、函数的连续性等基本概念以及它们的一些基本性质.

1.1　函　　数

1.1.1　集合

集合(或简称**集**)是指具有特定性质的一些事物的总体. 组成这个集合的事物称为该集合的**元素**，通常用大写字母表示集合，事物 a 是集合 M 的元素，记作 $a \in M$ (读作 a 属于 M)，事物 a 不是集合 M 的元素，记作 $a \notin M$ (读作 a 不属于 M).

由有限个元素组成的集合称为**有限集**，由无穷多个元素组成的集合称为**无限集**. 集合一般有两种表示方法:列举法和示性法(描述法)，**列举法**就是把集合的元素都列举出来. 例如，A 是由 2，3，4，6 这四个数字组成的集合，记作

$$A = \{2,3,4,6\}.$$

示性法就是给出集合元素的特性，用

$$A = \{x \mid x \text{ 具有的性质}\}$$

来表示具有某种性质的全体元素 x 所构成的集合，如

$$B = \{2n \mid n < 4\}, \quad C = \{x \mid x^2 - 2x - 3 = 0\}.$$

本书用到的集合主要是数集，即元素都是数的集合. 如果没有特殊声明，以后提到的数都是实数. 不含有任何元素的集合称为**空集**，记作 $\varnothing$，如方程 $(x+1)^2 + 3 = 0$ 的实数解的解集合就是空集. 注意空集 $\varnothing$ 与 $\{0\}$ 不是一回事.

设 A,B 是两个集合，如果集合 A 的元素都是集合 B 的元素，即若 $x \in A$，则必有 $x \in B$，那么称 A 为 B 的**子集**，记作 $A \subset B$ 或 $B \supset A$ (读作 A 包含于 B 或 B 包含 A). 规定空集为任何集合的子集.

例 1.1.1　设 $A = \{2,4,6\}$，$B = \{2,4\}$，则 $B \subset A$.

设 A,B 是两个集合，如果 $A \subset B$ 且 $B \supset A$，那么称集合 A 与 B 相等，记作 $A = B$.

例 1.1.2　设 $A = \{2,3\}$，$B = \{x \mid x \text{ 为方程 } x^2 - 5x + 6 = 0 \text{ 的解}\}$，则 $A = B$.

设 A,B 是两个集合，称集合 $\{x \mid x \in A \text{ 或 } x \in B\}$ 为 A 与 B 的**并集**，即由 A 与 B 的全体元素构成的集合，记作 $A \cup B$.

例 1.1.3 设 $A=\{2,4,6,7,9\}$, $B=\{2,5\}$, 则 $A\cup B=\{2,4,5,6,7,9\}$.

集合的并有以下性质.

(1) $A\subset(A\cup B)$, $B\subset(A\cup B)$;

(2) $A\cup\varnothing=A$, $A\cup A=A$.

设 A, B 是两个集合, 称集合 $\{x\mid x\in A$ 且 $x\in B\}$ 为 A 与 B 的**交集**, 即由 A 与 B 的公共元素构成的集合, 记作 $A\cap B$. 若 $A\cap B=\varnothing$, 则称 A 与 B 互不相交.

例 1.1.4 设 $A=\{2,4,6,7,9\}$, $B=\{2,5\}$, $C=\{5,8\}$, 则 $A\cap B=\{2\}$, $A\cap C=\varnothing$.

集合的交有以下性质.

(1) $(A\cap B)\subset A$, $(A\cap B)\subset B$;

(2) $A\cap\varnothing=\varnothing$, $A\cap A=A$.

1.1.2 区间与邻域

区间是用得较多的一类数集. 设 a 和 b 都是实数, 且 $a<b$, 数集

$$\{x\mid a<x<b\}$$

称为**开区间**, 记作 (a,b), 即

$$(a,b)=\{x\mid a<x<b\}.$$

a 和 b 称为开区间 (a,b) 的端点, 这里 $a\notin(a,b)$, $b\notin(a,b)$. 数集 $\{x\mid a\leqslant x\leqslant b\}$ 称为**闭区间**, 记作 $[a,b]$, 即

$$[a,b]=\{x\mid a\leqslant x\leqslant b\}.$$

a 和 b 也称为闭区间 $[a,b]$ 的端点, 这里 $a\in[a,b]$, $b\in[a,b]$. 类似地可以定义

$$[a,b)=\{x\mid a\leqslant x<b\},$$

$$(a,b]=\{x\mid a<x\leqslant b\},$$

$[a,b)$ 和 $(a,b]$ 都称为**半开区间**.

以上这些区间都称为**有限区间**, 数 $b-a$ 称为这些区间的**长度**. 此外, 还有所谓的无限区间. 引进记号 $+\infty$ (读作正无穷大)及 $-\infty$ (读作负无穷大), 则无限的半开或开区间表示如下.

$$[a,+\infty)=\{x\mid a\leqslant x\},$$

$$(a,+\infty)=\{x\mid a<x\},$$

$$(-\infty,b]=\{x\mid x\leqslant b\},$$

$$(-\infty,b)=\{x\mid x<b\}.$$

全体实数的集合 **R** 也记作 $(-\infty,+\infty)$，它也是无限的开区间. 注意，$-\infty$ 和 $+\infty$ 都只是表示无限性的一种记号，它们都不是某个确定的数，因此不能像数一样地进行运算.

以后如果遇到所作的论述对不同类型的区间(有限的、无限的、开的、闭的、半开的、半闭的)都适用，为了避免重复论述，就用区间“I”代表各种类型的区间.

邻域也是一个经常用到的概念. 集合 $\{x \| x-x_0 |<\delta,\delta>0\}$ 表示以点 x_0 为中心，长度为 2δ 的开区间 $(x_0-\delta,x_0+\delta)$，称 $(x_0-\delta,x_0+\delta)$ 为点 x_0 的 δ **邻域**，记作 $U(x_0,\delta)$，即

$$U(x_0,\delta)=\{x \| x-x_0 |<\delta\}.$$

x_0 称为邻域的**中心**，δ 称为邻域的**半径**. 如图 1.1 所示.

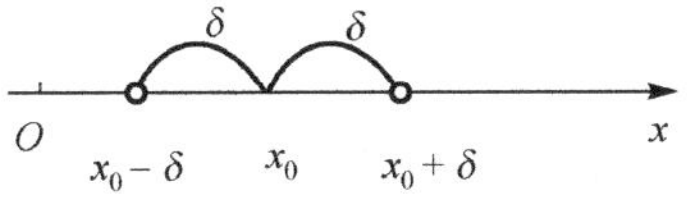

图 1.1

如果 x_0 的 δ 邻域不包含点 x_0，即 $\{x \mid 0<| x-x_0 |<\delta,\delta>0\}$，则称为点 x_0 的**去心 δ 邻域**. 这里 $0<| x-x_0 |<\delta$ 表示 $x\neq x_0$，如 $\{x \mid 0<| x-2 |<1\}$ 表示以 2 为中心，半径为 1 的去心邻域，可表示为 $(1,2)\cup(2,3)$.

1.1.3　函数

在中学时已经学习过函数的概念，而函数是微积分学研究的对象，在问题的研究过程中保持不变的量称为**常量**，可以取不同数值的量称为**变量**.

例 1.1.5　设物体下落的时间为 t，下落的路程为 s，假定开始下落的时刻为 $t=0$，不计空气阻力，那么 s 与 t 之间的对应关系为

$$s=\frac{1}{2}gt^2,$$

其中 g 为重力加速度. 假定物体着地的时刻为 $t=T$，那么当时间 t 在闭区间 $[0,T]$ 上任意取定一个数值时，按上式 s 就有确定的数值与之对应.

设在某变化过程中有两个变量 x 和 y，变量 y 依赖与 x. 如果对于 x 的每一个确定的值，按照某个对应法则 f，y 都有唯一的值和它相对应，y 就称为 x 的**函数**，x 称为**自变量**，x 的取值范围称为函数的**定义域** D，y 称为**因变量**，与自变量 x 对应的因变量 y 的值记作 $f(x)$，称为函数 f 在点 x 处的**函数值**. 例如，当 x 取值 $x_0\in D$ 时，y 的对应值就是 $f(x_0)$. 当 x 取遍定义域 D 的所有数值时，对应的全

体函数值所组成的集合

$$W = \{y \mid y = f(x), x \in D\}$$

称为函数的**值域**.

需要指出，按照上述定义，记号 f 和 $f(x)$ 的含义是有区别的：前者表示自变量 x 和因变量 y 之间的关系，后者表示与自变量 x 对应的函数值. 但为了叙述方便，习惯上也常用记号 $f(x)$ 或 $y = f(x)$ 来表示函数.

历史上"函数"一词是由著名的德国数学家莱布尼茨(Leibniz)首先引入的，但当时没有给出一个完整的概念，后来由欧拉(Euler)等人不断修正，扩充才逐步形成一个较为完整的函数概念.

在实际问题中，函数的定义域是根据问题的实际意义确定的，如例 1.1.5 中的定义域 $D = [0, T]$. 在数学中，有时不考虑函数的实际意义，而抽象地研究用算式表达的函数，这时约定：函数的定义域就是自变量所能取得的使算式有意义的一切实数值所组成的集合.

例如，函数 $y = \sqrt{4 - x^2}$ 的定义域是闭区间 $[-2, 2]$，函数 $y = \dfrac{1}{\sqrt{4 - x^2}}$ 的定义域是开区间 $(-2, 2)$.

在定义中，用"唯一确定"来表明所讨论的函数都是单值的，所谓**单值函数**就是对于 X 中的每一个 x 都有一个而且只有一个 y 的值与之对应的函数；对于 X 中的每一个 x 都有至少一个 y 的值与之对应的函数，称为**多值函数**，本书只讨论单值函数.

下面举几个常用函数的例子.

例 1.1.6　绝对值函数

$$y = |x| = \begin{cases} x, & x \geqslant 0, \\ -x, & x < 0. \end{cases}$$

这个函数的定义域是 $D = (-\infty, +\infty)$，值域是 $W = [0, +\infty)$，它的图形如图 1.2 所示.

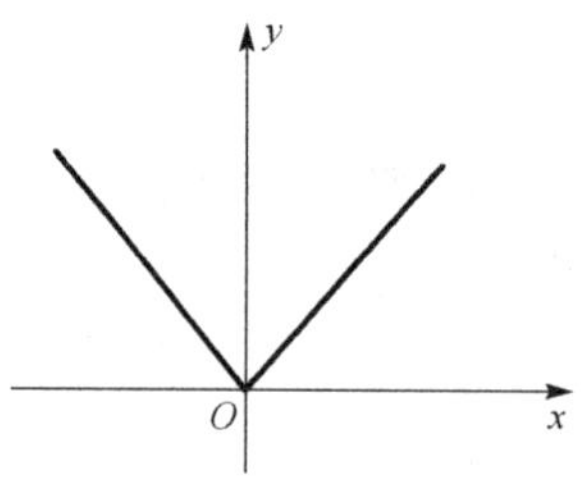

图 1.2

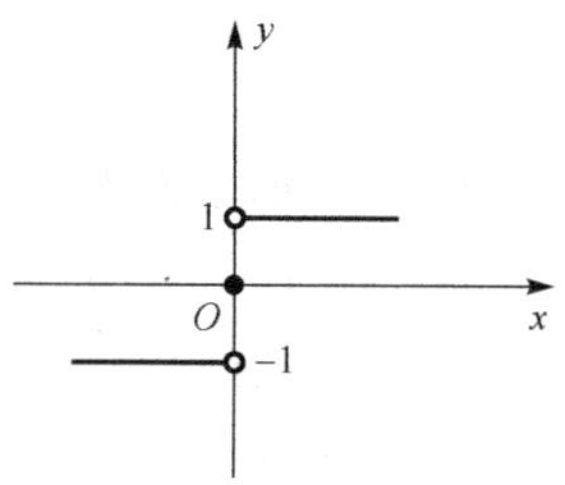

图 1.3

例 1.1.7　符号函数

$$f(x)=\operatorname{sgn}x=\begin{cases}1, & x>0,\\ 0, & x=0,\\ -1, & x<0.\end{cases}$$

它的定义域是 $D=(-\infty,+\infty)$，值域是 $W=\{-1,0,1\}$，它的图形如图 1.3 所示. 对于任何一个实数 x，下列关系成立：$x=\operatorname{sgn}x\cdot|x|$. 例如，$\operatorname{sgn}(-5)\cdot|-5|=-1\cdot5=-5$.

在例 1.1.6 和例 1.1.7 中，可以看到有时一个函数是用几个式子来表示的，这种在不同范围中用不同式子表示的函数称为分段函数.

例 1.1.8　取整函数 $y=[x]$ 表示对于任一实数 x，取不超过 x 的最大整数. 整函数的定义域是 $D=(-\infty,+\infty)$，值域为全体整数 **Z**. 例如，$\left[\frac{3}{4}\right]=0$，$[\pi]=3$，$[-4.2]=-5$ 等. 它的图形如图 1.4 所示.

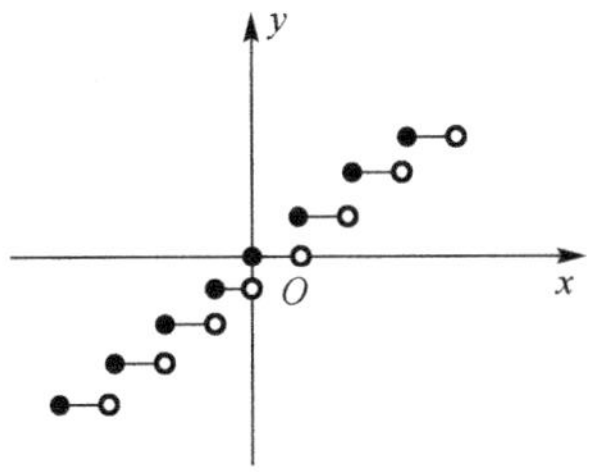

图 1.4

1.1.4　函数的几种特性

1. 奇偶性

设函数的定义域 X 为一个**对称数集**，即当 $x\in X$ 时，有 $-x\in X$. 若函数满足

$$f(-x)=-f(x),\quad \forall x\in X,$$

则称 $f(x)$ 为**奇函数**；若函数满足

$$f(-x)=f(x),\quad \forall x\in X,$$

则称 $f(x)$ 为**偶函数**.

例如，$y=\sin 2x$，$y=x^5$ 等都是奇函数，而 $y=\cos x$，$y=x^2$ 都是偶函数，而 $y=x+\cos x$ 是非奇非偶函数. 不难看出，奇函数的图形关于原点对称，偶函数的图形关于 y 轴对称.

2. 有界性

设函数 $y=f(x)$ 的定义域为 D，数集 $X\subset D$，如果存在正数 M，使得对于任一 $x\in X$，都有 $|f(x)|\leqslant M$，则称函数 $y=f(x)$ 在 X **内有界**，M 称为 $f(x)$ 的一个界. 否则称函数 $y=f(x)$ 在 X **内无界**.

例如，$y=\sin 2x$ 在 $(-\infty,+\infty)$ 内是有界的，因为 $|\sin 2x|\leqslant 1$；而 $y=\dfrac{1}{x}$

在 $(0,1]$ 上是无界的，因为不存在这样的正数 M，使 $\left|\frac{1}{x}\right| \leqslant M$. 但在 $[1,+\infty)$ 是有界的，例如，可取 $M=2$，使 $\left|\frac{1}{x}\right| \leqslant 2$.

有界函数的界不是唯一的. 例如，$y=\sin 2x$，不仅 1 是它的界，3，4 及任何一个大于 1 的数都是它的界.

函数有界的定义也可以这样表述：如果存在常数 M_1 和 M_2，使得对任一 $x \in X$，都有 $M_1 \leqslant f(x) \leqslant M_2$，就称函数 $y=f(x)$ 在 X 内有界，并分别称 M_1 和 M_2 为 $f(x)$ 的一个下界和一个上界.

3. 单调性

设函数 $y=f(x)$ 的定义域为 D，区间 $I \subset D$. 如果对于区间 I 内任意两点 x_1, x_2，当 $x_1 \leqslant x_2$ 时，恒有

$$f(x_1) \leqslant f(x_2)\ (f(x_1) \geqslant f(x_2)),$$

则称 $f(x)$ 在 I 上是**单调增加(减少)**的.

单调增加或单调减少函数通称为**单调函数**，常函数 $y=C(-\infty<x<+\infty)$ 既是一个不增函数又是一个不减函数.

4. 周期性

设函数 $y=f(x)$，$x \in \mathbf{R}$，若存在 $T_0>0$，使得对于定义域内的任何 x 值，$x \pm T_0$ 仍在定义域内且关系式 $f(x+T_0)=f(x)$ 恒成立，则称 $f(x)$ 是**周期函数**，T_0 为其**周期**(通常所说的周期函数的周期是指最小正周期).

例如，$y=\sin x$ 是周期函数，周期为 2π.

1.1.5　反函数与复合函数

1. 反函数

在初等数学中，已经知道对数函数 $y=\log_a x\,(x>0, a>0$ 且 $a \neq 1)$ 与指数函数 $y=a^x\,(a>0$ 且 $a \neq 1)$ 互为反函数. 一般地说，在函数关系中，自变量和因变量都是相对而言. 例如，我们可把圆的周长 l 表示为半径 r 的函数 $l=2\pi r$，也可以把半径 r 表示为周长 l 的函数 $r=\frac{l}{2\pi}$. 对于这两个函数而言，我们可以把后一个函数看成前一个函数的反函数，也可以把前一个函数看成后一个函数的反函数，下面给出反函数的定义.

设函数 $y=f(x)$ 的定义域是数集 D，值域是数集 W. 若对每一个 $y \in W$，都有唯一的 $x \in D$ 满足关系 $f(x)=y$，那么就把此 x 值作为取定的 y 值的对应值，从而得到一个定义在 W 上的新函数. 这个新函数称为 $y=f(x)$ 的反函数，记作

$$x = f^{-1}(y).$$

这个函数的定义域为 W，值域为 D. 相对反函数来说，原来的函数 $y = f(x)$ 为直接函数. 习惯上用 x 表示自变量，用 y 表示因变量，因此把函数 $y = f(x)$ 的反函数写成 $y = f^{-1}(x)$ 的形式，从而函数 $y = f(x)$ 与反函数 $y = f^{-1}(x)$ 的图形关于直线 $y = x$ 对称.

例 1.1.9　求 $y = 2x - 1$ 的反函数.

解　由 $y = 2x - 1$ 可以求出 $x = \dfrac{y+1}{2}$，将上式中的 x 换成 y，y 换成 x，得到 $y = 2x - 1$ 的反函数为 $y = \dfrac{x+1}{2}$.

一般地，有如下的关于反函数存在性的充分条件.

若函数 $y = f(x)$ 定义在某个区间上并在该区间 I 上单调增加或减少，则它的反函数必存在.

函数 $y = x^2$ 在 $(-\infty, +\infty)$ 上不是单调函数，所以它没有反函数，但是当 $y = x^2$ 定义在 $(0, +\infty)$ 或 $(-\infty, 0)$ 上时，其反函数分别为 $\sqrt{x}$ 和 $-\sqrt{x}$.

同理正弦函数 $y = \sin x$ 在 $(-\infty, +\infty)$ 上不是单调函数对应的，所以也没有反函数，将其限制在 $\left[-\dfrac{\pi}{2}, \dfrac{\pi}{2}\right]$ 上时有反函数 $y = \arcsin x$.

2. 复合函数

对于某些函数，如 $y = \ln(x^2 + 1)$，可以看成将 $u = x^2 + 1$ 代入到 $y = \ln u$ 之中而得到的. 像这样在一定条件下将一个函数“代入”到另一个函数中的运算称为函数的**复合运算**，得到的函数称为**复合函数**.

一般地，若函数 $y = f(u)$ 的定义域为 D_1，函数 $u = \varphi(x)$ 的定义域为 D_2，值域为 W_2，并且 $W_2 \subset D_1$. 那么对于每个数值 $x \in D_2$，有唯一确定的数值 $u \in W_2$ 与值 x 对应. 由于 $W_2 \subset D_1$，这个值 u 也属于函数 $y = f(u)$ 的定义域 D_1，因此有唯一确定的值 y 与值 u 对应. 这样，对于每个数值 $x \in D_2$，通过 u 有唯一确定的数值 y 与 x 对应，从而得到一个以 x 为自变量、y 为因变量的函数

$$y = f[g(x)], \quad x \in D_2.$$

这个函数称为由 $y = f(u)$ 和 $u = \varphi(x)$ 复合而成的复合函数，变量 u 称为复合函数的中间变量.

注意，不是任何两个函数都可以复合成一个复合函数的，如 $y = \arcsin u$ 及 $u = x^2 + 4$ 就不能复合成一个复合函数，因为 $u = x^2 + 4$ 的定义域为 $(-\infty, +\infty)$，值域为 $[4, +\infty)$，而 $y = \arcsin u$ 的定义域为 $[-1, 1]$，在 $u = x^2 + 4$ 中无论 x 取什么值，对应的 $u \notin [-1, 1]$，因而不能使 $y = \arcsin u$ 有意义.

复合函数也可以由两个以上的函数经过复合而成. 例如，$y=e^{\sqrt{2x+1}}$ 可以看成是由

$$y=e^u,\quad u=\sqrt{v},\quad v=2x+1\quad\left(x\geqslant-\frac{1}{2}\right)$$

复合而成.

1.1.6 初等函数

下列五类函数称为**基本初等函数**.

幂函数　$y=x^\mu$(μ 是常数)；

指数函数　$y=a^x\ (a>0,a\neq1)$；

对数函数　$y=\log_a x\ (a>0,a\neq1)$；

三角函数　$y=\sin x,y=\cos x,y=\tan x,y=\cot x$；

反三角函数　$y=\arcsin x,y=\arccos x,y=\arctan x,y=\text{arccot}\,x$.

这些函数在初等数学中已讲过，这里不重复了. 由常数及基本初等函数经过有限次四则运算及有限次的函数复合所构成并且可以用一个式子表示的函数，称为**初等函数**. 例如

$$y=\sqrt{1+x},\quad y=\cos x^3,\quad y=\ln 4x$$

都是初等函数. 本书中讨论的函数主要是初等函数.

习　题　1.1

1. 设 $A=\{x\mid 3<x<6\},B=\{x\mid x>4\}$，求 a,b.

(1) $A\cup B$；　(2) $A\cap B$；　(3) $A-B$.

2. 如果 $A=\{(x,y)\mid x-y+2\geqslant0\},B=\{(x,y)\mid 2x+3y-6\geqslant0\}$，$C=\{(x,y)\mid x-4\leqslant0\}$，在坐标平面上标出 $A\cap B\cap C$ 的区域.

3. 设 $A=\{a,3,2,4\},B=\{1,3,5,b\}$，若 $A\cap B=\{1,2,3\}$，求 a,b 的值.

4. 求下列函数的定义域.

(1) $y=\dfrac{1}{x}-\sqrt{2-x^2}$；　(2) $y=\sqrt{16-x^2}+\dfrac{1}{\ln(2x-3)}$；

(3) $y=\arcsin(x+2)$；　(4) $y=e^{\frac{2}{3x}}$；

(5) $y=\dfrac{2x}{x^2-3x+2}$；　(6) $y=\ln(2^x-4)+\arcsin\dfrac{2x-1}{7}$.

5. 用区间表示下列点集，并在数轴上表示出来.

(1) $|x|<4$；　(2) $|x-a|<\varepsilon$ (a 为常数，$\varepsilon>0$)；

(3) $|x+1|\geqslant4$；　(4) $3<|x-1|\leqslant4$.

6. 函数 $y=\dfrac{x^2-1}{x-1}$ 与 $y=x+1$ 是否是相同的函数关系，为什么？

7. 已知 $f(x)=x^2+x-2$，求 $f(1),f(0),f(-x),f\left(\dfrac{1}{x}\right)$.

8. 设 $f(x)=\dfrac{x}{1-x}$，求 $f[f(x)],f\{f[f(x)]\}$.

9. 设 $f(x)=\begin{cases}1, & x<0,\\ 0, & x=0,\\ 1, & x>0,\end{cases}$ 求 $f(x-1),f(x^2-1)$.

10. 设 $f(x+1)=\begin{cases}x^2, & 0\leqslant x\leqslant 1,\\ 2x, & 1<x\leqslant 2,\end{cases}$ 求 $f(x)$.

11. 判断下列函数的奇偶性.

(1) $y=\dfrac{1}{3x^4}$；　(2) $y=\tan x$；

(3) $y=a^x$；　(4) $y=\lg\dfrac{1-x}{1+x}$；

(5) $y=x\mathrm{e}^x$；　(6) $y=x+\sin x$.

12. 判断下列函数的单调增减性.

(1) $y=\log_a x$；　(2) $y=11-3x^2$；　(3) $y=\left(\dfrac{1}{2}\right)^x$.

13. 求下列函数的反函数.

(1) $y=\dfrac{x+2}{x-4}$；　(2) $y=3\sin 4x$；

(3) $y=1+\ln(x-1)$；　(4) $y=x^3-6$.

14. 求下列各题中由所给函数复合而成的函数.

(1) $y=\sin u,u=3x+1$；　(2) $y=\sqrt{u},u=2+x^2$；

(3) $y=u^2,u=\mathrm{e}^x,x=\tan t$；　(4) $y=\sqrt{u},u=\ln x,x=\sqrt{t}$.

思考题

设生产与销售某商品的总收益 R 是产量 x 的二次函数. 经统计得知，当产量 $x=0,2,4$ 时，总收益 $R=0,6,8$，试确定总收益 R 与产量 x 的函数关系.

1.2　数列的极限

极限是现代数学分析奠基的基本概念，函数的连续性、导数、积分以及无穷级数的和等都是用极限来定义的. 直观的极限思想起源很早，公元前 5 世纪，希腊数学家安蒂丰(Antiphon)用圆内接正多边形来接近圆的面积，当正多边形边数增加时，它的面积与圆的面积之差将无限地小. 这与我国魏晋时期数学家刘徽的割圆术的思想是一样的. 在解决实际问题中逐渐形成的这种极限方法是高等数学的基本方法，本节先学习数列的极限.

按照一定顺序排列的可列个数

$$x_1,x_2,\cdots,x_n,\cdots$$

称为**数列**，记作 $\{x_n\}$，其中 x_n 称为**第 n 项或通项**，n 称为 x_n 的序号，如

$$1,\frac{1}{2},\frac{1}{3},\cdots,\frac{1}{n},\cdots;$$

$$1,2,3,\cdots,n,\cdots;$$

$$1,-1,1,-1,\cdots,(-1)^{n-1},\cdots$$

都是数列，它们的通项依次为 $\frac{1}{n},n,(-1)^{n-1}$. 以后数列 $x_1,x_2,\cdots,x_n,\cdots$ 也简记为数列 x_n.

几何上，数列 $\{x_n\}$ 可看成数轴上的一个动点，它依次取数轴上的点 x_1，$x_2,\cdots,x_n,\cdots$. 如图 1.5 所示.

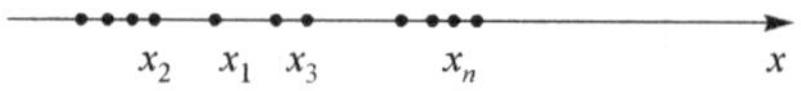

图 1.5

按照函数的定义，数列 x_n 可看成自变量为正整数 n 的函数

$$x_n=f(n)\ ,n\in\mathbf{N}^*$$

它的定义域是全体正整数集，当自变量 n 依次取 $1,2,3,\cdots$ 时，对应的函数值就排列成数列 x_n.

为了研究当 n 无限增大(用符号 $n\to\infty$ 表示，读作 n 趋于无穷)过程中数列 $\{x_n\}$ 的变化趋势，先来看例子.

例 1.2.1 春秋战国时期的《庄子·天下》中有这样一段话“一尺之棰，日取其半，万世不竭”. 即一尺长的木棍，每日取下它的一半，永远也取不完. 这里我们可以看到每天取下的长度

$$\frac{1}{2},\frac{1}{4},\frac{1}{8},\cdots,\frac{1}{2^n},\cdots$$

是一个数列，通项为

$$x_n=\frac{1}{2^n}\quad(n\in\mathbf{N}^*).$$

当 n 无限增大时，$\frac{1}{2^n}$ 就无限地变小，且无限接近常数 0. 万世不竭表示虽然 $\frac{1}{2^n}\to 0$ 但永远不等于 0，这说明在我国古代对极限过程就有初步的描述.

例 1.2.2(刘徽割圆术)　设有一圆，首先作内接正六边形，把它的面积记为 A_1；再作内接正十二边形，其面积为 A_2；再作内接正二十四边形，其面积为 A_3；依次下去，每次边数加倍，把内接正 $6\times 2^{n-1}$ 边形的面积记为 $A_n(1,2,3,\cdots)$，这样就得到一系列内接正多边形的面积

$$A_1,A_2,A_3,\cdots,A_n,\cdots,$$

它们构成一列有次序的数. n 越大，内接正多边形的面积与圆的面积的差别就越小. 当 n 无限增大时，内接正多边形无限接近于圆，同时 A_n 也无限接近于某一确定的数值，这个确定的数值便是圆的面积，这个确定的数值在数学上称为上面这列有次序的数 $A_1,A_2,A_3,\cdots,A_n,\cdots$ 当 $n\to\infty$ 时的极限.

给定数列 $\{x_n\}$，如果当 n 无限增大时，x_n 无限地趋向于某一个常数 A，则称 A **为** n **趋于无穷时数列** $\{x_n\}$ **的极限**，或称**数列** $\{x_n\}$ **收敛于** A，记作

$$\lim_{n\to\infty}x_n=A\quad 或\quad x_n\to A(n\to\infty).$$

这里的 lim 是 limit 的缩写. 如果这样的常数 A 不存在，就说数列没有极限，或称数列 $\{x_n\}$ 是发散的.

例如，等比数列 $1,q,q^2,\cdots,q^{n-1},\cdots$，当 $|q|<1$ 时的极限是 0.

习　题　1.2

1. 观察下列数列的变化趋势，写出它们的极限.

(1) $x_n=\frac{1}{3^n}$；　(2) $x_n=\frac{n}{n+1}$；

(3) $x_n=\frac{n+(-1)^{n-1}}{n}$；　(4) $x_n=\frac{(-1)^n}{(n+3)^2}$；

(5) $x_n=3+\frac{1}{n^4}$；　(6) $x_n=(-1)^n n$；

(7) $x_n=\sqrt{16+\frac{a^2}{n^2}}$　(a 是常数)；　(8) $x_n=\frac{2n+3}{4n+1}$.

2. 观察下列数列的变化趋势，判断它们是收敛的，还是发散的.

(1) $1,-1,1,-1,1,\cdots$；　(2) $1,4,9,16,25,\cdots$；

(3) $1,\frac{1}{2},3,\frac{1}{4},5,\frac{1}{6},\cdots$；　(4) $3,\frac{5}{6},\frac{7}{11},\frac{9}{16},\frac{11}{21},\cdots$；

(5) $1,\frac{5}{8},\frac{10}{27},\frac{17}{64},\frac{26}{125},\cdots$；　(6) $0,2,0,4,0,\cdots$.

1.3 函数的极限

数列是定义在正整数 n 上的函数 $x_n = f(n)$，它的极限只是一种特殊的函数的极限，现在来讨论定义于实数集合上的函数 $y = f(x)$ 的极限. 从函数的观点来看，数列 x_n 的极限为 A 就是当自变量 n 取正整数且无限增大($n \to +\infty$)时，对应的函数值 $f(n)$ 无限接近于某个确定的数 A. 如果把数列极限中的函数 $f(n)$，自变量的变化过程 $n \to +\infty$ 等特殊性去掉，就可以叙述成函数的极限的概念.

在自变量的某个变化过程中($x \to x_0$，$x \to +\infty$ 或 $x \to -\infty$)，如果对应的函数值无限接近于某个确定的数，那么这个确定的数就称为在这一变化过程中函数的极限.

在这个概念中可以看到极限是与自变量的变化过程密切相关的，对于自变量不同的变化过程，函数极限的概念就表现出不同的形式. 下面分两种情形来讨论.

1.3.1 自变量趋向于无穷大时函数的极限

函数 $f(x) = \dfrac{1}{x}$，当 $x \to +\infty$ 时 $\dfrac{1}{x}$ 就会无限地变小，并且无限地接近于常数 0，这时就把 0 称为函数 $f(x) = \dfrac{1}{x}$ 当 $x \to +\infty$ 时的极限；当 $x \to -\infty$ 时，$\dfrac{1}{x}$ 同样无限地接近于常数 0. 这样就可以说当 x 的绝对值 $|x|$ 无限增大，即 $x \to \infty$ 时，函数 $f(x) = \dfrac{1}{x}$ 的极限是 0.

给定函数 $f(x)$，如果当 x 的绝对值 $|x|$ 无限增大时，对应的函数值 $f(x)$ 无限地趋向于某一个常数 A，那么就称 A 为当 x 趋于无穷时函数 $f(x)$ 的极限，记作

$$\lim_{x \to \infty} f(x) = A \quad 或 \quad f(x) \to A \ (x \to \infty).$$

如果这样的常数 A 不存在，那么称 $x \to \infty$ 时函数 $f(x)$ 没有极限.

如果 $x > 0$ 且无限增大(记作 $x \to +\infty$)，那么只要把上述定义中的 x 的绝对值 $|x|$ 无限增大改为 x 无限增大，就可得到 $\lim\limits_{x \to +\infty} f(x) = A$ 的定义. 同样可以得到 $\lim\limits_{x \to -\infty} f(x) = A$ 的定义. 例如，$\lim\limits_{x \to \infty} \dfrac{1}{2x} = 0$. 直线 $y = 0$ 是函数 $y = \dfrac{1}{2x}$ 图形的水平渐近线. 一般地，如果 $\lim\limits_{x \to \infty} f(x) = C$，那么直线 $y = C$ 便是函数 $y = f(x)$ 图形的水平渐近线.

并不是说所有的函数都有极限，如 $f(x) = e^x$，当 $x \to +\infty$ 时，$f(x) \to +\infty$ ；

当 $x\to-\infty$ 时，$f(x)\to 0$，因此说 $x\to\infty$ 时函数 $f(x)=e^x$ 没有极限或者说极限不存在.

1.3.2　自变量趋向于有限值时函数的极限

现在讨论自变量的变化过程为 $x\to x_0$，即 x 无限地趋向于 x_0. 下面来看两个例题.

例 1.3.1　函数 $y=2x+1$，定义域为 $(-\infty,+\infty)$，讨论当 $x\to\frac{1}{2}$ 时，函数的变化趋势(表 1.1).

表 1.1　函数的变化趋势

x	0	0.1	0.3	0.4	0.49	…	0.5	…	0.51	0.6	0.9	1
$f(x)$	1	1.2	1.6	1.8	1.98	…	2	…	2.02	2.2	2.8	3

容易看出，当 x 越来越接近 $\frac{1}{2}$ 时，$f(x)$ 越来越接近于 2.

例 1.3.2　函数 $y=\frac{4x^2-1}{2x-1}$，定义域为 $\left(-\infty,\frac{1}{2}\right)\cup\left(\frac{1}{2},+\infty\right)$，如图 1.6 所示.

讨论当 $x\to\frac{1}{2}$ 时，函数的变化趋势，显然表 1.1 中的所有数值，除 $x=\frac{1}{2}$，$y=2$ 这一对以外，其他数值均适用于这个函数，即当 x 越来越接近 $\frac{1}{2}$ 时，$f(x)$ 越来越接近于 2.

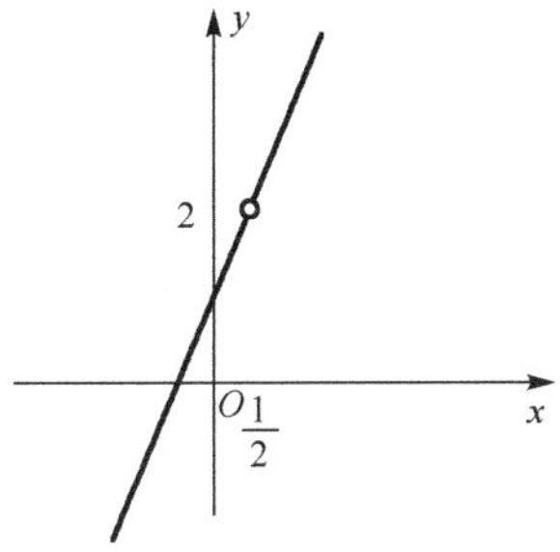

图 1.6

由上面的两个例题可以看出：研究 x 趋于 $\frac{1}{2}$ 时，$f(x)$ 的极限是指 x 无限接近于 $\frac{1}{2}$ 时 $f(x)$ 的变化趋势，而不是求 $x=\frac{1}{2}$ 时 $f(x)$ 的函数值. 因此研究 x 趋于 $\frac{1}{2}$ 时 $f(x)$ 的极限问题与 $x=\frac{1}{2}$ 时函数 $f(x)$ 是否有定义无关.

给定函数 $f(x)$，如果当 $x\to x_0$ 时，$f(x)$ 无限地趋向于某一个常数 A，则称 A 为当 x 趋于 x_0 时函数 $f(x)$ 的极限，记作

$$\lim_{x\to x_0}f(x)=A\quad 或\quad f(x)\to A(x\to x_0).$$

如果这样的常数 A 不存在，那么称当 $x\to x_0$ 时 $f(x)$ 没有极限. 习惯也常表达为“极限 $\lim\limits_{x\to x_0}f(x)$ 不存在”.

例 1.3.3 讨论当 $x\to x_0$(x_0 为任一常数)时，常函数 $y=C$ 的极限.

解 由常函数 $y=C$ 的图形观察可知，当 $x\to x_0$ 时，$y=C$ 无限地趋于常数 C，即 $\lim\limits_{x\to x_0}C=C$.

这里所讨论的 $x\to x_0$ 包括两个方向，当 x 既从 x_0 的右侧趋于 x_0 又从 x_0 的左侧趋于 x_0 时，函数 $f(x)$ 都无限地趋向于某一个常数 A，有时还需要讨论 x 仅从右侧趋于 x_0（记作 $x\to x_0^+$）时函数 $f(x)$ 的极限，或者 x 仅从左侧趋于 x_0（记作 $x\to x_0^-$）时函数 $f(x)$ 的极限. 例如,函数 $y=\sqrt{x}$，当 x 趋于 0 时，由于函数的定义域为 $[0,+\infty)$，因此只能讨论 x 从右侧趋于 0 的极限.

例 1.3.4 函数 $f(x)=\begin{cases}2x+1, & x>0,\\ x^2, & x\leqslant 0,\end{cases}$ 如图 1.7 所示.

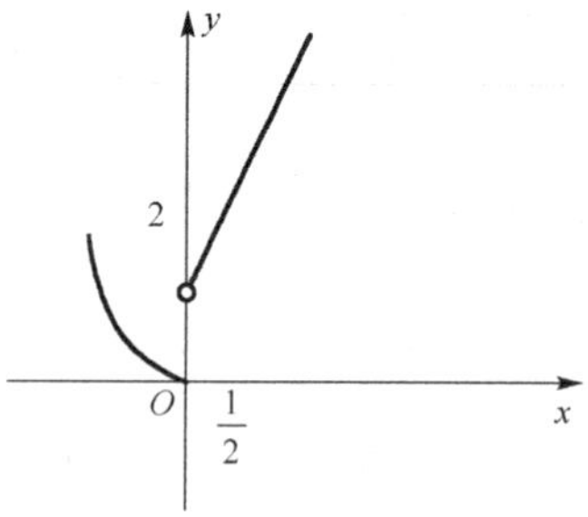

图 1.7

解 由图形容易看出，当 x 从 0 的左侧趋于 0 时，$f(x)$ 趋于 0;当 x 从 0 的右侧趋于 0 时，$f(x)$ 趋于 1，分别称 0 和 1 是 x 趋于 0 时得左极限与右极限.

如果当 x 从 x_0 的左(右)侧趋于 x_0 时，函数 $f(x)$ 无限地趋向于某一个常数 A，则称 A 为当 x 趋于 x_0 时函数 $f(x)$ 的**左(右)极限**，记作

$$\lim_{x\to x_0^-}f(x)=A \text{ 或 } f(x)\to A(x\to x_0^-) \text{ 或 } f(x_0^-)=A$$

$$\left(\lim_{x\to x_0^+}f(x)=A \text{ 或 } f(x)\to A(x\to x_0^+) \text{ 或 } f(x_0^+)=A\right).$$

根据 $x\to x_0$ 时函数 $f(x)$ 的极限的定义以及左极限和右极限的定义，容易证明:函数 $f(x)$ 当 $x\to x_0$ 时极限存在的充分必要条件是左极限与右极限各自存在并且相等，即

$$\lim_{x\to x_0^-}f(x)=\lim_{x\to x_0^+}f(x)=A.$$

因此，即使 $f(x_0^+)$ 和 $f(x_0^-)$ 都存在，但它们不相等，则 $\lim\limits_{x\to x_0}f(x)$ 仍不存在.

例 1.3.5 讨论当 $x\to 0$ 时，函数 $f(x)=|x|$ 的极限.

解　函数 $f(x)=|x|=\begin{cases} x, & x\geqslant 0, \\ -x, & x<0, \end{cases}$ 已知 $\lim\limits_{x\to 0^+}f(x)=\lim\limits_{x\to 0^+}x=0$，又可以证明 $\lim\limits_{x\to 0^-}f(x)=\lim\limits_{x\to 0^-}(-x)=0$，由充要条件可得 $\lim\limits_{x\to 0}|x|=0$.

习　题　1.3

1. 求函数 $f(x)=\dfrac{x}{x}$，$g(x)=\dfrac{|x|}{x}$，当 $x\to 0$ 时的左右极限，并说明它们当 $x\to 0$ 时的极限是否存在.

2. 设函数 $f(x)=\begin{cases} x, & x<3, \\ 3x-1, & x\geqslant 3, \end{cases}$ 作 $f(x)$ 的图形，并讨论当 $x\to 3$ 时 $f(x)$ 的左右极限.

3. 设函数 $f(x)=4x-3$.

(1)计算 $f(2.1)$，$f(2.01)$，$f(2.001)$；

(2)计算 $f(1.9)$，$f(1.99)$，$f(1.999)$；

(3)当 $x\to 2$ 时，函数 $f(x)$ 的极限.

4. 设函数 $f(x)=-2x+1$.

(1)计算 $f(1.6)$，$f(1.51)$，$f(1.501)$；

(2)计算 $f(1.4)$，$f(1.49)$，$f(1.499)$；

(3)当 $x\to \dfrac{3}{2}$ 时，函数 $f(x)$ 的极限.

5. 设函数 $f(x)=x^2$.

(1)计算 $f(1.1)$，$f(1.01)$，$f(1.001)$；

(2)计算 $f(0.9)$，$f(0.99)$，$f(0.999)$；

(3)当 $x\to 1$ 时，函数 $f(x)$ 的极限.

思考题

设函数 $f(x)=x^2-x$.

(1) 计算 $f(-0.9)$，$f(-0.99)$，$f(-0.999)$；

(2) 计算 $f(-1.1)$，$f(-1.01)$，$f(-1.001)$；

(3) 当 $x\to -1$ 时，函数 $f(x)$ 的极限.

1.4　极限运算法则

本节讨论极限的求法，将介绍极限的运算法则和复合函数的极限运算法则. 利用这些法则，可以求出一些函数的极限，作为讨论极限运算的基础. 我们先介绍理论和应用上极为重要的无穷小及其性质.

1.4.1 无穷大与无穷小

1. 无穷大

当 $x\to x_0$ ($x\to\infty$)时，如果函数 $f(x)$ 的绝对值无限增大，称函数 $f(x)$ 当 $x\to x_0$ ($x\to\infty$)时为**无穷大**.

当 $x\to x_0$ ($x\to\infty$)时为无穷大的函数 $f(x)$，按函数极限定义来说，极限是不存在的. 为了便于叙述函数的这一性态，将“函数的极限是无穷大”记作

$$\lim_{x\to x_0} f(x)=\infty(\text{或}\lim_{x\to\infty} f(x)=\infty).$$

如果在无穷大的定义中，把函数 $f(x)$ 的绝对值无限增大换成函数 $f(x)$ 无限增大，就记作 $\lim\limits_{x\to x_0} f(x)=+\infty$ (或 $\lim\limits_{x\to\infty} f(x)=+\infty$)，类似可以得到 $\lim\limits_{x\to x_0} f(x)=-\infty$ (或 $\lim\limits_{x\to\infty} f(x)=-\infty$). 如果把 $\lim\limits_{x\to x_0} f(x)=\infty$ 定义中的 x 换成正整数 n，就可以得到数列 $x_n=f(n)$ 为无穷大的定义.

例 1.4.1 函数 $f(x)=\dfrac{1}{x-2}$，当 $x\to 2$ 时，

$$\lim_{x\to 2} f(x)=\infty.$$

所以函数 $f(x)=\dfrac{1}{x-2}$ 当 $x\to 2$ 时为无穷大.

同理

$$\lim_{x\to+\infty}\ln x=+\infty;$$

$$\lim_{x\to\infty} x^4=+\infty.$$

注意：“∞”不是一个数，它与很大的数如十万，千万等是不一样的. 此外无穷大与无界量是不一样的，数列 $1,0,3,0,5,0,\cdots,(2n-1),0,\cdots$ 是无界量，但它不是 $n\to\infty$ 时的无穷大.

2. 无穷小

以 0 为极限的函数称为**无穷小**，即若 $\lim\limits_{x\to x_0} f(x)=0$ (或 $\lim\limits_{x\to\infty} f(x)=0$)，称当 $x\to x_0$ ($x\to\infty$)时函数 $f(x)$ 为无穷小.

这个定义对于数列也是成立的. 即极限为 0 的数列 $\{x_n\}$ 也称为 $n\to\infty$ 时的无穷小.

同理无穷小也不是一个数，它是一个趋向于 0 的函数，与很小的数如十万分之一，一千万分之一等是不一样的. 但 0 可以作为无穷小的唯一的数.

例 1.4.2 $\lim\limits_{n\to\infty}\dfrac{1}{2^n}=0$，所以当 $n\to\infty$ 时，数列 $\left\{\dfrac{1}{2^n}\right\}$ 为无穷小.

例 1.4.3　$\lim\limits_{x\to\infty}\dfrac{1}{x-1}=0$，所以当 $x\to\infty$ 时，函数 $f(x)=\dfrac{1}{x-1}$ 为无穷小.

例 1.4.4　$\lim\limits_{x\to 0}x=0, \lim\limits_{x\to 0}x^4=0$，所以当 $x\to 0$ 时，函数 $f(x)=x, g(x)=x^4$ 均为无穷小.

例 1.4.5　$\lim\limits_{x\to-\infty}\mathrm{e}^x=0$，所以当 $x\to-\infty$ 时，函数 $f(x)=\mathrm{e}^x$ 为无穷小.

无穷小与无穷大之间有一种简单的关系.

定理 1.4.1　在自变量的同一变化过程中

(1) 如果 $f(x)$ 为无穷大，则 $\dfrac{1}{f(x)}$ 为无穷小；

(2) 如果 $f(x)$ 为无穷小且 $f(x)\neq 0$，则 $\dfrac{1}{f(x)}$ 为无穷大.

例如，当 $x\to\infty$ 时，函数 $f(x)=\dfrac{1}{x-1}$ 为无穷小，$\dfrac{1}{f(x)}=x-1$ 为无穷大.

当 $x\to 0$ 时，函数 $f(x)=x$ 为无穷小，$\dfrac{1}{f(x)}=\dfrac{1}{x}$ 为无穷大.

当 $x\to-\infty$ 时，函数 $f(x)=\mathrm{e}^x$ 为无穷小，$\dfrac{1}{f(x)}=\mathrm{e}^{-x}$ 为无穷大.

定理 1.4.2　在自变量的同一变化过程中，如果函数 $f(x)$ 为无穷小，函数 $g(x)$ 是一有界函数，则函数 $f(x)g(x)$ 为无穷小.

证　略.

推论 1.4.1　常数与无穷小的乘积仍是无穷小.

例 1.4.6　求 $\lim\limits_{x\to 0}f(x)=\lim\limits_{x\to 0}x^2\sin\dfrac{1}{x}$ 的极限.

解　因为 $\left|\sin\dfrac{1}{x}\right|\leqslant 1$，所以 $\sin\dfrac{1}{x}$ 是有界函数；又 $\lim\limits_{x\to 0}x^2=0$，因此当 $x\to 0$ 时，$x^2\sin\dfrac{1}{x}$ 是有界函数与无穷小的乘积. 由定理 1.4.2 知 $\lim\limits_{x\to 0}f(x)=\lim\limits_{x\to 0}x^2\sin\dfrac{1}{x}=0$.

3. 无穷小的阶

无穷小虽然都是趋于 0，但不同的无穷小趋于 0 的速度却不一定相同，有时差别很大.

例如，当 $x\to 0$ 时，x，$3x$，x^2 都是无穷小，但它们趋于 0 的速度却不一样(表 1.2).

表 1.2　$x, 3x, x^2$ 趋于 0 的速度

x	1	0.5	0.1	0.001	…	→	0
$3x$	3	1.5	0.3	0.003	…	→	0
x^2	1	0.25	0.01	0.000001	…	→	0

显然 x^2 比 x，$3x$ 趋于 0 的速度快得多，快慢是相互比较而言的，下面通过比较两个无穷小趋于 0 的速度引入无穷小的阶的概念.

设 α,β 是自变量的同一变化过程中的两个无穷小，$\lim\dfrac{\beta}{\alpha}$ 也是在这个变化过程中的极限.

如果 $\lim\dfrac{\beta}{\alpha}=0$，则称 β 是比 α **高阶的无穷小**，记作 $\beta=o(\alpha)$；

如果 $\lim\dfrac{\beta}{\alpha}=\infty$，则称 β 是比 α **低阶的无穷小**；

如果 $\lim\dfrac{\beta}{\alpha}=c\neq 0$，则称 β 是与 α **同阶的无穷小**；

如果 $\lim\dfrac{\beta}{\alpha}=1$，则称 β 是与 α **等价的无穷小**，记作 $\alpha\sim\beta$.

显然等价无穷小是同阶无穷小的特殊情形，即 $c=1$ 的情形.

上述 $\lim\limits_{x\to 0}\dfrac{3x}{x}=3$，因此当 $x\to 0$ 时，x 与 $3x$ 是同阶无穷小；

$\lim\limits_{x\to 0}\dfrac{x^2}{x}=\lim\limits_{x\to 0}x=0$，因此当 $x\to 0$ 时，x^2 是比 x 高阶的无穷小，可记作 $x^2=o(x)$. 反之，当 $x\to 0$ 时，x 是比 x^2 低阶的无穷小.

1.4.2 极限的运算法则

在下面的讨论中，记号 lim 下面没有标明自变量的变化过程，这表示以下结果对 $x\to x_0$（包括 $x\to x_0^+$，$x\to x_0^-$），$x\to\infty$ 都是成立的，而且对数列极限也是成立的.

定理 1.4.3 若 $\lim f(x)$ 与 $\lim g(x)$ 都存在，且 $\lim f(x)=A$，$\lim g(x)=B$，则

(1) 函数 $\lim[f(x)\pm g(x)]$ 也存在，且

$$\lim[f(x)\pm g(x)]=A\pm B=\lim f(x)\pm\lim g(x);$$

(2) 函数 $\lim[f(x)\cdot g(x)]$ 也存在，且

$$\lim[f(x)\cdot g(x)]=A\cdot B=\lim f(x)\cdot\lim g(x);$$

(3) 当 $\lim g(x)=B\neq 0$ 时，函数 $\lim\dfrac{f(x)}{g(x)}$ 也存在，且

$$\lim\frac{f(x)}{g(x)}=\frac{A}{B}=\frac{\lim f(x)}{\lim g(x)}.$$

推论 1.4.2 两个无穷小的代数和仍然是无穷小.

推论 1.4.3 两个无穷小的乘积仍然是无穷小.

推论 1.4.4 常数因子可以提到符号外面，即

$$\lim Cf(x)=C\lim f(x).$$

推论 1.4.5　如果 $\lim f(x)$ 存在，n 为正整数，则

$$\lim[f(x)]^n=[\lim f(x)]^n.$$

定理 1.4.3 中的加减与乘法可推广到有限个函数的情形，如 $\lim f(x)$，$\lim g(x)$ 与 $\lim h(x)$ 都存在，则有

$$\lim[f(x)+g(x)-h(x)]=\lim f(x)+\lim g(x)-\lim h(x),$$

$$\lim[f(x)\cdot g(x)\cdot h(x)]=\lim f(x)\cdot\lim g(x)\cdot\lim h(x).$$

以上定理及推论对于数列也是成立的.

例 1.4.7　求 $\lim\limits_{x\to1}(2x^2+1)$.

解　$$\lim_{x\to1}(2x^2+1)=\lim_{x\to1}2x^2+\lim_{x\to1}1=2\lim_{x\to1}x^2+1$$
$$=2(\lim_{x\to1}x)^2+1=2+1=3.$$

例 1.4.8　求 $\lim\limits_{x\to2}\dfrac{2x^2+1}{x}$.

解　$\lim\limits_{x\to2}(2x^2+1)=2(\lim\limits_{x\to2}x)^2+1=8+1=9$，$\lim\limits_{x\to2}x=2\neq0$，因此

$$\lim_{x\to2}\frac{2x^2+1}{x}=\frac{\lim\limits_{x\to2}(2x^2+1)}{\lim\limits_{x\to2}x}=\frac{9}{2}.$$

由例 1.4.7 和例 1.4.8 可以看出，求多项式函数 $f(x)$ 当 $x\to x_0$ 时的极限只要把 x_0 代替函数中的 x 就可以了，即

$$\lim_{x\to x_0}f(x)=f(x_0).$$

但是对于有理分式函数 $f(x)=\dfrac{P(x)}{Q(x)}$，其中 $P(x)$，$Q(x)$ 都是多项式，要求代入后分母不为零. 即若 $Q(x_0)\neq0$，则

$$\lim_{x\to x_0}f(x)=\lim_{x\to x_0}\frac{P(x)}{Q(x)}=\frac{\lim\limits_{x\to x_0}P(x)}{\lim\limits_{x\to x_0}Q(x)}=\frac{P(x_0)}{Q(x_0)}=f(x_0).$$

若 $Q(x_0)=0$，关于商的极限定理不能应用，下面举两个这种类型的例题.

例 1.4.9　求 $\lim\limits_{x\to2}\dfrac{2x}{x-2}$.

解　因为 $\lim\limits_{x\to2}(x-2)=0$，所以不能直接应用定理求极限，但

$$\lim_{x\to2}2x=4\neq0,$$

所以可以求出

$$\lim_{x\to2}\frac{x-2}{2x}=\frac{\lim\limits_{x\to2}(x-2)}{\lim\limits_{x\to2}2x}=\frac{0}{4}=0.$$

这就是说，当 $x\to2$ 时 $\dfrac{x-2}{2x}$ 为无穷小，由无穷小与无穷大的关系知 $\dfrac{2x}{x-2}$ 为无穷

大，所以

$$\lim_{x\to 2}\frac{2x}{x-2}=\infty.$$

例 1.4.10 求 $\lim\limits_{x\to 2}\dfrac{x^2-4}{x-2}$.

解 因为当 $x\to 2$ 时，分母 $\lim\limits_{x\to 2}(x-2)=0$，所以不能直接应用定理. 由极限定义知，在 $x\to 2$ 的过程中 $x\neq 2$，因而可以先化简，约去分子分母不为零的公因子.

$$\lim_{x\to 2}\frac{x^2-4}{x-2}=\lim_{x\to 2}\frac{(x-2)(x+2)}{x-2}=\lim_{x\to 2}(x+2)=4.$$

例 1.4.11 $\lim\limits_{x\to\infty}\dfrac{2x^3-4x+3}{x^4+x^3-1}$.

解 将分子分母同除以 x^4 得

$$\lim_{x\to\infty}\frac{2x^3-4x+3}{x^4+x^3-1}=\lim_{x\to\infty}\frac{\dfrac{2}{x}-\dfrac{4}{x^3}+\dfrac{3}{x^4}}{1+\dfrac{1}{x}-\dfrac{1}{x^4}}=\frac{0}{1}=0.$$

例 1.4.12 $\lim\limits_{x\to\infty}\dfrac{x^4+x^3-1}{2x^3-4x+3}$.

解 由例 1.4.5 的结果知 $\lim\limits_{x\to\infty}\dfrac{x^4+x^3-1}{2x^3-4x+3}=\infty$.

例 1.4.13 $\lim\limits_{x\to\infty}\dfrac{x^3+x^2-1}{3x^3-2x+5}$.

解 将分子分母同除以 x^3 得

$$\lim_{x\to\infty}\frac{x^3+x^2-1}{3x^3-2x+5}=\lim_{x\to\infty}\frac{1+\dfrac{1}{x}-\dfrac{1}{x^3}}{3-\dfrac{2}{x^2}+\dfrac{5}{x^3}}=\frac{1}{3}.$$

例 1.4.11、例 1.4.12 和例 1.4.13 是下列一般情形的特例，即当 $a_0\neq 0, b_0\neq 0$，m,n 为非负整数时有

$$\lim_{x\to\infty}\frac{a_0x^m+a_1x^{m-1}+\cdots+a_m}{b_0x^n+b_1x^{n-1}+\cdots+b_n}=\begin{cases}\dfrac{a_0}{b_0}, & m=n,\\ 0, & m<n,\\ \infty, & m>n.\end{cases}$$

对于有理函数(有理整函数或有理分式函数) $f(x)$，只要 $f(x)$ 在点 x_0 处有定义，那么当 $x\to x_0$ 时 $f(x)$ 的极限必定存在且等于 $f(x)$ 在点 x_0 的函数值. 且不加证明地指出：一切基本初等函数在其定义域内的每一点都具有这样的性质，即若 $f(x)$ 是基本初等函数，其定义域为 D，而 $x_0\in D$，则有

$$\lim_{x\to x_0}f(x)=f(x_0).$$

下面介绍一个关于复合函数求极限的定理.

定理 1.4.4　设函数 $u=\varphi(x)$ 当 $x\to x_0$ 时的极限存在且等于 a，即 $\lim\limits_{x\to x_0}\varphi(x)=a$，而函数 $y=f(u)$ 在 $u=a$ 点处有定义且 $\lim\limits_{u\to a}f(u)=f(a)$，那么复合函数 $y=f(\varphi(x))$ 当 $x\to x_0$ 时的极限存在且等于 $f(a)$，即

$$\lim_{x\to x_0}f(\varphi(x))=f(a). \tag{1.1}$$

证　略.

由于 $\lim\limits_{x\to x_0}\varphi(x)=a$，所以式(1.1)也可以写成

$$\lim_{x\to x_0}f(\varphi(x))=f(\lim_{x\to x_0}\varphi(x)). \tag{1.2}$$

式(1.2)表明，在定理1.4.4的条件下，求复合函数 $y=f(\varphi(x))$ 的极限时，函数符号与极限符号可以交换次序.

例 1.4.14　求 $\lim\limits_{x\to 2}\sqrt{\dfrac{x^2-4}{x-2}}$.

解　这里 $\varphi(x)=\dfrac{x^2-4}{x-2}$，由例1.4.10知 $\lim\limits_{x\to 2}\dfrac{x^2-4}{x-2}=4$，而 $f(u)=\sqrt{u}$ 在 $u=4$ 处有定义且 $\lim\limits_{u\to 4}f(u)=2$，因此由复合函数求极限的定理有

$$\lim_{x\to 2}\sqrt{\frac{x^2-4}{x-2}}=\sqrt{\lim_{x\to 2}\frac{x^2-4}{x-2}}=\sqrt{4}=2.$$

例 1.4.15　$\lim\limits_{x\to 0}\dfrac{\sqrt{x+1}-1}{x}$.

解

$$\lim_{x\to 0}\frac{\sqrt{x+1}-1}{x}=\lim_{x\to 0}\frac{(\sqrt{x+1}-1)(\sqrt{x+1}+1)}{x(\sqrt{x+1}+1)}$$

$$=\lim_{x\to 0}\frac{x}{x(\sqrt{x+1}+1)}=\lim_{x\to 0}\frac{1}{\sqrt{x+1}+1}=\frac{1}{2}.$$

习　题　1.4

1. 两个无穷小的商是否一定是无穷小？举例说明.

2. 利用无穷小的性质，计算下列极限.

(1) $\lim\limits_{x\to 0}x^3\sin\dfrac{2}{3x}$；　　(2) $\lim\limits_{x\to\infty}\dfrac{\arctan 2x}{x}$.

3. 函数 $y=x\cos x$ 在区间 $(0,+\infty)$ 内是否有界？又当 $x\to+\infty$ 时这个函数是否为无穷大？为什么.

4. 当 $x\to 0$ 时，下列变量中哪些是无穷小量？

$$1000x^3,\ \sqrt{3x},\ \frac{x}{0.0001},\ \frac{x}{x^4},\ x+0.01x,\ \frac{x^4}{x}.$$

5. 求下列函数的极限.

(1) $\lim\limits_{x\to 1}\dfrac{x^2+2}{x-7}$;

(2) $\lim\limits_{x\to 2}\dfrac{x^2-2}{\sqrt{x+2}}$;

(3) $\lim\limits_{x\to 0}\left(1-\dfrac{2}{x-3}\right)$;

(4) $\lim\limits_{x\to 0}\dfrac{2x^3-2x^2+x}{3x^2+x}$;

(5) $\lim\limits_{x\to 1}\dfrac{x^2-3x+2}{1-x^2}$;

(6) $\lim\limits_{x\to 0}\dfrac{(a+x)^3-a^3}{x}$;

(7) $\lim\limits_{x\to\infty}\dfrac{3x+2}{9x-4}$;

(8) $\lim\limits_{x\to\infty}\dfrac{200x}{2+x^2}$;

(9) $\lim\limits_{h\to+\infty}\dfrac{\sqrt[4]{1+h^3}}{1+h}$;

(10) $\lim\limits_{n\to\infty}\dfrac{(n-1)^3}{2+n}$;

(11) $\lim\limits_{x\to 0}\dfrac{x^2}{1-\sqrt{1+x^2}}$;

(12) $\lim\limits_{x\to -8}\dfrac{\sqrt{1-x}-3}{2+\sqrt[3]{x}}$;

(13) $\lim\limits_{x\to 4}\dfrac{\sqrt{2x+1}-3}{\sqrt{x-2}-\sqrt{2}}$;

(14) $\lim\limits_{x\to 1}\left(\dfrac{1}{1-x}-\dfrac{3}{1-x^3}\right)$;

(15) $\lim\limits_{x\to\infty}\left(1+\dfrac{1}{x}\right)\left(2-\dfrac{1}{x^2}\right)$;

(16) $\lim\limits_{x\to\infty}\dfrac{x^2+1}{x^3+2x}(4+\cos x)$;

(17) $\lim\limits_{n\to\infty}\dfrac{(n+1)(n+2)(n+3)}{3n^3}$;

(18) $\lim\limits_{x\to\infty}\dfrac{x^2+1}{3x+2}$;

(19) $\lim\limits_{n\to\infty}\left(1+\dfrac{1}{2}+\dfrac{1}{4}+\cdots+\dfrac{1}{2^n}\right)$.

6. 计算下列极限.

(1) $\lim\limits_{x\to 0}\sqrt{x^2-3x+2}$;

(2) $\lim\limits_{x\to 0}\dfrac{\sqrt{2x+1}-1}{x}$;

(3) $\lim\limits_{x\to 1}\dfrac{\sqrt{5x-4}-\sqrt{x}}{x-1}$.

7. 计算下列数列的极限.

(1) $\lim\limits_{n\to\infty}\left(1+\dfrac{1}{3}+\dfrac{1}{3^2}+\cdots+\dfrac{1}{3^{n-1}}\right)$;

(2) $\lim\limits_{n\to+\infty}(1+q+q^2+\cdots+q^{n-1})$, $|q|<1$;

(3) $\lim\limits_{n\to+\infty}\dfrac{3n^2-7n+6}{2n^2-1}$;

(4) $\lim\limits_{n\to+\infty}\dfrac{(n+1)(n+2)(n+3)}{(n-1)(n-2)(n-3)}$;

(5) $\lim\limits_{n\to+\infty}\dfrac{1+2+3+\cdots+n}{n^2}$;

(6) $\lim\limits_{n\to+\infty}\dfrac{1+3+5+\cdots+(2n-1)}{2+4+6+\cdots+2n}$;

(7) $\lim\limits_{n\to+\infty}\dfrac{1^2+2^2+3^2+\cdots+n^2}{n^3}$;

(8) $\lim\limits_{n\to+\infty}\dfrac{1^2+3^2+5^2+\cdots+(2n-1)^2}{2^2+4^2+6^2+\cdots+(2n)^2}$.

思考题

在自变量 $x\to 0^+$ 时,下列哪些变量是 x^2 的高阶无穷小,同阶无穷小,等价无穷小?

$2x^2-3x$, x^4+x^3, $x^2(1+x^2)$, $x\sqrt{x}$, $x^2\sqrt[3]{x}-5x^3\sqrt{x}$, $x^2(x^2+4x-7)$.

1.5　两个重要极限

1.5.1　$\lim\limits_{x\to 0}\dfrac{\sin x}{x}=1$

准则 1　如果数列 $x_n, y_n, z_n(n=1,2,\cdots)$ 满足下列条件

(1) $y_n\leqslant x_n\leqslant z_n(n=1,2,\cdots)$,

(2) $\lim\limits_{n\to\infty}y_n=a$, $\lim\limits_{n\to\infty}z_n=a$,

那么数列 x_n 的极限存在,且 $\lim\limits_{n\to\infty}x_n=a$.

上述数列极限存在准则可以推广到函数的极限上.

准则 1′　如果

(1) 当 $x\to x_0$ (或 $x\to\infty$)时,有 $g(x)\leqslant f(x)\leqslant h(x)$ 成立,

(2) $\lim\limits_{\substack{x\to x_0\\(x\to\infty)}}g(x)=a$, $\lim\limits_{\substack{x\to x_0\\(x\to\infty)}}h(x)=a$,

那么 $\lim\limits_{\substack{x\to x_0\\(x\to\infty)}}f(x)$ 的极限存在,且 $\lim\limits_{\substack{x\to x_0\\(x\to\infty)}}f(x)=a$.

准则 1 和准则 1′均称为极限的**夹逼准则**. 下面应用准则 1′来证明一个重要的极限

$$\lim_{x\to 0}\frac{\sin x}{x}=1. \tag{1.3}$$

函数 $\dfrac{\sin x}{x}$ 的定义域为 $(-\infty,0)\cup(0,+\infty)$,因为 $\dfrac{\sin(-x)}{-x}=\dfrac{-\sin x}{-x}=\dfrac{\sin x}{x}$,所以只需讨论 x 由正值趋于 0($x\to 0^+$)的情形就可以了. 在图 1.8 的单位圆中,设圆心角 $\angle AOB=x\left(0<x<\dfrac{\pi}{2}\right)$,点 A 处的切线与 OB 的延长线相交于 D,又 $BC\perp OA$,则

$$\sin x=BC,\quad x=\widehat{AB},\quad \tan x=\frac{AD}{OA}=AD.$$

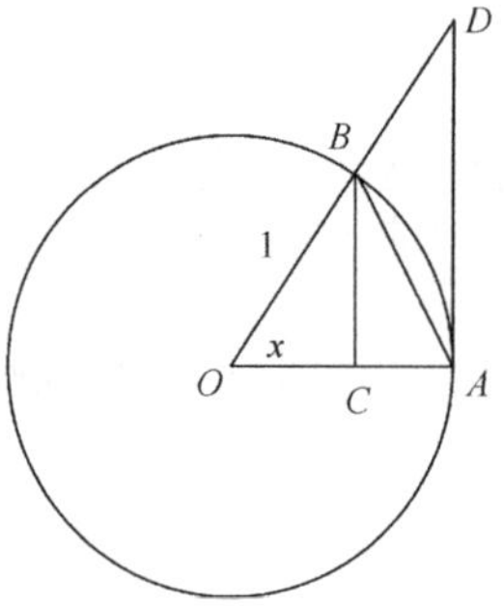

图 1.8

因为

$$\triangle AOB\text{ 的面积} < \text{扇形 } AOB\text{ 的面积} < \triangle AOD\text{ 的面积},$$

所以

$$\frac{1}{2}\sin x < \frac{1}{2}x < \frac{1}{2}\tan x,$$

即

$$\sin x < x < \tan x.$$

同时除以 $\sin x$，得 $1 < \frac{x}{\sin x} < \frac{1}{\cos x}$. 从而

$$\cos x < \frac{\sin x}{x} < 1.$$

下面来证 $\lim\limits_{x\to 0}\cos x = 1$，即 $\lim\limits_{x\to 0}(1-\cos x) = 0$.

$$0 \leqslant 1-\cos x = 2\sin^2\frac{x}{2} \leqslant 2\left(\frac{x}{2}\right)^2 = \frac{1}{2}x^2,$$

由 $\lim\limits_{x\to 0}\frac{1}{2}x^2 = 0$，根据准则 1′ 得 $\lim\limits_{x\to 0}(1-\cos x) = 0$，即 $\lim\limits_{x\to 0}\cos x = 1$. 因此

$$\lim_{x\to 0}\frac{\sin x}{x} = 1.$$

利用式(1.3)来求一些函数的极限.

例 1.5.1 求 $\lim\limits_{x\to 0}\frac{\tan x}{x}$.

解 $\lim\limits_{x\to 0}\frac{\tan x}{x} = \lim\limits_{x\to 0}\frac{\sin x}{x\cos x} = \lim\limits_{x\to 0}\frac{\sin x}{x}\cdot\lim\limits_{x\to 0}\frac{1}{\cos x} = 1.$

例 1.5.2 $\lim\limits_{x\to 0}\frac{\sin kx}{x}$.

解 令 $t = kx$，则 $x\to 0$ 时 $t\to 0$，于是

$$\lim_{x\to 0}\frac{\sin kx}{x} = \lim_{x\to 0}\frac{\sin kx}{kx}\cdot k = \lim_{t\to 0}\frac{\sin t}{t}\cdot k = k.$$

例 1.5.3　$\lim\limits_{x\to 0}\dfrac{\sin 2x}{\tan 3x}$.

解　$\lim\limits_{x\to 0}\dfrac{\sin 2x}{\tan 3x}=\lim\limits_{x\to 0}\dfrac{2}{3}\cdot\dfrac{\sin 2x}{2x}\cdot\dfrac{3x}{\tan 3x}=\dfrac{2}{3}$.

例 1.5.4　$\lim\limits_{x\to 0}\dfrac{1-\cos x}{x^2}$.

解
$$\lim_{x\to 0}\frac{1-\cos x}{x^2}=\lim_{x\to 0}\frac{2\sin^2\frac{x}{2}}{x^2}=\lim_{x\to 0}\frac{2\sin^2\frac{x}{2}}{4\left(\frac{x}{2}\right)^2}=\frac{1}{2}\lim_{x\to 0}\left(\frac{\sin\frac{x}{2}}{\frac{x}{2}}\right)^2$$
$$=\frac{1}{2}\cdot 1^2=\frac{1}{2}.$$

例 1.5.5　设 $\alpha,\alpha',\beta,\beta'$ 是无穷小，且 $\alpha\sim\alpha',\beta\sim\beta'$，若 $\lim\dfrac{\beta'}{\alpha'}$ 存在，求证：$\lim\dfrac{\beta}{\alpha}=\lim\dfrac{\beta'}{\alpha'}$.

证
$$\lim\frac{\beta}{\alpha}=\lim\left(\frac{\beta}{\beta'}\cdot\frac{\beta'}{\alpha'}\cdot\frac{\alpha'}{\alpha}\right)=\lim\frac{\beta}{\beta'}\cdot\lim\frac{\beta'}{\alpha'}\cdot\lim\frac{\alpha'}{\alpha}=\lim\frac{\beta'}{\alpha'}.$$

这个结果表明:求两个无穷小的极限时，分子分母都可以用等价无穷小来代替，这样可以使计算简化. 这样的代换有

(1) $x\to 0$ 时，$x\sim\sin x\sim\tan x\sim\arcsin x\sim\arctan x\sim e^x-1\sim\ln(1+x)$，

(2) $x\to 0$ 时，$1-\cos x\sim\dfrac{x^2}{2}$.

例 1.5.6　求 $\lim\limits_{x\to 0}\dfrac{\sin 2x}{x^2+x}$.

解　当 $x\to 0$ 时，$2x\sim\sin 2x$，因此
$$\lim_{x\to 0}\frac{\sin 2x}{x^2+x}=\lim_{x\to 0}\frac{2x}{x^2+x}=\lim_{x\to 0}\frac{2}{x+1}=2.$$

例 1.5.7　已知一个半径为 R 的圆的内接正 n 边形，它的面积为 $A_n=nR^2\sin\dfrac{\pi}{n}\cos\dfrac{\pi}{n}$，求证：$\lim\limits_{n\to\infty}A_n=\pi R^2$.

解
$$\lim_{n\to\infty}A_n=\lim_{n\to\infty}\pi R^2\frac{\sin\frac{\pi}{n}}{\frac{\pi}{n}}\cos\frac{\pi}{n}=\pi R^2.$$

1.5.2　$\lim\limits_{x\to\infty}\left(1+\dfrac{1}{x}\right)^x=e$

如果数列 x_n 对于任何正整数 n，恒有

$$x_n < x_{n+1}\,(x_n > x_{n+1}),$$

则数列 x_n 为单调增加(减少)数列.

如果存在数 $M > 0$, 对于任何正整数 n, 都有 $|x_n| \leqslant M$, 则 x_n 为有界数列.

准则 2　如果数列 x_n 是单调有界数列, 则 $\lim\limits_{n\to\infty} x_n$ 一定存在.

从数轴上看, 对应于单调数列的点 x_n 只能朝一个方向移动, 所以只有两种可能情形:点 x_n 沿数轴移向无穷远($x_n \to +\infty$ 或 $x_n \to -\infty$)或者点 x_n 无限趋近于某一个定点 A, 如图 1.9 所示.

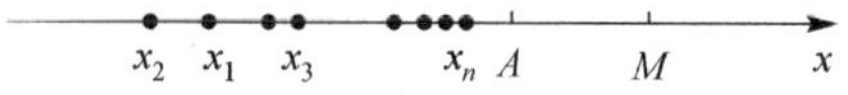

图 1.9

例如, $x_n = \dfrac{1}{n}\ (n = 1,2,\cdots)$, 显然 x_n 是单调减少且 $|x_n| \leqslant 1$ 有界. 因此 $\lim\limits_{n\to\infty} x_n$ 一定存在, 我们知道 $\lim\limits_{n\to\infty} \dfrac{1}{n} = 0$.

考察数列 $x_n = \left(1 + \dfrac{1}{n}\right)^n$, 当 n 不断增大时 x_n 的变化趋势, 为直观起见, 列表如下(表 1.3).

表 1.3　数列 $x_n = \left(1 + \dfrac{1}{n}\right)^n$

n	1	2	3	4	5	10	1000	10000	…
$\left(1+\dfrac{1}{n}\right)^n$	2	2.25	2.37	2.441	2.488	2.594	2.717	2.718	…

由表可看出, 当 n 不断增大时 x_n 的变化趋势是稳定的, 事实上, 可以证明

$$\lim_{n\to\infty}\left(1 + \frac{1}{n}\right)^n = \mathrm{e}. \tag{1.4}$$

其中 e 表示一个无理数, 其近似值为

$$\mathrm{e} \approx 2.718281828459045.$$

以 e 为底的对数称为自然对数, 记作 $\ln x$.

可以证明对函数 $f(x) = \left(1 + \dfrac{1}{x}\right)^x$ 也有

$$\lim_{x\to\infty} f(x) = \lim_{x\to\infty}\left(1 + \frac{1}{x}\right)^x = \mathrm{e}. \tag{1.5}$$

利用代换, 式(1.5)也可以写成

$$\lim_{\alpha\to 0}(1 + \alpha)^{\frac{1}{\alpha}} = \mathrm{e}. \tag{1.6}$$

例 1.5.8　求 $\lim\limits_{x\to\infty}\left(1 + \dfrac{2}{x}\right)^x$.

解　令 $t=\frac{x}{2}$，则 $x\to\infty$ 时 $t\to\infty$，于是

$$\lim_{x\to\infty}\left(1+\frac{2}{x}\right)^x=\lim_{x\to\infty}\left(1+\frac{1}{\frac{x}{2}}\right)^{\frac{x}{2}\cdot 2}=\lim_{t\to\infty}\left(1+\frac{1}{t}\right)^{t\cdot 2}$$

$$=\lim_{t\to\infty}\left[\left(1+\frac{1}{t}\right)^t\right]^2=e^2.$$

或令 $\alpha=\frac{2}{x}$，$x\to\infty$ 时，$\alpha\to 0$，于是

$$\lim_{x\to\infty}\left(1+\frac{2}{x}\right)^x=\lim_{\alpha\to 0}(1+\alpha)^{\frac{2}{\alpha}}=[\lim_{\alpha\to 0}(1+\alpha)^{\frac{1}{\alpha}}]^2=e^2.$$

例 1.5.9　求 $\lim\limits_{x\to\infty}\left(\frac{x+1}{x-2}\right)^x$.

解　$\lim\limits_{x\to\infty}\left(\frac{x+1}{x-2}\right)^x=\lim\limits_{x\to\infty}\left(1+\frac{3}{x-2}\right)^x$.

令 $t=\frac{3}{x-2}$，当 $x\to\infty$ 时，$t\to 0$，于是

$$\begin{aligned}\lim_{x\to\infty}\left(1+\frac{3}{x-2}\right)^x&=\lim_{t\to 0}(1+t)^{\frac{3}{t}+2}\\&=\lim_{t\to 0}(1+t)^{\frac{3}{t}}\cdot(1+t)^2\\&=\lim_{t\to 0}(1+t)^{\frac{3}{t}}\cdot[\lim_{t\to 0}(1+t)]^2\\&=e^3.\end{aligned}$$

例 1.5.10（连续复利问题）　设有本金 A_0，计算期的利率为 r，记息期数为 t，如果每期结算一次并把利息加入下一期的本金中，则 t 期后的本金与利息和为

$$A_t=A_0(1+r)^t.$$

如果每期结算 m 次，t 期后的本利和为

$$A_t=A_0\left(1+\frac{r}{m}\right)^{mt}.$$

如果 $m\to\infty$，则表示利息随时记入本金，记立即存入立即结算. 这样的复利称为连续复利，于是 t 期后的资金总额为

$$\begin{aligned}\lim_{m\to\infty}A_0\left(1+\frac{r}{m}\right)^{mt}&=A_0\lim_{m\to\infty}\left(1+\frac{r}{m}\right)^{\frac{m}{r}\cdot rt}\\&=A_0\left[\lim_{m\to\infty}\left(1+\frac{r}{m}\right)^{\frac{m}{r}}\right]^{rt}\\&=A_0e^{rt}.\end{aligned}$$

习　题　1.5

1. 求下列极限.

(1) $\lim\limits_{x\to 0}\dfrac{\tan x^3}{3x}$；　(2) $\lim\limits_{x\to 0}\dfrac{\sin 3x}{\sin 4x}$；

(3) $\lim\limits_{x\to 0}\dfrac{1-\cos 2x}{x\sin x}$；　(4) $\lim\limits_{x\to 0}\dfrac{2\arcsin x}{3x}$；

(5) $\lim\limits_{x\to 0}x\cdot\cot x$；　(6) $\lim\limits_{x\to 0}\dfrac{\arcsin x}{x}$；

(7) $\lim\limits_{n\to\infty}2^n\sin\dfrac{x}{2^n}$（$x$ 为不等于零的常数）.

2. 求下列极限.

(1) $\lim\limits_{x\to\infty}\left(1+\dfrac{2}{x}\right)^{2x}$；　(2) $\lim\limits_{x\to\infty}\left(1-\dfrac{2}{x}\right)^{\frac{x}{2}-1}$；

(3) $\lim\limits_{x\to 0}\left(\dfrac{2-x}{2}\right)^{\frac{x}{2}}$；　(4) $\lim\limits_{x\to\infty}\left(\dfrac{x-1}{x+1}\right)^{3x}$；

(5) $\lim\limits_{x\to+\infty}\left(1-\dfrac{1}{2x}\right)^{\sqrt{x}}$；　(6) $\lim\limits_{x\to 0}\dfrac{\ln(1+2x)}{\sin 3x}$；

(7) $\lim\limits_{n\to\infty}\{n[\ln(n+2)-\ln n]\}$；　(8) $\lim\limits_{x\to 0}(1-x)^{\frac{1}{x}}$.

思考题

(1) 证明：极限式 $\lim\limits_{n\to+\infty}\cos\dfrac{x}{2}\cos\dfrac{x}{2^2}\cos\dfrac{x}{2^3}\cdots\cos\dfrac{x}{2^n}=\dfrac{\sin x}{x}$.

(2) 因为 $\cos\dfrac{\pi}{4}=\sqrt{\dfrac{1}{2}}$，利用半角公式 $\cos\dfrac{\alpha}{2}=\sqrt{\dfrac{1}{2}+\dfrac{1}{2}\cos\alpha}\left(0<\alpha\leqslant\dfrac{\pi}{2}\right)$，计算余弦函数值 $\cos\dfrac{\pi}{8}$，$\cos\dfrac{\pi}{16}$.

(3)* 证明：$\dfrac{2}{\pi}=\cos\dfrac{\pi}{2^2}\cos\dfrac{\pi}{2^3}\cos\dfrac{\pi}{2^4}\cdots\cos\dfrac{\pi}{2^{n+1}}\cdots$，并由此推出

$$\frac{2}{\pi}=\sqrt{\frac{1}{2}}\cdot\sqrt{\frac{1}{2}+\frac{1}{2}\sqrt{\frac{1}{2}}}\cdot\sqrt{\frac{1}{2}+\frac{1}{2}\sqrt{\frac{1}{2}+\frac{1}{2}\sqrt{\frac{1}{2}}}}$$

$$\cdot\sqrt{\frac{1}{2}+\frac{1}{2}\sqrt{\frac{1}{2}+\frac{1}{2}\sqrt{\frac{1}{2}+\frac{1}{2}\sqrt{\frac{1}{2}}}}}\cdots.$$

最后这个公式是弗朗西斯·韦达(Francois Viete，1540～1603)在 1593 年发现的. 这是人类历史上发现的第一个关于圆周率 π 的准确公式，也是第一个关于

无穷乘积的公式. 韦达的另一个熟知的贡献是发现了一元二次方程根与系数的关系——韦达定理.（* 表示选做题）

1.6　函数的连续性与间断点

1.6.1　函数的连续性

现实世界中很多变量的变化是连续不断的，如气温、物体运动的路程等都是连续变化的. 这一现象反映在数学上就是函数的连续性，它是微积分的又一重要概念.

当把函数用它的图形表示出来时，会发现图形在某些地方是连着的，而在某些地方是断开的，如函数 $f(x)=\dfrac{1}{x}$，$g(x)=\begin{cases}1, & x>0,\\ 0, & x=0,\\ -1, & x<0\end{cases}$ 在 $x=0$ 处是断开的，而 $h(x)=x^2$ 是一条连绵不断的曲线. 函数 $f(x)=\dfrac{1}{x}$ 在 $x=0$ 点无定义，

$g(x)=\begin{cases}1, & x>0,\\ 0, & x=0,\\ -1, & x<0\end{cases}$ 在 $x=0$ 点有定义，但

$$\lim_{x\to 0}g(x)\neq g(0).$$

而 $h(x)=x^2$ 在任一点 x_0 都有 $\lim\limits_{x\to x_0}h(x)=h(x_0)$，于是有下面的定义.

若函数 $f(x)$ 满足

(1) $f(x)$ 在 x_0 处有定义；

(2) $f(x)$ 在 x_0 处极限存在，即 $\lim\limits_{x\to x_0}f(x)=A$；

(3) $f(x)$ 在 x_0 处极限等于函数值，即 $\lim\limits_{x\to x_0}f(x)=A=f(x_0)$.

则称函数 $f(x)$ 在 x_0 处是**连续的**，称 x_0 为 $f(x)$ 的**连续点**.

下面用极限的形式给出函数在一点连续的定义.

设函数 $y=f(x)$ 在点 x_0 的某个邻域内有定义，当自变量 x 从 x_0 改变到 $x_0+\Delta x$ 时（Δx 称为自变量的增量，可正可负），对应的函数 y 相应的增量为

$$\Delta y=f(x_0+\Delta x)-f(x_0).$$

如果自变量 x 在 x_0 点的增量 Δx 趋于 0 时，函数 y 相应的增量 Δy 也趋于 0，即

$$\lim_{\Delta x\to 0}\Delta y=0\left(\text{或}\lim_{\Delta x\to 0}[f(x_0+\Delta x)-f(x_0)]=0\right),$$

则称函数 $f(x)$ 在 x_0 处是**连续的**.

如果函数满足

$$\lim_{x\to x_0^-} f(x) = f(x_0)\ (\lim_{x\to x_0^+} f(x) = f(x_0)),$$

就称函数 $f(x)$ 在 x_0 处是**左(右)连续的**.

函数 $f(x)$ 若在开区间 (a,b) 内的每一点处都连续，则称 $f(x)$ 在开区间 (a,b) 内是连续的;若 $f(x)$ 在开区间 (a,b) 内连续，并且在区间的左端点 a 处右连续，在区间的右端点 b 处左连续，则称 $f(x)$ 在闭区间 $[a,b]$ 上是连续的. 若函数在它的定义域上的每一点都连续，则称它是连续函数. 连续函数的图形是一条连续而不间断的曲线.

如多项式函数 $P(x)$ 在定义域内的任意一点 x_0 处的极限都存在且等于函数值，即

$$\lim_{x\to x_0} P(x) = P(x_0).$$

由连续函数的定义知，多项式函数 $P(x)$ 是连续的. 因此在求连续函数在某点的极限时，只需求出函数在该点的函数值即可.

例 1.6.1　证明:正弦函数 $y=\sin x$ 在 $(-\infty,+\infty)$ 内连续.

证　设 x_0 是 $(-\infty,+\infty)$ 内任意一点，x 在 x_0 点的增量 $\Delta x\to 0$ 时，函数 y 相应的增量

$$\begin{aligned}\Delta y &= \sin(x_0+\Delta x)-\sin x_0\\ &= 2\sin\frac{\Delta x}{2}\cdot\cos\left(x_0+\frac{\Delta x}{2}\right).\end{aligned}$$

因为 $\left|\cos\left(x_0+\frac{\Delta x}{2}\right)\right|\leqslant 1$，当 $\Delta x\to 0$ 时，$2\sin\frac{\Delta x}{2}\sim 2\cdot\frac{\Delta x}{2}=\Delta x$，根据无穷小与有界变量的乘积仍然是无穷小知

$$\lim_{\Delta x\to 0}\Delta y = 0.$$

所以 $y=\sin x$ 在 x_0 处是连续，又因为 x_0 是 $(-\infty,+\infty)$ 内任意一点，因此 $y=\sin x$ 在 $(-\infty,+\infty)$ 内连续.

类似可以证明函数 $y=\cos x$ 在 $(-\infty,+\infty)$ 内是连续的.

1.6.2　函数的间断点

如果函数 $f(x)$ 在 x_0 不满足连续条件，则称函数 $f(x)$ 在点 x_0 处**间断**，点 x_0 为 $f(x)$ 的**间断点**或**不连续点**.

显然如果函数 $f(x)$ 在 x_0 处有下列情形之一

(1) $f(x)$ 在 x_0 处没有定义，即 $f(x_0)$ 不存在；

(2) $f(x)$ 在 x_0 处极限不存在，即 $\lim\limits_{x\to x_0} f(x)$ 不存在；

(3) $f(x)$ 在 x_0 有定义，$\lim\limits_{x\to x_0} f(x)$ 存在，但 $\lim\limits_{x\to x_0} f(x)\neq f(x_0)$.

则点 x_0 为函数 $f(x)$ 的一个间断点.

下面举几个例子说明间断点的几种情况.

例 1.6.2　函数 $y=\dfrac{1}{x}$ 在 $x=0$ 处没有定义，所以 $x=0$ 是函数 $y=\dfrac{1}{x}$ 的间断点.

例 1.6.3　讨论 $f(x)=\begin{cases}1, & x>0,\\ 0, & x=0,\\ -1, & x<0\end{cases}$ 在 $x=0$ 处的连续性.

解　函数 $f(x)=\begin{cases}1, & x>0,\\ 0, & x=0,\\ -1, & x<0\end{cases}$ 在 $x=0$ 处有定义，且 $f(0)=0$，

但是

$$\lim_{x\to 0^-}f(x)=-1,\quad \lim_{x\to 0^+}f(x)=1,$$

函数在 $x=0$ 处左右极限存在但不相等，所以 $\lim\limits_{x\to x_0}f(x)$ 不存在，因此 $x=0$ 是函数 $f(x)$ 的间断点(图 1.10).

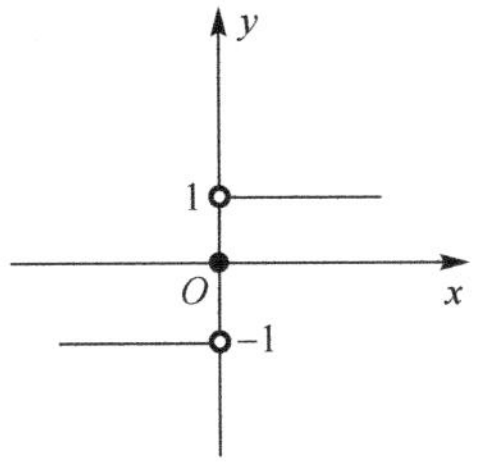

图 1.10

例 1.6.4　讨论 $f(x)=\begin{cases}x, & x\neq 0,\\ 1, & x=0\end{cases}$ 在 $x=0$ 处的连续性.

解　函数 $f(x)=\begin{cases}x, & x\neq 0,\\ 1, & x=0\end{cases}$ 在 $x=0$ 处有定义，且 $f(0)=1$.

$$\lim_{x\to 0^-}f(x)=\lim_{x\to 0^+}f(x)=\lim_{x\to 0}f(x)=0,$$

但 $\lim\limits_{x\to 0}f(x)\neq f(0)$，所以 $x=0$ 是 $f(x)$ 的间断点，如图 1.11 所示.

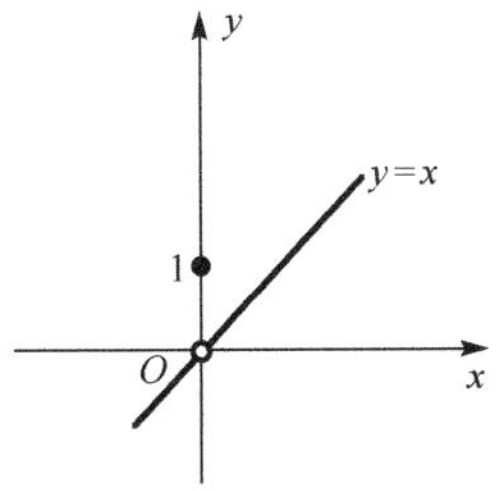

图 1.11

通常把间断点分为两类:第一类间断点和第二类间断点. 凡是左右极限都存在的间断点称为第一类间断点，其中左右极限不相等者称为跳跃间断点，左右极限相等者称为可去间断点，不是第一类间断点的任何间断点都称为第二类间断点，其中极限为 ∞ 者称为无穷间断点. 例 1.6.3 中 $x=0$ 是 $f(x)$ 的跳跃间断点，例 1.6.4 中 $x=0$ 是 $f(x)$ 的可去间断点，例 1.6.2 中 $x=0$ 是 $f(x)$ 的无穷间断点.

习　题　1.6

1. 证明下列函数在 $(-\infty,+\infty)$ 内是连续函数.

(1) $y=2x^2+1$；　　(2) $y=\cos x$.

2. 下列函数 $f(x)$ 在 $x=0$ 处是否连续？为什么.

(1) $f(x)=\begin{cases} x^2\sin\dfrac{1}{x}, & x\neq 0, \\ 0, & x=0; \end{cases}$

(2) $f(x)=\begin{cases} e^{-\frac{1}{x^2}}, & x\neq 0, \\ 0, & x=0; \end{cases}$

(3) $f(x)=\begin{cases} \dfrac{\sin x}{|x|}, & x\neq 0, \\ 1, & x=0; \end{cases}$

(4) $f(x)=\begin{cases} e^x, & x\leqslant 0, \\ \dfrac{\sin x}{x}, & x>0. \end{cases}$

3. 函数 $f(x)=\begin{cases} x-1, & x\leqslant 0, \\ x^2, & x>0 \end{cases}$ 在点 $x=0$ 处是否连续？并作出 $f(x)$ 的图形.

4. 函数 $f(x)=\begin{cases} |x|, & |x|\leqslant 1, \\ \dfrac{x}{|x|}, & 1<|x|\leqslant 2 \end{cases}$ 在其定义域内是否连续？并作出 $f(x)$ 的图形.

5. 设

$$f(x)=\begin{cases} \dfrac{1}{x}\sin x, & x<0, \\ k, & x=0, \\ x\sin\dfrac{1}{x}+1, & x>0, \end{cases}$$

当 k (k 为常数)为何值时，函数 $f(x)$ 在其定义域内连续,为什么.

思考题

设

$$f(x)=\begin{cases} \dfrac{\sin 2x}{x}, & x<0, \\ 3x^2-2x+k, & x\geqslant 0, \end{cases}$$

当 k 为何值时，函数 $f(x)$ 在其定义域内连续,为什么.

1.7 连续函数的运算法则

由函数在某点连续的定义和极限四则运算法则可得出下列定理.

定理 1.7.1　如果函数 $f(x)$ 与 $g(x)$ 在 x_0 处连续，则这两个函数的和 $f(x)+g(x)$，差 $f(x)-g(x)$，积 $f(x)\cdot g(x)$，商 $\dfrac{f(x)}{g(x)}$（当 $g(x_0)\neq 0$ 时）在点 x_0 处也连续.

证　令 $F(x)=f(x)+g(x)$，由函数在 x_0 处连续的定义知

$$\lim_{x\to x_0}F(x)=\lim_{x\to x_0}[f(x)+g(x)]=\lim_{x\to x_0}f(x)+\lim_{x\to x_0}g(x)$$

$$=f(x_0)+g(x_0)=F(x_0).$$

这证明了两个函数的和 $f(x)+g(x)$ 在点 x_0 处也连续. 其他情形可类似证明.

推论 1.7.1　有限个在某点连续的函数的和是一个在该点连续的函数.

推论 1.7.2　有限个在某点连续的函数的积是一个在该点连续的函数.

由定理的推论有

(1) 多项式函数 $a_0x^n+a_1x^{n-1}+\cdots+a_n$ 在 $(-\infty,+\infty)$ 内连续.

(2) 分式函数 $\dfrac{a_0x^n+a_1x^{n-1}+\cdots+a_n}{b_0x^m+b_1x^{m-1}+\cdots+b_m}$ 除了分母为 0 的点外，在其他点连续.

例 1.7.1　已知 $f(x)=\sin x, g(x)=2+x^2$ 都是 $(-\infty,+\infty)$ 上的连续函数，则由定理 1.7.1 得

$$\frac{f(x)}{g(x)}=\frac{\sin x}{2+x^2}$$

也是 $(-\infty,+\infty)$ 上的连续函数.

在 1.4 节中有复合函数求极限的定理，设函数 $u=\varphi(x)$ 当 $x\to x_0$ 时的极限存在且等于 a，即 $\lim\limits_{x\to x_0}\varphi(x)=a$. 而函数 $y=f(u)$ 在 a 点处有定义且 $\lim\limits_{u\to a}f(u)=f(a)$，那么复合函数 $y=f(\varphi(x))$ 当 $x\to x_0$ 时的极限存在且等于 $f(a)$，即

$$\lim_{x\to x_0}f(\varphi(x))=f(a).$$

现令 $\varphi(x_0)=a$，即 $\varphi(x)$ 在点 x_0 处连续，则可得

$$\lim_{x\to x_0}f(\varphi(x))=f(a)=f(\varphi(x_0)).$$

于是得到复合函数连续性的定理.

定理 1.7.2　设函数 $u=\varphi(x)$ 在点 x_0 处连续，且 $\varphi(x_0)=u_0$，而函数 $y=f(u)$ 在 u_0 点连续，那么复合函数 $y=f(\varphi(x))$ 在点 x_0 处也是连续.

$$\lim_{x\to x_0}f(\varphi(x))=f(\varphi(x_0)).$$

例 1.7.2　讨论函数 $y=\sin\dfrac{1}{x}$ 的连续性.

解 函数 $y=\sin\frac{1}{x}$ 可看成由 $y=\sin u, u=\frac{1}{x}$ 复合而成，$y=\sin u$ 在 $(-\infty,+\infty)$ 上连续，$u=\frac{1}{x}$ 在 $(-\infty,0)\cup(0,+\infty)$ 内连续，根据定理 1.7.2，函数 $y=\sin\frac{1}{x}$ 在区间 $(-\infty,0)\cup(0,+\infty)$ 内连续.

定理 1.7.3 单调连续函数的反函数也是单调连续的.

例如，$y=\sin x$ 在 $\left[-\frac{\pi}{2},\frac{\pi}{2}\right]$ 上是单调增加连续函数，它的反函数 $y=\arcsin x$ 在 $[-1,1]$ 上也是单调增加连续函数.

由于基本初等函数在其定义域内都是连续的，所以由基本初等函数经过四则运算或复合运算而成的初等函数在其定义区间内也是连续的.

根据函数 $f(x)$ 在点 x_0 连续的定义，如果已知函数 $f(x)$ 在 x_0 处连续，那么求 $f(x)$ 当 $x\to x_0$ 时的极限，只要求 $f(x)$ 在 x_0 点的函数值就可以了.

例 1.7.3 求 $\lim\limits_{x\to 0}e^{\sin x+1}$.

解 $\lim\limits_{x\to 0}e^{\sin x+1}=e^{\lim\limits_{x\to 0}(\sin x+1)}=e^1=e.$

例 1.7.4 求 $\lim\limits_{x\to 0}\frac{\ln(1+x)}{x}$.

解 $\frac{\ln(1+x)}{x}=\ln(1+x)^{\frac{1}{x}}$ 在 $x=0$ 处不连续，令 $u=(1+x)^{\frac{1}{x}}$，当 $x\to 0$ 时，$u\to e$.

$$\begin{aligned}\lim_{x\to 0}\frac{\ln(1+x)}{x}&=\lim_{x\to 0}\ln(1+x)^{\frac{1}{x}}\\&=\ln\left[\lim_{x\to 0}(1+x)^{\frac{1}{x}}\right]=\ln e=1.\end{aligned}$$

例 1.7.5 求证：当 $x\to 0$ 时，$\sin\sin x\sim\ln(1+x)$.

证 当 $x\to 0$ 时，$\sin\sin x\to 0,\ln(1+x)\to 0$.

$$\begin{aligned}\lim_{x\to 0}\frac{\sin\sin x}{\ln(1+x)}&=\lim_{x\to 0}\frac{\frac{\sin\sin x}{x}}{\frac{\ln(1+x)}{x}}=\lim_{x\to 0}\frac{\frac{\sin x}{x}\cdot\frac{\sin\sin x}{\sin x}}{\ln(1+x)^{\frac{1}{x}}}\\&=\frac{1\cdot 1}{1}=1.\end{aligned}$$

因此当 $x\to 0$ 时，$\sin\sin x\sim\ln(1+x)$.

例 1.7.6 求 $\lim\limits_{x\to 0}(1+2x)^{\frac{2}{\sin x}}$.

解
$$\begin{aligned}\lim_{x\to 0}(1+2x)^{\frac{2}{\sin x}}&=\lim_{x\to 0}e^{[\ln(1+2x)]\frac{2}{\sin x}}=\lim_{x\to 0}e^{\frac{2}{\sin x}\cdot\ln(1+2x)}\\&=e^{\lim\limits_{x\to 0}\frac{2}{\sin x}\cdot\ln(1+2x)}=e^{\lim\limits_{x\to 0}4\cdot\frac{\ln(1+2x)}{2x}}=e^4.\end{aligned}$$

一般地，对于形如 $u(x)^{v(x)}$ ($u(x)>0, u(x)$ 不恒等于 1) 的函数(通常称为幂指函数)，如果

$$\lim u(x)=a>0,\quad \lim v(x)=b,$$

那么

$$\lim u(x)^{v(x)}=a^b.$$

注　这里三个 lim 表示自变量在同一变化过程中的极限.

习　题　1.7

1. 求函数 $f(x)=\dfrac{x^3+3x^2-x-3}{x^2+x-6}$ 的连续区间，并求极限 $\lim\limits_{x\to 0}f(x)$，$\lim\limits_{x\to -3}f(x)$ 及 $\lim\limits_{x\to 2}f(x)$.

2. 求下列极限.

(1) $\lim\limits_{x\to 1}\dfrac{e^x+1}{2x}$；　(2) $\lim\limits_{t\to \pi}(\cos 3t)^2$；

(3) $\lim\limits_{x\to \frac{\pi}{4}}\dfrac{\sin 2x}{\cos(\pi-x)}$；　(4) $\lim\limits_{x\to \frac{\pi}{6}}\ln(3\sin 3x)$；

(5) $\lim\limits_{x\to a}\dfrac{\sin x-\sin a}{x-a}$；　(6) $\lim\limits_{x\to 0}(1+3\tan^2 x)^{\cot x}$；

(7) $\lim\limits_{x\to \infty}\left(\dfrac{2x-3}{2x+1}\right)^{x+1}$.

3. 设函数 $f(x)=\begin{cases} e^x, & x<0, \\ a+x, & x\geqslant 0. \end{cases}$ 当 a 为何值时，函数 $f(x)$ 在 $(-\infty,+\infty)$ 上连续.

4. 设函数 $f(x)=\dfrac{x^3-x^2-x+1}{x^2+x-2}$.

(1) 求出 $f(x)$ 的连续区间；

(2) 求极限 $\lim\limits_{x\to -2}f(x)$，$\lim\limits_{x\to 3}f(x)$，$\lim\limits_{x\to 1}\dfrac{f(x)}{x-1}$.

5. 求出下列函数的连续区间.

(1) $\dfrac{|x|}{x}$；　(2) $\dfrac{|\sin x|}{x}$；

(3) $\dfrac{x^2-x+1}{x^2+x+1}$；　(4) $\dfrac{x^4+1}{x-2}$；

(5) $\dfrac{x}{e^x-1}$；　(6) $\dfrac{x}{\sin x}$.

1.8 闭区间上连续函数的性质

对于在区间 I 上有定义的函数 $f(x)$，如果存在 $x_0 \in I$，使得对于任一 $x \in I$，都有

$$f(x) \leqslant f(x_0)\ (f(x) \geqslant f(x_0)),$$

则称 $f(x_0)$ 是函数 $f(x)$ 在区间 I 上的**最大(最小)值**.

例如，函数 $y = \sin x + 2$ 在 $[0, 2\pi]$ 上的最大值是 3，最小值是 1；函数 $f(x) = \operatorname{sgn} x$ 在 $(0, +\infty)$ 内的最大值最小值都是 1；函数 $f(x) = 2x$ 在 $(0,1)$ 内就没有最大值和最小值.

定理 1.8.1(最值定理) 在闭区间上连续的函数一定有最大值和最小值.

证 略.

注意，如果函数在开区间内连续，或在闭区间内有间断点，那么函数在该区间上就不一定有最大值和最小值. 如 $f(x) = 2x$ 在 $(0,1)$ 内就没有最大值和最小值.

由定理 1.8.1 可得有界定理.

定理 1.8.2 在闭区间上连续的函数一定在该区间上有界.

证 函数 $f(x)$ 在闭区间 $[a,b]$ 上连续，由定理 1.8.1 知 $f(x)$ 在区间上有最大值 M 和最小值 m，则对区间上任一 $x \in [a,b]$，都有

$$m \leqslant f(x) \leqslant M.$$

令 $M_0 = \max\{|m|, |M|\}$，则

$$|f(x)| \leqslant M_0.$$

因此 $f(x)$ 在闭区间 $[a,b]$ 上有界.

定理 1.8.3(零点定理) 设函数 $f(x)$ 在闭区间 $[a,b]$ 上连续，且 $f(a)$ 与 $f(b)$ 异号即 $f(a) \cdot f(b) < 0$，那么在开区间 (a,b) 内至少存在一点 $\xi(a < \xi < b)$，使得

$$f(\xi) = 0.$$

点 ξ 称为函数 $f(x)$ 的零点.

证 略.

从几何上来看，如果连续曲线弧 $f(x)$ 的两个端点位于 x 轴的两侧，那么这段曲线弧与 x 轴至少有一个交点，如图 1.12 所示.

由定理 1.8.3 可得定理 1.8.4.

定理 1.8.4(介值定理) 设函数 $f(x)$ 在闭区间 $[a,b]$ 上连续，且在区间的端点取不同的值，

$$f(a) = A, \quad f(b) = B,$$

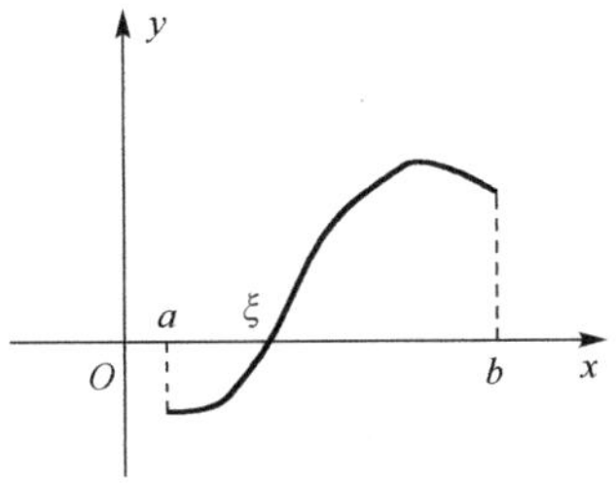

图 1.12

那么对介于 A 与 B 之间的任意一个数 $C(A<C<B)$，在开区间 (a,b) 内至少存在一点 $\xi(a<\xi<b)$，使得

$$f(\xi)=C.$$

证　设 $g(x)=f(x)-C$，则 $g(x)$ 在闭区间 $[a,b]$ 上连续，且 $g(a)=f(a)-C$ 与 $g(b)=f(b)-C$ 异号. 由零点定理得在开区间 (a,b) 内至少存在一点 $\xi(a<\xi<b)$，使得

$$g(\xi)=0.$$

又 $g(\xi)=f(\xi)-C$，因此 $f(\xi)=C$.

推论　在闭区间上连续的函数必取得介于最大值与最小值之间的任何值.

例 1.8.1　证明三次方程 $x^3-3x^2+1=0$ 在开区间 $(0,1)$ 内至少有一个根.

证　设 $f(x)=x^3-3x^2+1$，函数 $f(x)$ 在闭区间 $[0,1]$ 上连续，又

$$f(0)=1>0,\quad f(1)=-1<0,$$

根据零点定理，在开区间 $(0,1)$ 内至少有一个 ξ，使得 $f(\xi)=0$，即

$$\xi^3-3\xi^2+1=0\quad(0<\xi<1),$$

这说明三次方程 $x^3-3x^2+1=0$ 在开区间 $(0,1)$ 内至少有一个根.

例 1.8.2　设函数 $f(x)$ 在区间 $[a,b]$ 上连续，且 $f(a)<a,f(b)>b$. 证明：至少存在一点 $\xi\in(a,b)$，使得 $f(\xi)=\xi$.

证　令 $F(x)=f(x)-x$，则函数 $F(x)$ 在闭区间 $[a,b]$ 上连续，且

$$F(a)=f(a)-a<0,\quad F(b)=f(b)-b>0,$$

由零点定理，在开区间 (a,b) 内至少有一个 ξ，使得 $F(\xi)=f(\xi)-\xi=0$，即 $f(\xi)=\xi$.

习　题　1.8

1. 证明：方程 $x^5-3x=1$ 至少有一个根介于 1 与 2 之间.

2. 证明：方程 $x=a\sin x+b(a>0,b>0)$ 至少有一个正根，并且它不超过 $a+b$.

3. 设 $f(x)=e^x-2$，证明在 $(0,2)$ 内至少存在一个不动点. 即至少有一点 x_0，使 $f(x_0)=x_0$.

4. $x\cdot 5^x=1$ 至少有一个小于 1 的正根.

思考题

1960 年 6 月 21 日，在瑞士苏黎世的一次田径比赛中，联邦德国运动员阿明·哈里第一次用 10 秒时间完成男子 100 米跑，创造了当时的世界纪录. 证明：在这次比赛中恰好有某段 1 秒钟时间哈里跑过 10 米.

本章小结

极限是微积分学的重要基本概念，整个微积分学就是在极限概念的基础上发展成熟起来的.

本章内容包括三部分. 第一部分是中等数学知识的一个总结和整理，也是进入高等数学领域的大门，这部分的主要概念和知识点有函数、函数的奇偶性、单调性、有界性、周期性、基本初等函数等.

第二部分是介绍极限及其计算. 这部分采取直观描述的方式给出极限的定义，并介绍了极限的四则运算法则、无穷大与无穷小，以及两个重要极限. 重点内容是极限的基本计算方法和技巧.

第三部分是连续函数. 连续函数是本书研究的一类重要的函数类. 这部分的重点是连续和间断的判断，难点是闭区间上连续函数的性质及其应用.

本章知识点

1. 集合是指具有特定性质的事物的总体，其中每个特定事物称为集合的元素. a 是集合 A 的元素，称为 a 属于 A，记作 $a\in A$.

两个集合之间的基本关系有相等关系($=$)、包含关系($\subseteq$, $\supseteq$).

集合可以按元素个数多少分为有限集合与无限集合，不含任何元素的集合称为空集，记作 $\varnothing$.

集合的基本表示方法有两种：列举法和示性法.

集合之间的运算有并、交等.

2. 区间是一类常用的数集，经常用到的有闭区间 $[a,b]$，开区间 (a,b)，无限区间 $(-\infty,+\infty)$，它们分别定义如下：$[a,b]=\{x\mid a\leqslant x\leqslant b\}$，$(a,b)=\{x\mid a<x<b\}$，$(-\infty,+\infty)=\{x\mid x\in\mathbf{R}\}$.

邻域是高等数学的基本术语之一，点 x_0 的 δ 邻域 $U(x_0,\delta)=\{x\mid x_0-\delta<x<x_0+\delta\}$，点 x_0 的去心 δ 邻域 $\mathring{U}(x_0,\delta)=\{x\mid 0<|x-x_0|<\delta\}$.

3. 变量是高等数学的主要研究对象. 在一个变化过程中变量 y 依赖于变量 x，称 y 是 x 的函数，记作 $y = f(x)$.

4. 定义在一个对称区间上的函数 $y = f(x)$ 称为奇函数、偶函数，如果它们分别满足关系 $f(-x) = -f(x)$ 以及 $f(-x) = f(x)$.

5. 定义在某个区间 I 上的函数称为单调增加(减少)的，如果对区间 I 的任意两点 $x_1 < x_2$，总有 $f(x_1) \leqslant f(x_2)$ ($f(x_1) \geqslant f(x_2)$). 如果不等式严格成立，那么函数称为严格单调的.

6. 定义在实数集 $\mathbf{R}$ 上的函数 $f(x)$ 称为周期函数，如果可以找到一个正数 $\mathbf{T}$，满足对任意的 x，总有 $f(x+\mathbf{T}) = f(x)$. 通常一个函数的周期指的是它的最小正周期.

7. 在一一对应的函数 $y = f(x)$ 中，由 y 决定 x 的对应规则称为函数 $y = f(x)$ 的反函数，记作 $x = f^{-1}(y)$，通常写作 $y = f^{-1}(x)$.

8. 若函数 $u = g(x)$ 的值域在函数 $y = f(u)$ 的定义域内，那么可以得到这两个函数的复合函数 $y = f(g(x))$.

9. 给定数列 $\{x_n\}$，如果当 n 无限增大时，x_n 无限地趋于某一个常数 A，则称 A 为 n 趋于无穷时数列 $\{x_n\}$ 的极限，记作 $\lim\limits_{n\to+\infty} x_n = A$，并称这个数列是收敛的，否则称为发散的.

给定函数 $f(x)$，如果当 $|x|$ 无限增大时，$f(x)$ 无限地趋向于某一个常数 A，那么就称 A 为当 x 趋于无穷时函数 $f(x)$ 的极限，记作 $\lim\limits_{x\to\infty} f(x) = A$.

给定函数 $f(x)$，如果当 $x \to x_0$ 时，$f(x)$ 无限地趋向于某一个常数 A，则称 A 为当 x 趋于 x_0 时函数 $f(x)$ 的极限，记作 $\lim\limits_{x\to x_0} f(x) = A$.

10. 当 $x \to x_0$ ($x \to \infty$)时，如果函数 $f(x)$ 的绝对值无限增大，称 $f(x)$ 当 $x \to x_0$ ($x \to \infty$)时为无穷大. 类似可以定义正无穷大与负无穷大.

以 0 为极限的变量称为无穷小.

11. 无穷大的倒数是无穷小；不取零值的无穷小的倒数是无穷大. 无穷小与有界量的乘积是无穷小.

12. 无穷小的阶　设 α, β 是自变量的同一变化过程中的两个无穷小，$\lim \dfrac{\beta}{\alpha}$ 也是在这个变化过程中的极限.

如果 $\lim \dfrac{\beta}{\alpha} = 0$，则称 β 是比 α 高阶的无穷小，记作 $\beta = o(\alpha)$；

如果 $\lim \dfrac{\beta}{\alpha} = \infty$，则称 β 是比 α 低阶的无穷小；

如果 $\lim \dfrac{\beta}{\alpha} = c \neq 0$，则称 β 是与 α 同阶的无穷小；

如果 $\lim \dfrac{\beta}{\alpha}=1$，则称 β 是与 α 等价的无穷小，记作 $\alpha \sim \beta$.

13. 极限的四则运算法则　若 $\lim f(x)$ 与 $\lim g(x)$ 都存在，且 $\lim f(x)=A$，$\lim g(x)=B$，则

(1) 函数 $\lim[f(x)\pm g(x)]$ 也存在，且 $\lim[f(x)\pm g(x)]=\lim f(x)\pm \lim g(x)$；

(2) 函数 $\lim[f(x)\cdot g(x)]$ 也存在，且 $\lim[f(x)\cdot g(x)]=\lim f(x)\cdot \lim g(x)$；

(3) 当 $\lim g(x)=B\neq 0$ 时，函数 $\lim \dfrac{f(x)}{g(x)}$ 也存在，且 $\lim \dfrac{f(x)}{g(x)}=\dfrac{\lim f(x)}{\lim g(x)}$.

14. 复合函数的极限　设函数 $u=\varphi(x)$ 当 $x\to x_0$ 时的极限存在且等于 a，即 $\lim\limits_{x\to x_0}\varphi(x)=a$，而函数 $y=f(u)$ 在 $u=a$ 点处有定义且 $\lim\limits_{u\to a}f(u)=f(a)$，那么复合函数 $y=f(\varphi(x))$ 当 $x\to x_0$ 时的极限存在且等于 $f(a)$，即 $\lim\limits_{x\to x_0}f(\varphi(x))=f(a)$.

15. 极限存在的准则 1　如果数列 $x_n, y_n, z_n (n=1,2,\cdots)$ 满足下列条件

(1) $y_n\leqslant x_n\leqslant z_n (n=1,2,\cdots)$，

(2) $\lim\limits_{n\to\infty}y_n=a, \lim\limits_{n\to\infty}z_n=a$，

那么数列 x_n 的极限存在，且 $\lim\limits_{n\to\infty}x_n=a$.

16. 极限存在的准则 2　如果数列 x_n 是单调有界数列，则 $\lim\limits_{n\to\infty}x_n$ 一定存在.

17. 两个重要的极限　(1) $\lim\limits_{x\to 0}\dfrac{\sin x}{x}=1$；(2) $\lim\limits_{x\to\infty}\left(1+\dfrac{1}{x}\right)^x=\mathrm{e}$.

18. 函数连续的定义　若函数 $f(x)$ 满足条件

(1) $f(x)$ 在 x_0 处有定义；

(2) $f(x)$ 在 x_0 处极限存在，即 $\lim\limits_{x\to x_0}f(x)=A$；

(3) $f(x)$ 在 x_0 处极限等于函数值，即 $\lim\limits_{x\to x_0}f(x)=A=f(x_0)$.

则称函数 $f(x)$ 在 x_0 处是连续的，称 x_0 为 $f(x)$ 的连续点. 如果函数 $f(x)$ 在 x_0 不满足连续条件，则称函数 $f(x)$ 在 x_0 处间断，点 x_0 为 $f(x)$ 的间断点.

19. 连续函数的四则运算法则　如果函数 $f(x)$ 与 $g(x)$ 在 x_0 处连续，则这两个函数的和 $f(x)+g(x)$，差 $f(x)-g(x)$，积 $f(x)\cdot g(x)$，商 $\dfrac{f(x)}{g(x)}$ (当 $g(x_0)\neq 0$ 时)，在点 x_0 处也连续.

20. 复合函数的连续性　设函数 $u=\varphi(x)$ 在点 x_0 处连续，且 $\varphi(x_0)=u_0$，而函数 $y=f(u)$ 在 u_0 点连续，那么复合函数 $y=f(\varphi(x))$ 在点 x_0 处也是连续，即 $\lim\limits_{x\to x_0}f(\varphi(x))=f(u_0)$.

21. 单调连续函数的反函数也是单调连续的.

22. 对于在区间 I 上有定义的函数 $f(x)$，如果存在 $x_0\in I$，使得对于任一 $x\in I$，都有 $f(x)\leqslant f(x_0)$ $(f(x)\geqslant f(x_0))$，则称 $f(x_0)$ 是函数 $f(x)$ 在区间 I 上的最大(最小)值.

最大最小值定理　闭区间上的连续函数必有最大值和最小值.

23. 有界性定理　闭区间上的连续函数一定是有界的.

24. 零点定理　设函数 $f(x)$ 在闭区间 $[a,b]$ 上连续，且 $f(a)$ 与 $f(b)$ 异号即 $f(a)\cdot f(b)<0$，那么在开区间 (a,b) 内至少存在一点 $\xi(a<\xi<b)$，使得 $f(\xi)=0$，点 ξ 称为函数 $f(x)$ 的零点.

介值定理　设函数 $f(x)$ 在闭区间 $[a,b]$ 上连续，且在区间的端点取不同的值，$f(a)=A$，$f(b)=B$，那么对介于 A 与 B 之间的任意一个数 $C(A<C<B)$，在开区间 (a,b) 内至少存在一点 $\xi(a<\xi<b)$，使得 $f(\xi)=C$.

数学家简介——刘徽

名言：割之弥细，所失弥少，割之又割以至于不可割，则与圆合体而无所失矣.

刘徽，约公元 225～295 年，山东邹平人，数学家，中国古典数学理论的奠基者之一，代表作有《九章算术注》和《海岛算经》. 刘徽对古典算术《九章算术》中的问题进行了深入系统的研究和证明，他提出比较完整的数系理论和面积体积理论.

在计算圆周率方面，刘徽创立了著名的割圆术. 所谓割圆术，就是用圆内接正多边形的面积近似圆面积，进而求得圆周率的方法. 他提出：割之弥细，所失弥少，割之又割，以至于不可割，则与圆合体而无所失矣. 这句话的意思是：(把圆周等分得到正多边形)，边数越多，损失的面积越少，分了又分，最终无法再进行分割，这时正多边形就与圆完全重合没有任何损失了. 刘徽这句话充分展现了他对无限的认识，对极限思想的认识和描述. 刘徽的割圆术在人类历史上首次将极限和无穷小分割引入数学证明，成为人类文明史中不朽的篇章.

刘徽利用自己发明的割圆术，成功地计算出圆周率的值是 3.1416，这个值被称为徽率.

第 2 章　导数与微分

微分学是微积分的重要组成部分，它的基本概念是导数与微分，而求导数是微分学中的基本运算. 本章主要讨论导数与微分的概念及求法.

2.1　导数的概念

2.1.1　引例

如何确定曲线的切线位置是 17 世纪初期科学发展中遇到的一个十分重要的问题. 在光学中讨论光线的入射角和反射角；在天文学中讨论行星在任一时刻的运动方向；在几何中讨论两条曲线的交角. 所有这些问题都与曲线的切线有关.

在中学几何里把圆的切线定义为"与圆只有一个交点的直线". 但是对于一般曲线，就不能用"与圆只有一个交点的直线"作为切线的定义. 例如，抛物线 $y=x^2$ 与 y 轴在原点只有一个交点，但显然 y 轴不符合上面提到的这些实际问题中所包含的切线的原意. 那么应该怎样定义并求出曲线的切线呢？法国数学家费马在 1629 年提出利用曲线的割线的极限来定义.

1. 切线问题

设曲线 L 是函数 $y=f(x)$ 的图形，$M_0(x_0, y_0)$ 是曲线 L 上的一个点，在曲线 L 上任取一点 $M(x,y)(M\neq M_0)$（图 2.1).

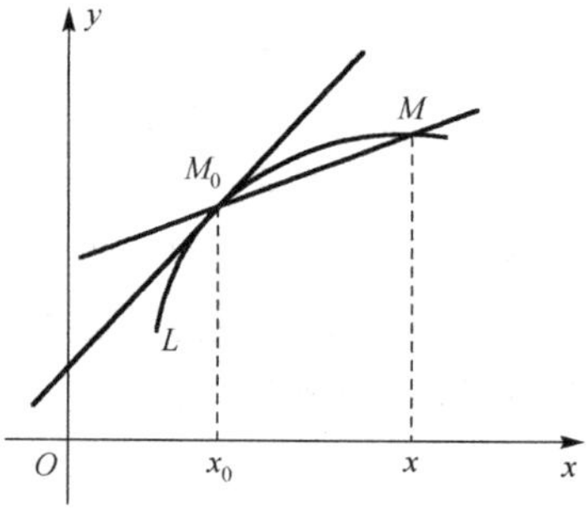

图 2.1

过点 M_0 及 M 的直线称为曲线 L 的割线，此割线的斜率为

$$\frac{y-y_0}{x-x_0}=\frac{f(x)-f(x_0)}{x-x_0}.$$

令点 M 沿曲线 L 趋向于点 M_0，这时 $x\to x_0$.

如果极限

$$\lim_{x\to x_0}\frac{f(x)-f(x_0)}{x-x_0}$$

存在，设为 k，记 $\Delta x=x-x_0$，即

$$k=\lim_{x\to x_0}\frac{f(x)-f(x_0)}{x-x_0}\quad\left(\text{或 } k=\lim_{\Delta x\to 0}\frac{f(x_0+\Delta x)-f(x_0)}{\Delta x}=\lim_{\Delta x\to 0}\frac{\Delta y}{\Delta x}\right),$$

那么就把过点 M_0 而以 k 为斜率的直线称为曲线 L 在点 M_0 处的切线. 即切线是割线的极限位置.

2. 变速直线运动的速度

设 s 表示一物体从某个时刻(作为测量时间的零点)开始到时刻 t 做直线运动所经过的路程，则 s 是时刻 t 的函数 $s=f(t)$. 下面来研究一下物体在 $t=t_0$ 时的运动速度.

当时间由时刻 t_0 到 t 这样一个间隔时，物体在这一段时间内所经过的路程为

$$s-s_0=f(t)-f(t_0).$$

当物体做匀速直线运动时，它的速度不随时间而改变，$\frac{s-s_0}{t-t_0}=\frac{f(t)-f(t_0)}{t-t_0}$ 是一个常量，它是物体在任何时刻的速度. 但是当物体做变速直线运动时，它的速度随时间而定，$\frac{f(t)-f(t_0)}{t-t_0}$ 称为该动点在该时间间隔内的平均速度，记为 $\bar{v}$，即 $\bar{v}=\frac{f(t)-f(t_0)}{t-t_0}$. 令 $t\to t_0$，如果 $\lim\limits_{t\to t_0}\frac{f(t)-f(t_0)}{t-t_0}$ 存在，设为 v，$\Delta t=t-t_0$ 即

$$v=\lim_{t\to t_0}\frac{f(t)-f(t_0)}{t-t_0}\quad\left(\text{或 } v=\lim_{\Delta t\to 0}\frac{f(t_0+\Delta t)-f(t_0)}{\Delta t}=\lim_{\Delta t\to 0}\frac{\Delta s}{\Delta t}\right),$$

这时把这个极限值 v 称为变速直线运动在 t_0 时刻的速度.

这两个例题从表面上看是不同的，但从数量关系来看，它们的本质是相同的. 都归结为函数增量(因变量增量)与自变量增量之比的极限. 这类的问题普遍存在，如一个城市人口增长的速度、国民经济发展的速度等，这样的问题只有引入导数后才能更好地说明.

2.1.2 导数概念

设函数 $f(x)$ 在 x_0 的某个邻域内有定义，当自变量 x 在点 x_0 处取得增量 Δx 时，函数 $f(x)$ 取得相应的增量

$$\Delta y = f(x_0 + \Delta x) - f(x_0).$$

如果当 $\Delta x \to 0$ 时，$\frac{\Delta y}{\Delta x}$ 的极限存在，即

$$\lim_{\Delta x \to 0} \frac{\Delta y}{\Delta x} = \lim_{\Delta x \to 0} \frac{f(x_0 + \Delta x) - f(x_0)}{\Delta x}$$

存在，则称函数 $f(x)$ 在点 x_0 处**可导**，称极限值为函数 $f(x)$ 在点 x_0 处的**导数**，记作

$$y' \big|_{x=x_0} = \lim_{\Delta x \to 0} \frac{\Delta y}{\Delta x} = \lim_{\Delta x \to 0} \frac{f(x_0 + \Delta x) - f(x_0)}{\Delta x}, \tag{2.1}$$

也可记作

$$f'(x_0), \quad \frac{\mathrm{d}y}{\mathrm{d}x}\bigg|_{x=x_0} \quad 或 \quad \frac{\mathrm{d}f(x)}{\mathrm{d}x}\bigg|_{x=x_0}.$$

函数 $f(x)$ 在点 x_0 处可导也可说成函数 $f(x)$ 在点 x_0 处具有导数或导数存在. 导数的定义也可以写成

$$f'(x_0) = \lim_{x \to x_0} \frac{f(x) - f(x_0)}{x - x_0},$$

或

$$f'(x_0) = \lim_{h \to 0} \frac{f(x_0 + h) - f(x_0)}{h}.$$

如果当 $\Delta x \to 0$ 时，$\frac{\Delta y}{\Delta x}$ 的极限不存在，就称函数 $f(x)$ 在点 x_0 处不可导.

例 2.1.1　求函数 $y = x^2 + 1$ 在 $x = 1$ 处的导数.

解　由定义有

$$\begin{aligned} y' \big|_{x=1} &= \lim_{\Delta x \to 0} \frac{\Delta y}{\Delta x} = \lim_{\Delta x \to 0} \frac{2\Delta x + (\Delta x)^2}{\Delta x} \\ &= \lim_{\Delta x \to 0} (2 + \Delta x) = 2. \end{aligned}$$

如果函数 $f(x)$ 在某开区间 (a,b) 内的每一点处都可导，称函数 $f(x)$ 在区间 (a,b) 内可导. 此时对于区间 (a,b) 内的每一个 x 都对应着一个确定的导数值，这就构成了一个新的函数，称为 $f(x)$ 在区间 (a,b) 内的导函数，简称导数. 记作

$$y', \quad f'(x), \quad \frac{\mathrm{d}y}{\mathrm{d}x} \quad 或 \quad \frac{\mathrm{d}f(x)}{\mathrm{d}x},$$

且

$$f'(x)=\lim_{\Delta x\to 0}\frac{\Delta y}{\Delta x}=\lim_{\Delta x\to 0}\frac{f(x+\Delta x)-f(x)}{\Delta x}$$

或

$$f'(x)=\lim_{h\to 0}\frac{f(x+h)-f(x)}{h}.$$

注意，$f'(x)$ 是导函数，而 $f'(x_0)$ 是 $f(x)$ 在 x_0 的导数或 $f'(x)$ 在 x_0 的值. 即

$$f'(x_0)=f'(x)\big|_{x=x_0}.$$

下面讨论几个基本初等函数的导数.

例 2.1.2　求 $y=C$ 的导数.

解　因变量的改变量　$\Delta y=C-C=0$.

差商为　$\dfrac{\Delta y}{\Delta x}=\dfrac{0}{\Delta x}=0$.

取极限　$\lim\limits_{\Delta x\to 0}\dfrac{\Delta y}{\Delta x}=\lim\limits_{\Delta x\to 0}\dfrac{0}{\Delta x}=0$.

因此，常数的导数为零，即 $(C)'=0$.

例 2.1.3　求正弦函数 $y=\sin x$ 的导数.

解　因变量的增量 $\Delta y=\sin(x+\Delta x)-\sin x=2\cos\left(x+\dfrac{\Delta x}{2}\right)\cdot\sin\dfrac{\Delta x}{2}$.

差商为

$$\begin{aligned}\frac{\Delta y}{\Delta x}&=\frac{2\cos\left(x+\frac{\Delta x}{2}\right)\cdot\sin\frac{\Delta x}{2}}{\Delta x}\\&=\cos\left(x+\frac{\Delta x}{2}\right)\cdot\frac{\sin\frac{\Delta x}{2}}{\frac{\Delta x}{2}}.\end{aligned}$$

取极限

$$\begin{aligned}\lim_{\Delta x\to 0}\frac{\Delta y}{\Delta x}&=\lim_{\Delta x\to 0}\cos\left(x+\frac{\Delta x}{2}\right)\cdot\frac{\sin\frac{\Delta x}{2}}{\frac{\Delta x}{2}}\\&=\lim_{\Delta x\to 0}\cos\left(x+\frac{\Delta x}{2}\right)\cdot\lim_{\Delta x\to 0}\frac{\sin\frac{\Delta x}{2}}{\frac{\Delta x}{2}}\\&=\cos x.\end{aligned}$$

因此

$$(\sin x)'=\cos x.$$

这就是说正弦函数的导数是余弦函数，用类似的方法可得

$$(\cos x)' = -\sin x,$$

即余弦函数的导数是负的正弦函数.

例 2.1.4 求自然对数函数 $y = \ln x$ 的导数，且求出 $f'(1), f'(2)$.

解 $$f'(x) = \lim_{\Delta x\to 0}\frac{f(x+\Delta x)-f(x)}{\Delta x} = \lim_{\Delta x\to 0}\frac{\ln(x+\Delta x)-\ln(x)}{\Delta x}$$

$$= \lim_{\Delta x\to 0}\frac{1}{\Delta x}\cdot\ln\left(1+\frac{\Delta x}{x}\right)$$

$$= \lim_{\Delta x\to 0}\frac{1}{x}\cdot\frac{x}{\Delta x}\cdot\ln\left(1+\frac{\Delta x}{x}\right)$$

$$= \lim_{\Delta x\to 0}\frac{1}{x}\cdot\ln\left(1+\frac{\Delta x}{x}\right)^{\frac{x}{\Delta x}}$$

$$= \frac{1}{x}\cdot\ln\lim_{\frac{\Delta x}{x}\to 0}\left(1+\frac{\Delta x}{x}\right)^{\frac{x}{\Delta x}}$$

$$= \frac{1}{x}\cdot\ln e = \frac{1}{x}.$$

所以

$$f'(1) = \frac{1}{x}\bigg|_{x=1} = 1,\quad f'(2) = \frac{1}{x}\bigg|_{x=2} = \frac{1}{2}.$$

例 2.1.5 求幂函数 $f(x) = x^n$(n 为正整数)的导数.

解 根据导数定义与牛顿二项展开式

$$f'(x) = \lim_{\Delta x\to 0}\frac{(x+\Delta x)^n - x^n}{\Delta x}$$

$$= \lim_{\Delta x\to 0}\frac{\left[x^n + nx^{n-1}\Delta x + \frac{n(n-1)}{2}x^{n-2}(\Delta x)^2 + \cdots + (\Delta x)^n\right] - x^n}{\Delta x}$$

$$= \lim_{\Delta x\to 0}\left(nx^{n-1} + \frac{n(n-1)}{2}x^{n-2}\Delta x + \cdots + (\Delta x)^{n-1}\right)$$

$$= nx^{n-1}.$$

以后将证明 $(x^\mu)' = \mu x^{\mu-1}$，μ 为常数.

例 2.1.6 求函数 $f(x) = |x|$ 在 $x = 0$ 的导数.

解 $$\lim_{h\to 0}\frac{f(0+h)-f(0)}{h} = \lim_{h\to 0}\frac{|h|-0}{h} = \lim_{h\to 0}\operatorname{sgn}h,$$

当 $h > 0$ 时，$\operatorname{sgn}h = 1$，于是 $\lim\limits_{h\to 0}\operatorname{sgn}h = 1$；

当 $h < 0$ 时，$\operatorname{sgn}h = -1$，于是 $\lim\limits_{h\to 0}\operatorname{sgn}h = -1$.

因此 $\lim\limits_{h\to 0}\operatorname{sgn}h$ 不存在，即函数 $f(x) = |x|$ 在 $x = 0$ 处不可导.

极限存在的充分必要条件是左、右极限都存在且相等，因此 $f'(x_0)$ 存在即 $f(x)$ 在 x_0 处可导的充分必要条件是左、右极限

$$\lim_{h\to 0^-}\frac{f(x_0+h)-f(x_0)}{h} \quad 与 \quad \lim_{h\to 0^+}\frac{f(x_0+h)-f(x_0)}{h}$$

都存在且相等. 这两个极限分别称为函数 $f(x)$ 在 x_0 处的左导数和右导数，记为 $f'_-(x_0)$ 与 $f'_+(x_0)$.

函数 $f(x)$ 在 $[a,b]$ 上可导是指，$f(x)$ 在 (a,b) 内处处可导，且 $f'_+(a)$ 与 $f'_-(b)$ 存在.

2.1.3　函数的可导性与连续性的关系

定理 2.1.1　如果函数 $f(x)$ 在 x_0 处可导，则它在 x_0 处一定连续，反之不然.

证　函数 $f(x)$ 在 x_0 处可导，所以有

$$\lim_{\Delta x\to 0}\frac{\Delta y}{\Delta x}=f'(x_0).$$

于是

$$\lim_{\Delta x\to 0}\Delta y=\lim_{\Delta x\to 0}\frac{\Delta y}{\Delta x}\cdot\Delta x=\lim_{\Delta x\to 0}\frac{\Delta y}{\Delta x}\cdot\lim_{\Delta x\to 0}\Delta x=f'(x_0)\cdot 0=0.$$

这说明函数 $f(x)$ 在 x_0 处连续. 反之函数 $f(x)$ 在 x_0 处连续却不一定在 x_0 处可导. 即函数在某点连续是函数在这点可导的必要条件，但不是充分条件. 如果函数 $f(x)$ 在 x_0 处不连续，则函数 $f(x)$ 在 x_0 一定不可导.

例如，函数 $f(x)=|x|$ 在 $x=0$ 点连续但不可导.

例 2.1.7　讨论函数

$$f(x)=\begin{cases} x\sin\dfrac{1}{x}, & x\neq 0, \\ 0, & x=0 \end{cases}$$

在 $x=0$ 处的连续性与可导性.

解　$\lim\limits_{x\to 0}f(x)=\lim\limits_{x\to 0}x\sin\dfrac{1}{x}=0=f(0)$，所以 $f(x)$ 在 $x=0$ 点连续. 又因为

$$\lim_{x\to 0}\frac{f(x)-f(0)}{x-0}=\lim_{x\to 0}\frac{x\sin\dfrac{1}{x}}{x}=\lim_{x\to 0}\sin\frac{1}{x}$$

不存在，所以 $f(x)$ 在 $x=0$ 点不可导.

2.1.4　导数的几何意义

由引例中的切线问题可知，函数 $f(x)$ 在 x_0 点导数 $f'(x_0)$ 就是曲线 $f(x)$ 在点 $M_0(x_0,y_0)$ 处的切线的斜率.

$$f'(x_0)=\lim_{\Delta x\to 0}\frac{\Delta y}{\Delta x}=\tan\alpha\left(\alpha\neq\frac{\pi}{2}\right).$$

由导数的几何意义及直线的点斜式方程，可知曲线 $f(x)$ 在点 $M_0(x_0,y_0)$ 处

的切线方程为

$$y-y_0=f'(x_0)(x-x_0).$$

过切点且与切线垂直的直线称为曲线 $f(x)$ 在点 $M_0(x_0,y_0)$ 处的法线，如果 $f'(x_0)\neq 0$，法线的斜率为 $-\dfrac{1}{f'(x_0)}$，从而法线方程为

$$y-y_0=-\frac{1}{f'(x_0)}(x-x_0).$$

例 2.1.8 求 $f(x)=x^2+1$ 在(1,2)处的切线与法线方程，并求曲线上哪一点的切线与 $y=4x-3$ 平行.

解 (1) 由例 2.1.1 知，$f'(x)=2x$，所以 $f'(1)=2$，因此所求切线方程为 $y-2=2(x-1)$，即 $y-2x=0$. 法线方程为 $y-2=-\dfrac{1}{2}(x-1)$，即 $y+\dfrac{x}{2}-\dfrac{5}{2}=0$.

(2) $y=4x-3$ 的斜率为 $k=4$，两条直线平行则斜率相等，因此所求切线的斜率也等于 4，又因为 $f'(x)=2x$，所以问题归结为 x 为何值时，$f'(x)=2x$ 等于 4，即

$$2x=4.$$

解得 $x=2$. 代入曲线中得 $y=5$，因此曲线上 (2,5) 这一点的切线与 $y=4x-3$ 平行.

习　题　2.1

1. 设 $y=3x^2$，按定义求 $\left.\dfrac{\mathrm{d}y}{\mathrm{d}x}\right|_{x=-1}$.

2. 证明：

(1) 可导的偶函数的导数是奇函数；

(2) 可导的奇函数的导数是偶函数.

3. 已知物体的运动规律为 $s=2t^2$(m)，求物体在 $t=3$ s 时的速度.

4. 在抛物线 $y=x^2+2$ 上取横坐标 $x_1=1,x_2=3$ 的两点，作过这两点的割线. 问抛物线上哪一点的切线平行于这条割线.

5. 求曲线 $y=\sin 2x$ 上点 $\left(\dfrac{\pi}{3},\dfrac{\sqrt{3}}{2}\right)$ 处的法线方程.

6. 如果函数是偶函数，且 $f'(0)$ 存在，证明：$f'(0)=0$.

7. 若函数 $y=f(x)$ 在点 $x=0$ 处连续，且 $\lim\limits_{x\to 0}\dfrac{f(x)}{x}$ 存在，则 $f(x)$ 在点 $x=0$ 处是否可导?

8. 讨论函数 $y = x|x|$ 在点 $x = 0$ 处的可导性.

9. 函数 $f(x) = \begin{cases} x^2 \sin\dfrac{1}{x}, & x \neq 0, \\ 0, & x = 0 \end{cases}$ 在点 $x = 0$ 处是否连续，是否可导？

10. 讨论 $f(x) = \begin{cases} 1, & x \leqslant 0, \\ 2x+1, & 0 < x \leqslant 1, \\ x^2+2, & 1 < x \leqslant 2, \\ x, & 2 < x \end{cases}$ 在 $x = 0, x = 1, x = 2$ 处的连续性与可导性.

11. 设 $f(x) = 2x^3 - 4x + 5$，用导数的定义求 $f'(2), f'(-3)$.

思考题

设 $f(x) = 3\sin x + 2x$，用导数的定义求 $f'(0)$.

2.2　导数的运算法则

2.1 节给出了导数的定义及根据定义求导数的方法，但是如果对每一函数都根据导数定义来求导的话，将很复杂，甚至是很困难的事，因此本节将介绍几个求导数的基本法则和基本初等函数的导数公式，借助这些法则和公式就能比较容易地求初等函数的导数.

2.2.1　函数的线性组合、积、商的求导法则

定理 2.2.1　如果函数 $u(x), v(x)$ 都是 x 的可导函数，则函数 $u(x) \pm v(x)$ 也是 x 的可导函数，并且

$$(u(x) \pm v(x))' = u'(x) \pm v'(x).$$

证　令 $y = u(x) \pm v(x)$，则当 x 取得增量 Δx 时，函数 $u(x), v(x)$ 也取得增量 $\Delta u(x), \Delta v(x)$，函数 $u(x), v(x)$ 简记为 u, v，于是

$$\begin{aligned} y' &= \lim_{\Delta x \to 0} \frac{\Delta y}{\Delta x} = \lim_{\Delta x \to 0} \frac{((u+\Delta u) \pm (v+\Delta v)) - (u \pm v)}{\Delta x} \\ &= \lim_{\Delta x \to 0} \frac{\Delta u \pm \Delta v}{\Delta x} = \lim_{\Delta x \to 0}\left(\frac{\Delta u}{\Delta x} \pm \frac{\Delta v}{\Delta x}\right) \\ &= \lim_{\Delta x \to 0} \frac{\Delta u}{\Delta x} \pm \lim_{\Delta x \to 0} \frac{\Delta v}{\Delta x} = u' \pm v', \end{aligned}$$

即 $(u(x) \pm v(x))' = u'(x) \pm v'(x)$.

这个公式可推广到有限多个函数的代数和，即

$$(u_1 + u_2 + \cdots + u_n)' = u_1' + u_2' + \cdots + u_n'.$$

定理 2.2.2　如果函数 u,v 都是 x 的可导函数，则函数 $y=u\cdot v$ 也是 x 的可导函数，并且

$$y'=(u\cdot v)'=u'v+uv'$$

证　当 x 取得增量 Δx 时，函数 u,v 也取得增量 $\Delta u,\Delta v$，于是

$$\begin{aligned}y'&=\lim_{\Delta x\to 0}\frac{\Delta y}{\Delta x}=\lim_{\Delta x\to 0}\frac{((u+\Delta u)\cdot(v+\Delta v))-(u\cdot v)}{\Delta x}\\&=\lim_{\Delta x\to 0}\frac{u\Delta v+v\Delta u+\Delta u\cdot\Delta v}{\Delta x}\\&=\lim_{\Delta x\to 0}u\frac{\Delta v}{\Delta x}+\lim_{\Delta x\to 0}v\frac{\Delta u}{\Delta x}+\lim_{\Delta x\to 0}\frac{\Delta u}{\Delta x}\cdot\Delta v.\end{aligned}$$

已知函数 u,v 都是 x 的可导函数，因而连续，所以有 $\lim\limits_{\Delta x\to 0}\Delta v=0$，于是

$$\begin{aligned}y'&=\lim_{\Delta x\to 0}u\frac{\Delta v}{\Delta x}+\lim_{\Delta x\to 0}v\frac{\Delta u}{\Delta x}+\lim_{\Delta x\to 0}\frac{\Delta u}{\Delta x}\cdot\lim_{\Delta x\to 0}\Delta v\\&=uv'+u'v+u'\cdot 0\\&=uv'+u'v\end{aligned}$$

即 $(u\cdot v)'=u'v+uv'$.

这个公式可推广到有限多个函数的乘积，即

$$(u_1u_2\cdots u_n)'=u'_1u_2\cdots u_n+u_1u'_2\cdots u_n+\cdots+u_1u_2\cdots u_{n-1}u'_n.$$

推论 2.2.1　令 $v=C$(C 是常数)时，

$$y'=(Cu)'=Cu'$$

即常数因子可以移到导数符号的外面.

推论 2.2.2　若 $y=C_1u+C_2v$，C_1,C_2 为常数，则

$$y'=C_1u'+C_2v'.$$

例 2.2.1　求函数 $y=3x^2(1+2x)$ 的导数.

解

$$\begin{aligned}y'&=(3x^2(1+2x))'=3(x^2(1+2x))'\\&=3[(x^2)'(1+2x)+x^2\cdot(1+2x)']\\&=3[2x(1+2x)+x^2\cdot 2]\\&=3(6x^2+2x)\\&=18x^2+6x.\end{aligned}$$

定理 2.2.3　如果函数 u,v 都是 x 的可导函数，且 $v\neq 0$，则函数 $y=\dfrac{u}{v}$ 也是 x 的可导函数，并且

$$y'=\left(\frac{u}{v}\right)'=\frac{u'v-uv'}{v^2}\quad(v\neq 0).$$

证　定理 2.2.3 的证明和定理 2.2.1 及定理 2.2.2 类似，留给同学自己证.

推论 2.2.3　令 $u=C$(C 是常数),则有

$$y'=\left(\frac{C}{v}\right)'=-C\frac{v'}{v^2}(v\neq 0).$$

利用定理 2.2.3 可以证明幂函数 $y=x^n$ 当 n 为负整数时,$y'=nx^{n-1}$ 也成立,事实上,当 n 为负整数时,令 $m=-n$,则

$$y=x^n=x^{-m}=\frac{1}{x^m}.$$

因此

$$\begin{aligned}y'&=\left(\frac{1}{x^m}\right)'=-\frac{(x^m)'}{(x^m)^2}=-\frac{mx^{m-1}}{x^{2m}}\\&=-mx^{-m-1}=nx^{n-1}.\end{aligned}$$

从而对于任意整数 μ,有 $(x^\mu)'=\mu x^{\mu-1}$($\mu=0$ 时显然成立).

例 2.2.2　求 $y=\tan x$ 的导数.

解　$$\begin{aligned}y'&=(\tan x)'=\left(\frac{\sin x}{\cos x}\right)'=\frac{(\sin x)'\cos x-\sin x(\cos x)'}{\cos^2 x}\\&=\frac{\cos^2 x+\sin^2 x}{\cos^2 x}=\frac{1}{\cos^2 x}=\sec^2 x.\end{aligned}$$

因此

$$(\tan x)'=\sec^2 x.$$

同理

$$(\cot x)'=-\csc^2 x.$$

例 2.2.3　求 $y=\sec x$ 的导数.

解　$$y'=(\sec)'=\left(\frac{1}{\cos x}\right)'=-\frac{(\cos x)'}{\cos^2 x}=\frac{\sin x}{\cos^2 x}=\sec x\cdot\tan x.$$

同理

$$(\csc x)'=-\csc x\cdot\cot x.$$

例 2.2.4　求函数 $y=\dfrac{x^4}{2}-\dfrac{3}{x^3}$ 的导数.

解　$$\begin{aligned}y'&=\left(\frac{x^4}{2}\right)'-\left(\frac{3}{x^3}\right)'=\frac{1}{2}\cdot 4x^3-3(x^{-3})'\\&=2x^3-3(-3)\cdot x^{-4}\\&=2x^3+9x^{-4}.\end{aligned}$$

例 2.2.5　求对数函数 $y=\log_a x$ $(a>0,a\neq 1)$ 的导数.

解　2.1 节已经求得自然对数函数的导数:$y'=(\ln x)'=\dfrac{1}{x}$,于是

$$y'=(\log_a x)'=\left(\frac{\ln x}{\ln a}\right)'=\frac{1}{\ln a}\cdot(\ln x)'=\frac{1}{x\ln a}.$$

例 2.2.6　求指数函数 $y=a^x\ (a>0,a\neq 1)$ 的导数.

解　$\dfrac{f(x+h)-f(x)}{h}=\dfrac{a^{x+h}-a^x}{h}=a^x\cdot\dfrac{a^h-1}{h}.$

令 $t=a^h-1$，则 $h=\log_a(1+t)$；当 $h\to 0$ 时，$t\to 0$，于是

$$\lim_{h\to 0}\frac{a^h-1}{h}=\lim_{t\to 0}\frac{t}{\log_a(1+t)}=\lim_{t\to 0}\frac{1}{\log_a(1+t)^{\frac{1}{t}}}$$

$$=\frac{1}{\log_a \mathrm{e}}=\ln a.$$

因此

$$f'(x)=\lim_{h\to 0}a^x\cdot\frac{a^h-1}{h}=a^x\cdot\lim_{h\to 0}\frac{a^h-1}{h}=a^x\cdot\ln a.$$

即 $(a^x)'=a^x\ln a$.

当 $a=\mathrm{e}$ 时，

$$(\mathrm{e}^x)'=\mathrm{e}^x\ln\mathrm{e}=\mathrm{e}^x.$$

为了便于记忆，下面列出基本初等函数的求导公式.

(1) $(C)'=0$ (C 是常数)，

(2) $(x^\mu)'=\mu x^{\mu-1}$，

(3) $(\sin x)'=\cos x$，

(4) $(\cos x)'=-\sin x$，

(5) $(\tan x)'=\sec^2 x$，

(6) $(\cot x)'=-\csc^2 x$，

(7) $(\sec x)'=\sec x\tan x$，

(8) $(\csc x)'=-\csc x\cot x$，

(9) $(\mathrm{e}^x)'=\mathrm{e}^x$，

(10) $(a^x)'=a^x\ln a$，

(11) $(\ln x)'=\dfrac{1}{x}$，

(12) $(\log_a x)'=\dfrac{1}{x\ln a}$.

2.2.2　复合函数求导

通过导数定义和四则运算法则已经可以求一些简单函数的导数，但是只是很少的一部分，像 $\sin(3x-1)$，$\ln\sin 5x$，$(6x)^2$ 这样的函数是否可导，如可导它们的导数如何求？这就要给出复合函数的求导法则.

定理 2.2.4　设函数 $u=\varphi(x)$ 在点 x 处有导数 $\dfrac{\mathrm{d}u}{\mathrm{d}x}=\varphi'(x)$，$y=f(u)$ 在对应点

u 处有导数 $\frac{\mathrm{d}y}{\mathrm{d}u}=f'(u)$，则复合函数 $y=f(\varphi(x))$ 在点 x 处导数也存在，并且

$$\frac{\mathrm{d}y}{\mathrm{d}x}=f'(u)\varphi'(x) \tag{2.2}$$

或写成 $y'_x=y'_u\cdot u'_x$.

证　当自变量 x 取得增量 Δx 时，函数 u 也取得增量 $\Delta u=\varphi(x+\Delta x)-\varphi(x)$，从而 y 取得相应的增量 $\Delta y=f(u+\Delta u)-f(u)$，当 $\Delta u\neq 0$ 时，

$$\frac{\Delta y}{\Delta x}=\frac{\Delta y}{\Delta u}\cdot\frac{\Delta u}{\Delta x}.$$

因为函数 $u=\varphi(x)$ 在点 x 处可导，因此在点 x 处连续，所以当 $\Delta x\to 0$ 时，$\Delta u\to 0$.

$$\begin{aligned}\frac{\mathrm{d}y}{\mathrm{d}x}&=\lim_{\Delta x\to 0}\frac{\Delta y}{\Delta x}=\lim_{\Delta x\to 0}\frac{\Delta y}{\Delta u}\cdot\lim_{\Delta x\to 0}\frac{\Delta u}{\Delta x}\\&=\lim_{\Delta u\to 0}\frac{\Delta y}{\Delta u}\cdot\lim_{\Delta x\to 0}\frac{\Delta u}{\Delta x}\\&=f'(u)\varphi'(x).\end{aligned}$$

当 $\Delta u=0$ 时，可以证明式(2.2)依然成立.

上述复合函数的求导法则也称为**链式法则**. 复合函数的求导公式(2.2)可叙述为:复合函数求导，等于函数对中间变量的导数乘以中间变量对自变量的导数.

例 2.2.7　$y=\sin x^4$，求 y'.

解　将函数 $y=\sin x^4$ 看成是由基本初等函数 $y=\sin u, u=x^4$ 复合而成，所以

$$\begin{aligned}y'_x&=y'_u\cdot u'_x=(\sin u)'_u(x^4)'_x\\&=(\cos u)\cdot(4x^3)=4x^3\cos x^4.\end{aligned}$$

例 2.2.8　$y=\ln\sin x$，求 y'.

解　将函数 $y=\ln\sin x$ 看成是由基本初等函数 $y=\ln u, u=\sin x$ 复合而成，所以

$$\begin{aligned}y'_x&=y'_u\cdot u'_x=(\ln u)'_u(\sin x)'_x\\&=\frac{1}{u}\cos x=\frac{\cos x}{\sin x}=\cot x.\end{aligned}$$

复合函数求导的关键是适当地选取中间变量，将所给的函数拆成两个或两个以上基本初等函数的复合，然后再利用复合函数求导，求出所给函数的导数. 熟练以后，可以不写中间变量，直接把表示中间变量的部分写出来，并且从外向里逐层求导.

例 2.2.9　$y=\ln|x|\ (x\neq 0)$，求 y'.

解　当 $x>0$ 时，$y'=(\ln|x|)'=(\ln x)'=\frac{1}{x}$.

当 $x<0$ 时，$y'=(\ln|x|)'=(\ln(-x))'=\frac{1}{-x}(-x)'=\frac{1}{-x}\cdot(-1)=\frac{1}{x}$.

因此

$$(\ln|x|)'=\frac{1}{x}.$$

例 2.2.10 $y=\sin(\cos x^2)$，求 y'.

解

$$\begin{aligned}y'&=\cos(\cos x^2)\cdot(\cos x^2)'\\&=\cos(\cos x^2)\cdot(-\sin x^2)\cdot(x^2)'\\&=\cos(\cos x^2)\cdot(-\sin x^2)\cdot 2x\\&=-2x\sin x^2\cos(\cos x^2).\end{aligned}$$

例 2.2.11 $y=\ln(x+\sqrt{1+x^2})$，求 y'.

解
$$\begin{aligned}y'&=\frac{1}{x+\sqrt{1+x^2}}\cdot(x+\sqrt{1+x^2})'\\&=\frac{1}{x+\sqrt{1+x^2}}\cdot\left(1+\frac{1}{2\sqrt{1+x^2}}(1+x^2)'\right)\\&=\frac{1}{x+\sqrt{1+x^2}}\cdot\left(1+\frac{2x}{2\sqrt{1+x^2}}\right)\\&=\frac{1}{x+\sqrt{1+x^2}}\cdot\frac{x+\sqrt{1+x^2}}{\sqrt{1+x^2}}\\&=\frac{1}{\sqrt{1+x^2}}.\end{aligned}$$

现在已经会求常数函数、幂函数、三角函数、反三角函数、指数函数和对数函数的导数，即基本初等函数的导数都已经会求了. 在此基础上，再应用函数的和、差、积、商的求导法则以及复合函数的求导法则，就能求任一初等函数的导数了.

2.2.3 高阶导数

函数 $y=f(x)$ 在区间 I 内可导，其导数 $y'=f'(x)$ 仍然是 x 的函数，如果这个函数 $y'=f'(x)$ 仍然是可导的，则其导数称为原来函数 $y=f(x)$ 的**二阶导数**，记作 y'', $f''(x)$ 或 $\frac{\mathrm{d}^2y}{\mathrm{d}x^2}$，即

$$f''(x)=[f'(x)]',\qquad \frac{\mathrm{d}^2y}{\mathrm{d}x^2}=\frac{\mathrm{d}}{\mathrm{d}x}\left(\frac{\mathrm{d}y}{\mathrm{d}x}\right).$$

类似地，二阶导数 $f''(x)$ 的导数，称为 $y=f(x)$ 的**三阶导数**，记作 y''',

$f'''(x)$ 或 $\dfrac{d^3y}{dx^3}$，$(n-1)$ 阶导数 $f^{(n-1)}(x)$ 的导数，称为 $y=f(x)$ 的 n **阶导数**，记作 $y^{(n)}$，$f^{(n)}(x)$ 或 $\dfrac{d^ny}{dx^n}$. 即

$$f^{(n)}(x)=[f^{(n-1)}(x)]',\qquad \frac{d^ny}{dx^n}=\frac{d}{dx}\left(\frac{d^{n-1}y}{dx^{n-1}}\right).$$

二阶和二阶以上的导数统称为**高阶导数**，函数 $f(x)$ 的各阶导数在点 $x=x_0$ 的数值为

$$f''(x_0),f'''(x_0),f^{(4)}(x_0),\cdots,f^{(n)}(x_0).$$

由高阶导数的定义可以看出，求高阶导数就是多次连续地求一阶导数，所以前面学过的求导方法可以来计算高阶导数.

例 2.2.12　求 $y=x^5$ 的三阶导数.

解　$y'=5x^4,\quad y''=(5x^4)'=20x^3,\quad y'''=(20x^3)'=60x^2.$

例 2.2.13　求指数函数 $y=e^x$ 的 n 阶导数.

解　$y'=(e^x)'=e^x,\quad y''=(e^x)'=e^x,\quad \cdots,y^{(n)}=e^x.$

例 2.2.14　求幂函数 $y=x^\mu$ 的 n 阶导数.

解　$y'=(x^\mu)'=\mu x^{\mu-1}$;

$y''=(\mu x^{\mu-1})'=\mu(\mu-1)x^{\mu-2}$;

$y'''=\mu(\mu-1)(\mu-2)x^{\mu-3}$;

$y^{(4)}=\mu(\mu-1)(\mu-2)(\mu-3)x^{\mu-4}$.

因此，可得

$$y^{(n)}=\mu(\mu-1)(\mu-2)\cdots(\mu-n+1)x^{\mu-n}.$$

当 $\mu=n$ 时，有

$$(x^n)^{(n)}=n(n-1)(n-2)\cdots2\cdot1=n!.$$

例 2.2.15　求正弦函数 $y=\sin x$ 的 n 阶导数.

解　$y'=(\sin x)'=\cos x=\sin\left(x+\dfrac{\pi}{2}\right)$;

$y''=\left[\sin\left(x+\dfrac{\pi}{2}\right)\right]'=\cos\left(x+\dfrac{\pi}{2}\right)=\sin\left(x+2\cdot\dfrac{\pi}{2}\right)$;

$y'''=\cos\left(x+2\cdot\dfrac{\pi}{2}\right)=\sin\left(x+3\cdot\dfrac{\pi}{2}\right)$;

$y^{(4)}=\cos\left(x+3\cdot\dfrac{\pi}{2}\right)=\sin\left(x+4\cdot\dfrac{\pi}{2}\right)$.

一般地，由数学归纳法可得

$$(\sin x)^{(n)}=\sin\left(x+n\cdot\frac{\pi}{2}\right).$$

用类似方法可得

$$(\cos x)^{(n)}=\cos\left(x+n\cdot\frac{\pi}{2}\right).$$

习　题　2.2

1. 求下列各函数的导数(其中 a, b 为常量).

(1) $y=3x^2-x+5$;　　(2) $y=x^{(a+b)}$;

(3) $y=2\sqrt{x}-\dfrac{1}{x}+4\sqrt{3}$;　　(4) $y=\dfrac{x^2}{2}+\dfrac{2}{x^2}$;

(5) $y=x^2(2x-1)$;　　(6) $y=(x+1)\sqrt{2x}$.

2. 求下列各函数的导数(其中 a, b, c, n 为常量).

(1) $y=2x\ln x$;　　(2) $y=x^n\ln x$;

(3) $y=\log_a\sqrt{x}$;　　(4) $y=\dfrac{x+1}{x-1}$;

(5) $y=\dfrac{3x}{1+x^2}$;　　(6) $y=3x-\dfrac{x}{2-x}$.

3. 求下列各函数的导数.

(1) $y=x\sin x+3\cos x$;　　(2) $y=\dfrac{x}{1-\cos x}$;

(3) $y=\tan x-x\tan x$;　　(4) $y=\dfrac{4\sin x}{1+2\cos x}$.

4. 求下列函数在给定点处的函数值.

(1) $y=3\sin x\cos x$, 求 $y'\big|_{x=\frac{\pi}{6}}$ 与 $y'\big|_{x=\frac{\pi}{4}}$;

(2) $\rho=\varphi\sin\varphi+\dfrac{1}{2}\cos\varphi$, 求 $\left.\dfrac{d\rho}{d\varphi}\right|_{\varphi=\frac{\pi}{4}}$;

(3) $f(t)=\dfrac{1-2\sqrt{t}}{1+2\sqrt{t}}$, 求 $f'(4)$.

5. 求下列各函数的导数 (其中 a, n 为常量).

(1) $y=(1+x)(1+x^2)$;　　(2) $y=\sqrt{x^2-a^2}$;

(3) $y=\log_a(1+2x^2)$;　　(4) $y=\ln(a^2-x^2)$;

(5) $y=\ln\sqrt{2x}+\sqrt{\ln x}$;　　(6) $y=\ln\dfrac{1+\sqrt{x}}{1-\sqrt{x}}$;

(7) $y=\sin x^n$;　　(8) $y=\sin^n x\cdot\cos nx$;

(9) $y=\ln\tan\dfrac{x}{2}$;　　(10) $y=x^2\sin\dfrac{1}{x}$;

(11) $y = \ln\ln x$；　(12) $y = \ln(x + \sqrt{x^2 - a^2})$.

6. 求下列各函数的导数(其中 a 为常数).

(1) $y = 2e^{2x}$；　(2) $y = e^{-x^2}$；

(3) $y = x^a + a^x + a^a$；　(4) $y = e^{-\frac{1}{x}}$；

(5) $y = e^{-x}\cos 3x$；　(6) $y = \sin e^{x^2+x-2}$.

7. 求下列各函数的二阶导数.

(1) $y = \ln(1 + x^2)$；　(2) $y = x\ln x$；

(3) $y = xe^{x^2}$.

8. 若 $f''(x)$ 存在，求下列函数的二阶导数 $\frac{d^2 y}{dx^2}$.

(1) $y = f(2x^2)$；　(2) $y = \ln[f(2x)]$.

9. 求下列各函数的 n 阶导数(其中 a，m 为常数).

(1) $y = a^x$；　(2) $y = \ln(1 + x)$；

(3) $y = \cos 2x$；　(4) $y = (1 + x)^m$.

2.3　隐函数及由参数方程所确定的函数的导数

2.3.1　隐函数的导数

函数 $y = f(x)$ 表示因变量 y 与自变量 x 之间的对应关系，如 $y = x^2$，$y = e^{2x+1}$ 等，这种函数表达式的特点是直接给出当自变量 x 取值时因变量 y 取值的规律，这种表达方式的函数称为**显函数**，而

$$\sin x + y^2 - 4 = 0.$$

当自变量 x 在定义域内取值时，因变量 y 的值与之相对应. 例如，当 $x = 0$ 时，$y = \pm 2$；当 $x = \frac{\pi}{2}$ 时，$y = \pm\sqrt{3}$ 等，这样的函数称为隐函数.

一般地，如果在方程 $F(x, y) = 0$ 中，当 x 取某区间内的任一值时，相应地总有满足这个方程唯一的 y 值存在，那么就说方程 $F(x, y) = 0$ 在该区间内确定了一个**隐函数**. 把一个隐函数化成显函数，称为隐函数的显化. 例如，从方程 $x + y^3 - 3 = 0$ 解出 $y = \sqrt[3]{3 - x}$，就把隐函数化成了显函数. 但隐函数显化有时是很困难的，甚至是不可能的. 例如，方程

$$y^3 + 3xy^2 + \ln x + 4x^5 = 1$$

所确定的隐函数就很难用显示表达出来. 如何求隐函数的导数，下面通过例子来说明.

例 2.3.1 $x^2+y^2-4=0$，求 y 对 x 的导数.

解 令 $F(x,y)=x^2+y^2-4=0$，这是一个隐函数，将上式两边逐项对 x 求导，并将 y^2 看成是 x 的复合函数，右端显然为 0，则有

$$\frac{\mathrm{d}}{\mathrm{d}x}(x^2)+\frac{\mathrm{d}}{\mathrm{d}x}(y^2)-\frac{\mathrm{d}}{\mathrm{d}x}(4)=0,$$

化简有

$$2x+2y\cdot\frac{\mathrm{d}y}{\mathrm{d}x}=0,$$

即

$$\frac{\mathrm{d}y}{\mathrm{d}x}=-\frac{x}{y}.$$

由例 2.3.1 可以看出，隐函数求导即在等式两端逐项对自变量求导，即可得到一个关于 y' 的一次方程，解此方程得到 y'，即为隐函数的导数.

例 2.3.2 由方程 $y=x\ln y$ 确定 y 是 x 的函数，求 y'.

解 将方程两边分别对 x 求导，得

$$y'=(x\ln y)'=\ln y+x\cdot\frac{1}{y}y',$$

解得

$$y'=\frac{y\ln y}{y-x}.$$

例 2.3.3 由方程 $5x^3-x+2y+9=0$ 所确定的隐函数在 $x=1$ 处的导数 $\left.\frac{\mathrm{d}y}{\mathrm{d}x}\right|_{x=1}$.

解 将方程两边分别对 x 求导，得

$$5\cdot 3x^2-1+2\frac{\mathrm{d}y}{\mathrm{d}x}=0,$$

因此

$$\frac{\mathrm{d}y}{\mathrm{d}x}=\frac{1-15x^2}{2}.$$

所以

$$\left.\frac{\mathrm{d}y}{\mathrm{d}x}\right|_{x=1}=\left.\frac{1-15x^2}{2}\right|_{x=1}=-7.$$

例 2.3.4 由方程 $x^3-xy+y^2-7=0$ 确定 y 是 x 的函数，求其曲线上点(1，3)的切线方程.

解 将方程两边分别对 x 求导，得

$$3x^2-y-xy'+2yy'=0,$$

即

$$y'=\frac{3x^2-y}{x-2y}.$$

因此切线的斜率为

$$y'\Big|_{\substack{x=1\\y=3}}=\frac{3x^2-y}{x-2y}\Big|_{\substack{x=1\\y=3}}=0.$$

于是曲线上点(1，3)的切线方程为

$$y-3=0.$$

2.3.2　对数求导法

例 2.3.5　求指数函数 $y=a^x\ (a>0,a\neq 1)$ 的导数.

解　2.2 节已经利用导数的定义求出指数函数 $y=a^x\ (a>0,a\neq 1)$ 的导数，这里将利用对等式两边取对数后再求导来求指数函数的导数. 两边同时对 x 取对数得

$$\ln y=\ln a^x=x\ln a,$$

上式两边对 x 求导，得

$$\frac{1}{y}y'=\ln a,$$

因此有

$$y'=y\ln a=a^x\ln a.$$

先将方程 $F(x,y)=0$ 两边取对数，然后化成隐函数求导数，这种方法称为**对数求导法**，适合于连乘积的函数.

例 2.3.6　求函数 $y=\sqrt{\dfrac{(x-1)(x-3)}{(x-2)(x-4)}}$ 的导数.

解　此题可直接利用复合函数求导来计算，但很复杂，在两边同时取对数得

$$\ln y=\frac{1}{2}[\ln|x-1|+\ln|x-3|-\ln|x-2|-\ln|x-4|],$$

两边同时对 x 取对数得

$$\frac{1}{y}y'=\frac{1}{2}\left[\frac{1}{x-1}+\frac{1}{x-3}-\frac{1}{x-2}-\frac{1}{x-4}\right],$$

因此得

$$\begin{aligned}y'&=y\cdot\frac{1}{2}\left[\frac{1}{x-1}+\frac{1}{x-3}-\frac{1}{x-2}-\frac{1}{x-4}\right]\\&=\frac{1}{2}\sqrt{\frac{(x-1)(x-3)}{(x-2)(x-4)}}\left[\frac{1}{x-1}+\frac{1}{x-3}-\frac{1}{x-2}-\frac{1}{x-4}\right],\end{aligned}$$

利用对数求导法可以证明

$$(x^{\mu})'=\mu x^{\mu-1}(\mu\text{ 为任意实数}).$$

对于反三角函数，我们不加证明地给出以下导数公式.

$$(\arcsin x)'=\frac{1}{\sqrt{1-x^2}},$$

$$(\arccos x)' = -\frac{1}{\sqrt{1-x^2}},$$

$$(\arctan x)' = \frac{1}{1+x^2},$$

$$(\operatorname{arccot} x)' = -\frac{1}{1+x^2}.$$

例 2.3.7　求函数 $y = \arctan\dfrac{1+x}{1-x}$ 的导数.

解

$$\begin{aligned} y' &= \frac{1}{1+\left(\frac{1+x}{1-x}\right)^2} \cdot \left(\frac{1+x}{1-x}\right)' \\ &= \frac{(1-x)^2}{(1-x)^2+(1+x)^2} \cdot \frac{2}{(1-x)^2} \\ &= \frac{1}{x^2+1}. \end{aligned}$$

例 2.3.8　已知 $f(u)$ 可导，求 $[f(\ln x)]'$，$[(f(2x+a))^n]'$.

解　注意导数符号“$'$”在不同位置表示对不同变量求导数，如 $[f(\ln x)]'$ 表示对 x 求导，而 $f'(\ln x)$ 表示对 $\ln x$ 求导.

$$[f(\ln x)]' = f'(\ln x) \cdot (\ln x)' = \frac{1}{x}f'(\ln x);$$

$$\begin{aligned} [(f(2x+a))^n]' &= n\,(f(2x+a))^{n-1} \cdot f'(2x+a) \cdot (2x+a)' \\ &= 2n\,(f(2x+a))^{n-1} \cdot f'(2x+a). \end{aligned}$$

2.3.3　由参数方程所确定的函数的导数

在实际问题中，有时给出的是参数方程，如研究抛射体的运动，如果空气阻力忽略不计，则抛射体的运动轨迹可表示为

$$\begin{cases} x = v_1 t, \\ y = v_2 t - \dfrac{1}{2}gt^2, \end{cases} \tag{2.3}$$

其中 v_1, v_2 分别是抛射体初速的水平分量和铅直分量，g 是重力加速度，t 是飞行时间，x 和 y 是飞行中抛射体在铅直平面上的位置的横坐标和纵坐标.

式(2.3)中，x 和 y 都是 t 的函数. 如果把对应于同一个 t 的 y 的值与 x 的值看成对应的，这样就得到 x 与 y 之间的一个函数关系.

一般地，若参数方程

$$\begin{cases} x = \varphi(t), \\ y = \psi(t) \end{cases} \tag{2.4}$$

确定 x 与 y 间的函数关系，则称此函数为由参数方程(2.4)所确定的函数. 现在来求参数方程(2.4)所确定的函数的导数.

在式(2.4)中，如果函数 $x=\varphi(t)$ 在某个区间具有单调连续反函数 $t=\varphi^{-1}(x)$，那么由参数方程式(2.4)所确定的函数 $y=y(x)$ 可以看成由函数 $y=\psi(t), t=\varphi^{-1}(x)$ 复合而成的函数 $y=\psi(\varphi(x))$. 因此要计算这个复合函数的导数，只要假定函数 $y=\psi(t), x=\varphi(t)$ 都可导，且 $\varphi'(t)\neq 0$，那么根据复合函数的求导法则有

$$\frac{\mathrm{d}y}{\mathrm{d}x}=\frac{\mathrm{d}y}{\mathrm{d}t}\cdot\frac{\mathrm{d}t}{\mathrm{d}x}=\frac{\mathrm{d}y}{\mathrm{d}t}\cdot\frac{1}{\frac{\mathrm{d}x}{\mathrm{d}t}}=\frac{\psi'(t)}{\varphi'(t)}, \tag{2.5}$$

即

$$\frac{\mathrm{d}y}{\mathrm{d}x}=\frac{\frac{\mathrm{d}y}{\mathrm{d}t}}{\frac{\mathrm{d}x}{\mathrm{d}t}}.$$

如果 $y=\psi(t), x=\varphi(t)$ 还具有二阶导数，那么从式(2.5)又可求得函数的二阶导数公式

$$\begin{aligned}\frac{\mathrm{d}^2y}{\mathrm{d}x^2}&=\frac{\mathrm{d}}{\mathrm{d}x}\left(\frac{\mathrm{d}y}{\mathrm{d}x}\right)=\frac{\mathrm{d}}{\mathrm{d}t}\left(\frac{\psi'(t)}{\varphi'(t)}\right)\cdot\frac{\mathrm{d}t}{\mathrm{d}x}\\&=\frac{\varphi'(t)\psi''(t)-\varphi''(t)\psi'(t)}{[\varphi'(t)]^2}\cdot\frac{1}{\varphi'(t)}\\&=\frac{\varphi'(t)\psi''(t)-\varphi''(t)\psi'(t)}{[\varphi'(t)]^3}.\end{aligned}$$

例 2.3.9　已知椭圆的参数方程为 $\begin{cases}x=a\cos t,\\ y=b\sin t,\end{cases}$ 求椭圆在 $t=\frac{\pi}{4}$ 相应的点处的切线方程.

解　当 $t=\frac{\pi}{4}$ 时，椭圆上的相应点 M_0 的坐标为

$$x_0=a\cos\frac{\pi}{4}=\frac{\sqrt{2}}{2}a,$$

$$y_0=b\sin\frac{\pi}{4}=\frac{\sqrt{2}}{2}b.$$

椭圆在点 M_0 处的切线斜率为

$$\left.\frac{\mathrm{d}y}{\mathrm{d}x}\right|_{t=\frac{\pi}{4}}=\left.\frac{(b\sin t)'}{(a\cos t)'}\right|_{t=\frac{\pi}{4}}=\left.\frac{b\cos t}{-a\sin t}\right|_{t=\frac{\pi}{4}}=-\frac{b}{a},$$

于是椭圆在点 M_0 的切线方程为

$$y-\frac{\sqrt{2}}{2}b=-\frac{b}{a}\left(x-\frac{\sqrt{2}}{2}a\right).$$

例 2.3.10 计算由摆线的参数方程 $\begin{cases} x = a(t - \sin t), \\ y = a(1 - \cos t) \end{cases}$ 所确定的函数的二阶导数.

解 $\dfrac{dy}{dx} = \dfrac{\frac{dy}{dt}}{\frac{dx}{dt}} = \dfrac{a(1-\cos t)'}{a(t-\sin t)'} = \dfrac{\sin t}{1-\cos t} = \cot\dfrac{t}{2}, \qquad t \neq 2k\pi, k \in \mathbf{Z}.$

$$\frac{d^2y}{dx^2} = \frac{\frac{d}{dt}\left(\frac{dy}{dx}\right)}{\frac{dx}{dt}} = \frac{-\csc^2\frac{t}{2}\cdot\frac{1}{2}}{a(1-\cos t)} = -\frac{1}{a(1-\cos t)^2}, t \neq 2k\pi, k \in \mathbf{Z}.$$

习　题　2.3

1. 求下列函数的导数(其中 a, b 为常数).

(1) $x^2 + y^2 - xy = 10$;　　(2) $y^2 - 2axy + b = 0$;

(3) $y = 2x + \ln y$;　　(4) $y = 1 + xe^y$.

2. 求下列函数的导数.

(1) $y = \arcsin\dfrac{x}{2}$;　　(2) $y = \text{arccot}\dfrac{1}{x}$;

(3) $y = \left(\arcsin\dfrac{x}{2}\right)^2$;　　(4) $y = x\sqrt{1-x^2} + \arcsin x$;

(5) $y = \arcsin x + \arccos x$.

3. 利用取对数求导法求下列函数的导数.

(1) $y = x\cdot\sqrt{\dfrac{1-x}{1+x}}$;　　(2) $y = \dfrac{x^2}{1-x}\cdot\sqrt{\dfrac{3-x}{(3+x)^2}}$;

(3) $y = (x + \sqrt{1+x^2})^n$;　　(4) $y = (x-a_1)^{a_1}(x-a_2)^{a_2}\cdots(x-a_n)^{a_n}$(其中 $a_1, a_2, \cdots, a_n$ 为常数).

4. 求下列函数的导数.

(1) $y = \cos\ln(1+2x)$, 求 y';

(2) $y = (\ln x)^x$, 求 y';

(3) $y = x^{x^2} + e^{x^2} + x^{e^x} + e^{e^x}$, 求 y';

(4) $\sqrt{x} + \sqrt{y} - a = 0$ 确定 y 是 x 的函数, 求 y';

(5) $y = f\left(\arcsin\dfrac{1}{x}\right)$, 求 y'_x;

(6) $y = f(e^x + x^e)$, 求 y'_x;

(7) $y = f(\sin^2 x) + f(\cos^2 x)$, 求 y'_x.

5. 求由方程 $y = x + \varepsilon\sin y (0 < \varepsilon < 1)$ 所确定的隐函数 y 的导数.

6. 求下列参数方程所确定的函数的导数 $\dfrac{dy}{dx}$.

(1) $\begin{cases} x = t^2 + 1, \\ y = t^3 + t; \end{cases}$　　(2) $\begin{cases} x = \theta(1 - \sin\theta), \\ y = \theta\cos\theta. \end{cases}$

思考题

求下列参数方程所确定的函数的二阶导数 $\dfrac{d^2y}{dx^2}$.

(1) $\begin{cases} x = t - \ln(1+t), \\ y = t^3 + t^2; \end{cases}$

(2) $\begin{cases} x = f'(t), \\ y = tf'(t) - f(t), \end{cases}$ 设 $f''(t)$ 存在且不为零.

2.4　函数的微分

2.4.1　微分的定义

在许多实际问题中，经常遇到当自变量有一个微小的改变量时，需要计算函数相应的改变量. 一般来说，直接去计算函数的改变量是比较困难的，但对可导函数来说，可以找到一个简单的近似计算公式. 先看一个具体的例子.

例如，一块正方形金属薄片因受温度变化的影响，其边长由 x_0 变到 $x_0 + \Delta x$，如图 2.2 所示，问此薄片的面积改变了多少？

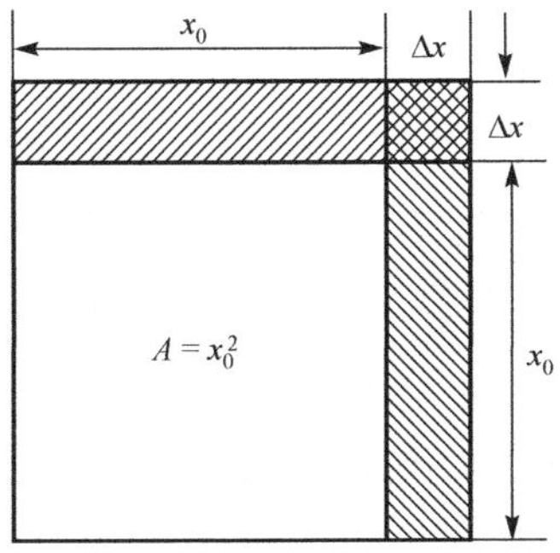

图 2.2

薄片的边长为 x_0，则其面积为 $A = x_0^2$，薄片受温度变化的影响时面积的改变量为 ΔA，即

$$\Delta A = (x_0 + \Delta x)^2 - x_0^2 = 2x_0\Delta x + (\Delta x)^2.$$

从上式可以看出，ΔA 分成两部分，第一部分 $2x_0\Delta x$ 是 Δx 的线性函数，即图中带有斜线的两个矩形面积之和;第二部分 $(\Delta x)^2$ 当 $\Delta x \to 0$ 是比 Δx 高阶的无穷小，即 $(\Delta x)^2 = o(\Delta x)$. 因此当 Δx 很小时，可以用第一部分 $2x_0\Delta x$ 近似地表示 ΔA.

对于自变量在点 x 处的改变量 Δx，如果函数 $y = f(x)$ 的相应改变量 $\Delta y = f(x + \Delta x) - f(x)$ 可以表示为

$$\Delta y = A\Delta x + o(\Delta x),$$

其中 A 与 Δx 无关，$A\Delta x$ 称为 Δy 的线性主部，$o(\Delta x)$ 是 Δx 高阶的无穷小，则称函数 $y = f(x)$ 在点 x 处**可微**. 称 $A\Delta x$ 为函数 $y = f(x)$ 在点 x 处的**微分**，记为 $\mathrm{d}y$ 或 $\mathrm{d}f(x)$. 即

$$\mathrm{d}y = \mathrm{d}f(x) = A\Delta x,$$

于是有

$$\Delta y = \mathrm{d}y + o(\Delta x).$$

即当 $\Delta x \to 0$ 时，函数的改变量 Δy 与微分 $\mathrm{d}y$ 的差是一个比 Δx 高阶的无穷小 $o(\Delta x)$. 这样就可以用微分来代替函数的改变量 Δy.

现在关键是怎样来确定 A. 由可微的定义可得

$$\frac{\Delta y}{\Delta x} = A + \frac{o(\Delta x)}{\Delta x}.$$

因为 A 与 Δx 无关，$o(\Delta x)$ 是 Δx 高阶的无穷小，所以当 $\Delta x \to 0$ 时，对上式两端取极限，有

$$A = \lim_{\Delta x \to 0} \frac{\Delta y}{\Delta x} = f'(x)$$

于是微分可以写成

$$\mathrm{d}y = \mathrm{d}f(x) = f'(x)\Delta x.$$

由此可见，如果函数 $y = f(x)$ 在点 x 处可微，则它在点 x 处可导，反之，如果函数 $y = f(x)$ 在点 x 处可导，则它在点 x 处可微. 因此函数可微必可导，可导必可微，且函数的微分就是函数的导数与自变量改变量(增量)的乘积，即

$$\mathrm{d}y = f'(x)\Delta x.$$

如果将自变量看成是自己的函数 $y = x$，则有

$$\mathrm{d}x = x' \cdot \Delta x = \Delta x,$$

因此自变量的微分就是它的改变量(增量)，所以函数的微分可以写成

$$\mathrm{d}y = f'(x)\mathrm{d}x,$$

即函数的微分就是函数的导数与自变量的微分的乘积.

以前用 $\frac{\mathrm{d}y}{\mathrm{d}x}$ 来表示导数，$\frac{\mathrm{d}y}{\mathrm{d}x}$ 是整体作为一个符号来用的. 在引入微分以后，

我们才知道 $\frac{dy}{dx}$ 表示的是函数微分与自变量微分的商，所以又称导数为微商.

例 2.4.1　求函数 $y=\sin x$ 的微分.

解　$dy=(\sin x)'dx=\cos x dx$.

例 2.4.2　求函数 $y=x^2$ 当 $x=2, dx=0.02$ 时的微分与函数增量.

解　函数的微分为

$$dy=2xdx,$$

因此

$$dy\Big|_{\substack{x=2\\ dx=0.02}}=2xdx\Big|_{\substack{x=2\\ dx=0.02}}=2\times2\times0.02=0.08.$$

$$\Delta y\Big|_{\substack{x=2\\ dx=0.02}}=[(x+\Delta x)^2-x^2]\Big|_{\substack{x=2\\ \Delta x=0.02}}=[2x\Delta x+(\Delta x)^2]\Big|_{\substack{x=2\\ \Delta x=0.02}}=0.0802.$$

2.4.2　微分的几何意义

在直角坐标系中作函数 $y=f(x)$ 的图形，如图 2.3 所示. 在曲线上取一点 $M(x,y)$，过 M 作曲线的切线，则此切线 MT 的斜率为

$$f'(x)=\tan\alpha.$$

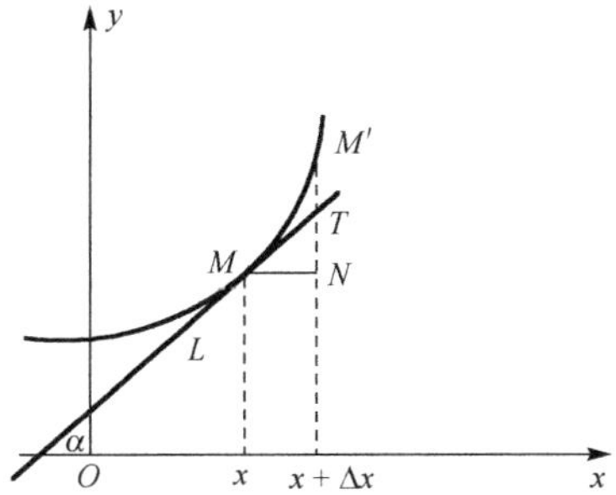

图 2.3

当自变量在点 x 处取得增量 Δx 时，就得到曲线上另外一点 $M'(x+\Delta x, y+\Delta y)$，由图 2.3 知

$$MN=\Delta x, NM'=\Delta y,$$

且 $NT=MN\cdot\tan\alpha=f'(x)\cdot\Delta x=dy$.

因此函数的微分就是过点 $M(x,y)$ 的切线的纵坐标的增量，图中 TM' 是 Δy 与 dy 之差，它是 Δx 的高阶无穷小.

2.4.3　微分公式与微分运算法则

由 $dy=f'(x)dx$ 可知，要求函数的微分，只要求出导数 $f'(x)$ 再乘以 dx 即

可. 因此根据函数和、差、积、商的求导法则，可求得函数和、差、积、商的微分法则.

(1) $d(u\pm v)=du\pm dv$,

(2) $d(cu)=cdu$,

(3) $d(uv)=udv+udv$,

(4) $d\left(\frac{u}{v}\right)=\frac{vdu-udv}{v^2}\ (v\neq 0)$.

为了便于记忆，下面给出微分基本公式.

(1) $dC=0$ (C 是常数)

(2) $d(x^\mu)=\mu x^{\mu-1}dx$,

(3) $d(\sin x)=\cos x dx$,

(4) $d(\cos x)=-\sin x dx$,

(5) $d(\tan x)=\sec^2 x dx$,

(6) $d(\cot x)=-\csc^2 x dx$,

(7) $d(\sec x)=\sec x\tan x dx$,

(8) $d(\csc x)=-\csc x\cot x dx$,

(9) $d(e^x)=e^x dx$,

(10) $d(a^x)=a^x\ln a dx$,

(11) $d(\ln x)=\frac{1}{x}dx$,

(12) $d(\log_a x)=\frac{1}{x\ln a}dx$,

(13) $d(\arcsin x)=\frac{1}{\sqrt{1-x^2}}dx$,

(14) $d(\arccos x)=-\frac{1}{\sqrt{1-x^2}}dx$,

(15) $d(\arctan x)=\frac{1}{1+x^2}dx$,

(16) $d(\text{arccot}\, x)=-\frac{1}{1+x^2}dx$.

2.4.4 复合函数的微分法则

设函数 $y=f(u)$, $u=\varphi(x)$ 都可导，则复合函数 $y=f(\varphi(x))$ 的微分为

$$dy=y'_x dx=f'(u)\varphi'(x)dx.$$

由于 $du=\varphi'(x)dx$, 因此

$$dy=f'(u)du.$$

由此可见，对函数 $y=f(u)$ 来说，不论 u 是自变量还是中间变量，它的微分形式都是 $\mathrm{d}y=f'(u)\mathrm{d}u$，这一性质称为微分形式不变性.

例 2.4.3　设 $y=\sin(x^2+1)$，求 $\mathrm{d}y$.

解　将 x^2+1 看成中间变量 u，则

$$\begin{aligned}\mathrm{d}y&=\mathrm{d}(\sin u)=\cos u\mathrm{d}u=\cos(x^2+1)\mathrm{d}(x^2+1)\\&=\cos(x^2+1)\cdot 2x\mathrm{d}x=2x\cos(x^2+1)\mathrm{d}x\end{aligned}$$

例 2.4.4　设 $y=\mathrm{e}^{ax+bx^2}$，a，b 为常数，求 $\mathrm{d}y$.

解　令 $u=ax+bx^2$，则由微分形式不变性有

$$\begin{aligned}\mathrm{d}y&=\mathrm{d}(\mathrm{e}^u)=\mathrm{e}^u\mathrm{d}u=\mathrm{e}^u\mathrm{d}(ax+bx^2)=\mathrm{e}^u(a\mathrm{d}x+2bx\mathrm{d}x)\\&=(a+2bx)\mathrm{e}^{ax+bx^2}\mathrm{d}x.\end{aligned}$$

例 2.4.5　设 $y=\mathrm{e}^{2x}\sin x$，求 $\mathrm{d}y$.

解

$$\begin{aligned}\mathrm{d}y&=\sin x\mathrm{d}(\mathrm{e}^{2x})+\mathrm{e}^{2x}\mathrm{d}(\sin x)=\sin x\mathrm{e}^{2x}\cdot 2\mathrm{d}x+\mathrm{e}^{2x}\cos x\mathrm{d}x\\&=\mathrm{e}^{2x}(2\sin x+\cos x)\mathrm{d}x.\end{aligned}$$

习　题　2.4

1. 已知 $y=x^2+5x$，计算在 $x=1$ 处当 Δx 分别等于 1，0.2，0.001 时的 Δy 与 $\mathrm{d}y$.

2. 求下列函数的微分.

(1) $y=\sqrt{1-x^2}$；　(2) $y=\ln x^2$；

(3) $y=\mathrm{e}^{-x}\cos x$；　(4) $y=\arcsin\sqrt{x}$；

(5) $y=\ln\sqrt{1-x^3}$；　(6) $y=\tan\dfrac{x}{2}$.

3. 求下列函数在给定点 x_0 的微分.

(1) $y=\sin x+\cos x, x_0=\dfrac{\pi}{4}$；

(2) $y=(\ln x)^2, x_0=\mathrm{e}$；

(3) $y=x^3-3x+1, x_0=2$；

(4) $y=x^2-5x+3, x_0=-3$；

(5) $y=x^2\sin x, x_0=\pi$；

(6) $y=(x-1)^2(x-2)^2, x_0=1$.

思考题

求函数 $s=A\sin(\omega t+\varphi)$（$A,\omega,\varphi$ 是常数）的微分.

本章小结

导数是微分学的基本概念,导数的计算也是本书最为基本的计算之一,必须熟练掌握.导数是函数在一点的变化率,换句话说,就是函数增量与自变量增量的比值的极限.本章重要的知识点是导数的概念、导数的四则运算法则、链式法则.本章的难点是链式法则的使用,隐函数与由参数方程所确定的函数的导数的计算.

微分是另一个重要的概念,非常幸运的是导数与微分是等价的概念.

本章知识点

1. 导数的定义 设函数 $f(x)$ 在 x_0 的某个邻域内有定义,当自变量在点 x_0 处取得增量 Δx 时,函数 $f(x)$ 取得相应的增量 $\Delta y = f(x_0+\Delta x)-f(x_0)$. 如果当 $\Delta x\to 0$ 时,$\dfrac{\Delta y}{\Delta x}$ 的极限存在,即

$$\lim_{\Delta x\to 0}\frac{\Delta y}{\Delta x}=\lim_{\Delta x\to 0}\frac{f(x_0+\Delta x)-f(x_0)}{\Delta x}$$

存在,则称函数 $f(x)$ 在点 x_0 处可导,称极限值为函数 $f(x)$ 在点 x_0 处的导数记作

$$y'|_{x=x_0}=\lim_{\Delta x\to 0}\frac{\Delta y}{\Delta x}=\lim_{\Delta x\to 0}\frac{f(x_0+\Delta x)-f(x_0)}{\Delta x}.$$

如果当 $\Delta x\to 0$ 时,$\dfrac{\Delta y}{\Delta x}$ 的极限不存在,就称函数 $f(x)$ 在点 x_0 处不可导.

2. 如果函数 $f(x)$ 在 x_0 处可导,则它在 x_0 处一定连续,反之不然.

3. 导数的几何意义 函数 $f(x)$ 在 x_0 点导数 $f'(x_0)$ 就是曲线 $f(x)$ 在点 $M_0(x_0, y_0)$ 处的切线的斜率.

4. 导数的四则运算法则 如果函数 $u(x)$,$v(x)$ 都是 x 的可导函数,则函数 $u(x)\pm v(x)$,$u(x)v(x)$ 以及 $\dfrac{u(x)}{v(x)}$ 也是 x 的可导函数,并且 $(u(x)\pm v(x))'=u'(x)\pm v'(x)$,$(u(x)v(x))'=u'(x)v(x)+u(x)v'(x)$,$\left(\dfrac{u(x)}{v(x)}\right)'=\dfrac{u'(x)v(x)-u(x)v'(x)}{v^2(x)}$.

5. 链式法则 设函数 $u=\varphi(x)$ 在点 x 处有导数 $\dfrac{\mathrm{d}u}{\mathrm{d}x}=\varphi'(x)$,$y=f(u)$ 在对应点 u 处有导数 $\dfrac{\mathrm{d}y}{\mathrm{d}u}=f'(u)$,则复合函数 $y=f(\varphi(x))$ 在点 x 处导数也存在,并且 $\dfrac{\mathrm{d}y}{\mathrm{d}x}=f'(u)\varphi'(x)$ 或写成 $y'_x=y'_u\cdot u'_x$.

6. 基本初等函数的求导公式.

(1) $(C)'=0$ (C 是常数); (2) $(x^\mu)'=\mu x^{\mu-1}$;

(3) $(\sin x)' = \cos x$;　(4) $(\cos x)' = -\sin x$;

(5) $(\tan x)' = \sec^2 x$;　(6) $(\cot x)' = -\csc^2 x$;

(7) $(\sec x)' = \sec x \tan x$;　(8) $(\csc x)' = -\csc x \cot x$;

(9) $(e^x)' = e^x$;　(10) $(a^x)' = a^x \ln a$;

(11) $(\ln x)' = \dfrac{1}{x}$;　(12) $(\log_a x)' = \dfrac{1}{x\ln a}$;

(13) $(\arcsin x)' = \dfrac{1}{\sqrt{1-x^2}}$;　(14) $(\arccos x)' = -\dfrac{1}{\sqrt{1-x^2}}$;

(15) $(\arctan x)' = \dfrac{1}{1+x^2}$;　(16) $(\text{arccot}\, x)' = -\dfrac{1}{1+x^2}$.

7. 参数方程 $\begin{cases} x = \varphi(t), \\ y = \psi(t) \end{cases}$ 所确定的函数的导数计算公式 $\dfrac{dy}{dx} = \dfrac{\psi'(t)}{\varphi'(t)}$, $\dfrac{d^2y}{dx^2} = \dfrac{\varphi'(t)\psi''(t) - \varphi''(t)\psi'(t)}{[\varphi'(t)]^3}$.

8. 微分的定义　对于自变量在点 x 处的改变量 Δx，如果函数 $y = f(x)$ 的相应改变量 $\Delta y = f(x+\Delta x) - f(x)$ 可以表示为 $\Delta y = A\Delta x + o(\Delta x)$，其中 A 与 Δx 无关，$A\Delta x$ 称为 Δy 的线性主部，则称函数 $y = f(x)$ 在点 x 处可微. 称 $A\Delta x$ 为函数 $y = f(x)$ 在点 x 处的微分，记为 dy 或 $df(x)$，即 $dy = df(x) = A dx$.

9. 函数在一个点可微的充分必要条件是函数在这个点可导.

10. 微分的四则运算法则.

(1) $d(u \pm v) = du \pm dv$;　(2) $d(cu) = c\,du$;

(3) $d(uv) = u\,dv + u\,dv$;　(4) $d\left(\dfrac{u}{v}\right) = \dfrac{v\,du - u\,dv}{v^2}\ (v \neq 0)$.

11. 基本的微分公式.

(1) $dC = 0$　(C 是常数);　(2) $d(x^\mu) = \mu x^{\mu-1} dx$;

(3) $d(\sin x) = \cos x\, dx$;　(4) $d(\cos x) = -\sin x\, dx$;

(5) $d(\tan x) = \sec^2 x\, dx$;　(6) $d(\cot x) = -\csc^2 x\, dx$;

(7) $d(\sec x) = \sec x \tan x\, dx$;　(8) $d(\csc x) = -\csc x \cot x\, dx$;

(9) $d(e^x) = e^x dx$;　(10) $d(a^x) = a^x \ln a\, dx$;

(11) $d(\ln x) = \dfrac{1}{x} dx$;　(12) $d(\log_a x) = \dfrac{1}{x\ln a} dx$;

(13) $d(\arcsin x) = \dfrac{1}{\sqrt{1-x^2}} dx$;　(14) $d(\arccos x) = -\dfrac{1}{\sqrt{1-x^2}} dx$;

(15) $d(\arctan x) = \dfrac{1}{1+x^2} dx$;　(16) $d(\text{arccot}\, x) = -\dfrac{1}{1+x^2} dx$.

12. 一阶微分的形式不变性　设 $y=f(u)$, $u=\varphi(x)$ 都可导,则复合函数 $y=f(\varphi(x))$ 的微分为

$$\mathrm{d}y=f'(u)\mathrm{d}u=f'(u)\varphi'(x)\mathrm{d}x.$$

数学家简介——牛顿

名言:我之所以比笛卡儿看得远些,是因为我站在巨人的肩膀上.

牛顿(Sir Isaac Newton),1643 年 1 月 4 日生于英格兰林肯郡,1727 年 3 月 31 日卒于英格兰伦敦. 牛顿是他那个时代英国最伟大的数学家,他与德国人莱布尼茨几乎同时创立微积分学. 此外,他在力学和光学上也取得辉煌成就. 这些卓越的成就使得牛顿成为最伟大的著名科学家.

牛顿是个早产衰弱的遗腹子. 起初,牛顿学习成绩平庸,但是善于制作手工. 后来,他刻苦努力,高中毕业时已经是学校的高材生. 1661 年他以减费生身份进入剑桥大学三一学院. 1665 年牛顿发现一般的二项式定理. 1665 年夏天,为躲避鼠疫的威胁,牛顿返回家乡乌尔索普. 在乡下的两年,他创立了流数法,也就是微积分;用三棱镜分解白光为七色光,又把七色光合成为白光;发现了万有引力定律,从而奠定他在科学史上不朽的地位. 1670 年 27 岁的牛顿接替老师巴罗教授成为卢卡斯数学讲座教授. 1687 年 7 月,牛顿完成科学史上不朽的巨著《自然哲学的数学原理》. 1696 年,牛顿出任造币厂督办,1701 年被选为国会议员. 1705 年,安妮女王封牛顿为爵士,以表彰他在科学上的卓越成就和对造币厂的贡献.

1696 年,瑞士数学家约翰·伯努利提出两道数学难题,其中之一是最速下降线问题,限期六个月. 牛顿收到题目后,从下午四点开始思考,次日凌晨四点就解答出来,并匿名写成一篇论文发表. 伯努利看到论文后说:"啊! 从这只狮子的利爪我认出他是谁!"牛顿的后半生投身于政治和宗教,在科学上鲜有建树.

"我不知道,世人会怎样看我. 不过,我自己觉得,我像一个在海边玩耍的孩子,一会儿捡起块比较光滑的鹅卵石,一会儿找到个美丽的贝壳. 而在我面前,真理的大海还完全没有发现."这是牛顿,这位科学巨人的临终遗言.

法国著名哲学家伏尔泰记载,在牛顿的葬礼上,上层社会的名流争先恐后以能为牛顿抬棺为荣. 牛顿被安葬在威斯敏斯教堂. 他的墓碑上镌刻着:让人们欢呼这样一位多么伟大的人类荣耀曾经在世界上存在.

1942 年,爱因斯坦在纪念牛顿诞辰 300 周年写的文章里写到:只有把他看成寻找永恒真理的斗士,才能真正理解他.

第 3 章　微分中值定理与导数的应用

在引入导数后，讨论了导数的求法，本章中将应用导数来研究函数及曲线的某些性质，并解决一些实际问题.

3.1　微分中值定理

中值定理揭示了函数在某区间的整体性质与该区间内某一点的导数之间的关系，因而称中值定理. 中值定理是运用微分学知识解决实际问题的理论基础. 本节先讲罗尔(Rolle)定理，然后根据它推出拉格朗日(Lagrange)中值定理.

3.1.1　罗尔定理

定理 3.1.1(罗尔定理)　如果函数 $f(x)$ 满足

(1) 在闭区间 $[a,b]$ 上连续；

(2) 在开区间 (a,b) 内可导；

(3) 在区间端点的函数值相等，即 $f(a)=f(b)$.

那么在 (a,b) 内至少存在一点 $\xi(a<\xi<b)$，使得 $f'(\xi)=0$.

证　因为函数在闭区间 $[a,b]$ 上连续，因此它在 $[a,b]$ 上必能取得最大值 M 和最小值 m. 下面分两种情况来证明.

(1) 如果 $M=m$，则 $f(x)$ 在闭区间 $[a,b]$ 上必为常数，$f(x)\equiv M$，于是对任意 $x\in(a,b)$ 都有 $f'(x)=0$. 因而可以任取一点 $\xi\in(a,b)$，使得 $f'(\xi)=0$.

(2) 如果 $M>m$，由于 $f(a)=f(b)$，因此数 M 与 m 中至少有一个不等于端点的函数值 $f(a)$，不妨设 $M\neq f(a)$. 也就是说，在 (a,b) 内至少有一点 ξ，使得 $f(\xi)=M$. 下面证明 $f'(\xi)=0$.

由于 $f(\xi)=M$ 是最大值，因此自变量增量 Δx 不论是大于 0 还是小于 0，都有

$$f(\xi+\Delta x)-f(\xi)\leqslant 0,\quad \xi+\Delta x\in(a,b).$$

当 $\Delta x>0$ 时，$\dfrac{f(\xi+\Delta x)-f(\xi)}{\Delta x}\leqslant 0$.

由函数在区间 (a,b) 内可导及导数定义有

$$f'(\xi)=\lim_{\Delta x\to 0^+}\frac{f(\xi+\Delta x)-f(\xi)}{\Delta x}\leqslant 0.$$

当 $\Delta x < 0$ 时，$\dfrac{f(\xi+\Delta x)-f(\xi)}{\Delta x} \geqslant 0$，于是

$$f'(\xi)=\lim_{\Delta x\to 0^-}\frac{f(\xi+\Delta x)-f(\xi)}{\Delta x}\geqslant 0,$$

因此必有 $f'(\xi)=0$.

罗尔定理的几何意义：如果连续光滑曲线 $y=f(x)$ 在点 $A(a,f(a))$，$B(b,f(b))$ 的纵坐标相等，那么在弧 $\overset{\frown}{AB}$ 上至少有一点 $C(\xi,f(\xi))$，使得曲线在 $C(\xi,f(\xi))$ 的切线平行于 x 轴，如图 3.1 所示.

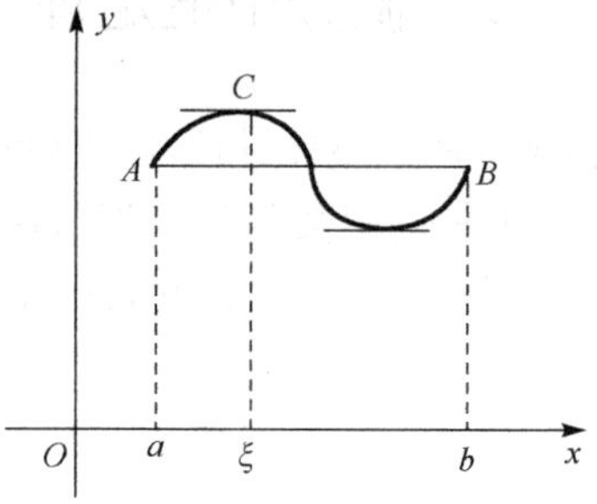

图 3.1

注 罗尔定理的三个条件缺一不可，如图 3.2 都不存在 ξ，使得 $f'(\xi)=0$.

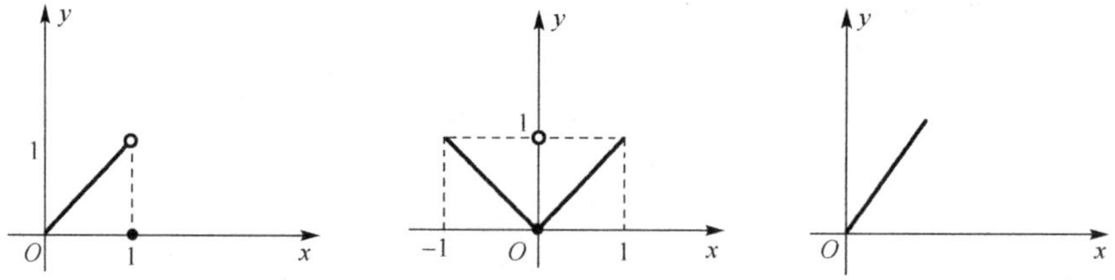

(a) $y=f(x)$在端点1处不连续 (b) $y=f(x)$在0不可导 (c) $f(0)\neq f(1)$

图 3.2

例 3.1.1 设函数 $f(x)$ 在闭区间 $[a,b]$ 上连续，在开区间 (a,b) 内可导，且导数恒不为零. 又 $f(a)\cdot f(b)<0$. 证明：方程 $f(x)=0$ 在开区间 (a,b) 内有且仅有一个实根.

证 由于函数 $f(x)$ 在闭区间 $[a,b]$ 上连续，$f(a)\cdot f(b)<0$，由零点定理可知，至少存在一点 $x_0\in(a,b)$，使得 $f(x_0)=0$.

再证实根仅有一个. 反证法. 假设还有一个 $x_1\in(a,b)$ 且 $x_0\neq x_1$，使得 $f(x_1)=0$. 则由罗尔定理知必存在一点 $\xi\in(x_0,x_1)$ (或 (x_1,x_0)) $\subset(a,b)$，使得 $f'(\xi)=0$，这与已知导数恒不为零矛盾. 因此方程 $f(x)=0$ 在开区间 (a,b) 内有且仅有一个实根.

3.1.2　拉格朗日中值定理

罗尔定理的条件(3) $f(a)=f(b)$，很多函数不能满足，从而限制了罗尔定理的应用. 现将其取消，而保持前两个条件不变，即得到拉格朗日中值定理.

定理 3.1.2(拉格朗日中值定理)　如果函数 $f(x)$ 满足

(1) 在闭区间 $[a,b]$ 上连续；

(2) 在开区间 (a,b) 内可导.

那么在 (a,b) 内至少存在一点 $\xi(a<\xi<b)$，使得

$$f'(\xi)=\frac{f(b)-f(a)}{b-a}$$

或

$$f(b)-f(a)=f'(\xi)(b-a).$$

证　从罗尔定理与拉格朗日定理之间的关系，自然想到利用罗尔定理来证明拉格朗日中值定理. 函数 $f(x)$ 不一定具有 $f(a)=f(b)$ 这个条件，为此构造一个与 $f(x)$ 有密切关系的函数 $\varphi(x)$，且有 $\varphi(a)=\varphi(b)$，然后对 $\varphi(x)$ 使用罗尔定理，再把对 $\varphi(x)$ 的结论转移到 $f(x)$. 于是引进辅助函数

$$\varphi(x)=f(x)-\frac{f(b)-f(a)}{b-a}x.$$

显然 $\varphi(x)$ 在 $[a,b]$ 上连续,在 (a,b) 内可导，且有 $\varphi(a)=\dfrac{bf(a)-af(b)}{b-a}=\varphi(b)$，由罗尔定理知至少存在一点 $\xi(a<\xi<b)$，使得 $\varphi'(\xi)=0$，即

$$f'(\xi)=\frac{f(b)-f(a)}{b-a}.$$

显然，罗尔定理是拉格朗日定理的特殊情形，此时 $f(a)=f(b)$. 拉格朗日定理有如下重要推论.

推论 3.1.1　如果函数 $f(x)$ 在区间 (a,b) 内任意一点的导数恒为零，则 $f(x)$ 在区间 (a,b) 内是一个常数.

例 3.1.2　设 $f(x)=\cos x$，$0\leqslant x\leqslant\dfrac{\pi}{2}$，求使拉格朗日公式成立的 ξ.

解　$a=0,b=\dfrac{\pi}{2}$；$f(0)=1,f\left(\dfrac{\pi}{2}\right)=0$，$f'(x)=-\sin x$，因此由拉格朗日定理有

$$f\left(\frac{\pi}{2}\right)-f(0)=0-1=f'(\xi)\left(\frac{\pi}{2}-0\right),$$

因此得

$$f'(\xi)=-\sin\xi=-\frac{2}{\pi},$$

即

$$\xi=\arcsin\frac{2}{\pi}.$$

例 3.1.3　证明不等式

$$\arctan x_2-\arctan x_1\leqslant x_2-x_1,\quad x_2>x_1.$$

证　设 $f(x)=\arctan x$，则 $f(x)$ 在 $[x_1,x_2]$ 上满足拉格朗日定理的条件，因此有

$$\arctan x_2-\arctan x_1=\frac{1}{1+\xi^2}(x_2-x_1),\quad \xi\in(x_1,x_2).$$

又 $\frac{1}{1+\xi^2}\leqslant 1$，所以

$$\arctan x_2-\arctan x_1\leqslant x_2-x_1.$$

习　题　3.1

1. 验证罗尔定理对函数 $f(x)=x^3-6x^2+11x-6$ 在区间 $[2,3]$ 上的正确性.

2. 对函数 $f(x)=\sin x$ 在区间 $\left[0,\frac{\pi}{2}\right]$ 上验证拉格朗日中值定理的正确性.

3. 若 $x\in[0,1]$，证明 $x^3+x-1=0$ 仅有一个根.

4. 用中值定理证明下列不等式.

(1) $|\arctan x-\arctan y|\leqslant|x-y|$；

(2) $e^x>1+x\ (x\neq 0)$.

5. 用中值定理证明：

$$\arcsin x+\arccos x=\frac{\pi}{2}.$$

6. 若对任意的 x,y 总有 $|f(x)-f(y)|\leqslant(x-y)^2$，那么函数 $f(x)$ 一定是常数.

7. 证明：若 $a_0+\frac{a_1}{2}+\frac{a_2}{3}+\cdots+\frac{a_n}{n+1}=0$，则对于 $[0,1]$ 内某个 x 必有

$$a_0+a_1x+a_2x^2+\cdots+a_nx^n=0.$$

3.2　洛必达法则

如果当 $x\to a$ (或 $x\to\infty$)时，两个函数 $f(x),g(x)$ 都趋于零或者都是无穷大，那么 $\lim\limits_{\substack{x\to a\\(x\to\infty)}}\frac{f(x)}{g(x)}$ 可能存在，也可能不存在，通常将这种形式的极限称为**未定**

式，分别记作 $\frac{0}{0}$ 或 $\frac{\infty}{\infty}$. 例如，$\lim\limits_{x\to 0}\frac{\sin x}{x}$ 属于 $\frac{0}{0}$ 型.

未定式的极限是一种较难处理的极限，洛必达法则是计算未定式的有效的、强有力的工具.

定理 3.2.1　设函数 $f(x), g(x)$ 满足

(1) $\lim\limits_{x\to a}f(x)=\lim\limits_{x\to a}g(x)=0$；

(2) 在点 a 的某个去心邻域内，$f(x), g(x)$ 可导，且 $g'(x)\neq 0$；

(3) $\lim\limits_{x\to a}\frac{f'(x)}{g'(x)}=A$ (或 ∞).

那么 $\lim\limits_{x\to a}\frac{f(x)}{g(x)}=\lim\limits_{x\to a}\frac{f'(x)}{g'(x)}=A$(或 ∞).

证　略.

这种在一定条件下通过分子分母分别求导再求极限来确定未定式的值的方法称为**洛必达**(L'Hospital)**法则**. 定理 3.2.1 说明：当 $\lim\limits_{x\to a}\frac{f'(x)}{g'(x)}$ 存在时，$\lim\limits_{x\to a}\frac{f(x)}{g(x)}$ 也存在且两者相等；当 $\lim\limits_{x\to a}\frac{f'(x)}{g'(x)}$ 为无穷大时，$\lim\limits_{x\to a}\frac{f(x)}{g(x)}$ 也是无穷大. 如果 $\lim\limits_{x\to a}\frac{f'(x)}{g'(x)}$ 还是 $\frac{0}{0}$ 型未定式，而这时 $f'(x), g'(x)$ 满足定理中 $f(x), g(x)$ 所要满足的条件，则可以继续应用洛必达法则，即

$$\lim_{x\to a}\frac{f(x)}{g(x)}=\lim_{x\to a}\frac{f'(x)}{g'(x)}=\lim_{x\to a}\frac{f''(x)}{g''(x)}.$$

一般地，只要条件允许，那么洛必达法则可以反复使用，直到求出所要的极限为止. 如果极限 $\lim\limits_{x\to a}\frac{f'(x)}{g'(x)}$ 不存在，则洛必达法则失效，但极限 $\lim\limits_{x\to a}\frac{f(x)}{g(x)}$ 仍然可能存在，这时需要用其他方法来求未定式 $\lim\limits_{x\to a}\frac{f(x)}{g(x)}$ 的极限.

例 3.2.1　求 $\lim\limits_{x\to 0}\frac{\sin ax}{\sin bx}\ (b\neq 0)$.

解　$\lim\limits_{x\to 0}\frac{\sin ax}{\sin bx}=\lim\limits_{x\to 0}\frac{(\sin ax)'}{(\sin bx)'}=\lim\limits_{x\to 0}\frac{a\cos ax}{b\cos bx}=\frac{a}{b}$.

例 3.2.2　求 $\lim\limits_{x\to 0}\frac{e^x-1}{x^3-3x}$.

解　$\lim\limits_{x\to 0}\frac{e^x-1}{x^3-3x}=\lim\limits_{x\to 0}\frac{e^x}{3x^2-3}=-\frac{1}{3}$.

注　这里 $\lim\limits_{x\to 0}\frac{e^x}{3x^2-3}$ 已经不是未定式，因此不能再应用洛必达法则求极限. 此题也可以使用等价无穷小替换，这样有时可以使计算简化.

$$\lim_{x\to 0}\frac{e^x-1}{x^3-3x}=\lim_{x\to 0}\frac{x}{x^3-3x}=\lim_{x\to 0}\frac{1}{x^2-3}=-\frac{1}{3}.$$

例 3.2.3 求 $\lim\limits_{x\to 0}\dfrac{1-\dfrac{\sin x}{x}}{1-\cos x}$.

解
$$\lim_{x\to 0}\frac{1-\dfrac{\sin x}{x}}{1-\cos x}=\lim_{x\to 0}\frac{-\dfrac{x\cos x-\sin x}{x^2}}{\sin x}$$
$$=\lim_{x\to 0}\frac{\sin x-x\cos x}{x^2\sin x}$$
$$=\lim_{x\to 0}\frac{\sin x-x\cos x}{x^3}$$
$$=\lim_{x\to 0}\frac{\cos x-\cos x+x\sin x}{3x^2}$$
$$=\lim_{x\to 0}\frac{x\sin x}{3x^2}$$
$$=\frac{1}{3}.$$

例 3.2.3 中应用了等价无穷小的替换和重要极限. 即当 $x\to 0$ 时, $x^2\sin x\sim x^3$.

例 3.2.4 求 $\lim\limits_{x\to 0}\dfrac{\ln(1+x)}{x^3}$.

解
$$\lim_{x\to 0}\frac{\ln(1+x)}{x^3}=\lim_{x\to 0}\frac{\dfrac{1}{1+x}}{3x^2}=\lim_{x\to 0}\frac{1}{3x^2(1+x)}=\infty.$$

例 3.2.5 验证极限 $\lim\limits_{x\to 0}\dfrac{x^2\sin\dfrac{1}{x}}{\sin x}$ 存在, 但不能使用洛必达法则求出.

解
$$0\leqslant\lim_{x\to 0}\left|\frac{x^2\sin\dfrac{1}{x}}{\sin x}\right|\leqslant\lim_{x\to 0}\left|\frac{x^2}{\sin x}\right|=\lim_{x\to 0}\left(\left|\frac{x}{\sin x}\right|\cdot|x|\right)=0.$$

如果直接使用洛必达法则,那么将得到

$$\lim_{x\to 0}\frac{x^2\sin\dfrac{1}{x}}{\sin x}=\lim_{x\to 0}\frac{2x\sin\dfrac{1}{x}-\cos\dfrac{1}{x}}{\cos x}.$$

但等式右端的极限不存在. 出现这种情况的原因是定理 3.2.1 中的条件(3)不成立.

对于 $x\to\infty$ 时的 $\dfrac{0}{0}$ 型未定式, 以及对于 $x\to a$ 或 $x\to\infty$ 时的 $\dfrac{\infty}{\infty}$ 型未定式, 也有相应的洛必达法则.

例 3.2.6　求 $\lim\limits_{x\to+\infty}\dfrac{\dfrac{\pi}{2}-\arctan x}{\dfrac{1}{x}}$.

解　当 $x\to+\infty$ 时，此题属于 $\dfrac{0}{0}$ 型，应用洛必达法则有

$$\lim_{x\to+\infty}\frac{\dfrac{\pi}{2}-\arctan x}{\dfrac{1}{x}}=\lim_{x\to+\infty}\frac{-\dfrac{1}{1+x^2}}{-\dfrac{1}{x^2}}=\lim_{x\to+\infty}\frac{x^2}{1+x^2}=1.$$

例 3.2.7　求 $\lim\limits_{x\to+\infty}\dfrac{\ln x}{x^n}$.

解　当 $x\to+\infty$ 时，此题属于 $\dfrac{\infty}{\infty}$ 型，应用洛必达法则有

$$\lim_{x\to+\infty}\frac{\ln x}{x^n}=\lim_{x\to+\infty}\frac{\dfrac{1}{x}}{nx^{n-1}}=\lim_{x\to+\infty}\frac{1}{nx^n}=0.$$

例 3.2.8　求 $\lim\limits_{x\to+\infty}\dfrac{x^n}{e^{\lambda x}}$（$n$ 是正整数且 $\lambda>0$）.

解　当 $x\to+\infty$ 时，此题属于 $\dfrac{\infty}{\infty}$ 型，连续应用洛必达法则 n 次有

$$\lim_{x\to+\infty}\frac{x^n}{e^{\lambda x}}=\lim_{x\to+\infty}\frac{nx^{n-1}}{\lambda e^{\lambda x}}=\lim_{x\to+\infty}\frac{n(n-1)x^{n-2}}{\lambda^2 e^{\lambda x}}=\cdots=\lim_{x\to+\infty}\frac{n!}{\lambda^n e^{\lambda x}}=0.$$

例 3.2.7 中的 n 可以换成任意正实数 $\mu>0$，结论也是成立的. 例 3.2.7 和例 3.2.8 说明，当 $x\to+\infty$ 时，对数函数 $\ln x$，幂函数 x^μ 及指数函数 $e^{\lambda x}$ 均趋于无穷大，但它们趋于无穷大的“快慢”是不一样的，其中指数函数最快，幂函数次之，对数函数最慢.

洛必达法则不但可以求 $\dfrac{0}{0}$ 型和 $\dfrac{\infty}{\infty}$ 型未定式，同时也可以用来计算 $0\cdot\infty$，$\infty-\infty$，0^0，∞^0，1^∞ 等型的未定式的极限. 用洛必达法则计算这些类型的未定式，只要经过适当的变换，将它们化为 $\dfrac{0}{0}$ 型或 $\dfrac{\infty}{\infty}$ 型未定式再求极限.

例 3.2.9　求 $\lim\limits_{x\to1}\left(\dfrac{1}{1-x}-\dfrac{1}{\ln x}\right)$.

解　这是 $\infty-\infty$ 型未定式，通过通分有

$$\begin{aligned}\lim_{x\to1}\left(\frac{1}{1-x}-\frac{1}{\ln x}\right)&=\lim_{x\to1}\frac{\ln x-(1-x)}{(1-x)\ln x}=\lim_{x\to1}\frac{\ln x+x-1}{(1-x)\ln x}\\&=\lim_{x\to1}\frac{\dfrac{1}{x}+1}{\dfrac{1}{x}-1-\ln x}\\&=\infty.\end{aligned}$$

例 3.2.10　求 $\lim\limits_{x\to 0^+} x^x$.

解　这是 0^0 型未定式，把 x^x 改写成 $x^x = e^{\ln x^x} = e^{x\ln x}$. 由于

$$\lim_{x\to 0^+} x^x = \lim_{x\to 0^+} e^{x\ln x} = e^{\lim\limits_{x\to 0^+} x\ln x}.$$

因此只需计算 $\lim\limits_{x\to 0^+} x\ln x$.

$$\lim_{x\to 0^+} x\ln x = \lim_{x\to 0^+} \frac{\ln x}{\frac{1}{x}} = \lim_{x\to 0^+} \frac{\frac{1}{x}}{-\frac{1}{x^2}} = \lim_{x\to 0^+}(-x) = 0,$$

所以

$$\lim_{x\to 0^+} x^x = e^{\lim\limits_{x\to 0^+} x\ln x} = e^0 = 1.$$

例 3.2.11　求 $\lim\limits_{x\to 0} x^2 e^{\frac{1}{x^2}}$.

解　$\lim\limits_{x\to 0} x^2 e^{\frac{1}{x^2}} = \lim\limits_{x\to 0} \dfrac{e^{\frac{1}{x^2}}}{\frac{1}{x^2}} \overset{t=\frac{1}{x^2}}{=} \lim\limits_{t\to\infty} \dfrac{e^t}{t} = \lim\limits_{t\to\infty} e^t = \infty.$

习　题　3.2

1. 求下列极限.

(1) $\lim\limits_{x\to 0} \dfrac{\ln(1+x)}{x}$;

(2) $\lim\limits_{x\to 0} \dfrac{e^x - e^{-x}}{\tan x}$;

(3) $\lim\limits_{x\to a} \dfrac{x^m - a^m}{x^n - a^n}$;

(4) $\lim\limits_{x\to 0^+} \dfrac{\ln\cot x}{\ln x}$;

(5) $\lim\limits_{x\to 0} \dfrac{x - \arctan x}{\sin^3 x}$;

(6) $\lim\limits_{x\to 0} \left(\dfrac{1}{x^2} - \dfrac{1}{\tan^2 x}\right)$;

(7) $\lim\limits_{x\to 0} \left(\dfrac{\tan x}{x}\right)^{\frac{1}{x^2}}$;

(8) $\lim\limits_{x\to 0} \dfrac{x\cot x - 1}{x^2}$;

(9) $\lim\limits_{x\to 0} \left(\dfrac{\sin x}{x}\right)^{\frac{1}{1-\cos x}}$;

(10) $\lim\limits_{x\to 0} \left(\dfrac{\arcsin x}{x}\right)^{\frac{1}{1-\cos x}}$;

(11) $\lim\limits_{x\to 0} \left(\dfrac{1}{x} - \dfrac{1}{e^x - 1}\right)$;

(12) $\lim\limits_{x\to 0} \dfrac{e^{\frac{1}{x^2}}}{x^{100}}$.

2. 证明：当 $x\to 0$ 时，$x + \ln(1-x)$ 与 $-\dfrac{x^2}{2}$ 是等价无穷小.

3. 设

$$f(x)=\begin{cases}\dfrac{g(x)}{x}, & x\neq 0,\\ 0, & x=0\end{cases}$$

以及 $g(0)=g'(0)=0$ 和 $g''(0)=17$，求 $f'(0)$.

3.3　函数的单调性与曲线的凹凸性

3.3.1　函数单调性的判别方法

第 1 章介绍函数在区间上单调的概念，但是用定义来判定函数的单调性，有时是不方便的. 本节将介绍利用函数的导数判定函数单调性的方法.

判定法　设函数 $f(x)$ 在 $[a,b]$ 上连续，在 (a,b) 内可导，

(1) 如果在 (a,b) 内 $f'(x)>0$，那么函数 $f(x)$ 在 (a,b) 上单调增加；

(2) 如果在 (a,b) 内 $f'(x)<0$，那么函数 $f(x)$ 在 (a,b) 上单调减少.

证　在区间 $[a,b]$ 任取两点 x_1,x_2 $(x_1<x_2)$，应用拉格朗日中值定理有

$$f(x_2)-f(x_1)=f'(\xi)(x_2-x_1),\quad x_1<\xi<x_2. \tag{3.1}$$

(1) 如果在 (a,b) 内 $f'(x)>0$，则 $f'(\xi)>0$，由式(3.1)得 $f(x_2)>f(x_1)$，所以函数 $f(x)$ 在 (a,b) 上单调增加；

(2) 如果在 (a,b) 内 $f'(x)<0$，则 $f'(\xi)<0$，由式(3.1)得 $f(x_2)<f(x_1)$，所以函数 $f(x)$ 在 (a,b) 上单调减少.

注　(1) 如果在区间 (a,b) 内 $f'(x)\geqslant 0$（或 $f'(x)\leqslant 0$），等号仅在有限多个点处成立，则函数 $f(x)$ 在 $[a,b]$ 上单调增加(减少).

(2) 判别法中的开区间可以换成其他各种区间(包括无限区间)结论也成立.

例 3.3.1　判定函数 $y=2x+\cos x$ 在 $[-\pi,\pi]$ 上的单调性.

解　函数在 $[-\pi,\pi]$ 上连续，在 $(-\pi,\pi)$ 内，

$$y'=2-\sin x>0.$$

因此由判别法知函数 $y=2x+\cos x$ 在 $[-\pi,\pi]$ 上单调增加.

例 3.3.2　讨论函数 $y=e^x-x-1$ 的单调性.

解　函数 $y=e^x-x-1$ 的定义域为 $(-\infty,+\infty)$，在定义域内连续、可导，且

$$y'=e^x-1.$$

由于在 $(-\infty,0)$ 内 $y'<0$；所以函数 $y=e^x-x-1$ 在 $(-\infty,0]$ 上单调减少；在 $(0,+\infty)$ 内 $y'>0$，所以函数 $y=e^x-x-1$ 在 $[0,+\infty)$ 上单调增加.

从例 3.3.2 可以看到，单调增加和单调减少的分界点是导数为零的点. 导数为零的点可以用来划分函数的定义区间，使得函数在各个部分区间内单调. 如果函数

在某些点处不可导，那么划分函数定义区间的分点还应包括这些导数不存在的点.

例 3.3.3 确定函数 $y=1+\sqrt[3]{x^2}$ 的单调性.

解 函数 $y=1+\sqrt[3]{x^2}$ 在定义区间 $(-\infty,+\infty)$ 上连续，当 $x=0$ 时，导数不存在；当 $x\neq 0$ 时，

$$y'=\frac{2}{3\sqrt[3]{x}}.$$

这样导数不存在的点 $x=0$ 将定义区间分成 $(-\infty,0]$ 和 $[0,+\infty)$. 在 $(-\infty,0)$ 内 $y'<0$，所以函数 $y=1+\sqrt[3]{x^2}$ 在 $(-\infty,0]$ 上单调减少；在 $(0,+\infty)$ 内 $y'>0$，所以函数 $y=1+\sqrt[3]{x^2}$ 在 $[0,+\infty)$ 上单调增加.

3.3.2 曲线的凹凸性及其判别法

在研究函数图形的变化情况时，应用导数可以判别它的上升(单调增加)或下降(单调减少)，但是还不能完全反映它的全部变化规律. 如图 3.3 所示，函数 $y=f(x)$ 在区间 (a,b) 内虽然一直是上升的，但是却有不同的弯曲情况. 从左往右，曲线先是向上弯曲，通过 P 点后，扭转了弯曲的方向，而是向下弯曲. 而且从图 3.4 明显地看出，曲线向上弯曲的弧段总是位于这弧段上任意一点的切线的上方，曲线向下弯曲的弧段总是位于这段弧上任意一点的切线的下方. 据此，有如下定义.

如果在某区间内，曲线弧位于其上任意一点切线的上方，则称曲线在这个区间内是(向上)**凹的**，如果在某区间内，曲线弧位于其上任意一点切线的下方，则称曲线在这个区间内是(向上)**凸的**.

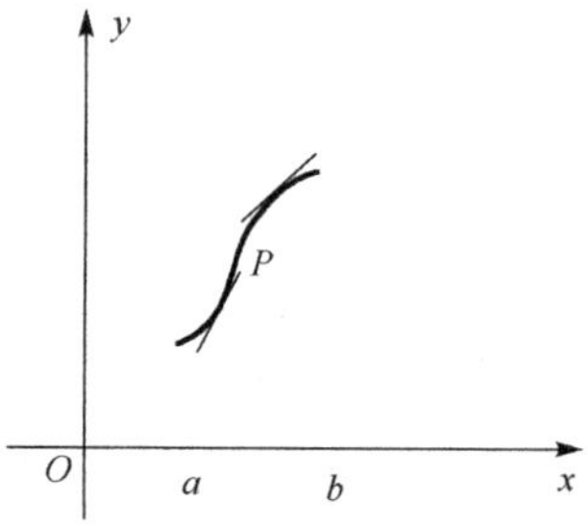

图 3.3

设曲线弧 $\overset{\frown}{AB}$ 的方程为 $y=f(x)$，$a\leqslant x\leqslant b$. 从图 3.4 可以看到：在凹弧上各点处的切线的斜率是随着 x 的增加而增加的，这说明 $f'(x)$ 为单调增函数；而凸弧上各点处的切线的斜率是随着 x 的增加而减少的，这说明 $f'(x)$ 为单调减函数. 由于 $f'(x)$ 的单调性可以通过导数 $f''(x)$ 来判定，这就有如下通过二阶导数的符号来判定曲线弧的凹凸性定理.

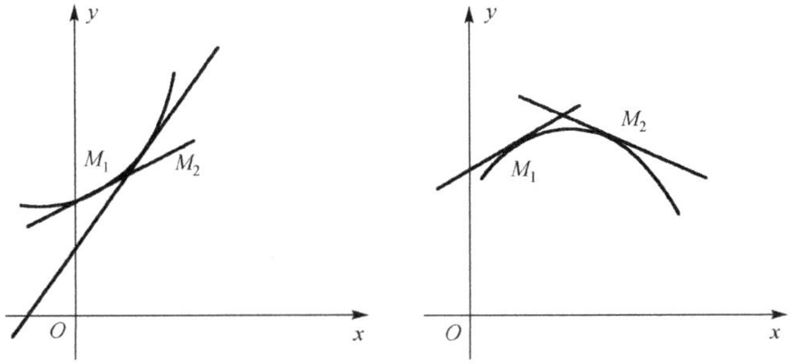

图 3.4

定理 3.3.1　设 $f(x)$ 在 $[a,b]$ 上连续，在 (a,b) 内具有二阶导数，那么

(1) 如果 $x \in (a,b)$ 时，恒有 $f''(x) > 0$，则曲线 $f(x)$ 在 (a,b) 内是凹的；

(2) 如果 $x \in (a,b)$ 时，恒有 $f''(x) < 0$，则曲线 $f(x)$ 在 (a,b) 内是凸的.

曲线上凹弧与凸弧的分界点称作曲线的**拐点**. 例如，$(0,0)$ 是 $y = x^3$ 的拐点. 有了拐点的定义后，如何来求曲线的拐点呢?

由于 $f''(x)$ 的符号可以判定曲线的凹凸性，如果 $f''(x)$ 在 x_0 的左右两侧邻域内分别保持确定的符号并且左右两侧异号，那么点 $(x_0, f(x_0))$ 就是一个拐点. 因此拐点处 $f''(x) = 0$ 或 $f''(x)$ 不存在.

例 3.3.4　求曲线 $y = x^4 - 2x^3 + 2$ 的凹凸性区间与拐点.

解　求导数

$$y' = 4x^3 - 6x^2,$$
$$y'' = 12x^2 - 12x = 12x(x-1).$$

令 $y'' = 0$ 得 $x_1 = 0, x_2 = 1$.

下面列表说明曲线 $y = x^4 - 2x^3 + 2$ 的凹凸性区间与拐点(表 3.1).

表 3.1　曲线 $y = x^4 - 2x^3 + 2$ 的凹凸性区间与拐点

x	$(-\infty,0)$	0	$(0,1)$	1	$(1,+\infty)$
y''	+	0	−	0	+
y	凹	1(拐点)	凸	0(拐点)	凹

可见，曲线在区间 $(-\infty,0)$ 与 $(1,+\infty)$ 上是凹的，在区间 $(0,1)$ 上是凸的. 曲线的拐点是 $(0,1)$，$(1,0)$.

还有两种情况需要说明.

(1) 在点 x_0 处一阶导数存在而二阶导数不存在，如果在点 x_0 左右邻域二阶导数存在且符号相反，则 $(x_0, f(x_0))$ 是拐点，如果符号相同则不是拐点.

(2) 在点 x_0 处函数连续，而一二阶导数都不存在，如果在点 x_0 左右邻域二阶导数存在且符号相反，则 $(x_0, f(x_0))$ 是拐点，如果符号相同则不是拐点.

例 3.3.5 求曲线 $y=(x-2)^{\frac{5}{3}}$ 的凹凸性区间与拐点.

解 求导数

$$y'=\frac{5}{3}(x-2)^{\frac{2}{3}},\quad y''=\frac{10}{9}(x-2)^{-\frac{1}{3}},$$

当 $x=2$ 时，$y'=0$，y'' 不存在，见表 3.2.

表 3.2 $y=(x-2)^{\frac{5}{3}}$

x	$(-\infty,2)$	2	$(2,+\infty)$
y''	$-$	不存在	$+$
y	凸	0(拐点)	凹

因此,曲线在区间$(-\infty,2)$上是凸的,在区间$(2,+\infty)$上是凹的,拐点是$(2,0)$.

习 题 3.3

1. 求函数 $y=\dfrac{\sqrt{x}}{100+x}$ 的单调区间.

2. 求函数 $y=x^4-2x^2-5$ 的单调区间.

3. 求函数 $y=\dfrac{(x-3)^2}{4(x-1)}$ 的单调区间.

4. 证明:当 $x>0$ 时，$x^2+\ln(1+x)^2>2x$.

5. 求证:当 $0<x_1<x_2<\dfrac{\pi}{2}$ 时，$\dfrac{\tan x_2}{\tan x_1}>\dfrac{x_2}{x_1}$.

6. 试证方程 $e^x=1+x$ 只有一个实根.

7. 求下列函数图形的拐点及凹凸区间.

(1) $y=x^3-5x^2+3x+5$；

(2) $y=xe^x$；

(3) $y=\ln(1+x^2)$；

(4) $y=e^{-x}$；

(5) $y=\dfrac{2x}{1+x^2}$.

8. 判定下列曲线的凹凸性.

(1) $y=2x-x^2$；

(2) $y=x\arctan x$.

9. 证明:曲线 $y=\dfrac{x-1}{x^2+1}$ 有三个拐点，且这三个拐点位于同一直线上.

10. 设对于所有的 x 都有 $f'(x)>g'(x)$，且 $f(a)=g(a)$. 证明:当 $x>a$ 时，$f(x)>g(x)$；当 $x<a$ 时，$f(x)<g(x)$.

3.4　函数的极值与最值

3.4.1　函数的极值

3.3 节的例 3.3.2 函数 $y=e^x-x-1$ 在 $(-\infty,0]$ 上单调减少；在 $[0,+\infty)$ 上单调增加. 这说明当 x 从点 $x=0$ 的左侧邻域变到右侧邻域时，函数 $y=e^x-x-1$ 由单调减少变为单调增加，即 $x=0$ 是函数由减少变为增加的转折点，因此有如下定义.

设函数 $f(x)$ 在点 x_0 的某个邻域内有定义，对于该邻域内异于 x_0 的点 x，都有 $f(x)<f(x_0)$，则称 $f(x_0)$ 为函数 $f(x)$ 的**极大值**，点 x_0 称为函数 $f(x)$ 的**极大值点**；如果都有 $f(x)>f(x_0)$，则称 $f(x_0)$ 为函数 $f(x)$ 的**极小值**，点 x_0 称为函数 $f(x)$ 的**极小值点**. 极大值，极小值统称为**极值**. 极大值点、极小值点统称为**极值点**.

极值是一个局部性的概念，它只是与极值点邻近点的函数值相比较而言，并不意味着它在函数的整个定义域内最大或最小，如图 3.5 所示.

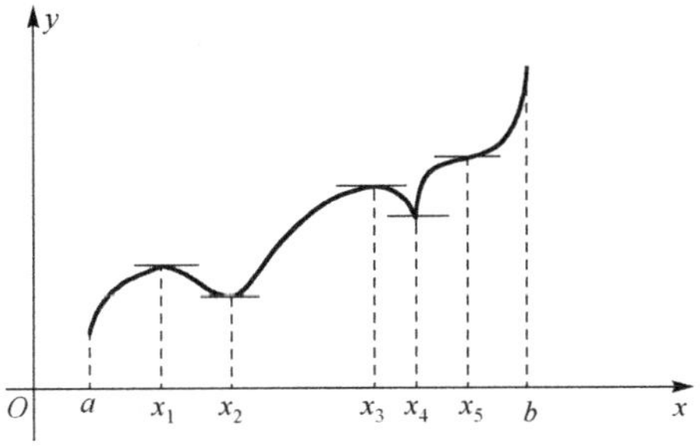

图 3.5

函数 $f(x)$ 在点 x_1 和 x_3 处取得极大值，在点 x_2 和 x_4 处取得极小值. 这些极大值并不是函数在定义区间上的最大值. 而且曲线在函数的极值点处所对应的切线是水平的，反之，曲线在某点的切线是水平的，并不意味着这点就是曲线的极值点. 图 3.5 中，曲线在点 x_5 的切线是水平的但它不是极值点.

在上述几何直观的基础上，给出判别函数极值的如下定理.

定理 3.4.1(必要条件)　如果函数 $f(x)$ 在点 x_0 处有极值 $f(x_0)$，且 $f'(x_0)$ 存在，则 $f'(x_0)=0$.

证　不妨设 $f(x_0)$ 为极大值，则存在 x_0 的某邻域，在此邻域内总有

$$f(x_0)>f(x_0+\Delta x).$$

于是

$$\frac{f(x_0+\Delta x)-f(x_0)}{\Delta x}>0,\quad \Delta x<0;$$

$$\frac{f(x_0+\Delta x)-f(x_0)}{\Delta x}<0,\quad \Delta x>0.$$

因此，根据已知 $f'(x_0)$ 存在，所以有

$$f'(x_0)=f_-{}'(x_0)=\lim_{\Delta x\to 0^-}\frac{f(x_0+\Delta x)-f(x_0)}{\Delta x}\geqslant 0;$$

$$f'(x_0)=f_+{}'(x_0)=\lim_{\Delta x\to 0^+}\frac{f(x_0+\Delta x)-f(x_0)}{\Delta x}\leqslant 0.$$

所以 $f'(x_0)=0$.

同理可证极小值的情形.

注 (1) 定理 3.4.1 表明 $f'(x_0)=0$ 是点 x_0 为极值点的必要条件，不是充分条件. 例如，$y=x^3$，$f'(0)=0$，但在 $x=0$ 点并没有极值.

使 $f'(x)=0$ 的点称为函数的**驻点**. 驻点可能是函数的极值点，也可能不是函数的极值点.

(2) 定理 3.4.1 是对函数在极值点 x_0 处可导而言的. 导数不存在的点也可能是极值点. 如 3.3 节中的例 3.3.3 $y=1+\sqrt[3]{x^2}$，$f'(0)$ 不存在，但在 $x=0$ 取得极小值. 因此函数极值点一定是函数的驻点或导数不存在的点，但是，驻点或导数不存在的点不一定是函数的极值点.

下面给出函数取得极值的充分条件，也是判别极值的方法.

定理 3.4.2(第一充分条件) 设函数 $f(x)$ 在点 x_0 的一个邻域内可导且 $f'(x_0)=0$.

(1) 如果当 x 取 x_0 的左侧邻域内的值时，$f'(x)>0$；当 x 取 x_0 的右侧邻域内的值时，$f'(x)<0$，那么函数 $f(x)$ 在点 x_0 处取得极大值.

(2) 如果当 x 取 x_0 的左侧邻域内的值时，$f'(x)<0$；当 x 取 x_0 的右侧邻域内的值时，$f'(x)>0$，那么函数 $f(x)$ 在点 x_0 处取得极小值.

证 (1) 根据函数单调性的判别法，函数 $f(x)$ 在点 x_0 的左侧邻域是增加的；在 x_0 的右侧邻域是减少的，因此 $f(x_0)$ 是 $f(x)$ 的一个极大值.

同理可证(2).

定理 3.4.2 也可以简单地这样叙述：当点 x 在点 x_0 的邻域渐增地经过 x_0 时，如果 $f'(x)$ 的符号由正变负，那么 $f(x)$ 在点 x_0 处取得极大值；如果 $f'(x)$ 的符号由负变正，那么 $f(x)$ 在点 x_0 处取得极小值. 显然，当 x 在 x_0 的邻域渐增地经过 x_0 时，如果 $f'(x)$ 的符号不变，那么 $f(x)$ 在点 x_0 处没有极值.

由定理 3.4.2 知，如果函数 $f(x)$ 在所讨论的区间内可导，则可以按如下步骤来求 $f(x)$ 的极值点和极值.

(1) 求出导数 $f'(x)$；

(2) 求出 $f'(x)$ 的全部驻点；

(3) 考察 $f'(x)$ 在每个驻点左、右邻域的符号，按定理 2 确定驻点是否为极值点；

(4) 求出各个极值点处的函数值.

另外，如果函数 $f(x)$ 在所讨论的区间内有个别点不可导，在求极值时，也要考察在不可导点的邻域内的 $f'(x)$ 变化情况. 从而确定导数不存在的点是否为极值点. 此时定理 3.4.2 中的方法仍然成立.

例 3.4.1　求函数 $f(x)=x^3-3x^2-9x+5$ 的极值.

解　$f'(x)=3x^2-6x-9=3(x+1)(x-3)$，令 $f'(x)=3(x+1)(x-3)=0$ 得到驻点 $x_1=-1, x_2=3$. 这两个点将定义区间 $(-\infty,+\infty)$ 分成三部分，见表 3.3.

表 3.3　函数 $f(x)=x^3-3x^2-9x+5$ 的极值情况

x	$(-\infty,-1)$	-1	$(-1,3)$	3	$(3,+\infty)$
$f'(x)$	$+$	0	$-$	0	$+$
$f(x)$	↗	极大值 10	↘	极小值 -22	↗

由表 3.3 知，函数 $f(x)=x^3-3x^2-9x+5$ 的极大值为 $f(-1)=10$，极小值为 $f(3)=-22$.

例 3.4.2　求函数 $f(x)=x-\frac{3}{2}x^{\frac{2}{3}}$ 的单调区间和极值.

解　$f'(x)=1-x^{-\frac{1}{3}}$. 当 $x=1$ 时，$f'(x)=0$；当 $x=0$ 时，$f'(x)$ 不存在. 因此，函数只可能在这两点取得极值，见表 3.4.

表 3.4　函数 $f(x)=x-\frac{3}{2}x^{\frac{2}{3}}$ 的极值情况

x	$(-\infty,0)$	0	$(0,1)$	1	$(1,+\infty)$
$f'(x)$	$+$	不存在	$-$	0	$+$
$f(x)$	↗	极大值 0	↘	极小值 $-\frac{1}{2}$	↗

由表可见，函数 $f(x)$在区间$(-\infty, 0)$,$(1, +\infty)$单调增加，在区间$(0, 1)$单调减少. 在点 $x=0$ 处有极大值 $f(0)=0$，在点 $x=1$ 处有极小值 $f(1)=-\frac{1}{2}$.

当函数在驻点的二阶导数存在时，有如下的极值判别定理.

定理 3.4.3　(第二充分条件) 设函数 $f(x)$ 在 x_0 处具有二阶导数，且 $f'(x_0)=0$，$f''(x_0)\neq 0$

(1) 如果 $f''(x_0)>0$，则 $f(x_0)$ 为函数 $f(x)$ 的极小值；

(2) 如果 $f''(x_0)<0$，则 $f(x_0)$ 为函数 $f(x)$ 的极大值.

证 (1) 由导数定义，$f'(x_0)=0$，$f''(x_0)>0$ 得

$$f''(x_0)=\lim_{x\to x_0}\frac{f'(x)-f'(x_0)}{x-x_0}=\lim_{x\to x_0}\frac{f'(x)}{x-x_0}>0.$$

因此根据极限的性质，存在点 x_0 的某个邻域，在该邻域内有

$$\frac{f'(x)}{x-x_0}>0,\quad x\neq x_0.$$

所以当 $x<x_0$ 时 $f'(x)<0$；当 $x>x_0$ 时 $f'(x)>0$. 由定理 3.4.2 知 $f(x_0)$ 为极小值.

同理可证(2).

例 3.4.3 求函数 $f(x)=x^3-3x$ 的极值.

解 $f'(x)=3x^2-3=3(x+1)(x-1)$，$f''(x)=6x$.

令 $f'(x)=3(x+1)(x-1)=0$，得 $x=\pm 1$.

(1) $f''(-1)=-6<0$，因此 $f(-1)=2$ 为极大值；

(2) $f''(1)=6>0$，因此 $f(1)=-2$ 为极小值.

注意 当 $f'(x_0)=f''(x_0)=0$ 时，定理 3.4.3 失效. 此时需要用定理 3.4.2 来判别. 例如，$y=x^3$，$f'(0)=f''(0)=0$，但在 $x=0$ 点并没有极值. 又如，$y=x^4$，$f'(0)=f''(0)=0$，但点 $x=0$ 是极小值点.

3.4.2 最大值、最小值与极值的应用问题

在生产活动中，常常遇到这样一类问题：在一定的条件下，怎样使“产品最多”“用料最少”“效率最高”等，这类问题有时可归结为求某一函数的最大值和最小值问题. 函数的最大值和最小值与极大值，极小值一般是不同的.

设函数 $f(x)$ 在 $[a,b]$ 上连续，则一定在 $[a,b]$ 取得最大值和最小值. 如果 $f(x_0)$ 是函数 $f(x)$ 在 (a,b) 内的极大值(或极小值)，指的是在点 x_0 的某个邻域内，对于该邻域内异于 x_0 的点 x，都有

$$f(x)<f(x_0)\quad(\text{或 } f(x)>f(x_0)),$$

而如果 $f(x_0)$ 为函数 $f(x)$ 的最大值(或最小值)，则是指 $x_0\in[a,b]$，对所有的 $x\in[a,b]$ 有

$$f(x)\leqslant f(x_0)\ (\text{或 } f(x)\geqslant f(x_0)).$$

可见极值是局部的概念，最值是全局的概念. 最值是函数在所考察的区间上全部函数值中的最大(小)者，而极值只是函数在极值点的某个邻域内的最大值或最小值.

一般地，连续函数 $f(x)$ 在 $[a,b]$ 上的最大值与最小值，可以由区间端点函数值 $f(a)$，$f(b)$ 与区间内使 $f'(x)=0$ 及 $f'(x)$ 不存在的点的函数值相比较来确定，其中最大的是函数在 $[a,b]$ 上的最大值，最小的是函数在 $[a,b]$ 上的最小值. 但下面两种情况特殊.

(1) 如果函数 $f(x)$ 在 $[a,b]$ 上单调增加，则 $f(a)$ 是函数 $f(x)$ 在 $[a,b]$ 上的最小值，$f(b)$ 是函数 $f(x)$ 在 $[a,b]$ 上的最大值. 即单调函数的最值在端点处取得.

(2) 如果函数 $f(x)$ 在区间 (a,b) 内有且仅有一个极大值，而没有极小值，则此极大值就是函数 $f(x)$ 在 $[a,b]$ 上的最大值；同样，如果函数 $f(x)$ 在区间 (a,b) 内有且仅有一个极小值，而没有极大值，则此极小值就是函数 $f(x)$ 在 $[a,b]$ 上的最小值. 很多求最大值或最小值的实际问题，都属于这种类型.

例 3.4.4　某工厂要围建一个面积为 512 平方米的矩形堆料场，一边可以利用原有的墙壁，其他三边需要砌新的墙壁. 问堆料场的长和宽各为多少时，才能使砌墙所用的材料最省？

解　要求所用材料最少，就是求新砌的墙壁总长最短. 设场地的宽为 x 米，为使场地的面积为 512 平方米，则长为 $\frac{512}{x}$，因此新墙的总长度为

$$L = 2x + \frac{512}{x}\ (x > 0).$$

这是目标函数，下面讨论 x 为何值时，L 取得最小值. 因此将目标函数求导得

$$L' = 2 - \frac{512}{x^2},$$

解 $L' = 2 - \frac{512}{x^2} = 0$ 得 $x = 16$.

这个方程在区间 $(0,+\infty)$ 内有且仅有 $x = 16$ 一个驻点，而 L 在 $x = 16$ 取得极小值. 从而这个极小值也是函数 L 在区间 $(0,+\infty)$ 内的最小值. 所以当堆料场的宽为 16 米，长为 $\frac{512}{16} = 32$ 米时，可使砌墙所用的材料最省.

例 3.4.5　要做一个体积为 V 的圆柱形罐头筒，怎样才能使所用材料最省？

解　要使所用材料最省，就是要罐头筒的总面积最小. 设罐头筒的底半径为 r，高为 h，则它的侧面积为 $2\pi rh$，底面积为 πr^2，因此总面积为

$$S = 2\pi r^2 + 2\pi rh.$$

又体积为 V，因此有 $h = \frac{V}{\pi r^2}$，所以

$$S = 2\pi r^2 + \frac{2V}{r}\ (0 < r < +\infty),$$

$$S' = 4\pi r - \frac{2V}{r^2},\quad S'' = 4\pi + \frac{4V}{r^3}.$$

解 $S' = 4\pi r - \frac{2V}{r^2} = 0$ 得 $r = \sqrt[3]{\frac{V}{2\pi}}$，由于 π, V, r 都是正数，因此 $S'' > 0$. 所以 S 在点 $r = \sqrt[3]{\frac{V}{2\pi}}$ 处取得极小值，也是最小值. 这时相应的高为

$$h=\frac{V}{\pi r^2}=\frac{V}{\pi\left(\sqrt[3]{\frac{V}{2\pi}}\right)^2}=2r.$$

因此，当所做罐头筒的高和底面直径相等时，所用材料最省.

例 3.4.6　求函数 $y=2x^3+3x^2-12x+14$ 在 $[-3,4]$ 上的最大值与最小值.

解　$y'=6x^2+6x-12=6(x+2)(x-1)$，解方程 $y'=6(x+2)(x-1)=0$，得 $x_1=-2,x_2=1$. 由于

$$y(-3)=23,y(-2)=34,y(1)=7,y(4)=142.$$

比较可得函数 $y=2x^3+3x^2-12x+14$ 在 $[-3,4]$ 上的最大值 $y(4)=142$，最小值 $y(1)=7$.

习　题　3.4

1. 求下列函数的极值.

(1) $y=x^4-2x^2+5$；　　(2) $y=e^x\sin x$；

(3) $y=x^2-\frac{54}{x}$；　　(4) $y=2x-\ln(4x)^2$；

(5) $y=x^2e^{-x}$；　　(6) $y=(x-1)\sqrt[3]{x^2}$.

2. 当 a 为何值时，函数 $f(x)=a\sin x+\frac{1}{3}\sin 3x$ 在 $x=\frac{\pi}{3}$ 处取得极值？并求出该极值.

3. 求下列函数在所给区间上的最大值与最小值.

(1) 当 $x\geqslant 0$ 时，求函数 $y=\frac{x}{1+x^2}$ 的最大值、最小值；

(2) 当 $|x|\leqslant 10$ 时，求函数 $y=|x^2-3x+2|$ 的最大值、最小值；

(3) 当 $0\leqslant x\leqslant 4$ 时，求函数 $y=x+\sqrt{x}$ 的最大值、最小值.

4. 将半径为 r 的圆铁片，剪去一个扇形，问中心角 α 为多大时，才能使余下部分围成的圆锥形容器的容积最大？

5. 生产某种产品每小时的生产成本由两部分组成，一是固定成本，每小时 α 元，另一部分与生产速度的立方成正比(比例系数为 k)现要完成总产量为 Q 的任务，问应如何安排生产速度使总生产成本最省？

6. 要做一个圆锥形漏斗，其母线长 20cm，要使其体积最大，问其高应为多少？

7. 在曲线 $y=a^2-x^2$ 的第一象限部分上求一点 $M_0(x_0,y_0)$，使过该点的切线与两坐标轴所围成的三角形的面积最小.

本章小结

微分中值定理是微分学最重要的一组定理,中值定理建立了函数与它的导数之间的联系,使得我们可以借助函数导数的性质来判断函数的性质.本章介绍了罗尔定理和拉格朗日中值定理,这两个定理的几何背景是完全相同的,因此它们是相互等价的.

利用中值定理可以建立计算不定式极限的重要工具——洛必达法则,这个法则把函数的比值的极限转化为它们的导数的比值的极限.洛必达法则是处理不定式的强有力的工具.单调性是函数的基本性质之一,可以看到函数的单调增加(减少)与导函数的符号为正(负)相互对应.此外,本章还研究了函数极值与最值的判断与实际求法等问题.

从方法上说,构造合适的辅助函数是本章解决问题的关键.

本章知识点

1. 罗尔定理 如果函数 $f(x)$ 满足三个条件:(1)在闭区间 $[a,b]$ 上连续;(2)在开区间 (a,b) 内可导;(3)在区间端点的函数值相等,即 $f(a)=f(b)$. 那么在 (a,b) 内至少存在一点 $\xi(a<\xi<b)$,使得 $f'(\xi)=0$.

2. 拉格朗日定理 如果函数 $f(x)$ 满足条件:(1)在闭区间 $[a,b]$ 上连续;(2)在开区间 (a,b) 内可导. 那么在 (a,b) 内至少存在一点 $\xi(a<\xi<b)$,使得 $f'(\xi)=\dfrac{f(b)-f(a)}{b-a}$.

推论 如果函数 $f(x)$ 在区间 (a,b) 内任意一点的导数恒为零,则函数 $f(x)$ 在区间 (a,b) 内是一个常数.

3. 洛必达法则 设函数 $f(x),g(x)$ 满足条件:(1) $\lim\limits_{x\to a}f(x)=\lim\limits_{x\to a}g(x)=0$;(2)在点 a 的某个去心邻域内,$f(x),g(x)$ 可导,且 $g'(x)\neq 0$; (3) $\lim\limits_{x\to a}\dfrac{f'(x)}{g'(x)}=A$(或 ∞).那么 $\lim\limits_{x\to a}\dfrac{f(x)}{g(x)}=A$(或 ∞).

洛必达法则在函数 $f(x),g(x)$ 都是无穷大量时也成立.

4. 函数单调性的判别 设函数 $f(x)$ 在 $[a,b]$ 上连续,在 (a,b) 内可导,

(1) 如果在 (a,b) 内 $f'(x)>0$,那么函数 $f(x)$ 在 (a,b) 上单调增加;

(2) 如果在 (a,b) 内 $f'(x)<0$,那么函数 $f(x)$ 在 (a,b) 上单调减少.

5. 如果在某区间内,曲线弧位于其上任意一点切线的上方,则称曲线在这个区间内是(向上)凹的,如果在某区间内,曲线弧位于其上任意一点切线的下

方,则称曲线在这个区间内是(向上)凸的.曲线上凹弧与凸弧的分界点称为曲线的拐点.

定理　设函数 $f(x)$ 在 $[a,b]$ 上连续,在 (a,b) 内具有二阶导数,那么

(1) 如果 $x\in(a,b)$ 时,恒有 $f''(x)>0$,则曲线 $f(x)$ 在 (a,b) 内是凹的;

(2) 如果 $x\in(a,b)$ 时,恒有 $f''(x)<0$,则曲线 $f(x)$ 在 (a,b) 内是凸的.

6. 设函数 $f(x)$ 在点 x_0 的某个邻域内有定义,对于该邻域内异于 x_0 的点 x,都有 $f(x)<f(x_0)$,则称 $f(x_0)$ 为函数 $f(x)$ 的极大值,点 x_0 称为函数 $f(x)$ 的极大值点;如果都有 $f(x)>f(x_0)$,则称 $f(x_0)$ 为函数 $f(x)$ 的极小值,点 x_0 称为函数 $f(x)$ 的极小值点.

极大值、极小值统称为极值.极大值点、极小值点统称为极值点.

定理(必要条件)　如果函数 $f(x)$ 在点 x_0 处有极值 $f(x_0)$,且 $f'(x_0)$ 存在,则 $f'(x_0)=0$.

定理(第一充分条件)　设函数 $f(x)$ 在点 x_0 的一个邻域内可导且 $f'(x_0)=0$.

(1) 如果当 x 取 x_0 的左侧邻域内的值时,$f'(x)>0$;当 x 取 x_0 的右侧邻域内的值时,$f'(x)<0$,那么函数 $f(x)$ 在点 x_0 处取得极大值.

(2) 如果当 x 取 x_0 的左侧邻域内的值时,$f'(x)<0$;当 x 取 x_0 的右侧邻域内的值时,$f'(x)>0$,那么函数 $f(x)$ 在点 x_0 处取得极小值.

定理(第二充分条件)　设函数 $f(x)$ 在 x_0 处具有二阶导数,且 $f'(x_0)=0$,$f''(x_0)\neq 0$.

(1) 如果 $f''(x_0)>0$,则 $f(x_0)$ 为函数 $f(x)$ 的极小值;

(2) 如果 $f''(x_0)<0$,则 $f(x_0)$ 为函数 $f(x)$ 的极大值.

数学家简介——拉格朗日

名言:我此生没有什么遗憾,死亡并不可怕,它只不过是我要遇到的最后一个函数.

拉格朗日,Joseph-Louis Lagrange,1736 年 1 月 25 日生于现意大利的撒丁岛,1813 年 4 月 10 日卒于法国巴黎.法国数学家,他在分析学的所有领域、数论、分析力学、天体力学领域作出过卓越的贡献.

拉格朗日出身于一个军人家庭,他 17 岁开始专心致力于数学分析的研究,19 岁成为都灵皇家炮兵学院教授.1756 年,20 岁的拉格朗日在欧拉举荐下成为普鲁士科学院通讯院士.1786 年,他接受法国国王路易十六的邀请定居巴黎,直至去世.

拉格朗日著作颇丰,论文《极大和极小的方法研究》发展了欧拉开创的变分法,为变分法奠定了理论基础.在数论方面,他证明了任何一个正整数都可以四个整数的平方和的形式.在方程论领域,他深入研究了三次、四次代数方程的解法,提出了

预解式概念和根的置换群的观点,他发现解一个五次代数方程要先解一个次数更高的方程,限于当时数学发展水平,他无法解释这个现象.此外,他对微分方程,三体问题,分析力学都有深入的研究,取得很多开创性成果.

微分中值定理是微分学的基本定理,有着很直观自然的几何学意义和运动学解释.1691 年,法国数学家罗尔针对多项式函数给出罗尔定理,但是他的证明是纯代数的与微积分无关.1797 年拉格朗日在《解析函数论》一书中给出并证明我们今天看到的拉格朗日中值定理,然而这个定理的严格证明是柯西在 1823 年出版的《无穷小计算教程概论》一书中给出的,同时他还给出更一般的柯西中值定理.

拉格朗日年轻时家庭遭遇不幸,万贯家财顷刻化为乌有,他也不得不寄居在亲戚家里.这使得他免去了应酬,潜心研究数学.晚年的拉格朗日谈及此事时,真诚地说:“如果我继承可观的财产,我在数学上可能就没有多少价值了.”

法国皇帝拿破仑一世称赞拉格朗日是“数学科学的一座巍峨的金字塔”.

第 4 章　不 定 积 分

第 2 章讨论了如何求一个函数的导数问题，本章将讨论它的逆问题，即要求一个函数，使它的导数等于已知函数，这是微积分学的基本问题之一.

4.1　不定积分的概念及性质

4.1.1　不定积分的定义

例 4.1.1　如果已知物体的运动方程为 $s=f(t)$，则此物体的速度是距离 s 对时间 t 的导数；反过来，如果已知物体运动的速度 v 是时间 t 的函数 $v=v(t)$，求物体的运动方程 $s=f(t)$，使它的导数 $f'(t)$ 等于已知函数 $v(t)$. 这就是一个与微分学中求导数相反的问题.

如果在开区间 I 内，可导函数 $F(x)$ 的导函数为 $f(x)$，即当 $x\in I$ 时，

$$F'(x)=f(x)\quad 或\quad \mathrm{d}F(x)=f(x)\mathrm{d}x,$$

那么函数 $F(x)$ 称为函数 $f(x)$ 在区间 I 内的**原函数**.

例4.1.2　在区间 $(-\infty,+\infty)$ 内，$(\sin x)'=\cos x$，因此 $\sin x$ 是 $\cos x$ 的原函数.

例 4.1.3　在区间 $(-\infty,+\infty)$ 内，$(x^3)'=3x^2$，因此 $F(x)=x^3$ 是 $3x^2$ 的原函数，同理 x^3+2，$x^3-\sqrt{3}$ 也是 $3x^2$ 的原函数.

由定义可以看到，原函数与导函数是一对互逆的概念. 一个自然的问题是在某个区间 I 内，一个函数具备什么条件时，它在这个区间有原函数?

定理 4.1.1　如果函数 $f(x)$ 在开区间 I 上连续，那么在区间 I 上存在可导函数 $F(x)$，使

$$F'(x)=f(x),\quad x\in I.$$

简单地说，连续函数一定有原函数. 由于初等函数在其定义域内都是连续的，因此初等函数在其定义区间上都有原函数.

注　(1) 如果函数 $f(x)$ 在区间 I 上有原函数，即有一个函数 $F(x)$，当 $x\in I$ 时，$F'(x)=f(x)$，那么对任何常数 C，也有

$$[F(x)+C]'=f(x),$$

即 $F(x)+C$ 也是 $f(x)$ 的原函数. 这说明如果函数 $f(x)$ 有一个原函数，则它有无限多个原函数.

(2) 在区间 I 上，如果 $F(x)$ 是函数 $f(x)$ 的一个原函数，那么 $f(x)$ 的其他原函数和 $F(x)$ 有什么关系？

设 $G(x)$ 是 $f(x)$ 的另一个原函数，即当 $x\in I$ 时

$$G'(x)=F'(x)=f(x),$$

于是

$$[G(x)-F(x)]'=G'(x)-F'(x)=0.$$

从而有

$$G(x)-F(x)=C.$$

这表明 $G(x)$ 与 $F(x)$ 只差一个常数，因此 $f(x)$ 的全体原函数可以表示为

$$\{F(x)+C\mid -\infty<x<+\infty\}.$$

在某个区间 I 上，$f(x)$ 的全体原函数称为 $f(x)$ 的不定积分，记作

$$\int f(x)\mathrm{d}x.$$

如果 $F(x)$ 是 $f(x)$ 的一个原函数，则由定义有

$$\int f(x)\mathrm{d}x=F(x)+C,$$

其中“$\int$”(拉长的 s)称为**积分号**，$\mathrm{d}x$ 中的 x 称为**积分变量**，$f(x)$ 称为**被积函数**，$f(x)\mathrm{d}x$ 称为**积分表达式**. 因此，求已知函数的不定积分，就归结为求出它的一个原函数再加上任意常数 C 即可.

例 4.1.4 求 $\int x^3\mathrm{d}x$.

解 因为 $\left(\frac{1}{4}x^4\right)'=x^3$，所以 $\int x^3\mathrm{d}x=\frac{1}{4}x^4+C$.

例 4.1.5 求 $\int\frac{1}{x}\mathrm{d}x$.

解 当 $x>0$ 时，$(\ln x)'=\frac{1}{x}$，因此 $\int\frac{1}{x}\mathrm{d}x=\ln x+C$；

当 $x<0$ 时，$(\ln -x)'=\frac{1}{-x}\cdot(-1)=\frac{1}{x}$，因此 $\int\frac{1}{x}\mathrm{d}x=\ln(-x)+C$.

所以有

$$\int\frac{1}{x}\mathrm{d}x=\ln|x|+C.$$

例 4.1.6 求经过点 (1,4) 且其切线斜率为 $2x$ 的曲线方程.

解 设所求曲线方程为 $y=f(x)$，由题意曲线上任一点切线斜率为 $2x$，

$$\frac{\mathrm{d}y}{\mathrm{d}x}=2x,$$

即 $f(x)$ 是 $2x$ 的一个原函数，由 $\int 2x\mathrm{d}x = x^2 + C$ 得曲线方程 $y = x^2 + C$，代入点 $(1,4)$ 得 $C = 3$，所以 $y = x^2 + 3$ 是所求曲线.

4.1.2 不定积分的性质

性质 4.1.1 不定积分与求导或微分互为逆运算.

(1) $\left[\int f(x)\mathrm{d}x\right]' = f(x)$ 或 $\mathrm{d}\left[\int f(x)\mathrm{d}x\right] = f(x)\mathrm{d}x$;

(2) $\int F'(x)\mathrm{d}x = F(x) + C$ 或 $\int \mathrm{d}F(x) = F(x) + C$.

即不定积分的导数(微分)等于被积函数(或被积表达式)；一个函数的导数(微分)的不定积分与这个函数相差一个任意常数. 简单叙述为:“先积后微，形式不变；先微后积，差个常数”.

性质 4.1.2 两个函数和的不定积分等于这两个函数的不定积分的和. 即

$$\int [f(x) + g(x)]\mathrm{d}x = \int f(x)\mathrm{d}x + \int g(x)\mathrm{d}x.$$

要证明这个等式，只需验证等式右端的导数等于左端的被积函数.

这个公式可以推广到任意有限多个函数和的情况.

性质 4.1.3 不为零的常数因子可以提到积分号外面.

$$\int kf(x)\mathrm{d}x = k\int f(x)\mathrm{d}x \quad k \neq 0.$$

4.1.3 基本积分表

(1) $\int 0\mathrm{d}x = C$,

(2) $\int x^{\mu}\mathrm{d}x = \dfrac{1}{\mu+1}x^{\mu+1} + C\ (\mu \neq -1)$,

(3) $\int \dfrac{1}{x}\mathrm{d}x = \ln|x| + C$,

(4) $\int \sin x\mathrm{d}x = -\cos x + C$,

(5) $\int \cos x\mathrm{d}x = \sin x + C$,

(6) $\int \sec^2 x\mathrm{d}x = \tan x + C$,

(7) $\int \csc^2 x\mathrm{d}x = -\cot x + C$,

(8) $\int \dfrac{1}{\sqrt{1-x^2}}\mathrm{d}x = \arcsin x + C$,

(9) $\int \frac{1}{1+x^2}dx = \arctan x + C$,

(10) $\int a^x dx = \frac{1}{\ln a}a^x + C\ (a>0, a\neq 1)$,

(11) $\int e^x dx = e^x + C$.

以上所列的基本积分表是求不定积分的基础，必须熟记，在应用公式时有时需要对被积函数作适当的变形.

例 4.1.7 求 $\int \frac{dx}{x\sqrt{x}}$.

解 $\int \frac{dx}{x\sqrt{x}} = \int x^{-\frac{3}{2}}dx = \frac{1}{-\frac{3}{2}+1}x^{-\frac{3}{2}+1} + C = -2x^{-\frac{1}{2}} + C = -\frac{2}{\sqrt{x}} + C$.

例 4.1.8 求 $\int 3^{2x}e^x dx$.

解 $\int 3^{2x}e^x dx = \int (9e)^x dx = \frac{(9e)^x}{\ln(9e)} + C = \frac{3^{2x}e^x}{1+2\ln 3} + C$.

例 4.1.9 求 $\int \cos^2\frac{x}{2}dx$.

解

$$\begin{aligned}\int \cos^2\frac{x}{2}dx &= \int \frac{1+\cos x}{2}dx = \frac{1}{2}\int dx + \frac{1}{2}\int \cos x dx \\ &= \frac{x}{2} + \frac{1}{2}\sin x + C.\end{aligned}$$

注 对三角函数作适当的恒等变换也是求不定积分常用的方法.

例 4.1.10 求 $\int \frac{1+x+x^2}{x(1+x^2)}dx$.

解

$$\begin{aligned}\int \frac{1+x+x^2}{x(1+x^2)}dx &= \int \frac{x+(1+x^2)}{x(1+x^2)}dx \\ &= \int \left(\frac{1}{1+x^2} + \frac{1}{x}\right)dx = \arctan x + \ln|x| + C.\end{aligned}$$

注 对被积函数拆项，是求有理函数不定积分常用的一种方法.

例 4.1.11 求 $\int \frac{x^2-1}{x^2+1}dx$.

解

$$\begin{aligned}\int \frac{x^2-1}{x^2+1}dx &= \int \frac{x^2+1-2}{x^2+1}dx = \int \left(1 - \frac{2}{x^2+1}\right)dx \\ &= x - 2\arctan x + C.\end{aligned}$$

习　题　4.1

1. 解下列问题.

(1) 已知函数 $y=f(x)$ 的导数等于 $x+2$，且 $x=2$ 时 $y=5$，求这个函数；

(2) 已知在曲线上任一点切线的斜率为 $2x$，并且曲线经过点 $(1,-2)$，求此曲线的方程.

2. 求下列不定积分.

(1) $\int(1-4x^2)\mathrm{d}x$；　　(2) $\int(2^x+x^2)\mathrm{d}x$；

(3) $\int\left(\sqrt[3]{x}-\dfrac{2}{\sqrt{x}}\right)\mathrm{d}x$；　　(4) $\int\sqrt{x}(x-3)\mathrm{d}x$；

(5) $\int\dfrac{x^2}{x^2+1}\mathrm{d}x$；　　(6) $\int\dfrac{(t+1)^3}{t^2}\mathrm{d}t$；

(7) $\int\dfrac{x^2+\sqrt{x^3}+3}{\sqrt{x}}\mathrm{d}x$；　　(8) $\int 2\sin^2\dfrac{u}{2}\mathrm{d}u$；

(9) $\int\dfrac{\mathrm{e}^{2t}-1}{\mathrm{e}^t-1}\mathrm{d}t$.

3. 设函数 $f(x)$ 的一个原函数是 $\dfrac{1}{x}$，求 $f'(x)$.

4. 若函数 $f(x)$ 的一个原函数是 $\cos x$，求 $\int f'(x)\mathrm{d}x$.

5. 设函数 $f(x)=\begin{cases}x^2, & x\leqslant 0,\\ \sin x, & x>0,\end{cases}$ 求函数 $f(x)$ 的不定积分.

6. 证明函数 $\arcsin(2x-1)$，$\arccos(1-2x)$，$2\arcsin\sqrt{x}$ 及 $2\arctan\sqrt{\dfrac{x}{1-x}}$ 都是 $\dfrac{1}{\sqrt{x(1-x)}}$ 的原函数.

4.2　不定积分的换元法

4.2.1　第一类换元法

利用基本积分表和不定积分的两个运算性质，可以求出部分函数的不定积分，但这是远远不够的，对于常见的函数如

$$\int\mathrm{e}^{2x}\mathrm{d}x,\int\sin\frac{x}{3}\mathrm{d}x,\int\frac{1}{x+5}\mathrm{d}x$$

等就不容易求了，下面两节介绍两种不定积分的计算方法．本节研究换元积分法．

对于复合函数 $F(\varphi(x))$，设 $F'(u)=f(u)$，则有

$$dF(\varphi(x))=f(\varphi(x))d\varphi(x)=f(\varphi(x))\varphi'(x)dx.$$

对上式求不定积分得

$$\int f(\varphi(x))\varphi'(x)dx=\int f(\varphi(x))d\varphi(x)=\int dF(\varphi(x))=F(\varphi(x))+C.$$

令 $u=\varphi(x)$，

$$\left[\int f(u)du\right]\Big|_{u=\varphi(x)}=[F(u)+C]\big|_{u=\varphi(x)}=F(\varphi(x))+C.$$

于是有

$$\int f(\varphi(x))\varphi'(x)dx=\int f(\varphi(x))d\varphi(x)=\left[\int f(u)du\right]\Big|_{u=\varphi(x)}.$$

上述积分过程中，假设所列各个不定积分都是存在的，由于连续函数的原函数一定存在，所以如果函数 $f(u)$ 与 $\varphi'(x)$ 连续，那么所列各个不定积分都存在．

定理 4.2.1 设函数 $f(u)$ 与 $\varphi'(x)$ 连续，则有换元公式

$$\int f(\varphi(x))\varphi'(x)dx=\left[\int f(u)du\right]\Big|_{u=\varphi(x)}. \tag{4.1}$$

定理 4.2.1 说明，如果不定积分 $\int f(x)dx$ 不好求，但被积函数可分解成

$$f(x)=g(\varphi(x))\varphi'(x)$$

的形式，则作变量替换 $u=\varphi(x)$，即可将关于变量 x 的积分转化为关于变量 u 的积分，于是

$$\int g(\varphi(x))\varphi'(x)dx=\int g(u)du.$$

这样如果 $\int g(u)du$ 容易求出，便求出了不定积分 $\int f(x)dx$，这称为**第一类换元法**．

例 4.2.1 求 $\int \sin 2x dx$．

解 被积函数 $\sin 2x$ 是一个复合函数，令 $u=2x$，则 $\sin 2x=\sin u$，$du=2dx$，于是

$$\int \sin 2x dx=\int \sin 2x\cdot\frac{1}{2}d2x=\int \sin u\cdot\frac{1}{2}du=\frac{1}{2}\int \sin u du$$

$$=\frac{1}{2}(-\cos u)+C=-\frac{1}{2}\cos 2x+C.$$

例 4.2.2 求 $\int \frac{1}{5+3x}dx$．

解 令 $u=5+3x$，$u'=3$，则

$$\frac{1}{5+3x}=\frac{1}{3}\frac{1}{5+3x}\cdot 3=\frac{1}{3}\frac{1}{5+3x}\cdot(5+3x)'=\frac{1}{3}\frac{1}{u}\cdot u'.$$

因此

$$\begin{aligned}\int\frac{1}{5+3x}\mathrm{d}x&=\frac{1}{3}\int\frac{1}{5+3x}(5+3x)'\mathrm{d}x\\&=\frac{1}{3}\int\frac{1}{5+3x}\mathrm{d}(5+3x)\\&=\frac{1}{3}\int\frac{1}{u}\mathrm{d}u=\frac{1}{3}\ln|u|+C\\&=\frac{1}{3}\ln|5+3x|+C.\end{aligned}$$

一般地，对于积分 $\int f(ax+b)\mathrm{d}x$，可作变换 $u=ax+b$，则

$$\int f(ax+b)\mathrm{d}x=\frac{1}{a}\int f(ax+b)\mathrm{d}(ax+b)=\frac{1}{a}\left[\int f(u)\mathrm{d}u\right]\bigg|_{u=ax+b}.$$

例 4.2.3 求 $\int\tan x\mathrm{d}x$.

解 利用三角恒等式将被积函数变形，然后再变量代换.

$$\begin{aligned}\int\tan x\mathrm{d}x&=\int\frac{\sin x}{\cos x}\mathrm{d}x=\int\frac{(-\cos x)'}{\cos x}\mathrm{d}x=-\int\frac{1}{\cos x}\mathrm{d}\cos x\\&=-\int\frac{1}{u}\mathrm{d}u=-\ln|u|+C\\&=-\ln|\cos x|+C.\end{aligned}$$

熟练以后，可以不写中间变量 u，如例 4.2.3，

$$\int\tan x\mathrm{d}x=-\int\frac{1}{\cos x}\mathrm{d}\cos x=-\ln|\cos x|+C.$$

例 4.2.4 求 $\int x\sqrt{1-x^2}\mathrm{d}x$.

解

$$\begin{aligned}\int x\sqrt{1-x^2}\mathrm{d}x&=\frac{1}{2}\int(1-x^2)^{\frac{1}{2}}\mathrm{d}(x^2)\\&=-\frac{1}{2}\int(1-x^2)^{\frac{1}{2}}\mathrm{d}(1-x^2)\\&=-\frac{1}{3}(1-x^2)^{\frac{3}{2}}+C.\end{aligned}$$

例 4.2.5 求 $\int\frac{\mathrm{e}^{3\sqrt{x}}}{\sqrt{x}}\mathrm{d}x$.

解

$$\int \frac{e^{3\sqrt{x}}}{\sqrt{x}}dx = 2\int \frac{e^{3\sqrt{x}}}{2\sqrt{x}}dx = 2\int e^{3\sqrt{x}}d\sqrt{x}$$
$$= \frac{2}{3}\int e^{3\sqrt{x}}d(3\sqrt{x}) = \frac{2}{3}e^{3\sqrt{x}} + C.$$

例 4.2.6 求 $\int \frac{dx}{1+e^x}$.

解 方法1

$$\int \frac{dx}{1+e^x} = \int \frac{dx}{e^x(e^{-x}+1)} = \int \frac{e^{-x}dx}{e^{-x}+1} = -\int \frac{d(e^{-x}+1)}{(e^{-x}+1)}$$
$$= -\ln(e^{-x}+1) + C.$$

方法2

$$\int \frac{dx}{1+e^x} = \int \frac{(1+e^x)-e^x}{1+e^x}dx = \int \left(1 - \frac{e^x}{1+e^x}\right)dx$$
$$= x - \int \frac{de^x}{1+e^x} = x - \int \frac{d(1+e^x)}{1+e^x} = x - \ln(1+e^x) + C.$$

从以上几个例子可以看出，使用第一类换元法的关键是设法把被积函数表达式 $f(x)dx$ 凑成 $g(\varphi(x))\varphi'(x)dx = g(\varphi(x))d\varphi(x)$ 的形式，因此，第一类换元法又称为**凑微分法**.

例 4.2.7 求 $\int \frac{1}{a^2+x^2}dx$.

解 $$\int \frac{1}{a^2+x^2}dx = \int \frac{1}{a^2\left[1+\left(\frac{x}{a}\right)^2\right]}dx = \int \frac{1}{a\left[1+\left(\frac{x}{a}\right)^2\right]}d\left(\frac{x}{a}\right)$$
$$= \frac{1}{a}\arctan\left(\frac{x}{a}\right) + C.$$

例 4.2.8 求 $\int \sin^3 x\cos^2 x dx$.

解 $$\int \sin^3 x\cos^2 x dx = \int \sin^2 x\sin x\cos^2 x dx$$
$$= -\int \sin^2 x\cos^2 x d\cos x$$
$$= -\int (1-\cos^2 x)\cos^2 x d\cos x$$
$$= \int (\cos^4 x - \cos^2 x)d\cos x$$
$$= \frac{1}{5}\cos^5 x - \frac{1}{3}\cos^3 x + C.$$

例 4.2.9 求 $\int \frac{1}{x(2+\ln x)}dx$.

解　$$\int\frac{1}{x(2+\ln x)}\mathrm{d}x=\int\frac{1}{2+\ln x}\mathrm{d}\ln x=\int\frac{1}{2+\ln x}\mathrm{d}(2+\ln x)$$
$$=\ln|2+\ln x|+C.$$

例 4.2.10　求$\int 4x\mathrm{e}^{x^2}\mathrm{d}x$.

解　$$\int 4x\mathrm{e}^{x^2}\mathrm{d}x=2\int\mathrm{e}^{x^2}\mathrm{d}x^2=2\mathrm{e}^{x^2}+C.$$

例 4.2.11　求$\int\frac{1}{a^2-x^2}\mathrm{d}x$.

解　$$\int\frac{1}{a^2-x^2}\mathrm{d}x=\int\frac{1}{2a}\left(\frac{1}{a+x}+\frac{1}{a-x}\right)\mathrm{d}x$$
$$=\frac{1}{2a}\int\frac{1}{a+x}\mathrm{d}(a+x)-\frac{1}{2a}\int\frac{1}{a-x}\mathrm{d}(a-x)$$
$$=\frac{1}{2a}(\ln|a+x|-\ln|a-x|)+C$$
$$=\frac{1}{2a}\ln\left|\frac{a+x}{a-x}\right|+C.$$

例 4.2.12　求$\int\sec x\mathrm{d}x$.

解　$$\int\sec x\mathrm{d}x=\int\frac{\cos x}{\cos^2 x}\mathrm{d}x=\int\frac{\mathrm{d}\sin x}{1-\sin^2 x}$$
$$=\frac{1}{2}\ln\left|\frac{1+\sin x}{1-\sin x}\right|+C=\frac{1}{2}\ln\left|\frac{(1+\sin x)^2}{1-\sin^2 x}\right|+C$$
$$=\frac{1}{2}\ln\left|\frac{1+\sin x}{\cos x}\right|^2+C$$
$$=\ln|\sec x+\tan x|+C.$$

凑微分法常用的微分公式有以下几种.

(1) $\mathrm{d}x=\frac{1}{a}\mathrm{d}(ax+b)$ (a,b 为常数且 $a\neq 0$),

(2) $x\mathrm{d}x=\frac{1}{2}\mathrm{d}(x^2)$,

(3) $\frac{1}{x}\mathrm{d}x=\mathrm{d}\ln x$,

(4) $\frac{1}{x^2}\mathrm{d}x=-\mathrm{d}\left(\frac{1}{x}\right)$,

(5) $\frac{1}{\sqrt{x}}\mathrm{d}x=2\mathrm{d}\sqrt{x}$,

(6) $\mathrm{e}^x\mathrm{d}x=\mathrm{d}\mathrm{e}^x$,

(7) $\sin x\mathrm{d}x=-\mathrm{d}(\cos x)$,

(8) $\cos x\mathrm{d}x=\mathrm{d}\sin x$,

(9) $\sec^2 x\mathrm{d}x=\mathrm{d}\tan x$,

(10) $\csc^2 x\mathrm{d}x=-\mathrm{d}\cot x$,

(11) $\dfrac{1}{1+x^2}\mathrm{d}x=\mathrm{d}\arctan x$.

4.2.2 第二类换元法

如果不定积分用直接积分法或第一类换元法都不易求得，但作变量代换 $x=\psi(t)$ 后，所得到的关于新积分变量 t 的不定积分容易求得，则也可求得不定积分 $\int f(x)\mathrm{d}x$，这是第二类换元法.

定理 4.2.2(第二类换元积分法) 设 $f(x)$ 连续，又 $x=\psi(t)$ 是单调可导的函数，且 $\psi'(t)\neq 0$，则有换元公式

$$\int f(x)\mathrm{d}x=\left[\int f(\psi(t))\cdot\psi'(t)\mathrm{d}t\right]\Big|_{t=\psi^{-1}(x)},\tag{4.2}$$

其中 $\psi^{-1}(x)$ 是 $\psi(t)$ 的反函数.

证 略.

例 4.2.13 求 $\displaystyle\int\frac{1}{1+\sqrt{x}}\mathrm{d}x$.

解 令 $\sqrt{x}=t$，则 $x=t^2$，$\mathrm{d}x=2t\mathrm{d}t$，于是

$$\begin{aligned}\int\frac{1}{1+\sqrt{x}}\mathrm{d}x&=2\int\frac{t}{1+t}\mathrm{d}t\\&=2\int\frac{1+t-1}{1+t}\mathrm{d}t\\&=2\left[\int\mathrm{d}t-\int\frac{\mathrm{d}t}{1+t}\right]\\&=2[t-\ln|1+t|]+C\\&=2\left[\sqrt{x}-\ln(1+\sqrt{x})\right]+C.\end{aligned}$$

例 4.2.14 $\displaystyle\int\frac{\mathrm{d}x}{\sqrt{x}(1+\sqrt[3]{x})}$.

解 令 $x=t^6$，则 $\mathrm{d}x=6t^5\mathrm{d}t$，且 $t=\sqrt[6]{x}$，于是

$$\begin{aligned}\int\frac{\mathrm{d}x}{\sqrt{x}(1+\sqrt[3]{x})}&=\int\frac{6t^5\mathrm{d}t}{t^3(1+t^2)}\\&=6\int\frac{t^2}{1+t^2}\mathrm{d}t\end{aligned}$$

$$=6\int\frac{t^2+1-1}{1+t^2}\mathrm{d}t$$
$$=6\int\left(1-\frac{1}{1+t^2}\right)\mathrm{d}t$$
$$=6(t-\arctan t)+C$$
$$=6(\sqrt[6]{x}-\arctan\sqrt[6]{x})+C.$$

一般地，被积函数含有根式 $\sqrt[n]{ax+b}$(根号内为一次函数)时，可作变量代换 $\sqrt[n]{ax+b}=t$.

例 4.2.15 求 $\int\sqrt{a^2-x^2}\mathrm{d}x(a>0)$.

解 利用三角恒等式 $\sin^2 t+\cos^2 t=1$，令 $x=a\sin t\left(0\leqslant t\leqslant\frac{\pi}{2}\right)$，则

$\sqrt{a^2-x^2}=\sqrt{a^2-a^2\sin^2 t}=\sqrt{a^2(1-\sin^2 t)}=a\cos t$，$\mathrm{d}x=a\cos t\mathrm{d}t$，于是

$$\int\sqrt{a^2-x^2}\mathrm{d}x=\int a\cos t\cdot a\cos t\mathrm{d}t=a^2\int\cos^2 t\mathrm{d}t$$
$$=a^2\int\frac{1+\cos 2t}{2}\mathrm{d}t=\frac{a^2}{2}\int\mathrm{d}t+\frac{a^2}{2}\int\cos 2t\mathrm{d}t$$
$$=\frac{a^2}{2}t+\frac{a^2}{4}\int\cos 2t\mathrm{d}(2t)$$
$$=\frac{a^2}{2}t+\frac{a^2}{4}\sin 2t+C$$
$$=\frac{a^2}{2}(t+\sin t\cos t)+C.$$

由于 $x=a\sin t\left(0\leqslant t\leqslant\frac{\pi}{2}\right)$，所以

$$\sin t=\frac{x}{a},\quad t=\arcsin\frac{x}{a},\quad \cos t=\sqrt{1-\sin^2 t}=\sqrt{1-\left(\frac{x}{a}\right)^2}=\frac{\sqrt{a^2-x^2}}{a},$$

于是

$$\int\sqrt{a^2-x^2}\mathrm{d}x=\frac{a^2}{2}\arcsin\frac{x}{a}+\frac{a^2}{2}\cdot\frac{x}{a}\cdot\frac{\sqrt{a^2-x^2}}{a}+C$$
$$=\frac{a^2}{2}\arcsin\frac{x}{a}+\frac{1}{2}x\sqrt{a^2-x^2}+C.$$

注 “$0\leqslant t\leqslant\frac{\pi}{2}$”也可省略不写，默认取第一象限的角即可.

例 4.2.16 求 $\int\frac{\mathrm{d}x}{\sqrt{a^2+x^2}}(a>0)$.

解 利用三角恒等式 $1+\tan^2 t=\sec^2 t$，令 $x=a\tan t$，$-\frac{\pi}{2}<t<\frac{\pi}{2}$，

$$\sqrt{a^2+x^2}=\sqrt{a^2+a^2\tan^2 t}=a\sec t,\quad \mathrm{d}x=a\sec^2 t\mathrm{d}t.$$

于是

$$\int\frac{\mathrm{d}x}{\sqrt{a^2+x^2}}=\int\frac{a\sec^2 t}{a\sec t}\mathrm{d}t=\int\sec t\mathrm{d}t=\ln|\sec t+\tan t|+C_1.$$

作图 4.1 所示的直角三角形，辅助分析，可得

$$\sec t=\frac{斜边}{邻边}=\frac{\sqrt{a^2+x^2}}{a},\quad \tan t=\frac{对边}{邻边}=\frac{x}{a},$$

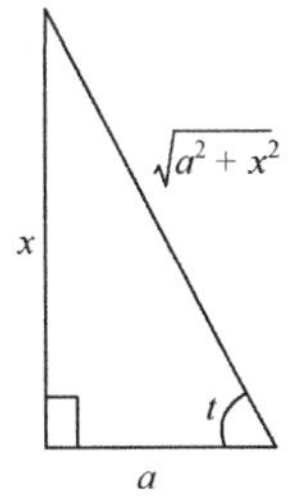

图 4.1

于是

$$\begin{aligned}\int\frac{\mathrm{d}x}{\sqrt{a^2+x^2}}&=\ln\left|\frac{x}{a}+\frac{\sqrt{a^2+x^2}}{a}\right|+C_1\\&=\ln\left|\frac{x+\sqrt{a^2+x^2}}{a}\right|+C_1\\&=\ln(x+\sqrt{a^2+x^2})+C,\end{aligned}$$

其中 $C=C_1-\ln a$.

一般地，被积函数含有根式且根式内是二次函数时，可作三角换元. 例如，$\sqrt{a^2-x^2}$，$\sqrt{a^2+x^2}$ 和 $\sqrt{x^2-a^2}$ 分别可作代换 $x=a\sin t$，$x=a\tan t$ 和 $x=a\sec t$ 消去根式. 用三角换元求出原函数后，利用辅助直角三角形来回代原变量比较方便.

例 4.2.17 求 $\int\frac{\mathrm{d}x}{x^2+2x+5}$.

解
$$\begin{aligned}\int\frac{\mathrm{d}x}{x^2+2x+5}&=\int\frac{\mathrm{d}(x+1)}{(x+1)^2+2^2}\\&=\frac{1}{2}\arctan\frac{x+1}{2}+C.\end{aligned}$$

例 4.2.18 求 $\int\frac{2x+1}{4x^2+9}\mathrm{d}x$.

解
$$\begin{aligned}\int\frac{2x+1}{4x^2+9}\mathrm{d}x&=\int\frac{2x}{4x^2+9}\mathrm{d}x+\int\frac{1}{4x^2+9}\mathrm{d}x\\&=\int\frac{\mathrm{d}x^2}{4x^2+9}+\int\frac{1}{(2x)^2+3^2}\mathrm{d}x\\&=\frac{1}{4}\int\frac{\mathrm{d}(4x^2+9)}{4x^2+9}+\frac{1}{2}\int\frac{1}{(2x)^2+3^2}\mathrm{d}(2x)\\&=\frac{1}{4}\ln(4x^2+9)+\frac{1}{6}\arctan\frac{2x}{3}+C.\end{aligned}$$

习 题 4.2

1. 求下列不定积分.

(1) $\int (2-x)^{\frac{5}{2}}\mathrm{d}x$; (2) $\int \frac{\mathrm{d}v}{(1-2v)^{\frac{1}{2}}}$;

(3) $\int a^{3x}\mathrm{d}x$; (4) $\int \mathrm{e}^{-x}\mathrm{d}x$;

(5) $\int \frac{2x}{1+x^2}\mathrm{d}x$; (6) $\int u\sqrt{u^2-3}\mathrm{d}u$;

(7) $\int \frac{\mathrm{e}^{\frac{1}{2x}}}{x^2}\mathrm{d}x$; (8) $\int \frac{x^2}{\sqrt[3]{(x^3-5)^2}}\mathrm{d}x$;

(9) $\int \frac{(\ln x)^2}{x}\mathrm{d}x$; (10) $\int \frac{\mathrm{d}t}{1+2t}$;

(11) $\int \frac{\mathrm{d}x}{x\ln x}$; (12) $\int \frac{5\mathrm{e}^x}{\mathrm{e}^x+1}\mathrm{d}x$;

(13) $\int \frac{\mathrm{d}x}{4+9x^2}$; (14) $\int 2\cos\frac{2}{3}x\mathrm{d}x$;

(15) $\int \mathrm{e}^{\sin x}\cos x\mathrm{d}x$; (16) $\int \mathrm{e}^x\cos\mathrm{e}^x\mathrm{d}x$;

(17) $\int \frac{\mathrm{d}t}{\mathrm{e}^t+\mathrm{e}^{-t}}$.

2. 求下列不定积分(a 是常数).

(1) $\int \sqrt[3]{x+a}\mathrm{d}x$; (2) $\int 3x\sqrt{x+2}\mathrm{d}x$;

(3) $\int \frac{\mathrm{d}x}{\sqrt{2x-3}+1}$; (4) $\int \frac{\mathrm{d}x}{\sqrt{x}+\sqrt[3]{x^2}}$.

4.3 分部积分法

熟悉常用的凑微分公式对于学好本节的内容是十分必要的. 常用的凑微分公式有

(1) $\mathrm{d}x=\frac{1}{a}\mathrm{d}(ax+b)$ (a,b 为常数且 $a\neq 0$),

(2) $x\mathrm{d}x=\frac{1}{2}\mathrm{d}(x^2)$,

(3) $\frac{1}{x}\mathrm{d}x=\mathrm{d}\ln x$,

(4) $\frac{1}{x^2}dx=-d\left(\frac{1}{x}\right)$,

(5) $\frac{1}{\sqrt{x}}dx=2d\sqrt{x}$,

(6) $e^x dx=de^x$,

(7) $\sin x dx=-d(\cos x)$,

(8) $\cos x dx=d\sin x$,

(9) $\sec^2 x dx=d\tan x$,

(10) $\csc^2 x dx=-d\cot x$,

(11) $\frac{1}{1+x^2}dx=d\arctan x$.

设函数 $u=u(x), v=v(x)$ 具有连续导数，已知两个函数乘积的导数公式为

$$(uv)'=uv'+u'v,$$

移项得

$$uv'=(uv)'-u'v.$$

对上式两边求不定积分得

$$\int uv'dx=uv-\int u'vdx. \tag{4.3}$$

式(4.3)称为**分部积分公式**，主要用于求不定积分 $\int uv'dx$ 较困难，而不定积分 $\int u'vdx$ 较容易计算的情形. 为方便起见，式(4.3)也可以写成

$$\int udv=uv-\int vdu.$$

例 4.3.1　求不定积分 $\int xe^x dx$.

解

$$\begin{aligned}\int xe^x dx &=\int xde^x\\ &=xe^x-\int e^x dx=xe^x-e^x+C.\end{aligned}$$

若换一种凑微分的方式

$$\begin{aligned}\int xe^x dx &=\frac{1}{2}\int e^x dx^2=\frac{1}{2}\left(x^2e^x-\int x^2 de^x\right)\\ &=\frac{1}{2}x^2e^x-\int x^2e^x dx.\end{aligned}$$

上式右端的不定积分比原不定积分更难求出. 由此可见，在利用分部积分法时，适当选取 u 和 v' 是非常关键的，选取 u 和 v' 的两个原则.

(1) v 容易求出;

(2) $\int v\mathrm{d}u$ 要比 $\int u\mathrm{d}v$ 容易求出.

例 4.3.2 求不定积分 $\int x\sin x\mathrm{d}x$.

解
$$\begin{aligned}\int x\sin x\mathrm{d}x &= -\int x\mathrm{d}\cos x\\ &= -x\cos x+\int\cos x\mathrm{d}x\\ &= -x\cos x+\sin x+C.\end{aligned}$$

例 4.3.3 计算不定积分 $\int x^2\cos x\mathrm{d}x$.

解
$$\begin{aligned}\int x^2\cos x\mathrm{d}x &= \int x^2\mathrm{d}\sin x\\ &= x^2\sin x-\int\sin x\mathrm{d}(x^2)\\ &= x^2\sin x-2\int x\sin x\mathrm{d}x\\ &= x^2\sin x+2\int x\mathrm{d}\cos x\\ &= x^2\sin x+2\left[x\cos x-\int\cos x\mathrm{d}x\right]\\ &= x^2\sin x+2x\cos x-2\sin x+C.\end{aligned}$$

上面的例子说明，如果被积函数是幂函数与三角函数或幂函数和指数函数的乘积，就可以考虑用分部积分法计算，并且令幂函数为 u. 这样，每用一次分部积分公式就可以使幂函数的指数降低一次，从而化简积分. 这里假定幂指数是正整数.

例 4.3.4 求不定积分 $\int\arcsin x\mathrm{d}x$.

解
$$\begin{aligned}\int\arcsin x\mathrm{d}x &= x\arcsin x-\int x\mathrm{d}(\arcsin x)\\ &= x\arcsin x-\int x\frac{\mathrm{d}x}{\sqrt{1-x^2}}\\ &= x\arcsin x-\frac{1}{2}\int\frac{\mathrm{d}(x^2)}{\sqrt{1-x^2}}\\ &= x\arcsin x+\frac{1}{2}\int\frac{\mathrm{d}(1-x^2)}{\sqrt{1-x^2}}\\ &= x\arcsin x+\int\mathrm{d}\sqrt{1-x^2}\\ &= x\arcsin x+\sqrt{1-x^2}+C.\end{aligned}$$

例 4.3.5 求不定积分 $\int x\arctan x\mathrm{d}x$.

解
$$\begin{aligned}\int x\arctan x\mathrm{d}x &= \frac{1}{2}\int \arctan x\mathrm{d}(x^2)\\ &= \frac{1}{2}\left[x^2\arctan x - \int x^2\mathrm{d}\arctan x\right]\\ &= \frac{1}{2}\left[x^2\arctan x - \int \frac{x^2}{1+x^2}\mathrm{d}x\right]\\ &= \frac{1}{2}\left[x^2\arctan x - \int\left(1-\frac{1}{1+x^2}\right)\mathrm{d}x\right]\\ &= \frac{1}{2}[x^2\arctan x - x + \arctan x] + C\\ &= \frac{1}{2}(x^2+1)\arctan x - \frac{x}{2} + C.\end{aligned}$$

例 4.3.6 求不定积分 $\int x\ln x\mathrm{d}x$.

解
$$\begin{aligned}\int x\ln x\mathrm{d}x &= \frac{1}{2}\int \ln x\mathrm{d}(x^2)\\ &= \frac{1}{2}\left[x^2\ln x - \int x^2\mathrm{d}\ln x\right]\\ &= \frac{1}{2}\left[x^2\ln x - \int x\mathrm{d}x\right]\\ &= \frac{1}{2}\left[x^2\ln x - \frac{x^2}{2}\right] + C\\ &= \frac{x^2\ln x}{2} - \frac{x^2}{4} + C.\end{aligned}$$

例 4.3.4～例 4.3.6 说明：如果被积函数是幂函数与反三角函数乘积或幂函数与对数函数的乘积，就可以考虑用分部积分法求不定积分，并且令反三角函数或对数函数为 u.

例 4.3.7 计算 $\int \mathrm{e}^x\sin x\mathrm{d}x$.

解
$$\begin{aligned}\int \mathrm{e}^x\sin x\mathrm{d}x &= \int \sin x\mathrm{d}\mathrm{e}^x\\ &= \mathrm{e}^x\sin x - \int \mathrm{e}^x\mathrm{d}\sin x\\ &= \mathrm{e}^x\sin x - \int \mathrm{e}^x\cos x\mathrm{d}x\\ &= \mathrm{e}^x\sin x - \int \cos x\mathrm{d}\mathrm{e}^x\\ &= \mathrm{e}^x\sin x - \left[\mathrm{e}^x\cos x - \int \mathrm{e}^x\mathrm{d}\cos x\right]\end{aligned}$$

$$= e^x\sin x - \left[e^x\cos x + \int e^x\sin x\,dx\right]$$

$$= e^x(\sin x - \cos x) - \int e^x\sin x\,dx,$$

移项得

$$2\int e^x\sin x\,dx = e^x(\sin x - \cos x) + C_1,$$

从而

$$\int e^x\sin x\,dx = \frac{1}{2}e^x(\sin x - \cos x) + C,$$

其中 $C = \frac{C_1}{2}$.

如果被积函数是指数函数和正弦(或余弦)函数的乘积，考虑用分部积分法.经过两次分部积分后会出现原来的不定积分，通过合并同类项即可求得不定积分.

注　若第一次分部积分时是用指数函数和 dx 去凑微分，第二次分部积分时仍需用指数函数和 dx 去凑微分;如果第一次是用三角函数和 dx 去凑微分，那么第二次也得用三角函数和 dx 去凑微分.

在计算不定积分的过程中，往往要兼用换元法与分部积分法，这样可以简化不定积分计算. 具体计算过程中可以先换元再分部积分，也可以先分部积分再应用换元法.

例 4.3.8　计算不定积分 $\int \sin\sqrt{x}\,dx$.

解　令 $\sqrt{x} = t$，则 $x = t^2$，$dx = 2t\,dt$，于是

$$\begin{aligned}\int \sin\sqrt{x}\,dx &= \int \sin t\cdot 2t\,dt = 2\int t\sin t\,dt\\ &= -2\int t\,d\cos t\\ &= -2\left(t\cos t - \int \cos t\,dt\right)\\ &= -2(t\cos t - \sin t) + C\\ &= -2(\sqrt{x}\cos\sqrt{x} - \sin\sqrt{x}) + C.\end{aligned}$$

例 4.3.9　计算下列不定积分.

(1) $\int \frac{dx}{x(1+x^4)}$;　　　　(2) $\int \frac{\sqrt{1-x^2}}{x^4}dx$.

解　(1) 令 $x = \frac{1}{t}$，则 $dx = -\frac{1}{t^2}dt$，于是

$$\int \frac{dx}{x(1+x^4)} = \int \frac{-\frac{1}{t^2}dt}{\frac{1}{t}\left(1+\frac{1}{t^4}\right)}$$

$$= -\int \frac{t^3 dt}{t^4+1}$$

$$= -\frac{1}{4}\int \frac{d(t^4+1)}{t^4+1}$$

$$= -\frac{1}{4}\ln(t^4+1)+C$$

$$= -\frac{1}{4}\ln(x^4+1)+\ln|x|+C.$$

(2) 令 $x=\frac{1}{t}$，则 $dx=-\frac{1}{t^2}dt$，于是

$$\int \frac{\sqrt{1-x^2}}{x^4}dx = \int \frac{\sqrt{1-\frac{1}{t^2}}\left(-\frac{dt}{t^2}\right)}{\frac{1}{t^4}}$$

$$= -\int t\sqrt{t^2-1}dt$$

$$= -\frac{1}{2}\int \sqrt{t^2-1}d(t^2-1)$$

$$= -\frac{1}{3}(t^2-1)^{\frac{3}{2}}+C$$

$$= -\frac{(1-x^2)^{\frac{3}{2}}}{3x^3}+C.$$

本题中所用的方法称为**倒代换**.

习 题 4.3

1. 求下列不定积分.

(1) $\int \ln(x^2+1)dx$；

(2) $\int \arctan x dx$；

(3) $\int xe^x dx$；

(4) $\int x\sin x dx$；

(5) $\int \frac{\ln x}{x^2}dx$；

(6) $\int x^2 e^{-x} dx$；

(7) $\int e^x \sin x dx$；

(8) $\int e^{\sqrt{x}} dx$；

(9) $\int \ln(x)^2 dx$；

(10) $\int \frac{\ln\cos x}{\cos^2 x}dx$；

(11) $\int\cos(\ln x)\mathrm{d}x$；　(12) $\int x\tan^2 x\mathrm{d}x$；

(13) $\int x(1-x)^4\mathrm{d}x$；　(14) $\int(\arcsin x)^2\mathrm{d}x$.

本章小结

不定积分是求导数(微分)运算的逆运算，是对求导公式的另一种观察和理解. 从不定积分的定义可以看出，每一个导数的计算公式都对应于一个不定积分公式. 反之亦然. 但是，不定积分远非求导数的简单反转，其在计算的方法、技巧上的难度远远高于导数的计算. 换元法，特别是凑微分法，与分部积分法是计算不定积分的重要的常用方法.

本章知识点

1. 如果在开区间 I 上，可导函数 $F(x)$ 的导函数为 $f(x)$，即当 $x\in I$ 时，$F'(x)=f(x)$ 或者等价地 $\mathrm{d}F(x)=f(x)\mathrm{d}x$，那么函数 $F(x)$ 称为函数 $f(x)$ 在区间 I 内的原函数.

2. 如果函数 $f(x)$ 在开区间 I 上连续，那么在 I 上存在可导函数 $F(x)$，使 $F'(x)=f(x)$，$x\in I$.

3. 在某个区间 I 上，函数 $f(x)$ 的全体原函数称为 $f(x)$ 的不定积分，记作 $\int f(x)\mathrm{d}x$.

4. 不定积分与求导或微分互为逆运算.

(1) $\left[\int f(x)\mathrm{d}x\right]'=f(x)$ 或 $\mathrm{d}\left[\int f(x)\mathrm{d}x\right]=f(x)\mathrm{d}x$；

(2) $\int F'(x)\mathrm{d}x=F(x)+C$ 或 $\int\mathrm{d}F(x)=F(x)+C$.

5. 两个函数和的不定积分等于这两个函数的不定积分的和，即

$$\int[f(x)+g(x)]\mathrm{d}x=\int f(x)\mathrm{d}x+\int g(x)\mathrm{d}x.$$

6. 不为零的常数因子可以提到积分号外面，即 $\int kf(x)\mathrm{d}x=k\int f(x)\mathrm{d}x\ (k\neq 0)$.

7. 基本积分表.

(1) $\int 0\mathrm{d}x=C$；　(2) $\int x^\mu\mathrm{d}x=\frac{1}{\mu+1}x^{\mu+1}+C\ (\mu\neq-1)$；

(3) $\int\frac{1}{x}\mathrm{d}x=\ln|x|+C$；　(4) $\int\sin x\mathrm{d}x=-\cos x+C$；

(5) $\int\cos x\mathrm{d}x=\sin x+C$；　(6) $\int\sec^2 x\mathrm{d}x=\tan x+C$；

(7) $\int \csc^2 x \mathrm{d}x = -\cot x + C$； (8) $\int \frac{1}{\sqrt{1-x^2}} \mathrm{d}x = \arcsin x + C$；

(9) $\int \frac{1}{1+x^2} \mathrm{d}x = \arctan x + C$； (10) $\int a^x \mathrm{d}x = \frac{1}{\ln a} a^x + C \, (a > 0, a \neq 1)$；

(11) $\int \mathrm{e}^x \mathrm{d}x = \mathrm{e}^x + C$.

8. 第一类换元法、凑微分法　设函数 $f(u)$ 与 $\varphi'(x)$ 连续，则有换元公式

$$\int f(\varphi(x))\varphi'(x)\mathrm{d}x = \left[\int f(u)\mathrm{d}u\right]_{u=\varphi(x)}.$$

9. 常用的凑微分公式.

(1) $\mathrm{d}x = \frac{1}{a}\mathrm{d}(ax+b)$（$a$,$b$ 为常数且 $a \neq 0$）；

(2) $x\mathrm{d}x = \frac{1}{2}\mathrm{d}(x^2)$； (3) $\frac{1}{x}\mathrm{d}x = \mathrm{d}\ln x$；

(4) $\frac{1}{x^2}\mathrm{d}x = -\mathrm{d}\left(\frac{1}{x}\right)$； (5) $\frac{1}{\sqrt{x}}\mathrm{d}x = 2\mathrm{d}\sqrt{x}$；

(6) $\mathrm{e}^x \mathrm{d}x = \mathrm{d}\mathrm{e}^x$； (7) $\sin x \mathrm{d}x = -\mathrm{d}(\cos x)$；

(8) $\cos x \mathrm{d}x = \mathrm{d}\sin x$； (9) $\sec^2 x \mathrm{d}x = \mathrm{d}\tan x$；

(10) $\csc^2 x \mathrm{d}x = -\mathrm{d}\cot x$； (11) $\frac{1}{1+x^2}\mathrm{d}x = \mathrm{d}\arctan x$.

10. 第二类换元积分法　设 $f(x)$ 连续，又 $x = \psi(t)$ 是单调可导的函数，且 $\psi'(t) \neq 0$，则有换元公式

$$\int f(x)\mathrm{d}x = \left[\int f(\psi(t)) \cdot \psi'(t)\mathrm{d}t\right]_{t=\psi^{-1}(x)},$$

其中 $\psi^{-1}(x)$ 是 $x = \psi(x)$ 的反函数.

11. 分部积分法　$\int uv'\mathrm{d}x = uv - \int u'v\mathrm{d}x$.

数学家简介——莱布尼茨

名言：我有非常多的思想，如果别人比我更加深入透彻地研究这些思想，并把它们心灵的美好创造与我的劳动结合起来，总有一天会有某些用处.

莱布尼茨，Gottfried Wilhelm von Leibniz，1646 年 7 月 1 日生于莱比锡，1716 年 11 月 14 日卒于汉诺威. 德国数学家、哲学家. 莱布尼茨几乎同时与牛顿创立微积分学，他还是重要的哲学家，还设计发明了计算机器. 莱布尼茨涉猎广泛，建树丰富，被誉为 17 世纪的亚里士多德.

莱布尼茨出身书香门第，幼年丧父，颇有见地的母亲担任起教育他的重任. 莱

布尼茨从小聪敏好学,1661 年进入莱比锡大学学习法律.1666 年,莱布尼茨完成论文《论组合的艺术》,阐述了一切推理,一切发现,不管是否用语言表达,都能归结为诸如数、字、声、色这些元素的有序组合.这种思想可以看成现代计算机理论的先驱.在他以这篇论文申请莱比锡大学博士学位的时候,校方以他太年轻为由拒绝授予博士学位.1667 年,他以这篇论文获得阿尔特多夫大学法学博士学位.以后莱布尼茨开始投身政治,他社交广泛,结识了很多科学家.1676 年,莱布尼茨抵达汉诺威,担任布伦瑞克公爵的法律顾问兼图书馆馆长.1716 年逝于汉诺威.

莱布尼茨公开承认牛顿是微积分的第一发明人.莱布尼茨精心地设计了一套完整的符号用以表达传播他的微积分,而牛顿的流数法则晦涩难懂,以致莱布尼茨的微积分很快在欧洲大陆流传.直至今天,我们用到的很多微积分符号都是莱布尼茨设计的.有人认为莱布尼茨对微积分最大的贡献是他为微积分设计了一套完整的、好用的、易于理解的符号.

莱布尼茨还是二进制的先行者.拉普拉斯曾经说过:莱布尼茨认为他在他的二进制算术中看到了造物主.他认为 1 可以代表上帝,而 0 代表虚无.造物主可以从虚无中创造出万事万物来,这就像在二进制算术中,任何数均可由 0 和 1 构造出来一样.

莱布尼茨是一位通才,他在物理学、力学、光学、地质学、化学、生物学、气象学、心理学等研究领域都留下过自己的足迹.而作为哲学家,莱布尼茨堪与亚里士多德并驾齐驱.

数学史上最大的论战大概就是牛顿和莱布尼茨的微积分发明优先权之争.现在有充分的证据表明,两人各自独立地发明微积分,从发现时间上说牛顿早于莱布尼茨,从发表时间上说莱布尼茨早于牛顿.但是,两个人都不曾怀疑对方的才能.两位大师的一个共同点是终身未娶.

第 5 章　定积分及其应用

定积分是积分学的核心概念，很多问题如平面图形面积，曲线弧长，变力所做的功等都可以归结为定积分问题. 本章由曲边梯形的面积引出定积分的概念，然后讨论定积分的性质，计算方法，与不定积分的联系及定积分的几何应用.

5.1　定积分的概念

5.1.1　曲边梯形的面积

在初等数学中，已经会计算矩形，圆形，梯形等的面积，但是对于任意曲线所围成的平面面积就不会计算了.

在直角坐标系中，由连续曲线 $y=f(x)$，直线 $x=a, x=b$ 及 x 轴所围成的图形 $AabB$，称为曲边梯形，如图 5.1 所示.

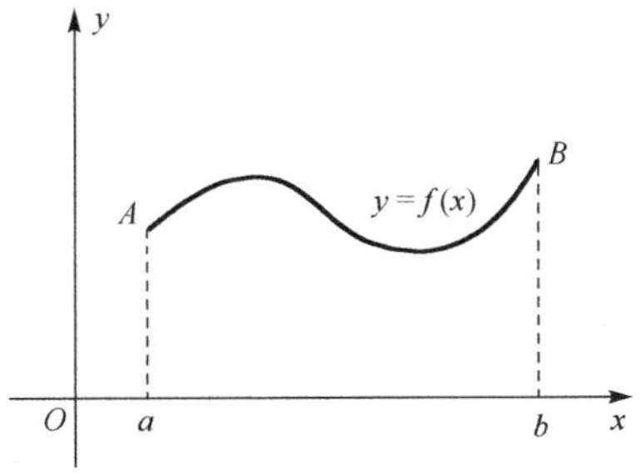

图 5.1

下面讨论曲边梯形的面积.

如果曲线 $y=f(x)$ 在 $[a,b]$ 上是常数，则曲边梯形就是一个矩形，可以用面积公式

$$\text{矩形面积}=\text{底}\times\text{高}$$

来计算. 但是现在的问题是曲线 $y=f(x)$ 在 $[a,b]$ 上各点处的值是变动的，它的面积不能用矩形公式来计算. 然而由于曲边梯形的高 $f(x)$ 在区间 $[a,b]$ 上是连续变化的，在很小的一个区间内它的变化很小，近似于不变. 因此可将 $[a,b]$ 分成很多的小区间，在每一个小区间上，用其中某一点处的高来近似代替这个小区

间上的窄曲边梯形的高. 应用矩形公式算出这些窄矩形面积是相应的窄曲边梯形面积的近似值，于是所有窄矩形面积之和就是曲边梯形面积的近似值.

显然，区间 $[a,b]$ 分得越细，每个区间的长度就越小，所有窄矩形面积之和就越接近于曲边梯形的面积. 将区间 $[a,b]$ 无限细分，使每个小区间的长度无限趋于零，这时就把所有窄矩形面积之和的极限值理解为曲边梯形的面积. 步骤如下.

(1) 分割：在区间 $[a,b]$ 上，任选一组分点 $a=x_0<x_1<x_2<\cdots<x_n=b$ 将区间 $[a,b]$ 分成 n 个小区间

$$[x_0,x_1],[x_1,x_2],\cdots,[x_{n-1},x_n],$$

这些小区间的长度分别为

$$\Delta x_1=x_1-x_0,\Delta x_2=x_2-x_1,\cdots,\Delta x_n=x_n-x_{n-1},$$

过每个分点 $x_i(i=0,1,2,\cdots,n)$ 作 x 轴的垂线，把曲边梯形 $AabB$ 分成 n 个小曲边梯形，如图 5.2 所示.

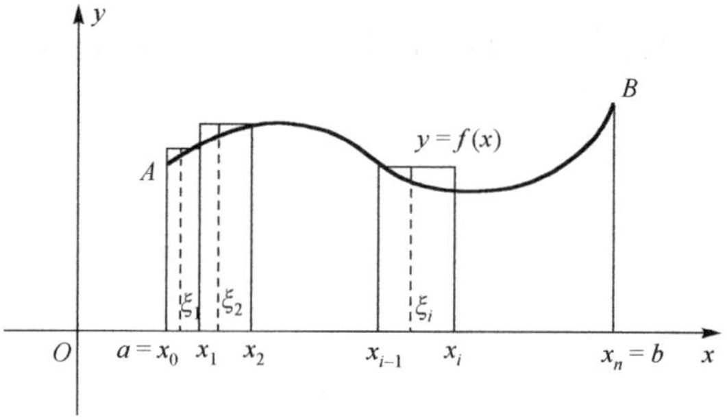

图 5.2

用 S 表示曲边梯形 $AabB$ 的面积，ΔS_i 表示第 i 个小曲边梯形的面积，则有

$$S=\Delta S_1+\Delta S_2+\cdots+\Delta S_n=\sum_{i=1}^{n}\Delta S_i.$$

(2) 作和：在每个小区间 $[x_{i-1},x_i]\,(i=1,2,\cdots,n)$ 内任取一点 $\xi_i\ (x_{i-1}\leqslant\xi_i\leqslant x_i)$，过点 ξ_i 作 x 轴的垂线与曲边梯形交于点 $P_i(\xi_i,f(\xi_i))$，以 Δx_i 为底，$f(\xi_i)$ 为高作矩形，取这个矩形的面积 $f(\xi_i)\Delta x_i$ 作为 ΔS_i 的近似值，即

$$\Delta S_i\approx f(\xi_i)\Delta x_i\quad i=1,2,\cdots,n,$$

作和

$$\begin{aligned}S_n&=f(\xi_1)\Delta x_1+f(\xi_2)\Delta x_2+\cdots+f(\xi_n)\Delta x_n\\&=\sum_{i=1}^{n}f(\xi_i)\Delta x_i,\end{aligned}$$

则 S_n 是 S 的一个近似值.

(3) 取极限：令 $\lambda=\max\limits_{1\leqslant i\leqslant n}\{\Delta x_i\}$ 表示所有小区间中最大区间的长度，当分点数 n 无限增大而 λ 趋于 0 时，总和 S_n 的极限就定义为曲边梯形 $AabB$ 的面积 S，即

$$S=\lim_{\lambda\to 0}\sum_{i=1}^{n}f(\xi_i)\Delta x_i.$$

5.1.2　变速直线运动的路程

当物体做匀速直线运动时，其运动的路程等于速度乘以时间. 现设物体运动的速度 $v=v(t)$ 是时间间隔 $[T_1,T_2]$ 上 t 的一个连续函数且 $v(t)\geqslant 0$. 计算物体在这段时间内所经过的路程.

在时间间隔 $[T_1,T_2]$ 内物体做的是变速直线运动，不能像匀速直线运动那样：计算运动的路程等于速度乘以时间. 但是在很短的一段时间内，速度的变化很小，近似于匀速，仿照求曲边梯形面积的方法用“等速”代替“变速”. 从而可得变速直线运动路程的近似值. 再将时间间隔无限缩短，这时就把所有很小时间间隔上路程的近似值的和的极限理解为变速直线运动的物体所经过的路程. 以下为操作步骤.

(1) 分割：用任意一组分点

$$a=t_0<t_1<t_2<\cdots<t_n=b,$$

将时间间隔 $[T_1,T_2]$ 分成 n 个小区间

$$[t_0,t_1],[t_1,t_2],\cdots[t_{n-1},t_n],$$

这些小区间的长度分别为

$$\Delta t_1=t_1-t_0,\Delta t_2=t_2-t_1,\cdots,\Delta t_n=t_n-t_{n-1},$$

用 S 表示物体在这段时间 $[T_1,T_2]$ 内所经过的路程. ΔS_i 表示第 i 个小时间间隔 $[t_{i-1},t_i]$ 的路程，则有

$$S=\Delta S_1+\Delta S_2+\cdots+\Delta S_n=\sum_{i=1}^{n}\Delta S_i.$$

(2) 作和：在每个小区间 $[t_{i-1},t_i]$ $(i=1,2,\cdots,n)$ 内任取一点 τ_i $(t_{i-1}\leqslant\tau_i\leqslant t_i)$，以 $v(\tau_i)\Delta t_i$ 作为物体在小时间间隔 $[t_{i-1},t_i]$ 上运动的路程 ΔS_i 的近似值，即

$$\Delta S_i\approx v(\tau_i)\Delta t_i\quad i=1,2,\cdots,n,$$

作和

$$\begin{aligned}S_n&=v(\tau_1)\Delta t_1+v(\tau_2)\Delta t_2+\cdots+v(\tau_n)\Delta t_n\\&=\sum_{i=1}^{n}v(\tau_i)\Delta t_i,\end{aligned}$$

则 S_n 是 S 的一个近似值.

(3) 取极限：令 $\lambda=\max\limits_{1\leqslant i\leqslant n}\{\Delta t_i\}$ 表示所有小时间间隔中的最大间隔的长度，当分点数 n 无限增大而 λ 趋于 0 时，总和 S_n 的极限就是物体做变速直线运动在时间间隔 $[T_1,T_2]$ 内所经过的路程 S，即

$$S=\lim_{\lambda\to 0}\sum_{i=1}^{n}v(\tau_i)\Delta t_i.$$

从这两个例子可以看出，虽然问题不同，但解决的方法是相同的，都归结为求同一结构的一种特定和的极限. 很多问题都可以用这种方法求解. 抛开问题的具体意义，抓住数量关系上共同的本质与特性加以概括，就是定积分的定义.

设函数 $f(x)$ 在区间 $[a,b]$ 上有定义，任意插入一组分点 $a=x_0<x_1<x_2<\cdots<x_n=b$ 将区间 $[a,b]$ 分成 n 个小区间 $[x_0,x_1],[x_1,x_2],\cdots[x_{n-1},x_n]$，这些小区间的长度分别为 $\Delta x_1=x_1-x_0,\Delta x_2=x_2-x_1,\cdots,\Delta x_n=x_n-x_{n-1}$，在每个小区间 $[x_{i-1},x_i]$ $(i=1,2,\cdots,n)$ 上任取一点 ξ_i $(x_{i-1}\leqslant\xi_i\leqslant x_i)$，作函数值 $f(\xi_i)$ 与小区间长度 Δx_i 的乘积 $f(\xi_i)\Delta x_i$ $(i=1,2,\cdots,n)$，并作和

$$\begin{aligned}S_n&=f(\xi_1)\Delta x_1+f(\xi_2)\Delta x_2+\cdots+f(\xi_n)\Delta x_n\\&=\sum_{i=1}^{n}f(\xi_i)\Delta x_i.\end{aligned}$$

令 $\lambda=\max\limits_{i}\{\Delta x_i\}$ 是所有小区间中最大区间的长度，如果当 n 无限增大，而 λ 趋于 0 时，总和 S_n 的极限存在，且此极限与 $[a,b]$ 的分法以及 ξ_i 的取法无关. 则称函数 $f(x)$ 在区间 $[a,b]$ 上是可积的，并将此极限称为函数 $f(x)$ 在区间 $[a,b]$ 上的定积分，记为

$$\int_a^b f(x)\mathrm{d}x,$$

即

$$\int_a^b f(x)\mathrm{d}x=\lim_{\lambda\to 0}\sum_{i=1}^{n}f(\xi_i)\Delta x_i,$$

其中 $f(x)$ 称为**被积函数**，$f(x)\mathrm{d}x$ 称为**被积表达式**，$\mathrm{d}x$ 中的 x 称为**积分变量**，$[a,b]$ 称为**积分区间**，a 称为**积分下限**，b 称为**积分上限**. 和 $\sum\limits_{i=1}^{n}f(\xi_i)\Delta x_i$ 通常称为 $f(x)$ 的**积分和**. 如果函数 $f(x)$ 在区间 $[a,b]$ 上的定积分存在，则称函数 $f(x)$ 在 $[a,b]$ 上**可积**.

按定义，前面两个例子可如下表述.

(1) 曲边梯形的面积是曲边方程 $y=f(x)$ 在区间 $[a,b]$ 上的定积分，即

$$S=\int_a^b f(x)\mathrm{d}x\quad f(x)\geqslant 0.$$

(2) 物体做变速直线运动所经过的路程是速度函数 $v=v(t)$ 在时间间隔

$[T_1,T_2]$ 上的定积分，即

$$S=\int_{T_1}^{T_2}v(t)\mathrm{d}t.$$

注　(1) 当积分和的极限 $\lim\limits_{\lambda\to 0}\sum\limits_{i=1}^{n}f(\xi_i)\Delta x_i$ 存在时，此极限是个常数，仅与被积函数 $f(x)$ 及积分区间 $[a,b]$ 有关，与积分变量用什么字母表示无关，即有

$$\int_a^b f(x)\mathrm{d}x=\int_a^b f(t)\mathrm{d}t.$$

(2) 当 $a=b$ 时，$\int_a^b f(x)\mathrm{d}x=0$.

(3) 当 $a>b$ 时，$\int_a^b f(x)\mathrm{d}x=-\int_b^a f(x)\mathrm{d}x$.

对于定积分，函数 $f(x)$ 在区间 $[a,b]$ 上满足什么条件时，$f(x)$ 在区间 $[a,b]$ 上一定可积? 我们不加证明地给出如下两个定理.

定理 5.1.1　设 $f(x)$ 在区间 $[a,b]$ 上连续，则 $f(x)$ 在区间 $[a,b]$ 上可积.

定理 5.1.2　设 $f(x)$ 在区间 $[a,b]$ 上有界，且只有有限个间断点，则 $f(x)$ 在区间 $[a,b]$ 上可积.

定积分的几何意义. 在区间 $[a,b]$ 上 $f(x)\geqslant 0$，由前面的讨论知:定积分在几何上表示由曲线 $f(x)$，直线 $x=a,x=b$ 及 x 轴所围成的曲边梯形的面积，如图 5.3 所示.

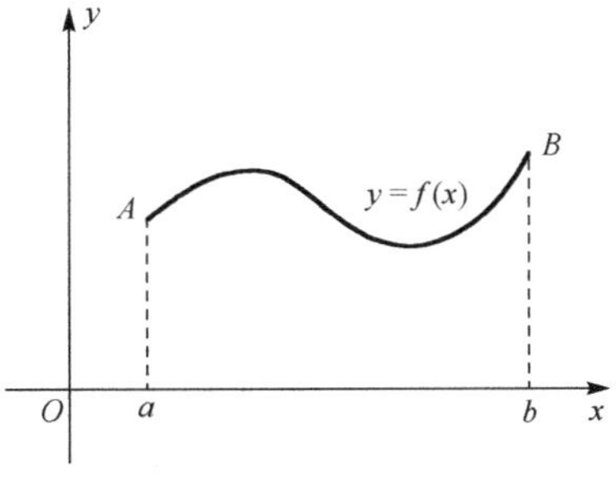

图 5.3

如果在 $[a,b]$ 上 $f(x)\leqslant 0$，则 $\int_a^b f(x)\mathrm{d}x\leqslant 0$，这时 $\int_a^b f(x)\mathrm{d}x$ 表示由曲线 $f(x)$，直线 $x=a,x=b$ 及 x 轴所围成的曲边梯形的面积的相反值，如图 5.4 所示. 如果在 $[a,b]$ 上 $f(x)$ 的值有正有负，则函数的图形某些在 x 的上方，某些在 x 的下方，如图 5.5 所示. 因此定积分 $\int_a^b f(x)\mathrm{d}x$ 的几何意义是介于 x 轴，函数 $f(x)$ 的图形及直线 $x=a,x=b$ 之间的各部分面积的代数和.

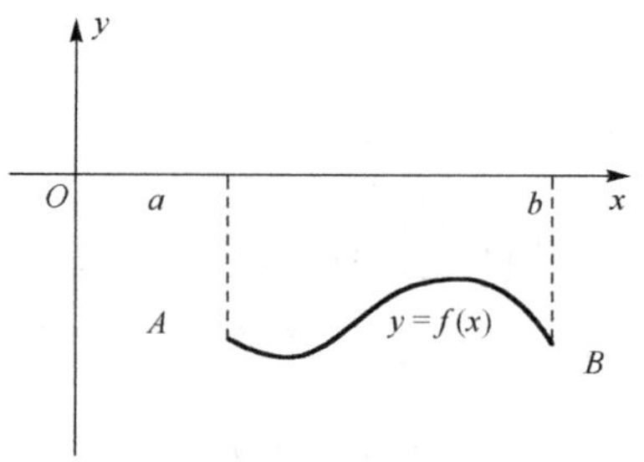

图 5.4

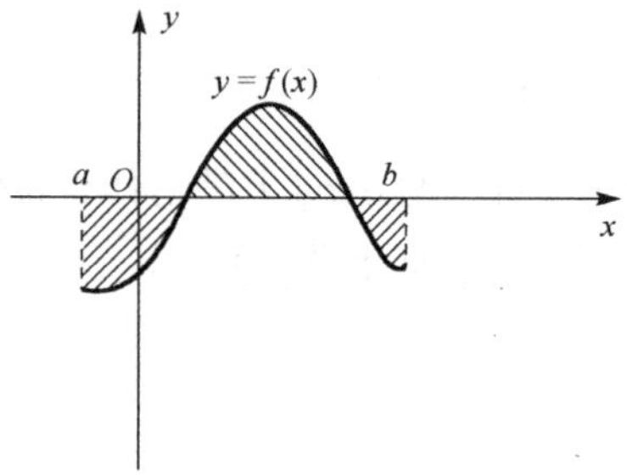

图 5.5

例 5.1.1　应用定义计算定积分 $\int_0^1 x^2 \mathrm{d}x$.

解　由于 $f(x)=x^2$ 在区间 $[0,1]$ 上连续，因而是可积的. 又定积分的值与区间 $[0,1]$ 的分法及点 ξ_i 的取法无关. 因此为方便计算，不妨将区间 $[0,1]$ 分成 n 等份，这样每个小区间 $[x_{i-1},x_i]$ 的长度为 $\Delta x_i=\frac{1}{n}$，分点为 $x_i=\frac{i}{n}$，此外将 ξ_i 取在小区间 $[x_{i-1},x_i]$ 的右端点(也可以取为左端点) $\xi_i=x_i$，作积分和并计算有

$$\begin{aligned}\sum_{i=1}^{n} f(\xi_i)\Delta x_i &= \sum_{i=1}^{n} \xi_i^2 \Delta x_i = \sum_{i=1}^{n} x_i^2 \Delta x_i \\ &= \sum_{i=1}^{n} \left(\frac{i}{n}\right)^2 \cdot \frac{1}{n} = \frac{1}{n^3}\sum_{i=1}^{n} i^2 \\ &= \frac{1}{n^3}(1^2+2^2+\cdots+n^2) \\ &= \frac{1}{n^3}\,\frac{n(n+1)(2n+1)}{6}.\end{aligned}$$

当 $\Delta x_i=\frac{1}{n}\to 0$ 时，即 $n\to\infty$ 时，上式右端的极限为 $\frac{1}{3}$，因此所要计算的积分值为

$$\int_0^1 x^2 \mathrm{d}x = \lim_{n\to\infty}\frac{1}{n^3}\,\frac{n(n+1)(2n+1)}{6} = \frac{1}{3}.$$

习　题　5.1

1. 利用定积分的定义计算 $\int_a^b x\mathrm{d}x\ (a<b)$.

2. 利用定积分的几何意义，说明下列等式.

(1) $\int_0^1 2x\mathrm{d}x=1$；　(2) $\int_0^R \sqrt{R^2-x^2}\mathrm{d}x=\frac{\pi R^2}{4}$；

(3) $\int_{-\pi}^{\pi} \sin x\mathrm{d}x=0$.

3. 利用定积分的几何意义计算下列定积分.

(1) $\int_1^3 (2x-1)\mathrm{d}x$；　(2) $\int_0^4 (x-2)\mathrm{d}x$；

(3) $\int_0^{10} \sqrt{25-x^2}\mathrm{d}x$；　(4) $\int_0^a (bx+c)\mathrm{d}x\quad (a,b,c>0)$.

4. 利用定积分的定义计算 $\int_0^1 \mathrm{e}^x\mathrm{d}x$.

5. 若物体在时刻 t 秒的运动速度为 $v(t)=2t-1$，试计算物体从 2 秒到 4 秒走了多远?

5.2　定积分的性质

由定积分的定义及极限的运算法则与性质，可得到定积分的性质. 在下面的讨论中，总假设函数在所讨论的区间上都是可积的.

性质 5.2.1　函数和(或差)的定积分等于各自定积分的和(或差)，即

$$\int_a^b [f(x)\pm g(x)]\mathrm{d}x=\int_a^b f(x)\mathrm{d}x\pm\int_a^b g(x)\mathrm{d}x.$$

证

$$\begin{aligned}\int_a^b [f(x)\pm g(x)]\mathrm{d}x&=\lim_{\lambda\to 0}\sum_{i=1}^n [f(\xi_i)\pm g(\xi_i)]\Delta x_i\\&=\lim_{\lambda\to 0}\sum_{i=1}^n f(\xi_i)\Delta x_i\pm\lim_{\lambda\to 0}\sum_{i=1}^n g(\xi_i)\Delta x_i\\&=\int_a^b f(x)\mathrm{d}x\pm\int_a^b g(x)\mathrm{d}x.\end{aligned}$$

这个性质可以推广到任意有限多个函数和的情况.

性质 5.2.2　被积函数中的非零常数因子可以提到积分号外面，即

$$\int_a^b kf(x)\mathrm{d}x=k\int_a^b f(x)\mathrm{d}x.$$

证　略.

性质 5.2.3　如果积分区间 $[a,b]$ 被点 c 分成两个小区间 $[a,c]$,$[c,b]$, 则

$$\int_a^b f(x)\mathrm{d}x = \int_a^c f(x)\mathrm{d}x + \int_c^b f(x)\mathrm{d}x.$$

证　因为函数 $f(x)$ 在区间 $[a,b]$ 上可积，而积分的存在性与区间 $[a,b]$ 的分法无关，因此在分区间 $[a,b]$ 时，总使 c 是个分点，那么 $[a,b]$ 上的积分和等于 $[a,c]$ 上的积分和加上 $[c,b]$ 上的积分和，记为

$$\sum_{[a,b]} f(\xi_i)\Delta x_i = \sum_{[a,c]} f(\xi_i)\Delta x_i + \sum_{[c,b]} f(\xi_i)\Delta x_i.$$

当 $\lambda \to 0$ 时，上式两端同时取极限，即得

$$\int_a^b f(x)\mathrm{d}x = \int_a^c f(x)\mathrm{d}x + \int_c^b f(x)\mathrm{d}x.$$

当 c 不介于 a,b 之间时，结论也成立. 例如，当 $a<b<c$ 时，这时只要 $f(x)$ 在区间 $[a,c]$ 上可积，由于

$$\begin{aligned}\int_a^c f(x)\mathrm{d}x &= \int_a^b f(x)\mathrm{d}x + \int_b^c f(x)\mathrm{d}x \\ &= \int_a^b f(x)\mathrm{d}x - \int_c^b f(x)\mathrm{d}x,\end{aligned}$$

移项得

$$\int_a^b f(x)\mathrm{d}x = \int_a^c f(x)\mathrm{d}x + \int_c^b f(x)\mathrm{d}x.$$

性质 5.2.4　如果在区间 $[a,b]$ 上 $f(x)=1$, 则

$$\int_a^b \mathrm{d}x = b-a.$$

证明留给读者.

性质 5.2.5　如果在区间 $[a,b]$ 上恒有 $f(x)\leqslant g(x)$, 则

$$\int_a^b f(x)\mathrm{d}x \leqslant \int_a^b g(x)\mathrm{d}x \quad a<b.$$

证　$\int_a^b g(x)\mathrm{d}x - \int_a^b f(x)\mathrm{d}x = \int_a^b (g(x)-f(x))\mathrm{d}x = \lim\limits_{\lambda\to 0}\sum\limits_{i=1}^{n}[g(\xi_i) - f(\xi_i)]\Delta x_i$.

由于 $g(\xi_i)-f(\xi_i)\geqslant 0$, $\Delta x_i \geqslant 0$, 所以它非负，因此

$$\int_a^b f(x)\mathrm{d}x \leqslant \int_a^b g(x)\mathrm{d}x.$$

性质 5.2.6　如果函数 $f(x)$ 区间 $[a,b]$ 上的最大值与最小值分别为 M 与 m, 则

$$m(b-a) \leqslant \int_a^b f(x)\mathrm{d}x \leqslant M(b-a).$$

证　因为 $m\leqslant f(x)\leqslant M$, 所以由性质 5.2.5 有

$$\int_a^b m\,\mathrm{d}x \leqslant \int_a^b f(x)\,\mathrm{d}x \leqslant \int_a^b M\,\mathrm{d}x.$$

再由性质 5.2.2 和性质 5.2.4 即得所要证的不等式.

它的几何意义为由曲线 $y=f(x)$，直线 $x=a, x=b$ 与 x 轴所围成的曲边梯形面积介于以区间 $[a,b]$ 为底，以最小纵坐标 m 为高的矩形面积及最大纵坐标 M 为高的矩形面积之间.

性质 5.2.7(积分中值定理)　如果函数 $f(x)$ 在区间 $[a,b]$ 上连续，则在 $[a,b]$ 内至少有一点 ξ 使得下式成立.

$$\int_a^b f(x)\,\mathrm{d}x = f(\xi)(b-a) \quad a \leqslant \xi \leqslant b.$$

证　将性质 5.2.6 中的不等式 $m(b-a) \leqslant \int_a^b f(x)\,\mathrm{d}x \leqslant M(b-a)$ 两端同除以 $b-a$，得

$$m \leqslant \frac{1}{b-a}\int_a^b f(x)\,\mathrm{d}x \leqslant M.$$

这说明确定的数值 $\frac{1}{b-a}\int_a^b f(x)\,\mathrm{d}x$ 介于函数 $f(x)$ 的最大值 M 与最小值 m 之间. 根据闭区间上连续函数的介值定理，知至少存在一点 $\xi \in (a,b)$，使得

$$\frac{1}{b-a}\int_a^b f(x)\,\mathrm{d}x = f(\xi),$$

因此有

$$\int_a^b f(x)\,\mathrm{d}x = f(\xi)(b-a).$$

积分中值定理的几何意义是：曲线 $y=f(x)$，直线 $x=a, x=b$ 与 x 轴所围成的曲边梯形面积等于以区间 $[a,b]$ 为底，以这个区间内的某一点处曲线 $f(x)$ 的纵坐标 $f(\xi)$ 为高的矩形的面积，如图 5.6 所示. 当 $b<a$ 时，积分中值公式也是成立的. $\frac{1}{b-a}\int_a^b f(x)\,\mathrm{d}x$ 称为函数 $f(x)$ 在区间 $[a,b]$ 上的平均值.

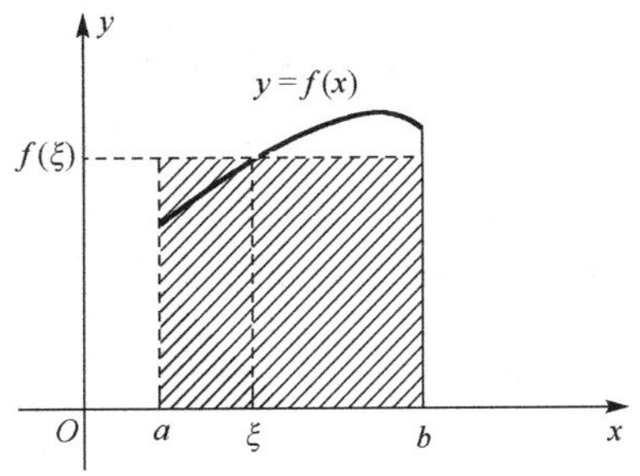

图 5.6

习 题 5.2

1. 不计算积分，比较下列各组积分值的大小.

(1) $\int_0^1 x\mathrm{d}x$，$\int_0^1 x^2\mathrm{d}x$；

(2) $\int_0^{\frac{\pi}{2}} x\mathrm{d}x$，$\int_0^{\frac{\pi}{2}} \sin x\mathrm{d}x$；

(3) $\int_0^1 \mathrm{e}^x\mathrm{d}x$，$\int_0^1 \mathrm{e}^{x^2}\mathrm{d}x$.

2. 利用定积分性质 5.2.6 估计下列积分值.

(1) $\int_0^1 \mathrm{e}^x\mathrm{d}x$；　　(2) $\int_1^2 (2x^3-x^4)\mathrm{d}x$；

(3) $\int_0^2 \frac{x-1}{1+x}\mathrm{d}x$；　　(4) $\int_{\frac{1}{\sqrt{3}}}^{\sqrt{3}} x\arctan x\mathrm{d}x$.

3. 若 $c>0$ 是常数,在闭区间 $[a,b]$ 上 $f(x)\geqslant c$，证明：$\int_a^b f(x)\mathrm{d}x>0$.

4. 利用定积分的性质判断下列定积分的符号.

(1) $\int_0^{\pi} \sin x\mathrm{d}x$；　　(2) $\int_0^1 (\mathrm{e}^x-1)\mathrm{d}x$.

5.3 微积分基本公式

在 5.1 节例 5.1.1 中利用定积分定义计算积分值 $\int_0^1 x^2\mathrm{d}x$，这个例子可以看到，被积函数虽然是简单的二次幂函数，但直接用定义来计算它的定积分并不容易. 如果 $f(x)$ 是其他复杂的函数，其难度就更大了，因此必须寻求计算定积分行之有效的新方法.

定积分作为积分和的极限，只由被积函数及积分区间所确定，因此定积分是一个与被积函数及积分上下限有关的常数. 如果被积函数的积分下限已给定，定积分的数值就只由积分上限来确定. 即对于每一个上限，通过定积分有唯一确定的一个数值与之对应. 因此如果把定积分上限看成一个自变量 x，则定积分 $\int_a^x f(t)\mathrm{d}t$ 就定义了 x 的一个函数.

定义 5.3.1 设函数 $f(x)$ 在 $[a,b]$ 上可积，则对于任意 $x\in[a,b]$，函数 $f(x)$ 在 $[a,x]$ 上也可积，称 $\int_a^x f(t)\mathrm{d}t$ 为 $f(x)$ 的**变上限的定积分**，记作 $\Phi(x)$，即

$$\Phi(x)=\int_a^x f(t)\mathrm{d}t,\quad x\in[a,b].$$

当函数 $f(x)\geqslant 0$ 时，变上限的定积分 $\Phi(x)$ 在几何上表示为右侧邻边可以变动的曲边梯形面积，如图 5.7 中的阴影部分.

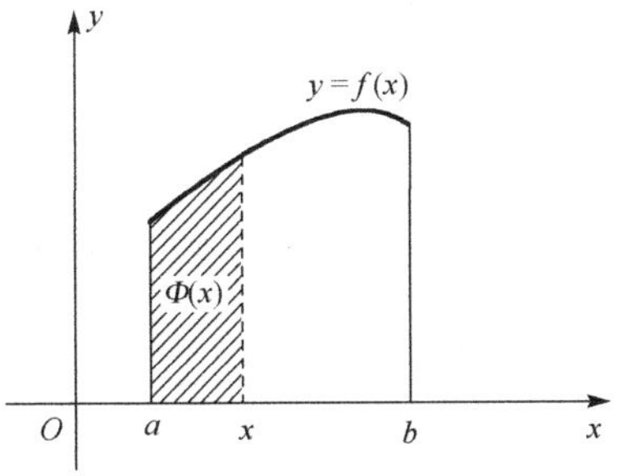

图 5.7

定理 5.3.1　如果函数 $f(x)$ 在 $[a,b]$ 上连续，则函数

$$\Phi(x)=\int_a^x f(t)\mathrm{d}t$$

在 $[a,b]$ 上具有导数，并且它的导数是

$$\Phi'(x)=\left[\int_a^x f(t)\mathrm{d}t\right]'=f(x),\quad x\in[a,b].\tag{5.1}$$

证　当上限由 x 变到 $x+\Delta x$ 时，假设 $\Delta x>0$，$\Phi(x)$ 在 $x+\Delta x$ 处的函数值为

$$\Phi(x+\Delta x)=\int_a^{x+\Delta x} f(t)\mathrm{d}t.$$

由此得函数的增量

$$\begin{aligned}\Delta\Phi&=\Phi(x+\Delta x)-\Phi(x)=\int_a^{x+\Delta x} f(t)\mathrm{d}t-\int_a^x f(t)\mathrm{d}t\\&=\int_a^x f(t)\mathrm{d}t+\int_x^{x+\Delta x} f(t)\mathrm{d}t-\int_a^x f(t)\mathrm{d}t\\&=\int_x^{x+\Delta x} f(t)\mathrm{d}t.\end{aligned}$$

应用积分中值定理，有等式

$$\Phi(x)=f(\xi)\Delta x,\quad x\leqslant\xi\leqslant x+\Delta x,$$

上式两端除以 Δx，得 $\dfrac{\Phi(x)}{\Delta x}=f(\xi)$.

由于函数 $f(x)$ 在 $[a,b]$ 上连续，而 $\Delta x\to 0$ 时，$\xi\to x$，因此

$$\lim_{\Delta x\to 0}\frac{\Phi(x)}{\Delta x}=\lim_{\Delta x\to 0}f(\xi)=\lim_{\xi\to x}f(\xi)=f(x),$$

即

$$\Phi'(x)=\left[\int_a^x f(t)\mathrm{d}t\right]'=f(x).$$

同理可证 $\Delta x<0$ 时也成立.

这个定理说明:对连续函数 $f(x)$ 求变上限的定积分,然后再求导，其结果就是 $f(x)$ 本身，也就是说 $\Phi(x)=\int_a^x f(t)\mathrm{d}t$ 是连续函数 $f(x)$ 的一个原函数. 于是有如下的原函数存在定理.

定理 5.3.2 如果函数 $f(x)$ 在 $[a,b]$ 上连续，则函数

$$\Phi(x)=\int_a^x f(t)\mathrm{d}t$$

就是 $f(x)$ 在 $[a,b]$ 上的一个原函数.

上述定理一方面肯定了连续函数的原函数是存在的，另一方面也表明在定积分与原函数之间建立联系的可能性.

例 5.3.1 求 $\int_0^x \mathrm{e}^{2t}\mathrm{d}t$ 的导数.

解 $\left[\int_0^x \mathrm{e}^{2t}\mathrm{d}t\right]'=\mathrm{e}^{2x}$.

例 5.3.2 求 $\int_x^1 \sin^2 t\mathrm{d}t$ 的导数.

解 $\left[\int_x^1 \sin^2 t\mathrm{d}t\right]'=\left[-\int_1^x \sin^2 t\mathrm{d}t\right]'=-\sin^2 x$.

例 5.3.3 求 $\int_0^{x^2} \mathrm{e}^t\mathrm{d}t$ 的导数.

解 这里的变限积分 $\int_0^{x^2} \mathrm{e}^t\mathrm{d}t$ 可以看成是 x^2 的函数，因而是 x 的复合函数，令 $u=x^2$，则有

$$\Phi(u)=\int_0^u \mathrm{e}^t\mathrm{d}t,\quad u=x^2.$$

由复合函数求导公式有

$$\begin{aligned}\frac{\mathrm{d}}{\mathrm{d}x}[\Phi(u)]&=\Phi'(u)\frac{\mathrm{d}u}{\mathrm{d}x}\\&=\Phi'(u)\cdot 2x=2x\mathrm{e}^{x^2}.\end{aligned}$$

定理 5.3.3 如果函数 $f(x)$ 在 $[a,b]$ 上连续，且 $F(x)$ 是函数 $f(x)$ 的一个原函数，则

$$\int_a^b f(x)\mathrm{d}x=F(b)-F(a). \tag{5.2}$$

证 已知函数 $F(x)$ 是 $f(x)$ 的一个原函数，又根据定理 5.3.2 有，积分上限 x 的函数

$$\Phi(x)=\int_a^x f(t)\mathrm{d}t$$

也是 $f(x)$ 的一个原函数. 于是这两个函数的差是一个常数 C. 即

$$F(x)-\Phi(x)=C,\quad a\leqslant x\leqslant b.$$

当 $x=a$ 时，$F(a)-\Phi(a)=C$. 而 $\Phi(a)=0$，这样 $F(a)=C$，于是 $\Phi(x)=F(x)-F(a)$，即

$$\int_a^x f(t)\mathrm{d}t=F(x)-F(a).$$

令 $x=b$，再将积分变量 t 改写成 x，于是有

$$\int_a^b f(x)\mathrm{d}x=F(b)-F(a).$$

为方便起见，以后将 $F(b)-F(a)$ 记成 $F(x)\big|_a^b$，即

$$\int_a^b f(x)\mathrm{d}x=F(b)-F(a)=F(x)\big|_a^b. \tag{5.2$'$}$$

式(5.2)称为牛顿-莱布尼兹(Newton-Leibniz)公式，也叫微积分基本公式. 这个公式揭示了定积分与被积函数的原函数之间的联系，它说明要求一个已知函数 $f(x)$ 在 $[a,b]$ 上的定积分，只要求出 $f(x)$ 在 $[a,b]$ 上的一个原函数 $F(x)$，并计算 $F(x)$ 在区间 $[a,b]$ 上的增量即可. 这样计算定积分的问题转为计算原函数的问题.

例 5.3.4　计算 $\int_0^1 x^2\mathrm{d}x$.

解　$\int_0^1 x^2\mathrm{d}x=\frac{x^3}{3}\Big|_0^1=\frac{1}{3}-0=\frac{1}{3}$.

例 5.3.5　计算 $\int_1^8\frac{1}{x}\mathrm{d}x$.

解　$\int_1^8\frac{1}{x}\mathrm{d}x=\ln x\big|_1^8=\ln 8-\ln 1=3\ln 2$.

例 5.3.6　设 $f(x)=\begin{cases}2x+1, & -2<x<2,\\ 1+x^2, & 2\leqslant x\leqslant 4,\end{cases}$ 求 k 的值，使 $\int_k^3 f(x)\mathrm{d}x=\frac{40}{3}$.

解　由定积分的可加性

$$\begin{aligned}\int_k^3 f(x)\mathrm{d}x&=\int_k^2(2x+1)\mathrm{d}x+\int_2^3(1+x^2)\mathrm{d}x\\&=(x^2+x)\big|_k^2+\left(\frac{x^3}{3}+x\right)\Big|_2^3\\&=6-(k^2+k)+\frac{22}{3},\end{aligned}$$

即 $\frac{40}{3}=6-(k^2+k)+\frac{22}{3}$，得 $k^2+k=0$，解得 $k=0$ 或 $k=1$.

例 5.3.7 计算由正弦曲线 $y=\sin x$ 在 $\left[0,\frac{\pi}{2}\right]$ 上与直线 $x=\frac{\pi}{2}$,x 轴所围成的图形面积.

解 曲边梯形的面积

$$S=\int_0^{\frac{\pi}{2}}\sin x\mathrm{d}x$$

$$=(-\cos x)\Big|_0^{\frac{\pi}{2}}=-\cos\frac{\pi}{2}-(-\cos 0)=1.$$

习 题 5.3

1. 求下列变限定积分的导数.

(1) $F(x)=\int_0^x\sqrt{1+t}\mathrm{d}t$;

(2) $F(x)=\int_x^{-1}t\mathrm{e}^{-t}\mathrm{d}t$;

(3) $F(x)=\int_0^{x^2}\frac{1}{\sqrt{1+t^4}}\mathrm{d}t$;

(4) $F(x)=\int_{x^3}^{x^2}\mathrm{e}^t\mathrm{d}t$;

(5) $F(x)=\int_0^{\sqrt{x}}\mathrm{e}^{-t^2}\mathrm{d}t$;

(6) $F(x)=\int_{\frac{1}{x}}^1\frac{\mathrm{e}^t}{t}\mathrm{d}t$.

2. 计算下列定积分.

(1) $\int_2^6(x^2-1)\mathrm{d}x$;

(2) $\int_1^{27}\frac{\mathrm{d}x}{\sqrt[3]{x}}$;

(3) $\int_{-2}^3(x-1)^3\mathrm{d}x$;

(4) $\int_0^5\frac{2x^2+3x-5}{x+3}\mathrm{d}x$;

(5) $\int_{-1}^2|2x|\mathrm{d}x$;

(6) $\int_0^1\frac{x}{1+2x}\mathrm{d}x$.

3. 求下列极限.

(1) $\lim\limits_{x\to 0}\frac{\int_0^x\cos^2 t\mathrm{d}t}{x}$;

(2) $\lim\limits_{x\to 0}\frac{\int_0^x\arctan t\mathrm{d}t}{x^2}$.

4. 求函数 $F(x)=\int_0^x t(t-4)\mathrm{d}t$ 在 $[-1,5]$ 上的最大值与最小值.

5. 求 c 的值,使 $\lim\limits_{x\to+\infty}\left(\frac{x+c}{x-c}\right)^x=\int_{-\infty}^c t\mathrm{e}^{2t}\mathrm{d}t$.

5.4 定积分的换元法与分部积分法

牛顿-莱布尼兹公式是计算定积分的有力工具,但是在实际计算中,直接使用这个公式有时并不方便,甚至十分麻烦.本节将介绍计算定积分的两种常用的基本方法——换元法与分部积分法.

5.4.1　定积分的换元法

不定积分的计算中，换元积分法是一个十分重要的方法，本节利用不定积分的换元法建立定积分的换元公式.

定理 5.4.1　设函数 $f(x)$ 在区间 $[a,b]$ 上连续，令 $x=\varphi(t)$，如果

(1) 函数 $x=\varphi(t)$ 在区间 $[\alpha,\beta]$ 上是单值的且具有连续导数；

(2) 当 t 在区间 $[\alpha,\beta]$ 变化时，$x=\varphi(t)$ 的值在 $[a,b]$ 上变化，且 $\varphi(\alpha)=a$，$\varphi(\beta)=b$;则有

$$\int_a^b f(x)\mathrm{d}x=\int_\alpha^\beta f(\varphi(t))\varphi'(t)\mathrm{d}t. \tag{5.3}$$

利用牛顿-莱布尼兹公式可以证明这个定理.

式(5.3)对于 $a>b$ 也适用，从左到右使用公式，相当于不定积分的第二类换元法；从右到左使用公式，相当于不定积分的第一类换元法. 计算定积分时，再作变量替换的同时，可以相应地替换积分上，下限，而不必代回原来的变量，因此计算过程得到大大简化.

例 5.4.1　计算 $\int_0^4\frac{\mathrm{d}x}{1+\sqrt{x}}$.

解　令 $t=\sqrt{x}$，则 $x=t^2,\mathrm{d}x=2t\mathrm{d}t$，且当 $x=0,t=0$，$x=4,t=2$，所以

$$\begin{aligned}\int_0^4\frac{\mathrm{d}x}{1+\sqrt{x}}&=\int_0^2\frac{2t\mathrm{d}t}{1+t}=2\int_0^2\frac{(t+1-1)\mathrm{d}t}{1+t}\\&=2\int_0^2\left(1-\frac{1}{1+t}\right)\mathrm{d}t\\&=2\left[t-\ln(1+t)\right]\Big|_0^2\\&=2(2-\ln3).\end{aligned}$$

例 5.4.2　计算 $\int_0^a\sqrt{a^2-x^2}\mathrm{d}x(a>0)$.

解　令 $x=a\sin t,\mathrm{d}x=a\cos t\mathrm{d}t$，则当 $x=0$ 时，$t=0$;当 $x=a$ 时，$t=\frac{\pi}{2}$，所以

$$\begin{aligned}\int_0^a\sqrt{a^2-x^2}\mathrm{d}x&=\int_0^{\frac{\pi}{2}}a\cos t\cdot a\cos t\mathrm{d}t\\&=a^2\int_0^{\frac{\pi}{2}}\frac{1+\cos2t}{2}\mathrm{d}t\end{aligned}$$

$$=\frac{a^2}{2}\left(t+\frac{\sin 2t}{2}\right)\Bigg|_0^{\frac{\pi}{2}}$$
$$=\frac{\pi a^2}{4}.$$

在区间 $[0,a]$ 上，曲线 $y=\sqrt{a^2-x^2}$ 是圆周 $x^2+y^2=a^2$ 的 $\frac{1}{4}$，所以半径为 a 的圆面积是所求定积分的 4 倍，即

$$4\cdot\frac{\pi a^2}{4}=\pi a^2.$$

换元公式也可以反过来使用，即

$$\int_\alpha^\beta f(\varphi(x))\varphi'(x)\mathrm{d}x=\int_a^b f(t)\mathrm{d}t.$$

例 5.4.3 计算 $\int_0^{\frac{\pi}{2}}\cos^3 x\sin x\mathrm{d}x$.

解 令 $t=\cos x$，则 $\mathrm{d}t=-\sin x\mathrm{d}x$，当 $x=0$ 时，$t=1$，$x=\frac{\pi}{2}$ 时，$t=0$，所以

$$\int_0^{\frac{\pi}{2}}\cos^3 x\sin x\mathrm{d}x=-\int_1^0 t^3\mathrm{d}t$$
$$=\int_0^1 t^3\mathrm{d}t=\frac{t^4}{4}\Bigg|_0^1=\frac{1}{4}.$$

例 5.4.3 可以不写出新变量 t，那么定积分的上，下限就不用改变.

$$\int_0^{\frac{\pi}{2}}\cos^3 x\sin x\mathrm{d}x=-\int_0^{\frac{\pi}{2}}\cos^3 x\mathrm{d}\cos x=-\frac{\cos^4 x}{4}\Bigg|_0^{\frac{\pi}{2}}=\frac{1}{4}.$$

例 5.4.4 计算 $\int_0^1 x\mathrm{e}^{x^2}\mathrm{d}x$.

解 $\int_0^1 x\mathrm{e}^{x^2}\mathrm{d}x=\frac{1}{2}\int_0^1\mathrm{e}^{x^2}\mathrm{d}x^2=\frac{1}{2}\mathrm{e}^{x^2}{}_0^1=\frac{1}{2}(\mathrm{e}-1).$

例 5.4.5 证明：(1) 若函数 $f(x)$ 在 $[-a,a]$ 上连续且为偶函数，则 $\int_{-a}^a f(x)\mathrm{d}x=2\int_0^a f(x)\mathrm{d}x$；

(2) 若函数 $f(x)$ 在 $[-a,a]$ 上连续且为奇函数，则 $\int_{-a}^a f(x)\mathrm{d}x=0$.

证 (1) 若函数 $f(x)$ 在 $[-a,a]$ 上是偶函数，即 $f(-x)=f(x)$，则

$$\int_{-a}^a f(x)\mathrm{d}x=\int_{-a}^0 f(x)\mathrm{d}x+\int_0^a f(x)\mathrm{d}x,$$

对上式右端第一个积分作变量替换 $x=-t$，$\mathrm{d}x=-\mathrm{d}t$，则当 $x=-a$ 时，$t=a$；当 $x=0$ 时，$t=0$，于是

$$\int_{-a}^{0} f(x)\mathrm{d}x = \int_{a}^{0} f(-t)\mathrm{d}(-t) = -\int_{a}^{0} f(t)\mathrm{d}t = \int_{0}^{a} f(t)\mathrm{d}t.$$

所以

$$\int_{-a}^{a} f(x)\mathrm{d}x = \int_{0}^{a} f(t)\mathrm{d}t + \int_{0}^{a} f(x)\mathrm{d}x = 2\int_{0}^{a} f(x)\mathrm{d}x.$$

(2) 若函数 $f(x)$ 在 $[-a,a]$ 上是奇函数，即 $f(-x) = -f(x)$，则

$$\int_{-a}^{a} f(x)\mathrm{d}x = \int_{-a}^{0} f(x)\mathrm{d}x + \int_{0}^{a} f(x)\mathrm{d}x,$$

对上式右端第一个积分作变量替换 $x = -t, \mathrm{d}x = -\mathrm{d}t$，当 $x = -a$ 时，$t = a$；当 $x = 0$ 时，$t = 0$，于是

$$\int_{-a}^{0} f(x)\mathrm{d}x = \int_{a}^{0} f(-t)\mathrm{d}(-t) = \int_{a}^{0} f(t)\mathrm{d}t = -\int_{0}^{a} f(t)\mathrm{d}t,$$

所以

$$\int_{-a}^{a} f(x)\mathrm{d}x = -\int_{0}^{a} f(t)\mathrm{d}t + \int_{0}^{a} f(x)\mathrm{d}x = 0.$$

例 5.4.6　计算 $\int_{-1}^{1} (x^3 - 2x + 2)\mathrm{d}x$.

解　显然，$x^3 - 2x$ 是对称区间 $[-1,1]$ 上的奇函数，由例 5.4.5 的结果有

$$\int_{-1}^{1} (x^3 - 2x + 2)\mathrm{d}x = \int_{-1}^{1} (x^3 - 2x)\mathrm{d}x + \int_{-1}^{1} 2\mathrm{d}x$$

$$= 2\int_{-1}^{1} \mathrm{d}x = 4.$$

5.4.2　定积分的分部积分法

设函数 $u = u(x)$ 与 $v = v(x)$ 在区间 $[a,b]$ 上有连续导数，则

$$(uv)' = u'v + uv',$$

即 $uv' = (uv)' - u'v$，等式两端在 $[a,b]$ 上取定积分

$$\int_{a}^{b} uv'\mathrm{d}x = uv\big|_{a}^{b} - \int_{a}^{b} u'v\mathrm{d}x, \tag{5.4}$$

即

$$\int_{a}^{b} u\mathrm{d}v = uv\big|_{a}^{b} - \int_{a}^{b} v\mathrm{d}u. \tag{5.4'}$$

式(5.4)及式(5.4′)就是定积分的分部积分公式.

例 5.4.7　计算 $\int_{1}^{4} \ln x\mathrm{d}x$.

解　令 $u = \ln x, \mathrm{d}v = \mathrm{d}x$，则 $\mathrm{d}u = \dfrac{1}{x}\mathrm{d}x, v = x$，所以

$$\int_1^4 \ln x\mathrm{d}x = x\ln x\Big|_1^4 - \int_1^4 x\cdot\frac{1}{x}\mathrm{d}x$$
$$= 4\ln4 - \int_1^4 1\mathrm{d}x$$
$$= 8\ln2 - 3.$$

例 5.4.8 计算 $\int_0^1 \mathrm{e}^{\sqrt{x}}\mathrm{d}x$.

解 先用换元法,令 $\sqrt{x}=t$, 则 $\mathrm{d}x=2t\mathrm{d}t$, 当 $x=0$ 时, $t=0$; 当 $x=1$ 时, $t=1$. 所以

$$\int_0^1 \mathrm{e}^{\sqrt{x}}\mathrm{d}x = 2\int_0^1 t\mathrm{e}^t\mathrm{d}t,$$

再用分部积分法计算上式

$$2\int_0^1 t\mathrm{e}^t\mathrm{d}t = 2\int_0^1 t\mathrm{d}\mathrm{e}^t = 2\left(t\mathrm{e}^t\Big|_0^1 - \int_0^1 \mathrm{e}^t\mathrm{d}t\right)$$
$$= 2(\mathrm{e} - \mathrm{e}^t\Big|_0^1) = 2.$$

熟练以后, 可以不写出 $u=u(x)$ 与 $v=v(x)$.

例 5.4.9 计算 $\int_0^1 x\arctan x\mathrm{d}x$.

解 $\int_0^1 x\arctan x\mathrm{d}x = \frac{1}{2}\int_0^1 \arctan x\mathrm{d}x^2$

$$= \frac{1}{2}x^2\cdot\arctan x\Big|_0^1 - \frac{1}{2}\int_0^1 \frac{x^2}{1+x^2}\mathrm{d}x$$
$$= \frac{1}{2}\cdot\frac{\pi}{4} - \frac{1}{2}\int_0^1\left(1-\frac{1}{1+x^2}\right)\mathrm{d}x$$
$$= \frac{\pi}{8} - \frac{1}{2}(x-\arctan x)\Big|_0^1$$
$$= \frac{\pi}{8} - \frac{1}{2}\left(1-\frac{\pi}{4}\right)$$
$$= \frac{\pi}{4} - \frac{1}{2}.$$

习 题 5.4

1. 计算下列各积分.

(1) $\int_0^4 \frac{\mathrm{d}t}{1+\sqrt{t}}$; (2) $\int_1^5 \frac{\sqrt{u-1}}{u}\mathrm{d}u$;

(3) $\int_0^{\ln2} 3\sqrt{\mathrm{e}^x-1}\mathrm{d}x$; (4) $\int_{\frac{1}{2}}^{\frac{\sqrt{3}}{2}} \frac{\mathrm{d}z}{\sqrt{1-z^2}}$;

(5) $\int_0^1 \sqrt{4-x^2}\mathrm{d}x$;　(6) $\int_1^{e^2} \frac{\mathrm{d}x}{x\sqrt{1+\ln x}}$;

(7) $\int_0^1 t e^{-\frac{t^2}{2}} \mathrm{d}t$　(8) $\int_0^{\pi}(1-\sin\theta)\mathrm{d}\theta$;

(9) $\int_0^{\pi} \sqrt{1+\cos 2x}\mathrm{d}x$.

2. 计算下列积分.

(1) $\int_1^e \ln x\mathrm{d}x$;　(2) $\int_0^{\frac{\sqrt{3}}{2}} \arccos x\mathrm{d}x$;

(3) $\int_0^1 x e^{-x}\mathrm{d}x$;　(4) $\int_0^{\frac{\pi}{2}} x\sin x\mathrm{d}x$;

(5) $\int_0^{\frac{\pi}{2}} e^x \sin x\mathrm{d}x$　(6) $\int_0^1 x\arctan x\mathrm{d}x$;

(7) $\int_0^1 \frac{x\arctan x}{\sqrt{1+x^2}}\mathrm{d}x$;　(8) $\int_0^{\frac{\pi}{2}}(x-x\sin x)\mathrm{d}x$.

3. 求函数 $I(x)=\int_e^x \frac{\ln t}{t^2-2t+1}\mathrm{d}t$ 在区间 $[e, e^2]$ 上的最大值.

5.5　定积分的应用

前面由实际问题引出定积分的概念，并介绍了它的基本性质与计算方法，现在用定积分来解决一些实际问题.

我们定积分的概念引入时，曾计算过曲边梯形的面积，即如果函数 $y=f(x)\geqslant 0$ 在区间 $[a,b]$ 上连续，则定积分 $\int_a^b f(x)\mathrm{d}x$ 的几何意义是由曲线 $y=f(x)$，直线 $x=a, x=b$ 以及 x 轴围成的曲边梯形的面积.

由定积分的几何意义知，当 $y=f(x)<0$ 时，由曲线 $y=f(x)$，直线 $x=a$，$x=b$ 以及 x 轴围成的曲边梯形的面积

$$S=-\int_a^b f(x)\mathrm{d}x.$$

如果在 $[a,b]$ 上总有 $0\leqslant g(x)\leqslant f(x)$，则曲线 $f(x)$ 与 $g(x)$ 所夹的面积 S (图 5.8)为

$$S=\int_a^b f(x)\mathrm{d}x-\int_a^b g(x)\mathrm{d}x$$

或

$$S=\int_a^b [f(x)-g(x)]\mathrm{d}x.$$

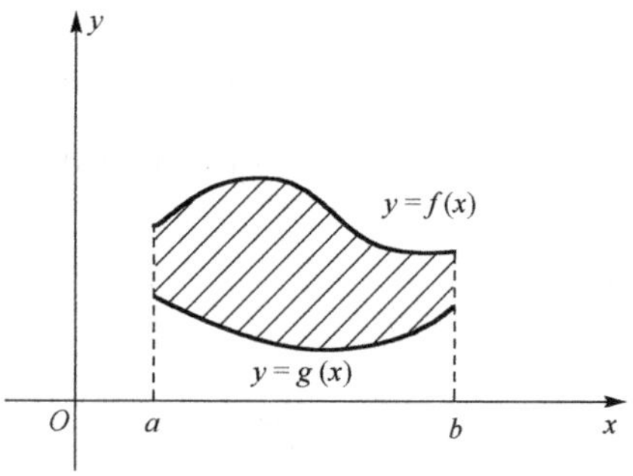

图 5.8

例 5.5.1 求椭圆 $\frac{x^2}{a^2}+\frac{y^2}{b^2}=1$ 的面积.

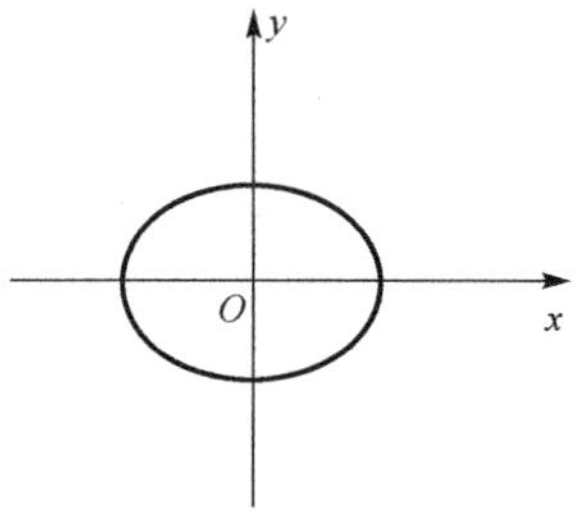

图 5.9

解 如图 5.9 所示，因为椭圆是关于坐标轴对称的，因此整个椭圆的面积是第一象限内面积的 4 倍，所以

$$S=4\int_0^a y\mathrm{d}x$$
$$=4\int_0^a \frac{b}{a}\sqrt{a^2-x^2}\,\mathrm{d}x.$$

前面已经计算过 $\int_0^a \sqrt{a^2-x^2}\,\mathrm{d}x=\frac{\pi a^2}{4}$，因此

$$S=4\,\frac{b}{a}\cdot\frac{\pi a^2}{4}=\pi ab.$$

例 5.5.2 计算由两条抛物线 $y^2=x, y=x^2$ 所围成的图形图 5.10 的面积.

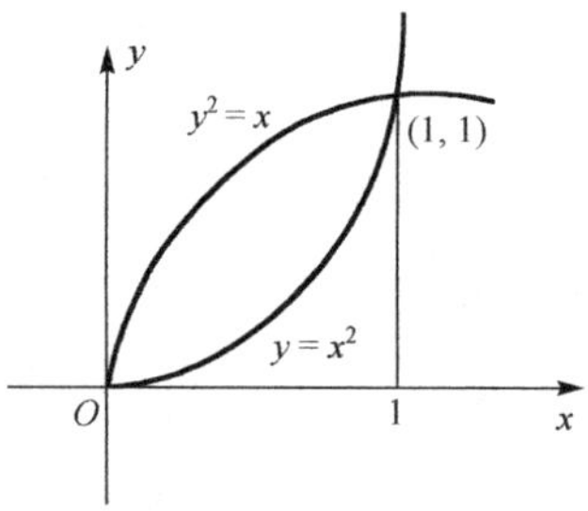

图 5.10

解 为了确定图形的范围，先求出这两条抛物线的交点，即解方程组

$$\begin{cases} y^2=x, \\ y=x^2, \end{cases}$$

得 $x=0,y=0$ 及 $x=1,y=1$. 从而两条抛物线的交点为 $(0,0)$ 及 $(1,1)$. 变量 x 的变化范围为 $[0,1]$，且在此区间内有 $f(x)=\sqrt{x}\geqslant g(x)=x^2$，因此两条抛物线所夹面积为

$$
\begin{aligned}
S&=\int_0^1[f(x)-g(x)]\mathrm{d}x\\
&=\int_0^1[\sqrt{x}-x^2]\mathrm{d}x\\
&=\left(\frac{2}{3}x^{\frac{3}{2}}-\frac{x^3}{3}\right)\bigg|_0^1\\
&=\frac{2}{3}-\frac{1}{3}=\frac{1}{3}.
\end{aligned}
$$

例 5.5.3　求抛物线 $y^2=2x$ 与直线 $y=x-4$ 所围成的图形的面积.

解　先求出这两条曲线的交点，即解方程组

$$
\begin{cases}
y^2=2x,\\
y=x-4,
\end{cases}
$$

得到交点 $(8,4)$，$(2,-2)$，画出图形，如图 5.11.

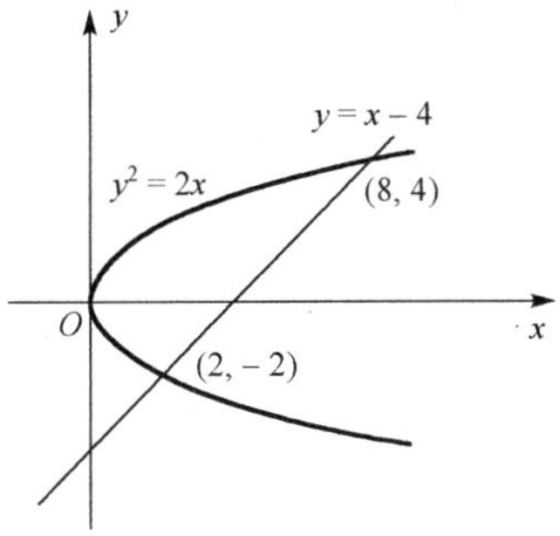

图 5.11

在例 5.5.3 中，将 y 轴看成曲边梯形的底，可使计算简便. 即所求的面积 S 是直线 $x=y+4$ 和抛物线 $x=\dfrac{y^2}{2}$ 与直线 $y=-2$，$y=4$ 所围成的面积之差，即

$$
\begin{aligned}
S&=\int_{-2}^4\left(y+4-\frac{y^2}{2}\right)\mathrm{d}y\\
&=\left(\frac{y^2}{2}+4y-\frac{y^3}{6}\right)\bigg|_{-2}^4\\
&=18.
\end{aligned}
$$

也可以将 x 轴看成曲边梯形的底，这时 $x\in[0,2]$，函数值由 $-\sqrt{2x}$ 变化到 $\sqrt{2x}$；当 $x\in[2,8]$，函数值由 $x-4$ 变化到 $\sqrt{2x}$，因此

$$S=\int_0^2(\sqrt{2x}-(-\sqrt{2x}))\mathrm{d}x+\int_2^8(\sqrt{2x}-(x-4))\mathrm{d}x$$
$$=2\int_0^2\sqrt{2x}\mathrm{d}x+\int_2^8(\sqrt{2x}-x+4)\mathrm{d}x$$
$$=\left[2\sqrt{2}x^{\frac{3}{2}}\right]\Big|_0^2+\left[\sqrt{2}\,\frac{2}{3}x^{\frac{3}{2}}-\frac{x^2}{2}+4x\right]\Bigg|_2^8$$
$$=18.$$

由例 5.5.3 可以看出，恰当地选取图形的描述方式可使计算简单.

习　题　5.5

1. 求下列各题中平面图形的面积.

(1) 曲线 $y=a-x^2(a>0)$ 与 x 轴所围成的图形；

(2) 曲线 $y=x^2+3$ 在区间 $[0,1]$ 上的曲边梯形；

(3) 曲线 $y=x^2$ 与 $y=2-x^2$ 所围成的图形；

(4) 在区间 $\left[0,\frac{\pi}{2}\right]$ 上，曲线 $y=\sin x$ 与 $x=0$，$y=1$ 所围成的图形；

(5) 曲线 $y=x^3-3x+2$ 在 x 轴上介于两极值点间的曲边梯形.

2. 求 $c(c>0)$ 的值，使两曲线 $y=x^2$ 与 $y=cx^3$ 所围成的图形的面积为 $\frac{2}{3}$.

3. 若空间一物体在 x 轴方向上占据的范围是 $x\in[a,b]$，在位置 x 与 x 轴垂直的截面面积为 $S(x)$，那么这个物体的体积是 $V=\int_a^b S(x)\mathrm{d}x$.

(1) 直线段 $y=r(r>0)$, $0\leqslant x\leqslant h$，绕 x 轴旋转一周得到底面半径为 r，高为 h 的圆柱. 计算这个圆柱的体积.

(2) 直线段 $y=\frac{r}{h}x\,(r,h>0)$, $0\leqslant x\leqslant h$，绕 x 轴旋转一周得到底面半径为 r，高为 h 的圆锥. 计算这个圆锥的体积.

(3) 直线段 $y=\frac{r_2-r_1}{h}x+r_1$, $0<r_1\leqslant x\leqslant r_2$, $h>0$，绕 x 轴旋转一周得到上下底面半径分别为 r_1,r_2，高为 h 的圆台. 计算这个圆台的体积.

(4) 圆弧 $y=\sqrt{r^2-x^2}$, $-r\leqslant x\leqslant r$，绕 x 轴旋转一周得到半径为 r 的球体. 计算这个球体的体积.

(5) 圆 $x^2+(y-R)^2=r^2$, $0<r<R$，绕 x 轴旋转一周得到一个圆环. 计算圆环的体积.

本章小结

定积分是积分学的基本概念,本书所介绍的积分通常称为黎曼积分."分段—取点—求和—取极限"的思想是用黎曼积分解决问题的核心思想.定积分的直观背景就是求面积、体积,路程等常见的数学、物理问题.

定积分的性质是直观的、容易理解的,熟练掌握这些性质是掌握和使用定积分的基础.牛顿-莱布尼茨公式不仅仅是计算定积分的强有力工具,同时还建立起微分学与积分学之间的桥梁.

计算定积分的基本方法仍然是两类换元法与分部积分法.

本章知识点

1. 定积分的定义.

2. 设函数 $f(x)$ 在区间 $[a,b]$ 上连续,则函数 $f(x)$ 在区间 $[a,b]$ 上可积.

3. 设函数 $f(x)$ 在区间 $[a,b]$ 上有界,且只有有限个间断点,则函数 $f(x)$ 在区间 $[a,b]$ 上可积.

4. 函数和的定积分等于定积分的和,即

$$\int_a^b [f(x) \pm g(x)]\mathrm{d}x = \int_a^b f(x)\mathrm{d}x \pm \int_a^b g(x)\mathrm{d}x.$$

5. 被积函数的非零常数因子可以提到积分号外面,即

$$\int_a^b kf(x)\mathrm{d}x = k\int_a^b f(x)\mathrm{d}x.$$

6. 如果积分区间 $[a,b]$ 被点 c 分成两个区间 $[a,c]$,$[c,b]$,则

$$\int_a^b f(x)\mathrm{d}x = \int_a^c f(x)\mathrm{d}x + \int_c^b f(x)\mathrm{d}x.$$

7. 如果在区间 $[a,b]$ 上 $f(x)=1$,则

$$\int_a^b 1\mathrm{d}x = b-a.$$

8. 如果在区间 $[a,b]$ 上恒有 $f(x) \leqslant g(x)$,则

$$\int_a^b f(x)\mathrm{d}x \leqslant \int_a^b g(x)\mathrm{d}x \ (a<b).$$

9. 如果函数 $f(x)$ 在区间 $[a,b]$ 上的最大值与最小值分别为 M 与 m,则

$$m(b-a) \leqslant \int_a^b f(x)\mathrm{d}x \leqslant M(b-a)$$

10. 积分中值定理　如果函数 $f(x)$ 在区间 $[a,b]$ 上连续,则在 $[a,b]$ 内至少有一点 ξ 使得下式成立

$$\int_a^b f(x)\mathrm{d}x = f(\xi)(b-a)\ (a\leqslant\xi\leqslant b).$$

11. 设函数 $f(x)$ 在 $[a,b]$ 上可积,则对于任意 $x\in[a,b]$,称 $\int_a^x f(t)\mathrm{d}t$ 为 $f(x)$ 的变上限的定积分,记作 $\Phi(x)$,即 $\Phi(x)=\int_a^x f(t)\mathrm{d}t$, $x\in[a,b]$.

12. 如果函数 $f(x)$ 在 $[a,b]$ 上连续,则函数 $\Phi(x)=\int_a^x f(t)\mathrm{d}t$ 在 $[a,b]$ 上具有导数,并且它的导数是

$$\Phi'(x)=\left[\int_a^x f(t)\mathrm{d}t\right]'=f(x),\quad x\in[a,b].$$

13. 如果函数 $f(x)$ 在 $[a,b]$ 上连续,则函数 $\Phi(x)=\int_a^x f(t)\mathrm{d}t$ 就是 $f(x)$ 在 $[a,b]$ 上的一个原函数.

14. 牛顿-莱布尼茨公式　如果函数 $f(x)$ 在 $[a,b]$ 上连续,且 $F(x)$ 是函数 $f(x)$ 的一个原函数,则

$$\int_a^b f(x)\mathrm{d}x = F(b)-F(a)$$

15. 设函数 $f(x)$ 在区间 $[a,b]$ 上连续,令 $x=\varphi(t)$,如果

(1) 函数 $x=\varphi(t)$ 在区间 $[\alpha,\beta]$ 上是单值的且具有连续导数;

(2) 当 t 在区间 $[\alpha,\beta]$ 变化时, $x=\varphi(t)$ 的值在 $[a,b]$ 上变化,且 $\varphi(\alpha)=a$, $\varphi(\beta)=b$. 则有换元公式

$$\int_a^b f(x)\mathrm{d}x=\int_\alpha^\beta f(\varphi(t))\varphi'(t)\mathrm{d}t.$$

16. 定积分的分部积分公式

$$\int_a^b uv'\mathrm{d}x = uv\big|_a^b-\int_a^b u'v\mathrm{d}x.$$

17. 如果在 $[a,b]$ 上总有 $g(x)\leqslant f(x)$,则曲线 $f(x)$ 与 $g(x)$ 所夹的面积 S 为

$$\int_a^b[f(x)-g(x)]\mathrm{d}x.$$

数学家简介——黎曼

名言:只有在微积分学发明之后,物理才真正成为一门科学.

黎曼,Georg Friedrich Bernhard Riemann,1826 年 9 月 17 日生于现德国汉诺威的布雷塞伦茨,1866 年 7 月 21 日卒于意大利的萨拉斯卡. 德国数学家. 他创立

的黎曼几何对现代理论物理学有深远的影响，他澄清了今天我们一直使用的黎曼积分的概念，他提出当今数学中最重要的猜想——黎曼猜想.

黎曼生于一个牧师家庭，身体瘦弱，生性胆小羞怯，从小就显现出超人的数学天赋. 黎曼在预科学校学习期间曾用六天时间读完并完全掌握勒让德的 859 页巨著《数论》. 1846 年，黎曼进入哥廷根大学攻读神学与哲学，后转学数学. 1851 年获得博士学位. 1859 年成为教授. 1866 年在去意大利休养的途中在意大利萨拉斯卡因肺结核去世.

黎曼一生著述不多，他的全集只有薄薄的一本，但是他深邃的思想使得他的每一项工作都是开创性的，对后世数学与物理学的发展都有深远的影响. 黎曼在 1859 年发表的一篇八页长的论文中提出一个猜想，现称为黎曼猜想，是现今最重要的数学问题之一. 黎曼是黎曼几何的创始人，黎曼几何对时空的研究有深远影响. 他还是复变函数论的创始人之一，对代数几何学作出奠基性贡献，他还是组合拓扑学的先期开拓者.

现今微积分教材中介绍的定积分就是黎曼在总结前人成果的基础上创立出来的，被称为黎曼积分. 黎曼积分的优点是易于理解，便于计算.

第 6 章　常微分方程

微积分研究的对象是函数. 要应用微积分解决问题，首先要根据实际问题寻找其中存在的函数关系，但是根据实际问题给出的条件，往往不能直接写出其中的函数关系，而可以列出函数及其导数所满足的方程式，这类方程式称为微分方程. 本章介绍微分方程的一些基本概念和几种简单的微分方程的解法.

6.1　微分方程的基本概念

为了说明微分方程的基本概念，先看两个例子.

例 6.1.1　一曲线通过点(1, 2)，且在该曲线上的任意点 $M(x,y)$ 处的切线斜率为 $2x$，求这曲线的方程.

解　设所求曲线的方程为 $y=y(x)$. 根据导数的几何意义，可知未知函数 $y=y(x)$ 应满足如下关系

$$\frac{\mathrm{d}y}{\mathrm{d}x}=2x.$$

此外，因曲线 $y=y(x)$ 通过点(1, 2)，所以 $y=y(x)$ 还满足条件

$$y(1)=2.$$

为求满足 $\frac{\mathrm{d}y}{\mathrm{d}x}=2x$ 的未知函数 $y=y(x)$，两边积分，得

$$y=\int 2x\mathrm{d}x,$$

即

$$y=x^2+C,$$

其中 C 是任意常数. 把(1,2)代入上式，得

$$2=1^2+C,$$

故 $C=1$，于是，得所求曲线的方程为

$$y=x^2+1.$$

例 6.1.2　一个质量为 m 的物体沿着直线做无摩擦的滑动，它被一端固定在墙上的弹簧所连接，此弹簧的弹性系数为 $k(k>0)$. 弹簧松弛时物体的位置确定为坐标原点 O，物体运动的直线确定为 x 轴，物体离开坐标原点的位移记为 x

(图 6.1). 在初始时刻，物体的位移 $x = x_0(x_0 > 0)$，物体从静止开始滑动，求物体的运动规律(即位移 x 随时间 t 变化的函数关系).

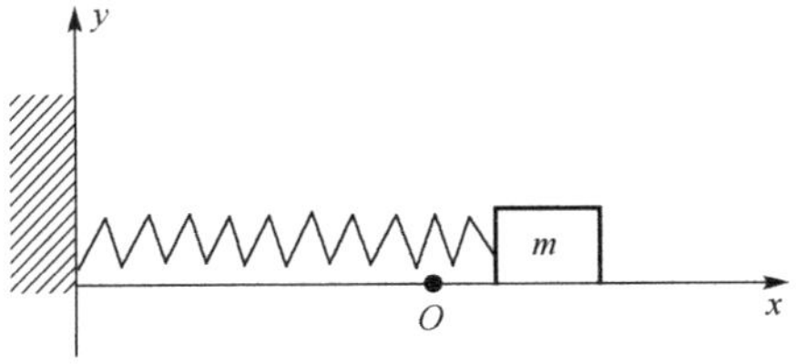

图 6.1

解　对物体进行受力分析，该物体所受合力为弹性恢复力，根据胡克定律，$F = -kx$（因为是回复力，力的方向与位移 x 的方向相反，所以有负号），根据牛顿第二定律，$F = m\frac{d^2x}{dt^2}$，得 x 所满足的方程

$$m\frac{d^2x}{dt^2} = -kx,$$

即

$$m\frac{d^2x}{dt^2} + kx = 0.$$

又注意到根据题意

$$x\big|_{t=0} = x_0, \left.\frac{dx}{dt}\right|_{t=0} = 0,$$

如能根据以上条件解出 $x = x(t)$，就可得出该物体的运动规律.

以上两个例子中的方程都是含有未知函数及其导数(包括一阶导数和高阶导数)的方程. 一般地，我们称表示未知函数、未知函数的导数或微分以及自变量之间关系的方程为**微分方程**. 称未知函数是一元函数的微分方程为**常微分方程**，称未知函数是多元函数的微分方程为**偏微分方程**. 我们只讨论常微分方程.

微分方程中出现的未知函数的最高阶导数的阶数，称为该微分方程的阶. 例如，例 6.1.1 中的方程是一阶微分方程，例 6.1.2 中的方程是二阶微分方程. 又如，方程

$$x^3y''' + x^2y'' - 5xy' = 3x^2$$

是三阶微分方程.

一般地，n 阶微分方程的形式是

$$F(x, y, y', \cdots, y^{(n)}) = 0, \tag{6.1}$$

其中 F 是 $n+2$ 个自变量的函数，必须指出，这里 $y^{(n)}$ 是必须出现的，而 $x, y, y', \cdots, y^{(n-1)}$ 等变量则可以不出现. 例如，二阶微分方程

$$y''=f(x,y')$$

中 y 就没出现.

什么是微分方程的解呢? 如果函数 $y=y(x)$ 满足方程(6.1), 即当将 $y=y(x)$ 及其各阶导数代入式(6.1)时, 式(6.1)成为恒等式, 则称函数 $y=y(x)$ 为方程(6.1)的解. 例如

$$y=x^2, y=x^2+1, \cdots, y=x^2+C$$

都是方程 $y'=2x$ 的解. 由于解微分方程的过程需要积分, 故微分方程的解中包含任意常数. 如果微分方程的解中含有任意常数, 且任意常数的个数等于该微分方程的阶数, 则称这样的解为该微分方程的**通解**. 例如

$$y=x^2+C$$

就是方程 $y'=2x$ 的通解. 又如

$$y=C_1\cos x+C_2\sin x$$

是二阶微分方程 $y''+y=0$ 的通解.

正如例 6.1.1 中的情况, 为了给出实际问题的解, 还必须确定通解中任意常数的值. 例如, 在例 6.1.1 中, 根据曲线通过 (1,2) 点, 确定的任意常数 $C=1$, 得问题的解 $y=x^2+1$. 我们称这种确定了任意常数的解为微分方程的**特解**为确定微分方程的特解, 须给出定解条件. 我们只介绍初始条件. 对于一阶微分方程, 初始条件是

$$x=x_0 \text{ 时 } y=y_0$$

或写成

$$y\big|_{x=x_0}=y_0,$$

其中 x_0, y_0 都是给定的值. 如果微分方程是二阶的, 则确定两个任意常数的初始条件是

$$x=x_0 \text{ 时}, \ y=y_0, y'=y_1$$

或写成

$$y\big|_{x=x_0}=y_0, y'\big|_{x=x_0}=y_1$$

其中 x_0, y_0, y_1 都是给定的值.

求微分方程满足初始条件的特解的问题称为微分方程的初值问题. 例 6.1.1 中, 所求的曲线方程就是初值问题

$$\begin{cases}\dfrac{dy}{dx}=2x,\\ y\big|_{x=1}=2\end{cases}$$

的解.

习　题　6.1

1. 指出下列微分方程的阶数.

(1) $(x^2-y^2)\mathrm{d}x+(x^2+y^2)\mathrm{d}y=0$;

(2) $x(y')^2-xy'+x=0$;

(3) $xy'''+2y''+x^2y=0$;

(4) $\dfrac{\mathrm{d}\rho}{\mathrm{d}\theta}+2\rho=5\sin^2\theta$.

2. 指出下列各题中的函数是否为所给微分方程的解.

(1) $xy'=2y$,　$y=5x^2$;

(2) $y''+y=0$,　$y=3\sin x-4\cos x$;

(3) $y''-2y'+y=0$,　$y=x^2\mathrm{e}^x$.

6.2　一阶微分方程

一阶微分方程的一般形式为

$$F(x,y,y')=0,$$

其通解的形式为

$$y=y(x,C) \text{ 或 } \psi(x,y,C)=0.$$

下面介绍三种特殊类型的一阶微分方程的解法.

6.2.1　可分离变量的微分方程

形如

$$\frac{\mathrm{d}y}{\mathrm{d}x}=f(x)g(y) \tag{6.2}$$

的一阶微分方程称为可分离变量的微分方程. 其解法是将变量分离，使自变量 x 及其微分 $\mathrm{d}x$ 与未知函数 y 及其微分 $\mathrm{d}y$ 分别分离到等号的两边，即由式(6.2)化成

$$\frac{\mathrm{d}y}{g(y)}=f(x)\mathrm{d}x \text{ (其中 } g(y)\neq 0\text{)},$$

两边积分，即可得到方程的通解.

例 6.2.1　求微分方程 $\dfrac{\mathrm{d}y}{\mathrm{d}x}=3x^2y$ 的通解.

解　将方程的变量进行分离，得

$$\frac{\mathrm{d}y}{y}=3x^2\mathrm{d}x,$$

两边积分

$$\int \frac{\mathrm{d}y}{y} = \int 3x^2 \mathrm{d}x,$$

得

$$\ln|y| = x^3 + C_1,$$

即

$$y = \pm \mathrm{e}^{C_1} \mathrm{e}^{x^3}.$$

注 当 C_1 取遍全体实数时, $\pm \mathrm{e}^{C_1}$ 也取遍全体实数, 所以方程的通解可表示成

$$y = C\mathrm{e}^{x^3}.$$

例 6.2.2 求微分方程

$$\frac{\mathrm{d}y}{\mathrm{d}x} = \frac{1+y^2}{(1+x^2)xy}$$

的通解.

解 分离变量得

$$\frac{y\mathrm{d}y}{1+y^2} = \frac{\mathrm{d}x}{(1+x^2)x},$$

两边积分得

$$\frac{1}{2}\ln(1+y^2) = \frac{1}{2}\int \frac{\mathrm{d}x^2}{(1+x^2)x^2},$$

即

$$\ln(1+y^2) = \int \frac{\mathrm{d}x^2}{(1+x^2)x^2},$$

其中

$$\begin{aligned}\int \frac{\mathrm{d}x^2}{(1+x^2)x^2} &= \int \left(\frac{1}{x^2} - \frac{1}{1+x^2}\right)\mathrm{d}x^2 \\ &= \ln \frac{x^2}{1+x^2} + \ln C,\end{aligned}$$

故 $\ln(1+y^2) = \ln \frac{x^2}{1+x^2} + \ln C$, 于是得微分方程的通解

$$\frac{(1+x^2)(1+y^2)}{x^2} = C \quad 或 \quad (1+x^2)(1+y^2) = Cx^2.$$

这里方程的解 $y = y(x)$ 不是用显函数给出的, 而是由代数方程给出的隐函数. 我们称它为隐式解.

例 6.2.3 求解初值问题

$$\begin{cases}\dfrac{\mathrm{d}y}{\mathrm{d}x} = -\dfrac{y}{x}, \\ y|_{x=-2} = 4.\end{cases}$$

解　对方程分离变量得

$$\frac{\mathrm{d}y}{y}=-\frac{\mathrm{d}x}{x},$$

两边积分得

$$\ln|y|=-\ln|x|+\ln C.$$

于是得方程的通解

$$xy=C.$$

因为 $y|_{x=-2}=4$，故 $C=-8$. 于是此初值问题的解为

$$xy=-8,$$

即 $y=-\dfrac{8}{x}$.

例 6.2.4　放射性元素铀由于不断地有原子放射出微粒子，而蜕变成其他元素，铀的含量就不断减少，这种现象称为衰变. 由原子物理学知道，铀的衰变速度与当时未衰变的原子的含量 M 成正比，已知 $t=0$ 时铀的含量为 M_0，求在衰变过程中铀的含量 $M(t)$ 随时间 t 变化的规律.

分析　这是一个求未知数函数的问题，故希望建立未知函数 $y=M(t)$ 满足的微分方程的初值问题.

解　因为 $y=M(t)$ 表示衰变过程中铀的含量，所以铀的衰变速度为 $\dfrac{\mathrm{d}y}{\mathrm{d}t}$. 由已知铀的衰变速度与当时未衰变的原子的含量 $y=M(t)$ 成正比，故得微分方程

$$\frac{\mathrm{d}y}{\mathrm{d}t}=-\lambda y,$$

其中 λ ($\lambda>0$) 是常数，称为衰变系数，λ 前的负号是由于当 t 增加时，含量 $y=M(t)$ 单调减少，即 $\dfrac{\mathrm{d}y}{\mathrm{d}t}<0$ 的缘故.

据题意，初始条件为

$$y|_{t=0}=M_0,$$

于是 $y=M(t)$ 所满足的微分方程的初值问题为

$$\begin{cases}\dfrac{\mathrm{d}y}{\mathrm{d}t}=-\lambda y,\\ y|_{t=0}=M_0.\end{cases}$$

方程是可分离变量的方程，将它分离变量得

$$\frac{\mathrm{d}y}{y}=-\lambda\mathrm{d}t,$$

两边积分得

$$\ln|y|=-\lambda t+\ln C,$$

故方程的通解为

$$y = Ce^{-\lambda t}.$$

由初始条件

$$y\big|_{t=0} = M_0,$$

得

$$C = M_0.$$

于是所求的铀的含量 $y = M(t)$ 随 t 变化的规律为

$$y = M(t) - M_0 e^{-\lambda t}.$$

例 6.2.5(他是嫌疑犯吗)　受害者的尸体于晚上 7:30 被发现. 法医于晚上 8:20 赶到凶案现场，测得尸体温度为 32.6℃；一小时后，当尸体即将被抬走时，测得尸体温度为 31.4℃，室温在几小时内始终保持在 21.1℃. 此案最大的嫌疑犯是张某，但张某声称自己是无罪的，并有证人说："下午张某一直在办公室上班，5:00 时打了一个电话，打完电话后就离开了办公室. "从张某的办公室到受害者家(凶案现场)步行需 5 分钟，现在的问题是:张某不在凶案现场的证言能否使他被排除在嫌疑犯之外?

解　设 $T(t)$ 表示 t 时刻尸体的温度，并记晚 8:20 为 $t = 0$，则

$$T(0) = 32.6℃,\quad T(1) = 31.4℃.$$

假设受害者死亡时体温是正常的，即 $T = 37℃$. 要确定受害者死亡时间 t_d(凶犯的作案时间 t_d)，也就是求 $T(t_d) = 37℃$ 的时刻 t_d.

牛顿冷却定律，即尸体温度的变化率正比于尸体温度与室温的差，得

$$\frac{dT}{dt} = -k(T - 21.1).$$

方程右端的负号是因为当 $T - 21.1 > 0$ 时，T 要降低，故 $\frac{dT}{dt} < 0$；反之当 $T - 21.1 < 0$ 时，T 要升高，故 $\frac{dT}{dt} > 0$.

分离变量得

$$\frac{dT}{T - 21.1} = -k\,dt.$$

积分得

$$\ln(T - 21.1) = -kt + \ln C,$$

有

$$T = 21.1 + Ce^{-kt}.$$

因为 $T(0) = 32.6$，故有

$$32.6 = 21.1 + Ce^{-k\times 0} = 21.1 + C,$$

所以 $C = 32.6 - 21.1 = 11.5$. 于是

$$T = 21.1 + 11.5e^{-kt}.$$

因为 $T(1) = 31.4$，有

$$31.4 = 21.1 + 11.5e^{-k\times 1}.$$

由此解得 $e^{-k} = \frac{31.4 - 21.1}{11.5} = \frac{10.3}{11.5} = \frac{103}{115}$，于是

$$k = -(\ln 103 - \ln 115) = \ln 115 - \ln 103 \approx 0.110,$$
$$T = 21.1 + 11.5e^{-0.110t}.$$

当 $T(t) = 37$℃ 时，有

$$37 = 21.1 + 11.5e^{-0.110t},$$

得 $e^{-0.110t} = \frac{37 - 21.1}{11.5} \approx 1.38$，于是

$$t \approx -\frac{\ln 1.38}{0.110} \approx -2.95(\text{小时}) \approx 2\text{ 小时 }57\text{ 分},$$

所以

$$t_d = 8:20 - 2\text{ 小时 }57\text{ 分} = 5:23,$$

即作案时间大约在下午 5：23，因此张某不能被排除在嫌疑犯之外.

思考题

张某的律师发现受害者在死亡的当天下午去医院看过病. 病历记录：发烧 38.3℃. 假设受害者死时的体温为 38.3℃，试问张某能被排除在嫌疑犯之外吗(注：死者体内没有发现服用过阿斯匹林或类似的退烧药物的迹象).

6.2.2　齐次方程

如果一阶微分方程

$$\frac{dy}{dx} = f\left(\frac{y}{x}\right) \tag{6.3}$$

其中 $f\left(\frac{y}{x}\right)$ 是以 $\frac{y}{x}$ 为中间变量的复合函数，称这种函数为**齐次函数**，称方程(6.3)为**齐次方程**，这是一类可以转化成可分离变量微分的方程，转化的方法是在方程(6.3)中，令 $u = \frac{y}{x}$，从而

$$y = xu, \quad \frac{dy}{dx} = u + x\frac{du}{dx},$$

代入式(6.3) 得

$$u + x\frac{du}{dx} = f(u),$$

于是得

$$x\frac{\mathrm{d}u}{\mathrm{d}x}=f(u)-u.$$

此方程为以 x 为自变量，以 u 为未知函数的可分离变量的微分方程.

例 6.2.6 解方程

$$y^2+x^2\frac{\mathrm{d}y}{\mathrm{d}x}=xy\frac{\mathrm{d}y}{\mathrm{d}x}.$$

解 由原方程得

$$(xy-x^2)\frac{\mathrm{d}y}{\mathrm{d}x}=y^2,$$

即

$$\frac{\mathrm{d}y}{\mathrm{d}x}=\frac{y^2}{xy-x^2}.$$

将 $\frac{y^2}{xy-x^2}$ 的分子分母同时除以 x^2 得

$$\frac{\mathrm{d}y}{\mathrm{d}x}=\frac{\left(\frac{y}{x}\right)^2}{\frac{y}{x}-1},$$

故方程为齐次方程. 令 $u=\frac{y}{x}$，则 $y=xu$，$\frac{\mathrm{d}y}{\mathrm{d}x}=u+x\frac{\mathrm{d}u}{\mathrm{d}x}$，代入上式得

$$u+x\frac{\mathrm{d}u}{\mathrm{d}x}=\frac{u^2}{u-1},$$

从而有

$$x\frac{\mathrm{d}u}{\mathrm{d}x}=\frac{u^2}{u-1}-u,$$

即 $x\frac{\mathrm{d}u}{\mathrm{d}x}=\frac{u}{u-1}$，这是一个可分离变量的微分方程. 分离变量得

$$\left(1-\frac{1}{u}\right)\mathrm{d}u=\frac{\mathrm{d}x}{x},$$

两边积分得

$$u-\ln|u|+C=\ln|x|,$$

即

$$\ln|xu|=u+C.$$

将 $u=\frac{y}{x}$ 代入原方程，得原方程的通解

$$\ln|y|=\frac{y}{x}+C.$$

例 6.2.7　求微分方程

$$(y+\sqrt{x^2-y^2})\mathrm{d}x-x\mathrm{d}y=0\ (x>0)$$

的通解.

解　由方程变形，得到

$$\frac{\mathrm{d}y}{\mathrm{d}x}=\frac{y+\sqrt{x^2-y^2}}{x},$$

即

$$\frac{\mathrm{d}y}{\mathrm{d}x}=\frac{y}{x}+\sqrt{1-\left(\frac{y}{x}\right)^2}.$$

这是齐次方程，令 $u=\dfrac{y}{x}$，则 $y=ux$，$\dfrac{\mathrm{d}y}{\mathrm{d}x}=u+x\dfrac{\mathrm{d}u}{\mathrm{d}x}$，代入方程得

$$u+x\frac{\mathrm{d}u}{\mathrm{d}x}=u+\sqrt{1-u^2},$$

即 $x\dfrac{\mathrm{d}u}{\mathrm{d}x}=\sqrt{1-u^2}$，这是一个可分离变量的微分方程. 分离变量得 $\dfrac{\mathrm{d}u}{\sqrt{1-u^2}}=\dfrac{\mathrm{d}x}{x}$.

两边积分得

$$\arcsin u=\ln|x|+C.$$

将 $u=\dfrac{y}{x}$ 代入，得原方程的通解为

$$\arcsin\frac{y}{x}=\ln|x|+C.$$

6.2.3　一阶线性微分方程

形如

$$\frac{\mathrm{d}y}{\mathrm{d}x}+P(x)y=Q(x) \tag{6.4}$$

的微分方程，称为**一阶线性微分方程**. 所谓线性是指方程中未知函数 y 及其导数 $\dfrac{\mathrm{d}y}{\mathrm{d}x}$ 的代数次数都是一次的，称 $Q(x)$ 为**非齐次项或右端项**. 如果 $Q(x)\equiv 0$，则称方程为**一阶线性齐次方程**. 否则，即 $Q(x)$ 不恒等于 0，则称方程为**一阶线性非齐次方程**.

对于一阶线性非齐次方程

$$\frac{\mathrm{d}y}{\mathrm{d}x}+P(x)y=Q(x),$$

称

$$\frac{\mathrm{d}y}{\mathrm{d}x}+P(x)y=0 \tag{6.5}$$

为方程(6.4)所对应的齐次方程.

方程(6.5)是可分离变量的，分离变量后得

$$\frac{\mathrm{d}y}{y}=-P(x)\mathrm{d}x,$$

两边积分得

$$\ln|y|=-\int P(x)\mathrm{d}x+\ln C.$$

从而得方程(6.5)的通解

$$y=C\mathrm{e}^{-\int P(x)\mathrm{d}x}. \tag{6.6}$$

下面用常数变易法求方程(6.4)的通解.

所谓常数变易法，即将方程(6.4)对应的齐次方程(6.5)的通解式(6.6)中的任意常数 C ，改为未知函数 $u(x)$，即令

$$y=u(x)\mathrm{e}^{-\int P(x)\mathrm{d}x} \tag{6.7}$$

是方程(6.5)的解. 于是

$$\frac{\mathrm{d}y}{\mathrm{d}x}=\frac{\mathrm{d}u}{\mathrm{d}x}\mathrm{e}^{-\int P(x)\mathrm{d}x}-u(x)P(x)\mathrm{e}^{-\int P(x)\mathrm{d}x}. \tag{6.8}$$

将式(6.7)和式(6.8)代入方程(6.4)得

$$\frac{\mathrm{d}u}{\mathrm{d}x}\mathrm{e}^{-\int P(x)\mathrm{d}x}-u(x)P(x)\mathrm{e}^{-\int P(x)\mathrm{d}x}+u(x)P(x)\mathrm{e}^{-\int P(x)\mathrm{d}x}=Q(x),$$

即

$$\frac{\mathrm{d}u}{\mathrm{d}x}\mathrm{e}^{-\int P(x)\mathrm{d}x}=Q(x),$$

从而得

$$\frac{\mathrm{d}u}{\mathrm{d}x}=Q(x)\mathrm{e}^{\int P(x)\mathrm{d}x},$$

于是

$$u(x)=\int Q(x)\mathrm{e}^{\int P(x)\mathrm{d}x}\mathrm{d}x+C.$$

代入式(6.7)得一阶线性非齐次方程(6.4)的通解

$$y=\left[\int Q(x)\mathrm{e}^{\int P(x)\mathrm{d}x}\mathrm{d}x+C\right]\mathrm{e}^{-\int P(x)\mathrm{d}x}, \tag{6.9}$$

即

$$y=C\mathrm{e}^{-\int P(x)\mathrm{d}x}+\mathrm{e}^{-\int P(x)\mathrm{d}x}\int Q(x)\mathrm{e}^{\int P(x)\mathrm{d}x}\mathrm{d}x,$$

其中第一项 $C\mathrm{e}^{-\int P(x)\mathrm{d}x}$ 就是方程(6.4)对应的齐次方程(6.5)的通解，第二项是方

程(6.4)的通解中取任意常数 C 为 0 得到的方程的一个特解. 由此可知，方程(6.4)的通解是它对应的齐次方程的通解与它的一个特解之和，这表明一阶线性非齐次方程的通解的结构与 n 元线性非齐次方程组的通解的结构类似.

例 6.2.8　求微分方程

$$\frac{dy}{dx}-\frac{y}{x}=2x^2$$

的通解.

解　使用公式法，这里 $P(x)=-\frac{1}{x}, Q(x)=2x^2$，于是

$$e^{-\int P(x)dx}=e^{\int\frac{1}{x}dx}=e^{\ln x}=x,$$

$$e^{\int P(x)dx}=e^{-\int\frac{1}{x}dx}=e^{-\ln x}=\frac{1}{x},$$

代入式(6.9) $y=\left[\int Q(x)e^{\int P(x)dx}dx+C\right]e^{-\int P(x)dx}$，因此方程的通解为

$$y=x\left[\int 2x^2\frac{1}{x}dx+C\right]=x\left(\int 2xdx+C\right)=x(x^2+C)=x^3+Cx.$$

此题也可以使用常数变易法.

例 6.2.9　求微分方程

$$\frac{dy}{dx}-y\cot x=2x\sin x$$

的通解.

解　这里 $P(x)=-\cot x, Q(x)=2x\sin x$，可直接使用公式法求其解，这里使用常数变易法. 先解方程对应的齐次方程 $\frac{dy}{dx}-y\cot x=0$，将其分离变量得

$$\frac{dy}{y}=\cot x dx,$$

两边积分得

$$\ln|y|=\ln|\sin x|+\ln C,$$

从而得齐次方程的通解

$$y=C\sin x.$$

应用常数变易法，令 $y=u(x)\sin x$，则 $\frac{dy}{dx}=\frac{du}{dx}\sin x+u(x)\cos x$. 代入方程得

$$\frac{du}{dx}\sin x+u(x)\cos x-u(x)\sin x\cot x=2x\sin x,$$

化简得

$$\frac{du}{dx}=2x.$$

从而

$$u(x)=x^2+C,$$

于是原方程的通解为

$$y = x^2\sin x + C\sin x.$$

例 6.2.10 求解初值问题

$$\begin{cases}\dfrac{dy}{dx} + y = e^{-x},\\ y\,|_{x=0} = 1.\end{cases}$$

解 使用公式法，这里 $P(x) = 1, Q(x) = e^{-x}$，于是

$$e^{-\int P(x)dx} = e^{-\int dx} = e^{-x},$$

$$e^{\int P(x)dx} = e^{\int dx} = e^{x},$$

代入式(6.9) $y = \left[\int Q(x)e^{\int P(x)dx}dx + C\right]e^{-\int P(x)dx}$，因此方程的通解为

$$y = e^{-x}\left[\int e^{-x}\cdot e^{x}dx + C\right] = e^{-x}\left[\int dx + C\right] = e^{-x}[x + C].$$

又 $y\,|_{x=0} = 1$，于是 $C = 1$，所以初值问题的解为

$$y = e^{-x}\left[\int e^{-x}\cdot e^{x}dx + C\right] = e^{-x}\left[\int 1dx + C\right] = e^{-x}(x + 1).$$

例 6.2.11 求一曲线使这曲线通过点 (0,1)，并且它在点 (x,y) 处的切线斜率等于 $2x + y$.

解 设所求曲线方程为 $y = y(x)$，则

$$\begin{cases}\dfrac{dy}{dx} = 2x + y,\\ y\,|_{x=0} = 1,\end{cases}$$

这是一个一阶微分方程的初值问题. 方程可化为

$$\frac{dy}{dx} - y = 2x,$$

因此它是一阶线性非齐次方程，且 $P(x) = -1, Q(x) = 2x$，于是

$$e^{-\int P(x)dx} = e^{\int dx} = e^{x},$$

$$e^{\int P(x)dx} = e^{-\int dx} = e^{-x},$$

代入式(6.9) $y = \left[\int Q(x)e^{\int P(x)dx}dx + C\right]e^{-\int P(x)dx}$，因此方程的通解为

$$\begin{aligned} y &= e^{x}\left[\int 2xe^{-x}dx + C\right] = e^{x}\left[-\int 2x de^{-x} + C\right] \\ &= e^{x}\left[-2xe^{-x} + \int 2e^{-x}dx + C\right] \\ &= e^{x}[-2xe^{-x} - 2e^{-x} + C] \\ &= Ce^{x} - 2x - 2. \end{aligned}$$

又 $y|_{x=0}=1$，于是 $C=3$，所以方程的特解为

$$y=3e^{x}-2x-2.$$

习　题　6.2

1. 求下列微分方程的通解.

(1) $y\mathrm{d}y=x\mathrm{d}x$；　(2) $y\mathrm{d}x=x\mathrm{d}y$；

(3) $\dfrac{\mathrm{d}y}{\mathrm{d}x}=e^{x+y}$；　(4) $xy'-y\ln y=0$；

(5) $\cos x\sin y\mathrm{d}x+\sin x\cos y\mathrm{d}y=0$.

2. 求下列齐次微分方程的通解.

(1) $y'=\dfrac{y}{x}+\tan\dfrac{y}{x}$；　(2) $(x+y)y'+(x-y)=0$；

(3) $(x^2+y^2)\mathrm{d}x-xy\mathrm{d}y=0$；　(4) $2x^3y'=y(2x^2-y^2)$.

3. 求下列一阶线性微分方程的通解.

(1) $\dfrac{\mathrm{d}y}{\mathrm{d}x}+y=0$；　(2) $\dfrac{\mathrm{d}y}{\mathrm{d}x}+y=e^{-x}$；

(3) $xy'+2y=x$；　(4) $y\mathrm{d}x+(x-y^3)\mathrm{d}y=0$.

4. 求下列微分方程满足所给初始条件的特解.

(1) $(y+3)\mathrm{d}x+\cot x\mathrm{d}y=0$，$y|_{x=0}=1$；

(2) $y'\sin^2x=y\ln y$，$y|_{x=\frac{\pi}{2}}=e$；

(3) $\cos y\mathrm{d}x+(1+e^{-x})\sin y\mathrm{d}y=0$，$y|_{x=0}=\dfrac{\pi}{4}$；

(4) $y'=\dfrac{x}{y}+\dfrac{y}{x}$，$y|_{x=1}=2$.

本章小结

微分方程是利用微积分方法描述现实世界变化规律的有力武器.本章介绍了几类最简单的常微分方程，如可分离变量的方程、齐次方程、一阶线性微分方程及其相应的解法.此外本章还给出很多实例用以说明微分方程在解决实际问题中的应用.

本章知识点

1. 表示未知函数、未知函数的导数或微分以及自变量之间关系的方程为微分方程.微分方程中出现的未知函数的最高阶导数的阶数，称为该微分方程的阶.

2. 如果微分方程的解中含有任意常数,且任意常数的个数等于该微分方程的阶数,则称这样的解为该微分方程的通解.

3. 可分离变量的微分方程　形式为 $\frac{dy}{dx}=f(x)g(y)$ 的一阶微分方程称为可分离变量的微分方程.解法是将变量分离,化成 $\frac{dy}{g(y)}=f(x)dx$ (其中 $g(y)\neq 0$),两边积分,即可得到方程的通解.

4. 齐次方程　形如 $\frac{dy}{dx}=f\left(\frac{y}{x}\right)$ 的微分方程称为齐次方程.其解法是令 $u=\frac{y}{x}$,从而 $y=xu$,$\frac{dy}{dx}=u+x\frac{du}{dx}$,代入原方程得 $x\frac{du}{dx}=f(u)-u$,此方程为可分离变量的微分方程.

5. 一阶线性微分方程　形如 $\frac{dy}{dx}+P(x)y=Q(x)$ 的微分方程,称为一阶线性微分方程.这类方程通解的公式为

$$y=Ce^{-\int P(x)dx}+e^{-\int P(x)dx}\int Q(x)e^{\int P(x)dx}dx.$$

数学家简介——伯努利家族

名言:这些人一定取得了许多成就,并且出色地达到了他们为自己制定的目标.——约翰·伯努利

雅各布·伯努利

约翰·伯努利

丹尼尔·伯努利

在数学史,乃至人类的科学史上,伯努利家族作为数学家族无疑是辉煌而带有传奇色彩的.从 17 世纪下半叶到 18 世纪百余年中,伯努利家族出现三代八位数学家,其中重要的数学家就有三人.他们的研究领域涉及分析学、微分方程、几何学、概率论、力学等,现今在数学、物理的很多领域都可以看到伯努利这个名字.

这个家族的祖上为躲避宗教迫害举家迁移到瑞士的巴塞尔定居，并与当地的富商联姻，几代之后积聚了大量的财富. 从尼古拉·伯努利开始这个家族进入辉煌的数学时代.

雅各布·伯努利(Jacob Bernoulli，1654～1705)，瑞士数学家. 他对莱布尼茨微积分的传播有举足轻重的影响. 他提出并研究了悬链线问题，成果被应用于桥梁建设. 他提出极坐标的概念，并深入研究了双纽线的性质. 他还研究了伯努利微分方程. 此外，他的著作《猜度术》开创了概率研究的先河，他还提出了伯努利大数定律.

约翰·伯努利(Johann Bernoulli，1667～1748)，瑞士数学家. 约翰首先提出明确的函数概念，研究了有理函数的不定积分法，最速下降线问题等. 约翰首先给出我们今天使用的洛必达法则.

丹尼尔·伯努利(Daniel Bernoulli，1700～1782)，瑞士数学家. 丹尼尔在多元函数微积分理论的建立上作出突出贡献. 此外，他还是流体力学的鼻祖.

我们现在使用的计算不定式极限的洛必达法则是约翰·伯努利最早发现的. 洛必达(L'Hospital，1661～1704)是法国一位贵族，是约翰的学生，他定期向当时一些科学家收买他们的研究成果. 1696年，他把从约翰那里得到的这个求不定式极限的法则写入第一本分析教材《无穷小分析》中，但是他宣称书中某些结果是他花钱买的，原作者可以收回他们的成果. 但是，约翰没有收回. 欧拉看到这本书之后，就称这个法则为洛必达法则，以后一直沿用至今.

在欧洲大陆有很多关于伯努利家族的传说. 据说，一次丹尼尔·伯努利外出旅行，在火车上碰到一个人，他很谦逊地自我介绍说："我是丹尼尔·伯努利."谁知那人十分不屑地回应道："是吗？我还是艾萨克·牛顿呢！"丹尼尔后来回忆说："这是他听到的最迷人的恭维了."

第 7 章　二元函数及二重积分

一元函数的微积分学讨论的是一个自变量与因变量的关系，它研究的是因变量受到一个变量因素的影响问题. 但是在现实问题中，因变量往往受到多个变量因素的影响. 因此，有必要将一元函数的微积分学推广成多元函数的微积分学.

7.1　二元函数的概念与偏导数

7.1.1　二元函数的概念

设 x,y,z 是三个变量，如果变量 x,y 在一定范围内变化时，按照某个法则 f，对于 x,y 的每一组取值都唯一对应变量 z 的一个值，则称变量 z 是变量 x,y 的函数. 记为 $z=f(x,y)$ 或 $z=z(x,y)$、或 $f(x,y)$. 称变量 x,y 为函数的自变量，称变量 z 为因变量.

与一元函数类似，我们将自变量 x,y 的变化范围称为这个函数的定义域，记为 D_f. 对于自变量的某个固定的取值 $x=x_0,y=y_0$，按照法则 f 所对应的因变量 z 的值如果是 z_0，则记为 $z_0=f(x_0,y_0)$，$z_0=z(x_0,y_0)$，$f(x,y)\big|_{\substack{x=x_0\\y=y_0}}$，$f(x,y)\big|_{(x_0,y_0)}$，$Z(x,y)\big|_{(x_0,y_0)}$ 等. z_0 称为函数在 x_0,y_0 处的函数值，所有函数值的集合称为函数的值域，记为 R_f.

二元函数的定义域及其映射法则 f 是确定一个二元函数的两个基本要素. 但是，在很多情况下我们并不给出函数的定义域，其定义域被默认为使得二元函数 $z=f(x,y)$ 有意义的点 (x,y) 的集合.

例 7.1.1　求二元函数 $z=f(x,y)=\sqrt{1-x^2-y^2}$ 的定义域 D_f.

解　若使得函数有意义，应只需根号下的式子 $1-x^2-y^2\geqslant 0$，即 $x^2+y^2\leqslant 1$. 这就是该函数的定义域 D_f.

二元函数与一元函数有着非常密切的关系. 设二元函数 $z=f(x,y)$，点 $P_0(x_0,y_0)\in D_f$. 当固定 y_0 令 x 变化时，$z=f(x,y_0)$ 就是关于 x 的一元函数，记为 $F(x)$.

7.1.2　偏导数

我们研究事物的基本方法是化未知为已知，体现在对函数的研究方面，我们已知的是一元函数的微积分，所以处理多元函数微积分的一个基本思想就是将多元函数问题转化为一元函数的问题. 在一元函数中，为了研究因变量对自变量的变化率,引入了导数的概念.如路程对时间的变化率就是路程函数对时间的导数.对于多元函数,自变量不止一个，我们需要研究因变量对每个自变量的变化率,因此引入偏导数的概念.

设函数 $z=f(x,y)$ 在点 (x_0,y_0) 的某个邻域内有定义,固定 $y=y_0$,我们称一元函数 $f(x,y_0)$ 在 x_0 点的导数为二元函数 $z=f(x,y)$ 在 (x_0,y_0) 点对 x 的**偏导数**，记作 $\left.\frac{\partial z}{\partial x}\right|_{\substack{x=x_0\\y=y_0}}$，$\left.\frac{\partial f}{\partial x}\right|_{\substack{x=x_0\\y=y_0}}$，$f_x(x_0,y_0)$，$z'_x(x_0,y_0)$，$z_x\,|_{\substack{x=x_0\\y=y_0}}$ 等.

可见，二元函数的偏导数就是将二元函数中的一个变量看成常数,对另一个变量求导的导数.应用一元函数导数的定义知

$$\left.\frac{\partial z}{\partial x}\right|_{\substack{x=x_0\\y=y_0}}=\lim_{\Delta x\to 0}\frac{f(x_0+\Delta x,y_0)-f(x_0,y_0)}{\Delta x}.$$

类似地，可以定义 $z=f(x,y)$ 在 (x_0,y_0) 点对 y 的偏导数.

$$\left.\frac{\partial z}{\partial y}\right|_{\substack{x=x_0\\y=y_0}}=\lim_{\Delta y\to 0}\frac{f(x_0,y_0+\Delta y)-f(x_0,y_0)}{\Delta y}.$$

如果 $f(x,y)$ 在区域 D 内每一点 (x,y) 处对 x 的偏导数都存在,那么这些偏导数构成 x,y 的二元函数,称为 $z=f(x,y)$ 对自变量 x 的**偏导函数**,记为 $\frac{\partial z}{\partial x}$，$\frac{\partial f}{\partial x}$，$f_x(x,y)$，$f_x$，$f_1$，$z_x$ 等.类似地,可以定义 $z=f(x,y)$ 在区域 D 内对自变量 y 的偏导函数,记为 $\frac{\partial z}{\partial y}$，$\frac{\partial f}{\partial y}$，$f_y(x,y)$，$f_y$，$f_2$，$z_y$ 等.偏导函数也简称为偏导数.

偏导数的概念也可以推广到三元以至多元函数.

例 7.1.2　求 $z=x^2\sin 2y$ 的偏导数.

解　对 x 求偏导(把 x 看成自变量，y 看成常量),得到

$$\frac{\partial z}{\partial x}=2x\sin 2y.$$

对 y 求偏导(把 y 看成自变量，x 看成常量),得到

$$\frac{\partial z}{\partial y}=2x^2\cos 2y.$$

例 7.1.3　求函数 $z=f(x,y)=x^2-3xy+y^3$ 在 $(1,-2)$ 点处的偏导数.

解法1　为求 $z=x^2-3xy+y^3$ 在 $(1,-2)$ 点处对 x 的偏导数，先求

$$f(x,-2)=x^2-3x\cdot(-2)+(-2)^3=x^2+6x-8,$$

$$\left.\frac{\partial z}{\partial x}\right|_{\substack{x=1\\y=-2}}=\left.\left[\frac{\mathrm{d}}{\mathrm{d}x}f(x,-2)\right]\right|_{x=1}=(2x+6)\,|_{x=1}=8.$$

类似地有

$$\left.\frac{\partial z}{\partial y}\right|_{\substack{x=1\\y=-2}}=\frac{\mathrm{d}}{\mathrm{d}y}f(1,y)\,|_{y=-2}=(1-3y+y^3)'\,|_{y=-2}=(3y^2-3)\,|_{y=-2.}=9.$$

解法 2　先求偏导函数

$$\frac{\partial z}{\partial x}=2x-3y\ ,\quad \frac{\partial z}{\partial y}=-3x+3y^2,$$

$f(x,y)$ 在 $(1,-2)$ 点处的偏导数就是偏导函数在 $(1,-2)$ 点处的函数值. 所以

$$\left.\frac{\partial z}{\partial x}\right|_{(1,-2)}=(2x-3y)\ |_{(1,-2)}=8,$$

$$\left.\frac{\partial z}{\partial y}\right|_{(1,-2)}=(-3x+3y^2)\ |_{(1,-2)}=9.$$

例 7.1.4　求 $u=\sqrt{x^2+y^2+z^2}$ 的偏导数.

解　这是求 $u=\sqrt{x^2+y^2+z^2}$ 的偏导函数. 关键是在每次求导时分清哪个是自变量，哪个是常量. 在求 $\frac{\partial u}{\partial x}$ 时，x 是自变量，y,z 都看成常量. 故

$$\begin{aligned}\frac{\partial u}{\partial x}&=\frac{1}{2\sqrt{x^2+y^2+z^2}}\cdot(x^2+y^2+z^2)'_x\\&=\frac{1}{2\sqrt{x^2+y^2+z^2}}\cdot 2x\\&=\frac{x}{\sqrt{x^2+y^2+z^2}}.\end{aligned}$$

同理有 $\frac{\partial u}{\partial y}=\frac{y}{\sqrt{x^2+y^2+z^2}}$, $\frac{\partial u}{\partial z}=\frac{z}{\sqrt{x^2+y^2+z^2}}$.

7.1.3　高阶偏导数

设函数 $z=f(x,y)$ 在区域 D 内有偏导函数 $\frac{\partial z}{\partial x}=f_x(x,y)$, $\frac{\partial z}{\partial y}=f_y(x,y)$, 如果这两个偏导函数关于 x,y 的偏导数存在,则称它们为 $z=f(x,y)$ 的**二阶偏导数**. $\frac{\partial z}{\partial x}$ 关于 x 的偏导数，记为 $\frac{\partial^2 z}{\partial x^2}$，即

$$\frac{\partial^2 z}{\partial x^2}=\frac{\partial}{\partial x}\left(\frac{\partial z}{\partial x}\right).$$

$\frac{\partial^2 z}{\partial x^2}$ 也记为 $f_{xx}(x,y)$, $f_{11}(x,y)$, z_{xx} 等; $\frac{\partial z}{\partial x}$ 关于 y 的偏导数,记为 $\frac{\partial^2 z}{\partial x\partial y}$，即

$$\frac{\partial^2 z}{\partial x\partial y}=\frac{\partial}{\partial y}\left(\frac{\partial z}{\partial x}\right),$$

$\frac{\partial^2 z}{\partial x\partial y}$ 也记为 $f_{xy}(x,y)$, $f_{12}(x,y)$, z_{xy} 等; $\frac{\partial z}{\partial y}$ 关于 x 的偏导数,记为 $\frac{\partial^2 z}{\partial y\partial x}$，即

$$\frac{\partial^2 z}{\partial y\partial x}=\frac{\partial}{\partial x}\left(\frac{\partial z}{\partial y}\right),$$

$\dfrac{\partial^2 z}{\partial y \partial x}$ 也记为 $f_{yx}(x,y)$，$f_{21}(x,y)$，z_{yx} 等；$\dfrac{\partial z}{\partial y}$ 关于 y 的偏导数，记为 $\dfrac{\partial^2 z}{\partial y^2}$，即

$$\frac{\partial^2 z}{\partial y^2} = \frac{\partial}{\partial y}\left(\frac{\partial z}{\partial y}\right),$$

$\dfrac{\partial^2 z}{\partial y^2}$ 也记为 $f_{yy}(x,y)$，$f_{22}(x,y)$，z_{yy} 等.

二元函数的二阶偏导数共有四个，其中将 $\dfrac{\partial^2 z}{\partial x \partial y}$ 和 $\dfrac{\partial^2 z}{\partial y \partial x}$ 称为**二阶混合偏导数**. 类似地，可以定义三阶、四阶……直至 n 阶偏导数. 二阶及二阶以上的偏导数统称为高阶偏导数，而 $\dfrac{\partial z}{\partial x}$，$\dfrac{\partial z}{\partial y}$ 称为函数的一阶偏导数.

例 7.1.5　设 $z = \ln(x^2 + y^2)$，证明：该函数满足偏微分方程 $\dfrac{\partial^2 z}{\partial x^2} + \dfrac{\partial^2 z}{\partial y^2} = 0$.

证　因　$\dfrac{\partial z}{\partial x} = \dfrac{2x}{x^2 + y^2}$（把 x 看成自变量，y 看成常量），$\dfrac{\partial z}{\partial y} = \dfrac{2y}{x^2 + y^2}$，

则

$$\begin{aligned}\frac{\partial^2 z}{\partial x^2} &= \frac{\partial}{\partial x}\left(\frac{\partial z}{\partial x}\right) = \frac{\partial}{\partial x}\left(\frac{2x}{x^2 + y^2}\right)\\ &= 2 \cdot \frac{(x^2 + y^2) - x \cdot 2x}{(x^2 + y^2)^2} = \frac{2(y^2 - x^2)}{(x^2 + y^2)^2}.\end{aligned}$$

$$\begin{aligned}\frac{\partial^2 z}{\partial y^2} &= \frac{\partial}{\partial y}\left(\frac{\partial z}{\partial y}\right) = \frac{\partial}{\partial y}\left(\frac{2y}{x^2 + y^2}\right)\\ &= 2 \cdot \frac{(x^2 + y^2) - y \cdot 2y}{(x^2 + y^2)^2} = \frac{2(x^2 - y^2)}{(x^2 + y^2)^2},\end{aligned}$$

于是

$$\frac{\partial^2 z}{\partial x^2} + \frac{\partial^2 z}{\partial y^2} = \frac{2(y^2 - x^2)}{(x^2 + y^2)^2} + \frac{2(x^2 - y^2)}{(x^2 + y^2)^2} = 0.$$

例 7.1.6　求函数 $z = x^3 - 3x^2 y + y^3$ 的所有二阶偏导数.

解　$\dfrac{\partial z}{\partial x} = 3x^2 - 6xy$，（$x$ 看成自变量，y 看成常量）$\dfrac{\partial z}{\partial y} = -3x^2 + 3y^2$，

$$\frac{\partial^2 z}{\partial x^2} = \frac{\partial}{\partial x}\left(\frac{\partial z}{\partial x}\right) = \frac{\partial}{\partial x}(3x^2 - 6xy) = 6x - 6y,$$

$$\frac{\partial^2 z}{\partial x \partial y} = \frac{\partial}{\partial y}\left(\frac{\partial z}{\partial x}\right) = \frac{\partial}{\partial y}(3x^2 - 6xy) = -6x,$$

$$\frac{\partial^2 z}{\partial y \partial x} = \frac{\partial}{\partial x}\left(\frac{\partial z}{\partial y}\right) = \frac{\partial}{\partial x}(-3x^2 + 3y^2) = -6x,$$

$$\frac{\partial^2 z}{\partial y^2} = \frac{\partial}{\partial y}\left(\frac{\partial z}{\partial y}\right) = \frac{\partial}{\partial y}(-3x^2 + 3y^2) = 6y.$$

习　题　7.1

1. 求下列函数的定义域 D，并作出 D 的图形.

(1) $z=\sqrt{x-\sqrt{y}}$；　　(2) $z=\ln(y^2-2x+1)$；

(3) $z=\dfrac{x^2-y^2}{x^2+y^2}$；　　(4) $z=\dfrac{\sqrt{x+y}}{\sqrt{x-y}}$.

2. 求下列函数的偏导数.

(1) $z=x^3y-xy^3$；　　(2) $z=\dfrac{3}{y^2}-\dfrac{1}{\sqrt[3]{x}}+\ln 5$；

(3) $z=xe^{-xy}$；　　(4) $z=\dfrac{x+y}{x-y}$；

(5) $z=\arctan\dfrac{y}{x}$；　　(6) $z=\sin(xy)+\cos^2(xy)$；

(7) $u=\sin(x^2+y^2+z^2)$；　　(8) $u=x^{\frac{y}{z}}$.

3. 设 $f(x,y)=x+y-\sqrt{x^2+y^2}$，求 $f_x(3,4)$.

4. 设 $f(x,y)=(1+xy)^y$，求 $f_y(1,1)$.

5. 求下列函数的所有二阶偏导数.

(1) $z=x^3+y^3-2x^2y^2$；　　(2) $z=\arctan\dfrac{x}{y}$；

(3) $z=x^y$；　　(4) $z=e^y\cos(x-y)$.

6. 设 $f(x,y,z)=xy^2+yz^2+zx^2$，求 $f_{xx}(0,0,1)$，$f_{xz}(1,0,2)$，$f_{yz}(0,-1,0)$.

7. 设 $f(x,y)=\ln(\sqrt{x}+\sqrt{y})$，求证：$x\dfrac{\partial f}{\partial x}+y\dfrac{\partial f}{\partial y}=\dfrac{1}{2}$.

8. 设函数 $u=\sqrt{x^2+y^2+z^2}$，证明：该函数满足方程 $\dfrac{\partial^2 u}{\partial x^2}+\dfrac{\partial^2 u}{\partial y^2}+\dfrac{\partial^2 u}{\partial z^2}=\dfrac{2}{u}$.

7.2　二重积分的概念和性质

7.2.1　二重积分概念的引入

1. 曲顶柱体的体积问题

设曲面 Σ 的方程为 $z=f(x,y)$，$(x,y)\in D$，其中 D 是有界闭区域，则 Σ 在 xOy 坐标面上的投影是 D. 假定 $f(x,y)$ 连续且 $f(x,y)\geqslant 0$，则 Σ 在 xOy 坐标面

的上方. 以 D 的边界为准线,做母线平行于 z 轴的柱面，在此柱面内以 Σ 为顶,以平面区域 D 为底所围的空间区域称为曲顶柱体(图 7.1). 我们来求这个曲顶柱体的体积 V.

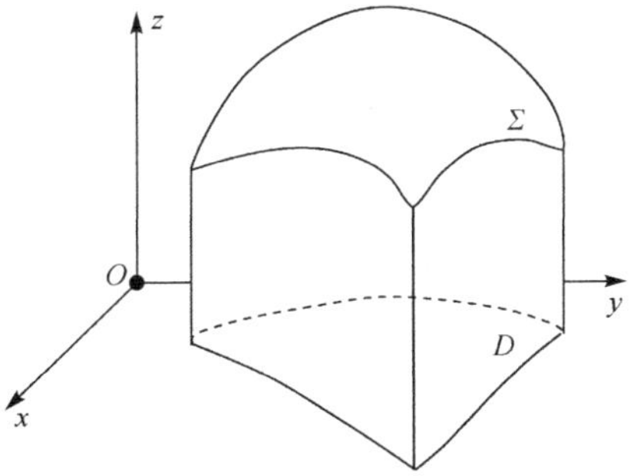

图 7.1

如果曲顶柱体是平顶柱体,即 Σ 是某个平面 $z=h$, 则

$$V = D \text{ 的面积} \times \text{高} = D \text{ 的面积} \times h. \tag{7.1}$$

但是,当 Σ 是一般的曲面时,高度 $z=f(x,y)$ 随着点 (x,y) 在 D 内的变化而变化,因此这样的体积问题已经不能用通常的体积公式(7.1)来计算. 回忆起在定积分中求曲边梯形的面积问题,在那里解决问题的方法也可以用来解决曲顶柱体的体积问题.

首先,用一组曲线网将区域 D 分割成 n 个小的闭区域 $\Delta\sigma_1,\Delta\sigma_2,\cdots,\Delta\sigma_n$ (也用这些记号表示相应的小闭区域的面积). 分别以这些小闭区域的边界为准线,作母线平行于 z 轴的柱面,这些柱面将原来的曲顶柱体分为 n 个小的曲顶柱体,依次记为 $\Delta V_1,\Delta V_2,\cdots,\Delta V_n$ (也用这些记号表示相应的小曲顶柱体的体积),则

$$V = \Delta V_1 + \Delta V_2 + \cdots + \Delta V_n = \sum_{i=1}^{n} \Delta V_i.$$

当这些小闭区域都很小时,由于 $f(x,y)$ 连续,在同一个小闭区域上 $f(x,y)$ 的变化幅度也很小. 此时,每一个小曲顶柱体都可以近似地看成平顶柱体. 在每个小闭区域 $\Delta\sigma_i$ 上任取点 $P_i(\xi_i,\eta_i)$, 以 $f(\xi_i,\eta_i)$ 为高,底 $\Delta\sigma_i$ 做平顶柱体(图 7.2),则它的体积为 $f(\xi_i,\eta_i)\cdot\Delta\sigma_i$. 因此,相应的小曲顶柱体的体积 $\Delta V_i \approx f(\xi_i,\eta_i)\cdot\Delta\sigma_i$ $(i=1,2,\cdots,n)$.

$$\begin{aligned} V &\approx f(\xi_1,\eta_1)\cdot\Delta\sigma_1 + f(\xi_2,\eta_2)\cdot\Delta\sigma_2 + \cdots + f(\xi_n,\eta_n)\cdot\Delta\sigma_n \\ &= \sum_{i=1}^{n} f(\xi_i,\eta_i)\cdot\Delta\sigma_i, \end{aligned}$$

$\sum\limits_{i=1}^{n} f(\xi_i,\eta_i)\cdot\Delta\sigma_i$ 仅是 V 的近似值. 但是,如果各个小闭区域被分割得越细密,这种

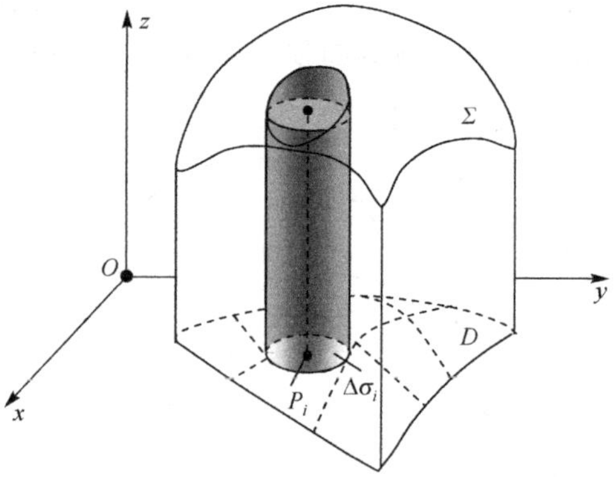

图 7.2

近似程度就越好. 设 n 个小闭区域直径(一个闭区域的直径是指闭区域上所有两点间距离的最大值. 它是闭区域"个头"大小的度量,直径越小,"个头"越小. 当闭区域是圆域时,闭区域的直径就是圆域的直径)中的最大值记为 λ, 如果 λ 很小,则各个小闭区域都很小,也表明分割得很细密. 如果这样的分割无限地细密下去,即 $\lambda \to 0$, 则曲顶柱体的体积应为

$$V = \lim_{\lambda \to 0} \sum_{i=1}^{n} f(\xi_i, \eta_i) \Delta\sigma_i.$$

2. 平面板的质量

将 xOy 平面上的有界闭区域 D 看成一个平面板,平面板上点 (x, y) 处的密度为 $\rho(x, y)$, 其中 $\rho(x, y) \geqslant 0$ 且连续. 我们来计算平面板的质量 M.

如果平面板上质量的分布是均匀的,即密度恒为常数 $\rho(x, y) \equiv c$, 则

$$M = D \text{ 的面积} \times c . \tag{7.2}$$

但是,如果平面板上质量的分布是不均匀的,即密度 $\rho(x, y)$ 是随着点 (x, y) 的变化而变化的,平面板的质量就不能按照式(7.2)来计算了. 我们可以用处理曲顶柱体的体积的方法来处理这类质量问题.

用一组曲线网将 D 分为有限个小平面板 $\Delta\sigma_1, \Delta\sigma_2, \cdots, \Delta\sigma_n$ (也用这些记号表示相应的小平面板的面积,图 7.3),每个小平面板都有相应的质量 $\Delta M_1, \Delta M_2, \cdots, \Delta M_n$. 则

$$M = \Delta M_1 + \Delta M_2 + \cdots + \Delta M_n = \sum_{i=1}^{n} \Delta M_i.$$

由于密度 $\rho(x, y)$ 是连续函数,当这些小平面板的直径都很小时, $\rho(x, y)$ 在每个小平面板上的变化也很小,可以认为每个小平面板的上的质量分布是近似均匀的,即

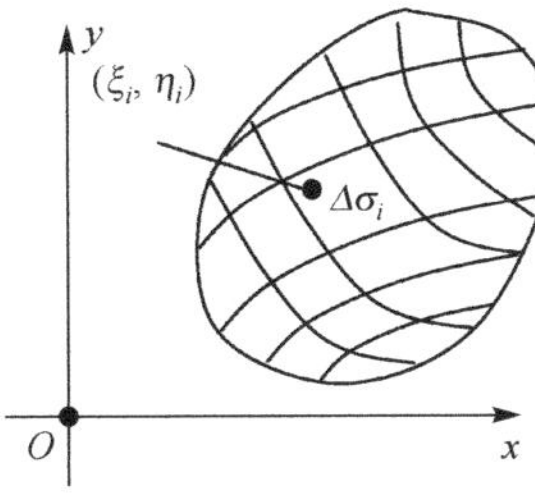

图 7.3

认为在每个小平面板 $\Delta\sigma_i$ 上的密度近似于一个常数. 在每个小平面板上任取一点 $(\xi_i,\eta_i)\in\Delta\sigma_i\ (i=1,2,\cdots,n)$，将 $\Delta\sigma_i$ 上的密度近似看成在点 (ξ_i,η_i) 处的密度 $\rho(\xi_i,\eta_i)$，则在 $\Delta\sigma_i$ 上的质量 $\Delta M_i\approx\rho(\xi_i,\eta_i)\cdot\Delta\sigma_i\ (i=1,2,\cdots,n)$.

$$M\approx\rho(\xi_1,\eta_1)\cdot\Delta\sigma_1+\rho(\xi_2,\eta_2)\cdot\Delta\sigma_2+\cdots+\rho(\xi_n,\eta_n)\cdot\Delta\sigma_n=\sum_{i=1}^{n}\rho(\xi_i,\eta_i)\cdot\Delta\sigma_i.$$

对 D 的分割越细密,这种近似程度就越好. 仍用 λ 表示所有小平面板直径的最大值,它是分割细密程度的度量. 如果分割无限细密下去,即 $\lambda\to 0$，则平面板的质量应为

$$M=\lim_{\lambda\to 0}\sum_{i=1}^{n}\rho(\xi_i,\eta_i)\cdot\Delta\sigma_i.$$

7.2.2　二重积分的定义

上述两个问题的实际意义虽然不同,但是它们所使用的数学方法却是一样,于是归纳出二重积分的概念.

设 $z=f(x,y)$ 是定义在有界闭区域 D 上的函数. 将 D 任意分割成 n 个小闭区域 $\Delta\sigma_1,\Delta\sigma_2,\cdots,\Delta\sigma_n$，其中 $\Delta\sigma_i$ 表示第 i 个小闭区域(也表示它的面积). 在每个 $\Delta\sigma_i$ 上任取一点 (ξ_i,η_i)，作乘积 $f(\xi_i,\eta_i)\Delta\sigma_i\ (i=1,2,\cdots,n)$，并作和式 $\sum\limits_{i=1}^{n}f(\xi_i,\eta_i)\Delta\sigma_i$. 如果各小闭区域直径中的最大值 λ 趋于零时,这个和式的极限存在,则称此极限为函数 $z=f(x,y)$ 在闭区域 D 上的二重积分,记为 $\iint\limits_D f(x,y)\mathrm{d}\sigma$，即

$$\iint\limits_D f(x,y)\mathrm{d}\sigma=\lim_{\lambda\to 0}\sum_{i=1}^{n}f(\xi_i,\eta_i)\Delta\sigma_i. \tag{7.3}$$

其中 $f(x,y)$ 称为被积函数，$f(x,y)\mathrm{d}\sigma$ 称为被积表达式，$\mathrm{d}\sigma$ 称为面积元素，x 和 y 称为积分变量，D 称为积分区域，$\sum\limits_{i=1}^{n}f(\xi_i,\eta_i)\Delta\sigma_i$ 称为积分和.

注 1　二重积分的定义可以分为三个步骤：对函数定义域的分割,作积分和,

取积分和的极限. 与定积分的定义相比较,这是它们的共同点. 以后我们还可以看到,这三个步骤也是其他积分的共同点.

注 2　式(7.3)中的极限是一种特殊的极限,它的意义是:无论对于定义域做何种分割,无论各个 $\Delta\sigma_i$ 上的点 (ξ_i,η_i) 怎样选取,只要 λ 充分小,积分和 $\sum\limits_{i=1}^{n}f(\xi_i,\eta_i)\Delta\sigma_i$ 就会与某个实数充分接近.

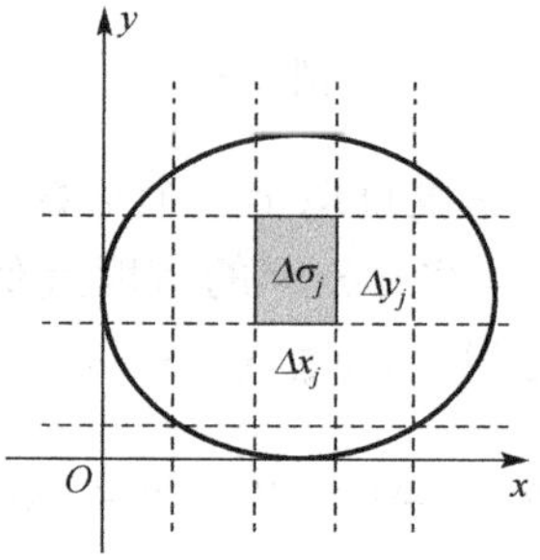

图 7.4

在二重积分的定义中,对于区域 D 的分割是任意的. 现考虑用平行于坐标轴的直线网来分割 D(图 7.4). 将含边界点的小闭区域记为 $\Delta\sigma'_k$;不含边界点的小闭区域都是矩形区域,记为 $\Delta\sigma_j$,设其边长分别为 $\Delta x_j,\Delta y_j$,则小矩形的面积为 $\Delta\sigma_j=\Delta x_j\Delta y_j$. 因此,式(7.7)中的积分和可分为两个部分

$$\sum_{i=1}^{n}f(\xi_i,\eta_i)\Delta\sigma_i=\sum_{j}f(\xi_j,\eta_j)\Delta x_j\Delta y_j+\sum_{k}f(\xi_k,\eta_k)\Delta\sigma'_k.$$

可以证明 $\lim\limits_{\lambda\to 0}\sum\limits_{k}f(\xi_k,\eta_k)\Delta\sigma'_k=0$,则式(7.7)变为

$$\iint_D f(x,y)\mathrm{d}\sigma=\lim_{\lambda\to 0}\sum_{j}f(\xi_j,\eta_j)\Delta x_j\Delta y_j.$$

通常将这种分割下的二重积分记为 $\iint\limits_D f(x,y)\mathrm{d}x\mathrm{d}y$,即 $\iint\limits_D f(x,y)\mathrm{d}\sigma=\iint\limits_D f(x,y)\mathrm{d}x\mathrm{d}y$,这时的面积元素 $\mathrm{d}\sigma=\mathrm{d}x\mathrm{d}y$ 称为直角坐标系下的面积元素. 这样曲顶柱体的体积可以表示为

$$V=\iint_D f(x,y)\mathrm{d}\sigma.$$

通常称为二重积分的几何意义.

同理,平面板的质量问题也可表示为二重积分

$$M=\iint_D \rho(x,y)\mathrm{d}\sigma.$$

根据二重积分的定义可以得到与定积分类似的结论(证明略),如

(1) 若函数 $f(x,y)$ 在 D 上可积,则 $f(x,y)$ 在 D 上有界;

(2) 若函数 $f(x,y)$ 在 D 上连续,则 $f(x,y)$ 在 D 上可积;

(3) 若函数 $f(x,y)$ 在 D 上可积,则改变 $f(x,y)$ 在 D 上有限个点或有限条曲线上的值而得到的新函数仍可积,且积分值不变.

7.2.3　二重积分的性质

由于二重积分与定积分在定义上的共性,所以二重积分与定积分有很多共同的性质.这里不加证明地直接叙述如下.

性质 7.2.1　非零常数因子 k 可以提到积分号外面,即

$$\iint_D k f(x,y)\mathrm{d}\sigma = k\iint_D f(x,y)\mathrm{d}\sigma.$$

性质 7.2.2　函数和(或差)的积分等于积分的和(或差),即

$$\iint_D [f(x,y) \pm g(x,y)]\mathrm{d}\sigma = \iint_D f(x,y)\mathrm{d}\sigma \pm \iint_D g(x,y)\mathrm{d}\sigma .$$

性质 7.2.1 和性质 7.2.2 统称为二重积分的线性性质,它们可以用统一的公式来表达

$$\iint_D [af(x,y) + bg(x,y)]\mathrm{d}\sigma = a\iint_D f(x,y)\mathrm{d}\sigma + b\iint_D g(x,y)\mathrm{d}\sigma,$$

其中 a,b 为常数.

性质 7.2.3　若积分区域 D 被分为两区域 D_1 与 D_2,则在 D 上的二重积分等于 D_1 与 D_2 上二重积分的和,即

$$\iint_D f(x,y)\mathrm{d}\sigma = \iint_{D_1} f(x,y)\mathrm{d}\sigma + \iint_{D_2} f(x,y)\mathrm{d}\sigma.$$

性质 7.2.4　若在 D 上恒有 $f(x,y) \geqslant g(x,y)$,则

$$\iint_D f(x,y)\mathrm{d}\sigma \geqslant \iint_D g(x,y)\mathrm{d}\sigma.$$

从而可推知,若在 D 上恒有 $f(x,y) \geqslant 0$,则 $\iint_D f(x,y)\mathrm{d}\sigma \geqslant 0$.

又由于在 D 上恒有 $-|f(x,y)| \leqslant f(x,y) \leqslant |f(x,y)|$,则

$$-\iint_D |f(x,y)|\mathrm{d}\sigma \leqslant \iint_D f(x,y)\mathrm{d}\sigma \leqslant \iint_D |f(x,y)|\mathrm{d}\sigma.$$

于是

$$\left|\iint_D f(x,y)\mathrm{d}\sigma\right| \leqslant \iint_D |f(x,y)|\mathrm{d}\sigma.$$

性质 7.2.5 设在 D 上恒有 $m \leqslant f(x,y) \leqslant M$, 其中 m,M 为常数,则

$$m \cdot A_D \leqslant \iint_D f(x,y)\mathrm{d}\sigma \leqslant M \cdot A_D,$$

其中 A_D 表示区域 D 的面积(以下都用 A_D 表示 D 的面积).

性质 7.2.6 (积分中值定理) 设函数 $f(x,y)$ 在有界闭区域 D 上连续, 则在 D 上至少存在一点 (ξ,η), 使得

$$\iint_D f(x,y)\mathrm{d}\sigma = f(\xi,\eta) \cdot A_D.$$

称 $\dfrac{1}{A_D}\iint_D f(x,y)\mathrm{d}\sigma$ 为函数 $f(x,y)$ 在 D 上的平均值. 特别,当 $f(x,y) \equiv 1$ 时

$$\iint_D 1 \cdot \mathrm{d}\sigma = \iint_D \mathrm{d}\sigma = A_D.$$

7.3　直角坐标系下二重积分的计算

下面根据二重积分的几何意义来讨论在直角坐标系下它的计算. 这种计算是将二重积分化为两个依次进行的定积分,称为二次积分或累次积分.

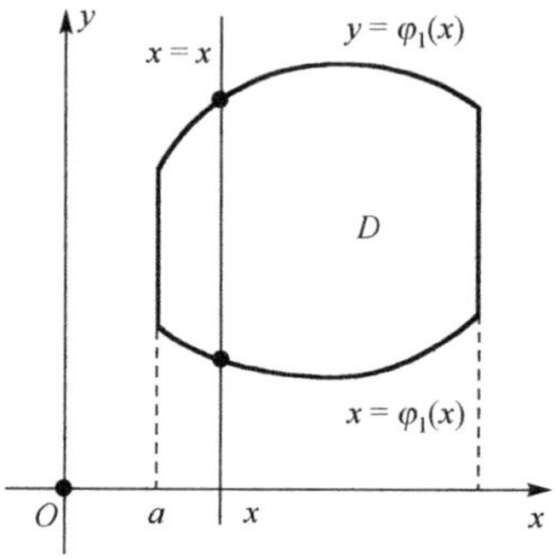

图 7.5

设积分区域可以表示为 $D: a \leqslant x \leqslant b,\ \varphi_1(x) \leqslant y \leqslant \varphi_2(x)$, 其中 $\varphi_1(x)$, $\varphi_2(x)$ 在区间 $[a,b]$ 上连续. 能够表示为这种形式的区域称为 X 型区域. 其特点是: D 在 x 轴上的投影区间为 $[a,b]$; 通过区间 (a,b) 垂直于 x 轴的直线 $x=x$ 与 D 的边界最多有两个交点. 当这样的直线沿水平方向移动时,这些交点的轨迹分别构成了 D 的两条边界线(图 7.5). 位于上方的边界线 $y=\varphi_2(x)$ 称为上边界;位于下方的边界线 $y=\varphi_1(x)$ 称为下边界.

设连续函数 $z=f(x,y) \geqslant 0$, $(x,y) \in D$. 它所表示的曲面 Σ 在 xOy 坐标

面上的投影就是区域 D. 如前所述，以 Σ 为曲顶，D 为底的曲顶柱体的体积 $V=\iint\limits_D f(x,y)\mathrm{d}x\mathrm{d}y$. 我们采用定积分的方法来计算这个体积，这个计算过程也就是二重积分的计算过程.

在区间 $[a,b]$ 上任意固定一点 x_0，用过 x_0 垂直于 x 轴的平面去截曲顶柱体(图 7.6(a))，其面积为 $S(x_0)$. 截面在 yOz 坐标面上的投影是以区间 $[\varphi_1(x_0),\varphi_2(x_0)]$ 为底、曲线 $z=f(x_0,y)$ 为曲边的曲边梯形(图 7.6(b)). 根据定积分求曲边梯形的面积公式，这个曲边梯形的面积为 $S(x_0)=\int_{\varphi_1(x_0)}^{\varphi_2(x_0)}f(x_0,y)\mathrm{d}y$.

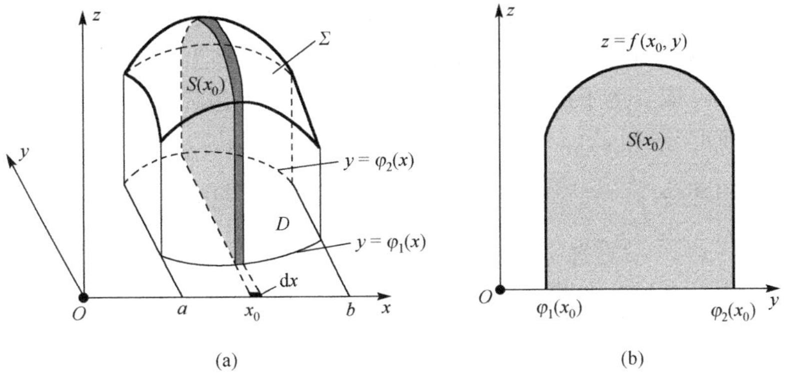

图 7.6

将 x_0 记为 x. 于是过 $[a,b]$ 上任意一点 x 且垂直于 x 轴的平面截曲顶柱体所得截面的面积为

$$S(x)=\int_{\varphi_1(x)}^{\varphi_2(x)}f(x,y)\mathrm{d}y. \tag{7.4}$$

曲顶柱体的体积微元为 $\mathrm{d}V=S(x)\mathrm{d}x$，则曲顶柱体的体积为

$$V=\int_a^b S(x)\mathrm{d}x. \tag{7.5}$$

从而有计算公式

$$\iint\limits_D f(x,y)\mathrm{d}x\mathrm{d}y=\int_a^b\left[\int_{\varphi_1(x)}^{\varphi_2(x)}f(x,y)\mathrm{d}y\right]\mathrm{d}x.$$

上式也记为

$$\iint\limits_D f(x,y)\mathrm{d}x\mathrm{d}y=\int_a^b\mathrm{d}x\int_{\varphi_1(x)}^{\varphi_2(x)}f(x,y)\mathrm{d}y. \tag{7.6}$$

称式(7.6)为先对 y 后对 x 的二次积分. 如果 $f(x,y)$ 不是非负函数，二重积分的

计算也可用式(7.6). 因此,如果 D 是 X 形区域,在 D 上的二重积分 $\iint\limits_D f(x,y)\mathrm{d}x\mathrm{d}y$ 的计算可以分为如下的两个定积分依次进行.

第一次定积分按照式(7.4)进行,也称为内层积分. 在这个积分中将 x 看成常量,积分变量为 y. 这时被积函数 $f(x,y)$ 是关于 y 的一元函数,积分的上限 $\varphi_2(x)$ 和下限 $\varphi_1(x)$ 对于积分变量 y 来说也是常数. 从而式(7.4)是积分变量为 y 的定积分,其积分值与 x 有关,因此积分的结果是关于 x 的函数 $S(x)$. 第二次定积分按照式(7.5)进行,也称为外层积分. 它的积分变量是 x,被积函数是内层积分的结果 $S(x)$,积分的上下限分别是常数 b 和 a. 这个定积分的结果是一个定值.

我们在计算二重积分时,确定二次积分的各个积分限是重要的一步. 为此我们作出一个直观的描述. 外层积分的积分限由 D 在 x 轴上的投影区间 $[a,b]$ 确定. 根据 $a<b$,取 a 为下限,b 为上限. 内层积分由上边界 $y=\varphi_2(x)$ 和下边界 $y=\varphi_1(x)$ 确定. 根据 $\varphi_1(x)\leqslant\varphi_2(x)$,取 $\varphi_1(x)$ 为下限,$\varphi_2(x)$ 为上限.

对于内层积分 $\int_{\varphi_1(x)}^{\varphi_2(x)} f(x,y)\mathrm{d}y$,当把 x 看成常数,积分变量 y 从 $\varphi_1(x)$ 变到 $\varphi_2(x)$ 时,点 (x,y) 沿垂直于 x 轴的直线段 $x=x$,从下边界点变到上边界点. 我们画出从下边界点到上边界点的箭头来表示这种变化(图 7.7). 每一个箭头都由一个 x 确定,当 x 从 a 变到 b 时,这些箭头扫过了整个积分区域 D. 将式(7.5)中确定积分限的方法归纳为一句话:从小到大,从边界到边界.

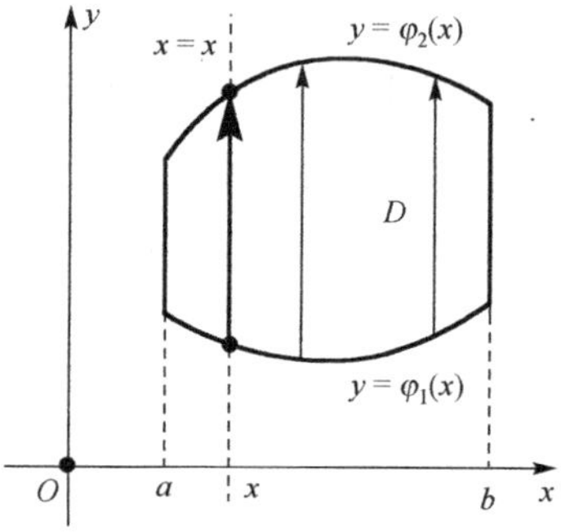

图 7.7

例 7.3.1 计算二重积分 $I=\iint\limits_D xy\mathrm{d}x\mathrm{d}y$,其中 D 是由抛物线 $y=x^2$ 及直线 $y=x$ 所围的区域.

解 积分区域 D,其中抛物线与直线的交点坐标由方程组 $\begin{cases} y=x^2, \\ y=x \end{cases}$ 的解确定. 显然,D 在 x 轴上的投影区间为 $[0,1]$,上边界为 $y=x$;下边界为 $y=x^2$. 从

而 $D: 0 \leqslant x \leqslant 1, x^2 \leqslant y \leqslant x$. 于是 $I = \int_0^1 \mathrm{d}x \int_{x^2}^{x} xy\,\mathrm{d}y$. 如前所述，先作内层积分的计算 $\int_{x^2}^{x} xy\,\mathrm{d}y$，将 x 看成常数，对 y 求定积分，即

$$\int_{x^2}^{x} xy\,\mathrm{d}y = \frac{xy^2}{2}\bigg|_{x^2}^{x} = \frac{x \cdot x^2}{2} - \frac{x \cdot x^4}{2} = \frac{1}{2}(x^3 - x^5),$$

可见内层积分的结果是关于 x 的函数. 外层积分就是对这个函数在 $[0, 1]$ 上再求定积分，从而

$$I = \frac{1}{2}\int_0^1 (x^3 - x^5)\,\mathrm{d}x = \frac{1}{2}\left(\frac{1}{4}x^4 - \frac{1}{6}x^6\right)\bigg|_0^1 = \frac{1}{24}.$$

将整个计算过程连接起来，就有

$$I = \int_0^1 \mathrm{d}x \int_{x^2}^{x} xy\,\mathrm{d}y = \int_0^1 \left[\frac{xy^2}{2}\bigg|_{x^2}^{x}\right]\mathrm{d}x = \frac{1}{2}\int_0^1 (x^3 - x^5)\,\mathrm{d}x = \frac{1}{24}.$$

注　在作内层积分时，由于 x 被看成常数，则 $\int_{x^2}^{x} xy\,\mathrm{d}y = x\int_{x^2}^{x} y\,\mathrm{d}y$. 这时二次积分也写为 $I = \int_0^1 x\,\mathrm{d}x \int_{x^2}^{x} y\,\mathrm{d}y$，于是

$$I = \int_0^1 x\left[\frac{y^2}{2}\bigg|_{x^2}^{x}\right]\mathrm{d}x = \int_0^1 \frac{x}{2}(x^2 - x^4)\,\mathrm{d}x = \frac{1}{24},$$

这样的计算过程更加简明.

如果积分区域 D 可以表示为 $D: c \leqslant y \leqslant d, \psi_1(y) \leqslant x \leqslant \psi_2(y)$，其中 $\psi_1(y)$，$\psi_2(y)$ 在区间 $[c,d]$ 上连续. 能够表示为这种形式的区域称为 Y 型区域. 其特点是：D 在 y 轴上的投影区间为 $[c,d]$，通过区间 (c,d) 垂直于 y 轴的直线 $y = y$ 与 D 的边界最多有两个交点. 当这样的直线沿垂直方向移动时，这些交点的轨迹分别构成了 D 的两条边界线(图 7.8). 位于右边的边界线 $x = \psi_2(y)$ 称为右边界，位于左边的边界线 $x = \psi_1(y)$ 称为左边界. 同样可得，如果 $f(x,y)$ 在 D 上连续则有

$$\iint_D f(x,y)\,\mathrm{d}x\mathrm{d}y = \int_c^d \left[\int_{\psi_1(y)}^{\psi_2(y)} f(x,y)\,\mathrm{d}x\right]\mathrm{d}y = \int_c^d \mathrm{d}y \int_{\psi_1(y)}^{\psi_2(y)} f(x,y)\,\mathrm{d}x. \quad (7.7)$$

称式(7.7)为先对 x 后对 y 的二次积分. 与前述的二次积分类似，外层积分的积分限由 D 在 y 轴上的投影区间 $[c,d]$ 确定；内层积分的下限是左边界 $x = \psi_1(y)$，上限是右边界 $x = \psi_2(y)$. 作内层积分时，将 y 看成常数，积分变量是 x. 这时需要注意，对于左、右边界线都应表示成 x 为 y 的函数形式.

如在例 7.3.1 中，积分区域 D 不仅是 X 型区域，它也是 Y 型区域(图 7.9). D 在 y 轴上的投影区间是 $[0,1]$，左边界是 $x = y$；右边界是 $x = \sqrt{y}$. 因此，

$$D: 0 \leqslant y \leqslant 1, \quad y \leqslant x \leqslant \sqrt{y}.$$

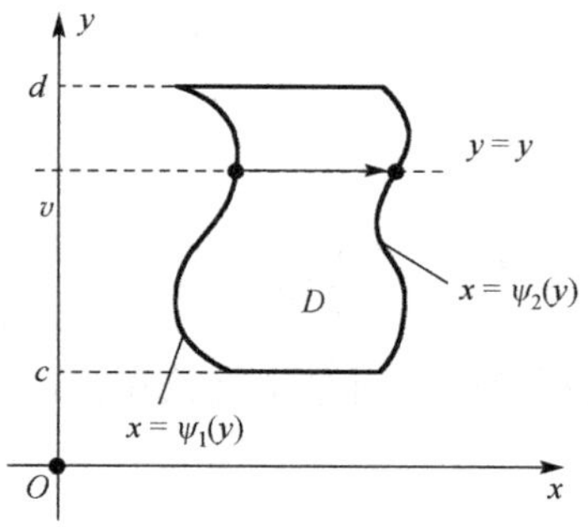

图 7.8

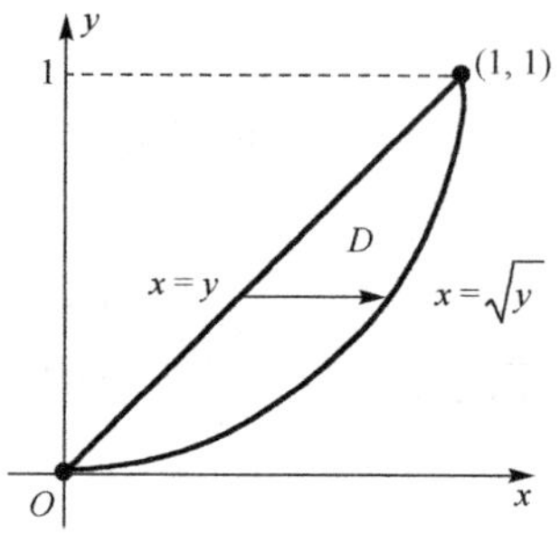

图 7.9

于是

$$I=\int_0^1 \mathrm{d}y\int_y^{\sqrt{y}} xy\,\mathrm{d}x=\int_0^1\left[\int_y^{\sqrt{y}} xy\,\mathrm{d}x\right]\mathrm{d}y=\int_0^1\left[\frac{x^2y}{2}\bigg|_y^{\sqrt{y}}\right]\mathrm{d}y$$

$$=\int_0^1\left[\frac{y\cdot y}{2}-\frac{y^2\cdot y}{2}\right]\mathrm{d}y=\frac{1}{2}\int_0^1(y^2-y^3)\mathrm{d}y=\frac{1}{24}.$$

例 7.3.2　依照不同的积分次序计算 $I=\iint\limits_D xy\,\mathrm{d}x\mathrm{d}y$，其中 D 由抛物线 $y^2=x$ 及直线 $y=x-2$ 围成.

解　画出积分区域 D 的图形，解方程组 $\begin{cases} y^2=x, \\ y=x-2, \end{cases}$ 可得两个交点 $(4,2)$，$(1,-1)$.

如果先对 y 后对 x 积分，这时的上边界为一条曲线 $y=\sqrt{x}$，而下边界却为两条曲线 $y=-\sqrt{x}$ 和 $y=x=-2$. 因此需作出辅助线 $x=1$，将 D 分为两个区域 $D_{左}$ 和 $D_{右}$(图 7.10). 它们在 x 轴上的投影分别为区间 $[0,1]$ 和 $[1,4]$. 则 $I=\iint\limits_{D_{左}} xy\,\mathrm{d}x\mathrm{d}y+\iint\limits_{D_{右}} xy\,\mathrm{d}x\mathrm{d}y$. 分别在这两个区域上作二次积分. 此时

$$D_{左}:0\leqslant x\leqslant 1,-\sqrt{x}\leqslant y\leqslant\sqrt{x},\quad D_{右}:1\leqslant x\leqslant 4,x-2\leqslant y\leqslant\sqrt{x}.$$

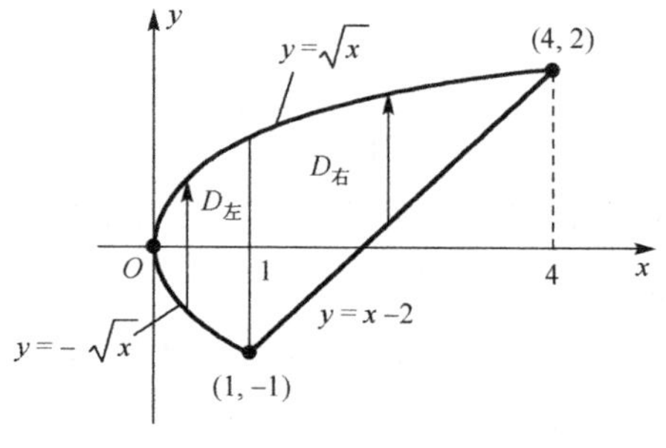

图 7.10

于是

$$\iint\limits_{D_{左}} xy\,dx\,dy = \int_0^1 x\,dx \int_{-\sqrt{x}}^{\sqrt{x}} y\,dy$$

$$= \int_0^1 x\left[\frac{1}{2}y^2 \Big|_{-\sqrt{x}}^{\sqrt{x}}\right]dx$$

$$= \frac{1}{2}\int_0^1 x[(\sqrt{x})^2 - (-\sqrt{x})^2]dx$$

$$= \frac{1}{2}\int_0^1 0\,dx = 0.$$

$$\iint\limits_{D_{右}} xy\,dx\,dy = \int_1^4 x\,dx \int_{x-2}^{\sqrt{x}} y\,dy$$

$$= \int_1^4 x\left[\frac{1}{2}y^2 \Big|_{x-2}^{\sqrt{x}}\right]dx$$

$$= \frac{1}{2}\int_1^4 x[(\sqrt{x})^2 - (x-2)^2]dx$$

$$= \frac{1}{2}\int_1^4 (-x^3 + 5x^2 - 4x)dx = \frac{45}{8}.$$

于是

$$I = 0 + \frac{45}{8} = \frac{45}{8}.$$

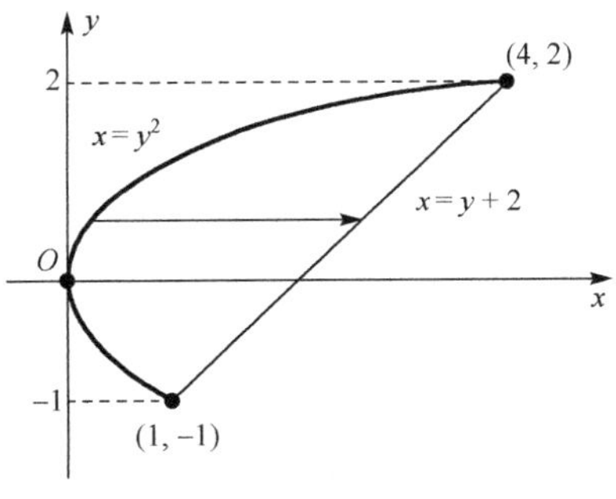

图 7.11

如果先对 x 后对 y 积分，这时的左边界为 $x = y^2$，右边界为 $x = y + 2$，它们各为一条曲线(图 7.11)．D 在 y 轴上的投影为 $[-1,2]$．因此

$$D: -1 \leqslant y \leqslant 2, y^2 \leqslant x \leqslant y + 2,$$

于是

$$\int_{-1}^{2} x\,dy \int_{y^2}^{y+2} xy\,dx = \int_{-1}^{2} y\left(\frac{x^2}{2}\Big|_{y^2}^{y+2}\right)dy$$

$$=\int_{-1}^{2}\frac{y}{2}(y^2+4y+4-y^4)\mathrm{d}y$$
$$=\frac{45}{8}.$$

例 7.3.2 说明了选择适当的积分次序可以使二重积分的计算变得简单.

例 7.3.3 设区域 D 由抛物线 $y^2=2x$ 及直线 $y=x-4$ 围成,求 D 的面积 A.

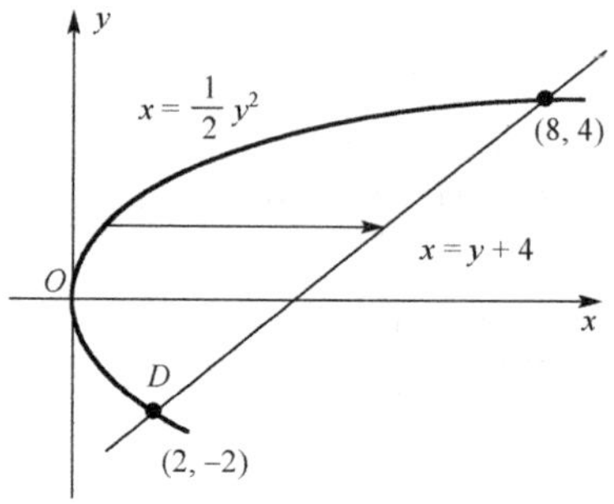

图 7.12

解 由于 $A=\iint\limits_{D}\mathrm{d}x\mathrm{d}y$,只需计算这个二重积分即可. 积分区域 D(图 7.12). D 在 y 轴上的投影区间为 $[-2,4]$,左边界为 $x=\frac{1}{2}y^2$,右边界为 $x=y+4$. 于是

$$A=\int_{-2}^{4}\mathrm{d}y\int_{\frac{1}{2}y^2}^{y+4}\mathrm{d}x=\int_{-2}^{4}\left[x\Big|_{\frac{1}{2}y^2}^{y+4}\right]\mathrm{d}y$$
$$=\int_{-2}^{4}\left[(y+4)-\frac{1}{2}y^2\right]\mathrm{d}y$$
$$=\left(\frac{1}{2}y^2+4y-\frac{1}{6}y^3\right)\Big|_{-2}^{4}=18.$$

以上的讨论都是在积分区域 D 是 X 型或 Y 型时将二重积分化为二次积分去计算. 如果积分区域 D 不是这两类区域,则需将 D 分割成若干个 X 型或 Y 型的小区域,然后利用区域可加性分别在各个小区域上做二次积分后再相加.

例 7.3.4 设 $f(x,y)$ 连续,改变二次积分 $I=\int_{-2}^{2}\mathrm{d}x\int_{-\sqrt{4-x^2}}^{4-x^2}f(x,y)\mathrm{d}y$ 的次序.

解 先画出积分区域 D 的图形. 由给出的积分限可知 D:$-2\leqslant x\leqslant 2$,$-\sqrt{4-x^2}\leqslant y\leqslant 4-x^2$. 原积分是先对 y 后对 x 的二次积分(图 7.13(a)). 若改变积分次序,先对 x 后对 y 积分,需把 D 用直线 $y=0$ 分为 $D_{上}$ 和 $D_{下}$ 两个区域(图 7.13(b))

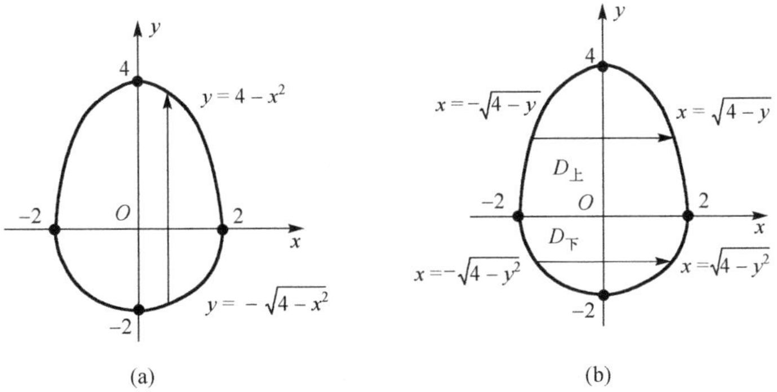

图 7.13

因此

$$I=\iint\limits_{D_{上}} f(x,y)\mathrm{d}x\mathrm{d}y+\iint\limits_{D_{下}} f(x,y)\mathrm{d}x\mathrm{d}y$$

$$=\int_0^4\mathrm{d}y\int_{-\sqrt{4-y}}^{\sqrt{4-y}} f(x,y)\mathrm{d}x+\int_{-2}^0\mathrm{d}y\int_{-\sqrt{4-y^2}}^{\sqrt{4-y^2}} f(x,y)\mathrm{d}x.$$

在定积分中,如果积分区间为 $[-a,a]$,当被积函数 $f(x)$ 是奇函数时 $\int_{-a}^a f(x)\mathrm{d}x=0$;当被积函数 $f(x)$ 是偶函数时 $\int_{-a}^a f(x)\mathrm{d}x=2\int_0^a f(x)\mathrm{d}x$. 经常利用被积函数的奇偶性来简化定积分的计算. 在二重积分中,也可以利用积分区域的对称性,结合被积函数的奇偶性来简化计算.

设积分区域 D 关于 y 轴对称,它被 y 轴分为左右对称的两部分 $D=D_{左}+D_{右}$.

(1) 若被积函数 $f(x,y)$ 关于 x 是奇函数,即对于任何 y 都有 $f(-x,y)=-f(x,y)$,则

$$I=\iint\limits_D f(x,y)\mathrm{d}x\mathrm{d}y=0.$$

(2) 若被积函数 $f(x,y)$ 关于 x 是偶函数,即对于任何 y 都有 $f(-x,y)=f(x,y)$,则

$$I=\iint\limits_D f(x,y)\mathrm{d}x\mathrm{d}y=2\iint\limits_{D_{左}} f(x,y)\mathrm{d}x\mathrm{d}y=2\iint\limits_{D_{右}} f(x,y)\mathrm{d}x\mathrm{d}y.$$

我们用图 7.14 所示的区域来说明以上结论. 设 D 在 y 轴上的投影为 $[a,b]$. 由于 D 关于 y 轴对称,若右边界为 $x=\psi(y)$,则左边界就为 $x=-\psi(y)$. 于是 $I=\int_a^b\mathrm{d}y\int_{-\psi(y)}^{\psi(y)} f(x,y)\mathrm{d}x$.

当 $f(x,y)$ 关于 x 是奇函数时,内层积分 $\int_{-\psi(y)}^{\psi(y)} f(x,y)\mathrm{d}x=0$,从而 $I=\int_a^b 0\mathrm{d}x=0$.

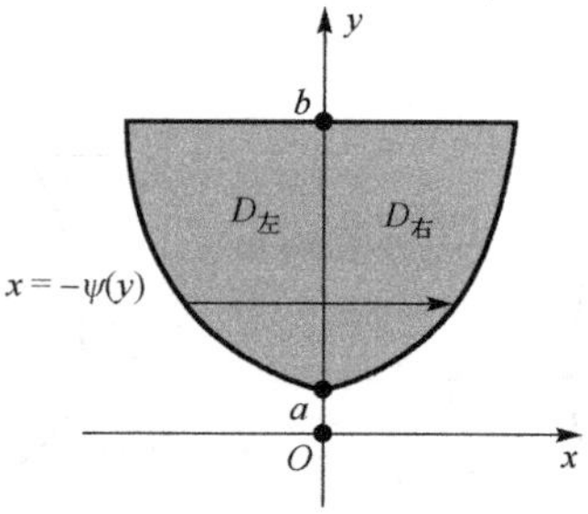

图 7.14

当 $f(x,y)$ 关于 x 是偶函数时,内层积分 $\int_{-\psi(y)}^{\psi(y)} f(x,y)\mathrm{d}x = 2\int_0^{\psi(y)} f(x,y)\mathrm{d}x$,于是

$$I = 2\int_a^b \mathrm{d}x \int_0^{\psi(y)} f(x,y)\mathrm{d}y = 2\iint\limits_{D_右} f(x,y)\mathrm{d}x\mathrm{d}y,$$

同理 $I = 2\iint\limits_{D_左} f(x,y)\mathrm{d}x\mathrm{d}y$.

如果积分区域关于 x 轴对称,当考虑被积函数具有相应的奇偶性时,也可得到类似的结论. 请读者自行叙述此种情况下二重积分的有关结论.

例 7.3.5　分别在下列区域上计算二重积分 $I = \iint\limits_D y\cos xy\,\mathrm{d}x\mathrm{d}y$.

(1) $D=[-1,1]\times[0,1]$ (图 7.15(a));

(2) $D=[0,1]\times[-1,1]$ (图 7.15(b)).

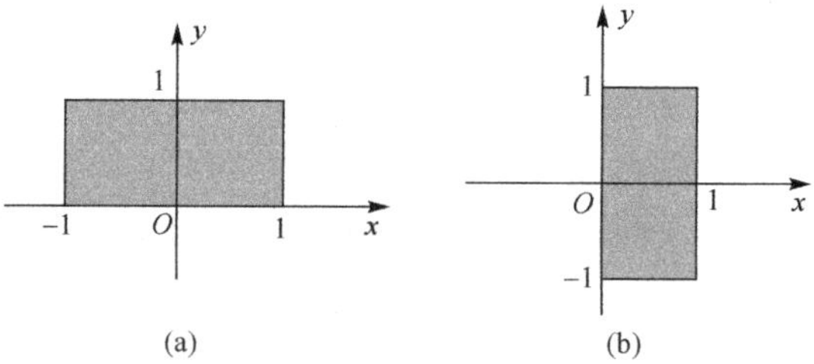

图 7.15

解　(1) 此时的积分区域关于 y 轴对称,被积函数 $y\cos xy$ 关于 x 是偶函数,从而

$$\begin{aligned} I &= \iint\limits_D y\cos xy\,\mathrm{d}x\mathrm{d}y = 2\int_0^1 \mathrm{d}y \int_0^1 y\cos xy\,\mathrm{d}x \\ &= 2\int_0^1 [\sin(xy)\ |_0^1]\mathrm{d}y \end{aligned}$$

$$=2\int_0^1 \sin y\mathrm{d}y = 2(1-\cos 1).$$

(2) 此时积分区域关于 x 轴对称,被积函数关于 y 是奇函数,从而 $I=0$.

如果积分区域是矩形区域 $D=[a,b]\times[c,d]$(图 7.16),被积函数分别是关于 x 和 y 的两个一元函数的乘积 $f(x,y)=h(x)g(y)$,则有

$$\iint_D f(x,y)\mathrm{d}x\mathrm{d}y = \int_a^b \mathrm{d}x\int_c^d h(x)g(y)\mathrm{d}y = \left(\int_a^b h(x)\mathrm{d}x\right)\cdot\left(\int_c^d g(y)\mathrm{d}y\right).$$

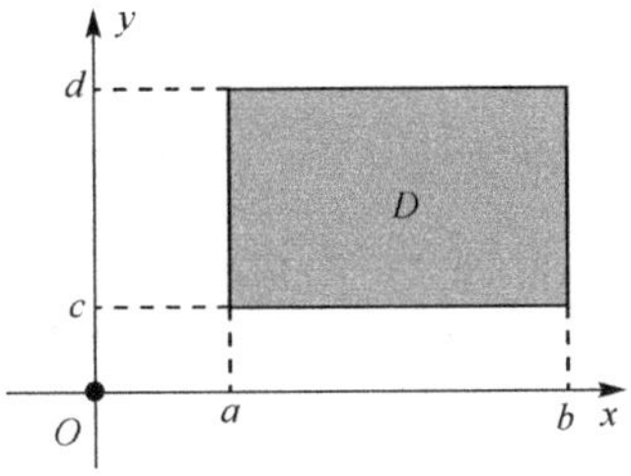

图 7.16

这时的二重积分可以表示为两个定积分的乘积(请读者自行证明),如

$$\int_0^1 \mathrm{d}x\int_0^{\frac{\pi}{2}} x\sin y\mathrm{d}y$$

$$=\left(\int_0^1 x\mathrm{d}x\right)\cdot\left(\int_0^{\frac{\pi}{2}} \sin y\mathrm{d}y\right)$$

$$=\frac{1}{2}\cdot 1=\frac{1}{2}.$$

习　题　7.3

1. 不用计算,利用二重积分的性质判断下列二重积分的符号.

(1) $I=\iint\limits_D y^2 x\mathrm{e}^{-xy}\mathrm{d}\sigma$, 其中 $D: 0\leqslant x\leqslant 1, -1\leqslant y\leqslant 0$;

(2) $I=\iint\limits_D \ln(1-x^2-y^2)\mathrm{d}\sigma$, 其中 $D: x^2+y^2\leqslant\frac{1}{4}$.

2. 利用直角坐标计算下列二重积分.

(1) $I=\iint\limits_D x\mathrm{e}^{xy}\mathrm{d}x\mathrm{d}y$, 其中 $D: 0\leqslant x\leqslant 1, -1\leqslant y\leqslant 0$;

(2) $I=\iint\limits_D \frac{\mathrm{d}x\mathrm{d}y}{(x-y)^2}$, 其中 $D: 1\leqslant x\leqslant 2, 3\leqslant y\leqslant 4$;

(3) $I=\iint\limits_D (3x+2y)\mathrm{d}x\mathrm{d}y$, 其中 D 是由两个坐标轴及直线 $x+y=2$ 围成;

(4) $I=\iint\limits_{D} x\cos(x+y)\,dx\,dy$，其中 D 是顶点分别为 $(0,0)$，$(\pi,0)$，(π,π) 的三角形区域；

(5) $I=\iint\limits_{D} xy^2\,dx\,dy$，其中 D 是由抛物线 $y^2=2x$ 和直线 $x=\frac{1}{2}$ 所围的区域；

(6) $I=\iint\limits_{D} \frac{x^2}{y^2}\,dx\,dy$，其中 D 是由直线 $x=2$，$y=x$ 和双曲线 $xy=1$ 围成的区域.

3. 将下列二重积分 $I=\iint\limits_{D} f(x,y)\,dx\,dy$ 按两种次序化为二次积分.

(1) D 是由直线 $y=x$ 及抛物线 $y^2=4x$ 围成的区域；

(2) D 是由 x 轴及半圆周 $x^2+y^2=4(y\geqslant 0)$ 所围的区域；

(3) D 是由抛物线 $y=x^2$ 及 $y=4-x^2$ 所围的区域；

(4) D 是由直线 $y=x$，$y=3x$，$x=1$ 和 $x=3$ 所围的区域.

4. 改变下列二次积分的次序.

(1) $I=\int_0^1 dy\int_y^{\sqrt{y}} f(x,y)\,dx$；

(2) $I=\int_0^1 dy\int_{-\sqrt{1-y^2}}^{\sqrt{1-y^2}} f(x,y)\,dx$；

(3) $I=\int_1^e dx\int_0^{\ln x} f(x,y)\,dy$；

(4) $I=\int_{-1}^1 dx\int_{-\sqrt{1-x^2}}^{1-x^2} f(x,y)\,dy$.

5. 利用二重积分计算下列平面图形的面积.

(1) 平面图形由抛物线 $y^2=2x$ 与直线 $y=x-4$ 围成；

(2) 平面图形由曲线 $y=\cos x$ 在 $[0,2\pi]$ 内的部分与直线 $y=1$ 围成.

6. 求由四个平面 $x=0$，$x=1$，$y=0$，$y=1$ 所围的柱体被平面 $z=0$ 及 $2x+3y+z=6$ 截得的立体的体积.

7. 求由平面 $x=0$，$y=0$，$x+y=1$ 所围成的柱体被平面 $z=0$ 及抛物面 $x^2+y^2=6-z$ 截得的立体的体积.

8. 求由曲面 $z=x^2+2y^2$ 及 $z=6-2x^2-y^2$ 所围的立体的体积.

9. 设平面板所在的区域 D 由直线 $y=0$，$y=x$ 及 $x=1$ 围成，它在点 (x,y) 处的密度为 $\rho(x,y)=x^2+y^2$，求该平面板的质量.

本 章 小 结

本章介绍多元函数微积分. 多元函数微积分是一元函数微积分的推广，但是，由于高维空间的复杂性，两者也有不少差别. 本章以二元函数为例，介绍了多元函数微积分的基本知识.

7.1 节简要介绍多元函数的概念，以及多元函数的偏导数、高阶偏导数的定义与计算. 7.2 节以曲顶柱体的体积为例介绍二重积分的概念与主要性质. 7.3 节则以体积计算为例介绍在直角坐标系中把二重积分转化为两次定积分的具体方法.

本章知识点

1. 设 x,y,z 是三个变量，如果变量 x,y 在一定范围内变化时，按照某个法则 f，对于 x,y 的每一组取值都唯一对应变量 z 的一个值，则称变量 z 是变量 x,y 的函数，记为 $z=f(x,y)$，$z=z(x,y)$ 或 $f(x,y)$. 称变量 x,y 为函数的自变量，称变量 z 为因变量.

2. 设函数 $z=f(x,y)$ 在点 (x_0,y_0) 的某个邻域内有定义. 固定 $y=y_0$，称一元函数 $f(x,y_0)$ 在 x_0 点的导数为二元函数 $z=f(x,y)$ 在 (x_0,y_0) 点对 x 的偏导数，记作

$$\left.\frac{\partial z}{\partial x}\right|_{\substack{x=x_0\\y=y_0}},\left.\frac{\partial f}{\partial x}\right|_{\substack{x=x_0\\y=y_0}},f_x(x_0,y_0),z'_x(x_0,y_0),z_x\big|_{\substack{x=x_0\\y=y_0}}.$$

3. 高阶偏导数.

4. 二重积分的定义.

5. 非零常数因子 k 可以提到积分号外面，即

$$\iint_D kf(x,y)\mathrm{d}\sigma=k\iint_D f(x,y)\mathrm{d}\sigma.$$

6. 函数和(或差)的积分等于积分的和(或差)，即

$$\iint_D[f(x,y)\pm g(x,y)]\mathrm{d}\sigma=\iint_D f(x,y)\mathrm{d}\sigma\pm\iint_D g(x,y)\mathrm{d}\sigma.$$

7. 若积分区域 D 被分为两区域 D_1 与 D_2，则在 D 上的二重积分等于 D_1 与 D_2 上二重积分的和，即

$$\iint_D f(x,y)\mathrm{d}\sigma=\iint_{D_1} f(x,y)\mathrm{d}\sigma+\iint_{D_2} f(x,y)\mathrm{d}\sigma.$$

8. 若在 D 上恒有 $f(x,y)\geqslant g(x,y)$，则

$$\iint_D f(x,y)\mathrm{d}\sigma\geqslant\iint_D g(x,y)\mathrm{d}\sigma.$$

9. 设在 D 上恒有 $m\leqslant f(x,y)\leqslant M$，其中 m,M 为常数，则

$$m\cdot A_D\leqslant\iint_D f(x,y)\mathrm{d}\sigma\leqslant M\cdot A_D,$$

其中 A_D 表示区域 D 的面积.

10. 积分中值定理　设函数 $f(x,y)$ 在有界闭区域 D 上连续，则在 D 上至少

存在一点 (ξ,η)，使得

$$\iint_D f(x,y)\mathrm{d}x\mathrm{d}y = f(\xi,\eta)\cdot A_D.$$

11. 若 $f(x,y)$ 是定义在 X 型区域 D 上的可积函数，且

$$D=\{(x,y)\mid \varphi_2(x)\leqslant y\leqslant \varphi_1(x), a\leqslant x\leqslant b\},$$

那么有二重积分计算公式

$$\iint_D f(x,y)\mathrm{d}x\mathrm{d}y = \int_a^b \mathrm{d}x\int_{\varphi_2(x)}^{\varphi_1(x)} f(x,y)\mathrm{d}y.$$

数学家简介——欧拉

名言：如果命运是块顽石，我就化为大锤，将它砸得粉碎！

欧拉，Leonhard Euler，1707 年 4 月 15 日生于瑞士巴塞尔，1783 年 9 月 18 日卒于俄国圣彼得堡. 瑞士数学家. 欧拉是历史上最多产的数学家，他在包括解析几何、三角学、几何学、微积分以及数论等数学和物理学的广泛领域都作出过巨大的贡献.

欧拉出身于一个牧师家庭. 早年欧拉的父亲希望他献身神学，他进入巴塞尔大学学习神学和希伯来语. 但是，欧拉的数学才能引起约翰·伯努利的注意. 当伯努利对欧拉的父亲说他的儿子注定是一位伟大的数学家时，这位父亲让步了. 1727 年，欧拉应圣彼得堡科学院的邀请第一次来到俄国，在十四年的留居生涯中，他在分析学、数论和力学领域作出大量杰出的工作. 1741 年，欧拉应腓特烈二世的邀请赴柏林科学院就职. 1766 年欧拉重返圣彼得堡直至离世. 欧拉 1735 年右眼几乎失明，1766 年双目失明，在双目失明后的 17 年里，欧拉凭借强大的心算能力和超人的记忆力写作了大量的研究论文和学术著作.

今天我们可以在很多领域看到欧拉的名字，如欧拉公式、欧拉函数、欧拉方程、欧拉多项式、欧拉常数、欧拉积分、欧拉线等. 在纯粹数学中仍然存在美，

$$e^{i\pi}+1=0$$

上面这个数学公式被认为是最优美的数学公式，它就是欧拉发现的. 这个公式的非凡之处在于它包含了五个最重要的数：0，1，π，e，i！

欧拉被同时代的人称为分析的化身. 法国著名数学家拉普拉斯说：读读欧拉，他是我们大家的老师.

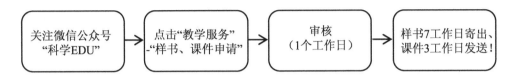

大学文科数学

（下册）

徐　岩　主编
李为东　胡志兴　编

科学出版社
北　京

内 容 简 介

本书为高等学校非数学专业的高等数学教材，是根据多年教学经验，参照“文科类本科数学基础课程教学基本要求”，按照新形势下教材改革的精神编写而成. 本套教材分为上、下两册，上册内容包括一元微积分、二元微积分、简单一阶常微分方程等内容. 下册内容为线性代数和概率论与数理统计. 各章配有小结及练习题，并介绍一些与本书所述内容相关的数学家简介.

本书可作为高等学校文科类、艺术类等少学时高等数学课程的教材.

图书在版编目(CIP)数据

大学文科数学：全 2 册/徐岩主编. —北京：科学出版社，2014
ISBN 978-7-03-040765-8

Ⅰ. ①大… Ⅱ. ①徐… Ⅲ. ①高等数学-高等学校-教材 Ⅳ. ①O13

中国版本图书馆 CIP 数据核字(2014)第 106031 号

责任编辑：昌 盛 周金权 / 责任校对：林青梅
责任印制：徐晓晨 / 封面设计：陈 敬

科学出版社出版
北京东黄城根北街 16 号
邮政编码：100717
http://www.sciencep.com
北京捷迅佳彩印刷有限公司 印刷
科学出版社发行 各地新华书店经销
*
2014 年 8 月第 一 版 开本：720×1000 1/16
2020 年 8 月第五次印刷 印张：24 1/2
字数：494 000

定价：59.00 元(上、下册)

(如有印装质量问题，我社负责调换)

目　　录

(上　　册)

(下　　册)

第8章 行列式

行列式的概念来源于解线性方程组的问题,并成为一种重要的数学工具. 在许多实际问题中都有重要应用. 本章介绍 n 阶行列式的概念、基本性质、计算方法及行列式的一个重要应用:求解 n 元线性方程组的克拉默(Cramer)法则.

8.1 行列式的定义

8.1.1 二、三阶行列式

从线性方程组的求解过程中,引入行列式的概念. 考虑如下二元线性方程组

$$\begin{cases} a_{11}x + a_{12}y = b_1, \\ a_{21}x + a_{22}y = b_2, \end{cases} \tag{8.1}$$

利用消元法,当 $a_{11}a_{22} - a_{12}a_{21} \neq 0$ 时,其解为

$$x = \frac{b_1 a_{22} - a_{12} b_2}{a_{11} a_{22} - a_{12} a_{21}}, \quad y = \frac{a_{11} b_2 - b_1 a_{21}}{a_{11} a_{22} - a_{12} a_{21}}. \tag{8.2}$$

为便于记忆,引入记号

$$D = \begin{vmatrix} a_{11} & a_{12} \\ a_{21} & a_{22} \end{vmatrix} = a_{11} a_{22} - a_{12} a_{21}, \tag{8.3}$$

则当 $D \neq 0$ 时,式(8.2)可表示为

$$x = \frac{\begin{vmatrix} b_1 & a_{12} \\ b_2 & a_{22} \end{vmatrix}}{\begin{vmatrix} a_{11} & a_{12} \\ a_{21} & a_{22} \end{vmatrix}}, \quad y = \frac{\begin{vmatrix} a_{11} & b_1 \\ a_{21} & b_2 \end{vmatrix}}{\begin{vmatrix} a_{11} & a_{12} \\ a_{21} & a_{22} \end{vmatrix}}. \tag{8.4}$$

这种表示不仅简单,而且便于记忆. 式(8.3)称为**二阶行列式**,a_{ij} 称为行列式的**元素**,i 为**行标**,j 为**列标**,二阶行列式包含2行2列4个元素.

对角线法则

$$\boldsymbol{D} = \begin{vmatrix} a_{11} & a_{12} \\ a_{21} & a_{22} \end{vmatrix}$$

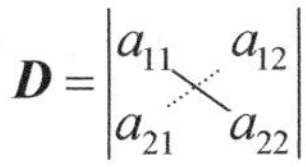

主对角线(实联线)元素乘积取正号,副对角线(虚联线)元素乘积取负号.

类似地,可以定义三阶行列式

$$\begin{aligned}D=&\begin{vmatrix}a_{11} & a_{12} & a_{13}\\ a_{21} & a_{22} & a_{23}\\ a_{31} & a_{32} & a_{33}\end{vmatrix}\\ =&a_{11}a_{22}a_{33}+a_{12}a_{23}a_{31}+a_{13}a_{21}a_{32}-a_{13}a_{22}a_{31}\\ &-a_{11}a_{23}a_{32}-a_{12}a_{21}a_{33},\end{aligned}\tag{8.5}$$

式(8.5)称为**三阶行列式**.

三阶行列式包含 3 行 3 列 9 个元素,其值可按下面的对角线法则计算得到

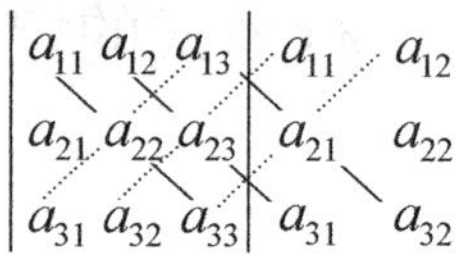

实联线元素乘积取正号,虚联线元素乘积取负号.

例如

$$\begin{aligned}D=&\begin{vmatrix}1 & 2 & 1\\ 0 & 4 & 2\\ 3 & -1 & 5\end{vmatrix}\\ =&1\cdot4\cdot5+2\cdot2\cdot3+1\cdot0\cdot(-1)\\ &-1\cdot4\cdot3-2\cdot(-1)\cdot1-0\cdot2\cdot5\\ =&20+12-12+2=22.\end{aligned}$$

从二、三阶行列式的定义可以看出,行列式的值是一些项的代数和.例如,在三阶行列式中,每一项都是三个数的连乘积,而且这三个数取自三阶行列式不同行与不同列,总项数以及每一项的正负号与其下标的排列有关.为了揭示行列式的结构规律,将行列式的概念推广到 n 阶行列式.先介绍一些排列的基本知识.

8.1.2　排列与逆序

定义 8.1.1　由自然数 $1,2,\cdots,n$ 所构成的一个有序数组,称为这 n 个数的一个 **n 级排列**.

例如,4321,1234,3214 均是 1,2,3,4 这 4 个数的 4 级排列.

n 个自然数 $1,2,\cdots,n$,按从小到大的自然顺序排列:$12\cdots n$ 称为 n 级自然排列.

1234 就是 4 级自然排列.显然,n 级排列的种数共有 $n!$ 个.用 $i_1,i_2,\cdots,i_n$ 表示这 $n!$ 个排列中的一个.

定义 8.1.2　在排列 $i_1\cdots i_s\cdots i_t\cdots i_n$ 中,如果 $i_s>i_t$,则这两个数构成一个逆

序. $i_1, i_2, \cdots, i_n$ 中,逆序的总个数称为该排列的**逆序数**,记为 $\tau(i_1, i_2, \cdots, i_n)$. 逆序数为奇数的排列称为**奇排列**,逆序数为偶数的排列称为**偶排列**.

例 8.1.1 分别求下列排列:4321,1234,3214 的逆序数,并判别排列的奇偶性.

解 在排列 4321 中,4 的逆序为 0;3 的逆序为 1;2 的逆序为 2;1 的逆序为 3,因此,$\tau(4321)=1+2+3=6$.类似可得,$\tau(1234)=0$; $\tau(3214)=1+2=3$. 排列 4321,1234 是偶排列;排列 3214 是奇排列.

定义 8.1.3 在一个排列中,某两个数互换位置,其余的数不动,就得到一个新排列.这样的变换称为一个**对换**;若对换的两个数相邻,则称为**相邻对换**.

定理 8.1.1 对换改变排列的奇偶性.

证 略.

定理 8.1.2 n 个数($n>1$)共有 $n!$ 个 n 级排列,其中奇偶排列各占一半.

证 略.

8.1.3 *n* 阶行列式

考察三阶行列式

$$D=\begin{vmatrix} a_{11} & a_{12} & a_{13} \\ a_{21} & a_{22} & a_{23} \\ a_{31} & a_{32} & a_{33} \end{vmatrix}$$

$$=a_{11}a_{22}a_{33}+a_{12}a_{23}a_{31}+a_{13}a_{21}a_{32}-a_{13}a_{22}a_{31}-a_{11}a_{23}a_{32}-a_{12}a_{21}a_{33},$$

三阶行列式有 6(3!)项,每一项是三个数的乘积,这三个数位于不同行、不同列. 6 项中的任一项可写为 $(-1)^t a_{1j_1}a_{2j_2}a_{3j_3}$,三个数的行标为自然序排列 123,列标为 1,2,3 的某一排列 $j_1j_2j_3$. 任一项的符号可由 $t=\tau(j_1j_2j_3)$ 的奇偶性确定.

将上述规律进行推广,可得到 n 阶行列式定义.

定义 8.1.4

$$D=\begin{vmatrix} a_{11} & a_{12} & \cdots & a_{1n} \\ a_{21} & a_{22} & \cdots & a_{2n} \\ \vdots & \vdots & & \vdots \\ a_{n1} & a_{n2} & \cdots & a_{nn} \end{vmatrix}$$

称为 n **阶行列式**.其中横排、纵排分别称为它的行和列. n 阶行列式是一个数,其值按如下代数式计算.

$$\begin{vmatrix} a_{11} & a_{12} & \cdots & a_{1n} \\ a_{21} & a_{22} & \cdots & a_{2n} \\ \vdots & \vdots & & \vdots \\ a_{n1} & a_{n2} & \cdots & a_{nn} \end{vmatrix}=\sum_{(j_1j_2\cdots j_n)}(-1)^{\tau(j_1j_2\cdots j_n)}a_{1j_1}a_{2j_2}\cdots a_{nj_n}, \tag{8.6}$$

其中和号$\sum$是对所有的n级排列求和(共$n!$项). 每一项当行标为自然排列时,如果对应的列标构成的排列是偶排列,则取正号,如果是奇排列取负号.

注　$n=1$时,$D=|a_{11}|=a_{11}$;$n=2,3$,就是前面定义的二、三阶行列式,它们的值可用对角线法求得,$n\geqslant 4$时,对角线法则不再适用.

定理 8.1.3　n阶行列式也可定义为

$$D=\sum_{(i_1 i_2\cdots i_n)}(-1)^{\tau(i_1 i_2\cdots i_n)}a_{i_1 1}a_{i_2 2}\cdots a_{i_n n},\tag{8.7}$$

其中每一项在列下标为自然序排列时,由行下标排列的逆序数决定其符号.

式(8.7)与式(8.6)的区别在于每项中各元素的列标按自然序排列,行标为$1,2,\cdots,n$的某一排列$i_1 i_2\cdots i_n$.

例 8.1.2　设D为5阶行列式,问

(1) $a_{12}a_{23}a_{31}a_{45}a_{54}$,　　(2) $a_{14}a_{25}a_{33}a_{42}a_{55}$,

是否为D中的项,若是应取什么符号?

解　(1) $a_{12}a_{23}a_{31}a_{45}a_{54}$的行标排列为12345,列标排列为23154,表明这些数取自不同的行,不同的列,所以它是D中的一项,且行标为自然排列,$\tau(23154)=3$为奇数,故该项取负号.

(2) $a_{14}a_{25}a_{33}a_{42}a_{55}$的行标排列为12345,列标排列为45325取自第5行两元素,由行列式定义知它不是行列式的一项.

例 8.1.3　计算n阶行列式

$$\begin{vmatrix} a_{11} & a_{12} & \cdots & a_{1n}\\ 0 & a_{22} & \cdots & a_{2n}\\ \vdots & \vdots & & \vdots\\ 0 & 0 & \cdots & a_{nn}\end{vmatrix}.$$

解　由式(8.7)

$$D=\sum_{(i_1 i_2\cdots i_n)}(-1)^{\tau(i_1 i_2\cdots i_n)}a_{i_1 1}a_{i_2 2}\cdots a_{i_n n},$$

这里$a_{i_1 1}a_{i_2 2}\cdots a_{i_n n}$为不同行、不同列的$n$个数的乘积. 由于第一列除了$a_{11}$外其余数都为零,故非零项的第一个数必为$a_{11}$,第二列只能选$a_{22}$(不能选$a_{12}$,因第一行已选过);类似地,第三列只能选$a_{33}$,$\cdots$,第$n$列只能选$a_{nn}$,因此,行列式只有一个可能的非零项,即

$$\begin{vmatrix} a_{11} & a_{12} & \cdots & a_{1n}\\ 0 & a_{22} & \cdots & a_{2n}\\ \vdots & \vdots & & \vdots\\ 0 & 0 & \cdots & a_{nn}\end{vmatrix}=(-1)^{\tau(12\cdots n)}a_{11}a_{22}\cdots a_{nn}=a_{11}a_{22}\cdots a_{nn},$$

这个行列式称为**上三角行列式**.

类似可得**下三角行列式**

$$\begin{vmatrix} a_{11} & 0 & \cdots & 0 \\ a_{21} & a_{22} & \cdots & \vdots \\ \vdots & \vdots & & \vdots \\ a_{n1} & \cdots & a_{n,n-1} & a_{nn} \end{vmatrix} = a_{11}a_{22}\cdots a_{nn}.$$

特别地,**对角行列式**

$$\begin{vmatrix} a_{11} & 0 & \cdots & 0 \\ 0 & a_{22} & \cdots & 0 \\ \vdots & \vdots & & \vdots \\ 0 & 0 & \cdots & a_{nn} \end{vmatrix} = a_{11}a_{22}\cdots a_{nn}.$$

8.2 行列式的性质

由 8.1 节讨论可以看出,用定义计算行列式比较麻烦. 为了简化行列式的计算,下面介绍行列式的性质. 通过这些性质,可使行列式的计算在很多情况下简化.

将行列式 D 的行和列互换后得到的行列式,称为 D 的转置行列式,记为 D^{T} 或 D'. 即

$$D = \begin{vmatrix} a_{11} & a_{12} & \cdots & a_{1n} \\ a_{21} & a_{22} & \cdots & a_{2n} \\ \vdots & \vdots & & \vdots \\ a_{n1} & a_{n2} & \cdots & a_{nn} \end{vmatrix}, \quad \text{则 } D^{\mathrm{T}} = \begin{vmatrix} a_{11} & a_{21} & \cdots & a_{n1} \\ a_{12} & a_{22} & \cdots & a_{n2} \\ \vdots & \vdots & & \vdots \\ a_{1n} & a_{2n} & \cdots & a_{nn} \end{vmatrix}.$$

性质 8.2.1 将行列式转置,行列式的值不变,即 $D = D^{\mathrm{T}}$.

证 记 $b_{ij} = a_{ji}(i,j = 1,2,\cdots,n)$, 由行列式定义,

$$D^{\mathrm{T}} = \sum_{(j_1 j_2 \cdots j_n)} (-1)^{\tau(j_1 j_2 \cdots j_n)} b_{1j_1} b_{2j_2} \cdots b_{nj_n} = \sum_{(j_1 j_2 \cdots j_n)} (-1)^{\tau(j_1 j_2 \cdots j_n)} a_{j_1 1} a_{j_2 2} \cdots a_{j_n n},$$

由定理 8.1.3,有

$$D = \sum_{(j_1 j_2 \cdots j_n)} (-1)^{\tau(j_1 j_2 \cdots j_n)} a_{j_1 1} a_{j_2 2} \cdots a_{j_n n},$$

从而 $D = D^{\mathrm{T}}$.

由性质 8.2.1 可知,行列式中行与列具有相同的地位,关于行成立的性质,关于列也同样成立,反之亦然.

性质 8.2.2 交换行列式的两行(列),行列式变号.

证明 略.

推论 8.2.1 如果行列式中有两行(列)相同,则此行列式等于零.

证 将相同的两行对换,有 $D = -D$, 从而 $D = 0$.

性质 8.2.3 用数 k 乘行列式的某一行(列),等于以数 k 乘此行列式.即如果设 $D=|a_{ij}|$,则

$$D_1=\begin{vmatrix} a_{11} & a_2 & \cdots & a_{1n} \\ \vdots & \vdots & & \vdots \\ ka_{i1} & ka_{i2} & \cdots & ka_{in} \\ \vdots & \vdots & & \vdots \\ a_{n1} & a_{n2} & \cdots & a_{nn} \end{vmatrix}=k\begin{vmatrix} a_{11} & a_2 & \cdots & a_{1n} \\ \vdots & \vdots & & \vdots \\ a_{i1} & a_{i2} & \cdots & a_{in} \\ \vdots & \vdots & & \vdots \\ a_{n1} & a_{n2} & \cdots & a_{nn} \end{vmatrix}=kD.$$

证 由行列式定义,D_1 的一般项为

$$k\sum_{(j_1j_2\cdots j_n)}(-1)^{\tau(j_1\cdots j_i\cdots j_n)}a_{1j_1}\cdots a_{ij_i}\cdots a_{nj_n}=kD.$$

性质 8.2.3 说明,用一个数乘以行列式,等于用这个数乘行列式的某一行(列)的每一个元素.即行列式中某一行(列)的公因子可以提到行列式符号之外.

推论 8.2.2 若行列式 D 中有一个零行(列),则 $D=0$.

推论 8.2.3 若行列式 D 中有两行(列)的对应元素成比例,则 $D=0$.

例如,

$$\begin{vmatrix} ka_{11} & ka_{12} & \cdots & ka_{1n} \\ \vdots & \vdots & & \vdots \\ ka_{i1} & ka_{i2} & \cdots & ka_{in} \\ \vdots & \vdots & & \vdots \\ ka_{n1} & ka_{n2} & \cdots & ka_{nn} \end{vmatrix}=k^nD.$$

性质 8.2.4 若行列式 D 的某行(列)的元素都是两数之和,例如,第 i 行的元素都是两数之和

$$D=\begin{vmatrix} a_{11} & a_{12} & \cdots & a_{1n} \\ \vdots & \vdots & & \vdots \\ a_{i1}+b_{i1} & a_{i2}+b_{i2} & \cdots & a_{in}+b_{in} \\ \vdots & \vdots & & \vdots \\ a_{n1} & a_{n2} & \cdots & a_{nn} \end{vmatrix},$$

则行列式等于下列两个行列式之和

$$D=\begin{vmatrix} a_{11} & a_{12} & \cdots & a_{1n} \\ \vdots & \vdots & & \vdots \\ a_{i1} & a_{i2} & \cdots & a_{in} \\ \vdots & \vdots & & \vdots \\ a_{n1} & a_{n2} & \cdots & a_{nn} \end{vmatrix}+\begin{vmatrix} a_{11} & a_{12} & \cdots & a_{1n} \\ \vdots & \vdots & & \vdots \\ b_{i1} & b_{i2} & \cdots & b_{in} \\ \vdots & \vdots & & \vdots \\ a_{n1} & a_{n2} & \cdots & a_{nn} \end{vmatrix}.$$

证 由行列式定义

$$D=\begin{vmatrix} a_{11} & a_{12} & \cdots & a_{1n} \\ \vdots & \vdots & & \vdots \\ a_{i1}+b_{i1} & a_{i2}+b_{i2} & \cdots & a_{in}+b_{in} \\ \vdots & \vdots & & \vdots \\ a_{n1} & a_{n2} & \cdots & a_{nn} \end{vmatrix}$$

$$=\sum_{(j_1j_2\cdots j_n)}(-1)^{\tau(j_1\cdots j_i\cdots j_n)}a_{1j_1}\cdots(a_{ij_i}+b_{ij_i})\cdots a_{nj_n}$$

$$=\sum_{(j_1j_2\cdots j_n)}(-1)^{\tau(j_1\cdots j_i\cdots j_n)}a_{1j_1}\cdots a_{ij_i}\cdots a_{nj_n}+\sum_{(j_1j_2\cdots j_n)}(-1)^{\tau(j_1\cdots j_i\cdots j_n)}a_{1j_1}\cdots b_{ij_i}\cdots a_{nj_n}$$

$$=\begin{vmatrix} a_{11} & a_{12} & \cdots & a_{1n} \\ \vdots & \vdots & & \vdots \\ a_{i1} & a_{i2} & \cdots & a_{in} \\ \vdots & \vdots & & \vdots \\ a_{n1} & a_{n2} & \cdots & a_{nn} \end{vmatrix}+\begin{vmatrix} a_{11} & a_{12} & \cdots & a_{1n} \\ \vdots & \vdots & & \vdots \\ b_{i1} & b_{i2} & \cdots & b_{in} \\ \vdots & \vdots & & \vdots \\ a_{n1} & a_{n2} & \cdots & a_{nn} \end{vmatrix}.$$

性质 8.2.5 将行列式某一行(列)的所有元素同乘以数 k 后加于另一行(列)对应的元素上,行列式的值不变.

利用性质 8.2.3 与性质 8.2.4 即得结论,请读者自己完成证明.

利用行列式的性质计算行列式,可以使计算简化,下面举例说明.

例 8.2.1 设 $\begin{vmatrix} a_{11} & a_{12} & a_{13} \\ a_{21} & a_{22} & a_{23} \\ a_{31} & a_{32} & a_{33} \end{vmatrix}=1$,求 $\begin{vmatrix} 6a_{11} & -2a_{12} & -10a_{13} \\ -3a_{21} & a_{22} & 5a_{23} \\ -3a_{31} & a_{32} & 5a_{33} \end{vmatrix}$.

解
$$\begin{vmatrix} 6a_{11} & -2a_{12} & -10a_{13} \\ -3a_{21} & a_{22} & 5a_{23} \\ -3a_{31} & a_{32} & 5a_{33} \end{vmatrix}=-2\begin{vmatrix} -3a_{11} & a_{12} & 5a_{13} \\ -3a_{21} & a_{22} & 5a_{23} \\ -3a_{31} & a_{32} & 5a_{33} \end{vmatrix}$$

$$=-2\times(-3)\times 5\begin{vmatrix} a_{11} & a_{12} & a_{13} \\ a_{21} & a_{22} & a_{23} \\ a_{31} & a_{32} & a_{33} \end{vmatrix}$$

$$=-2\times(-3)\times 5\times 1=30.$$

例 8.2.2 证明:奇数阶反对称行列式的值为零.

$$D=\begin{vmatrix} 0 & a_{12} & a_{13} & \cdots & a_{1n} \\ -a_{12} & 0 & a_{23} & \cdots & a_{2n} \\ -a_{13} & -a_{23} & 0 & \cdots & a_{3n} \\ \vdots & \vdots & \vdots & & \vdots \\ -a_{1n} & -a_{2n} & -a_{3n} & \cdots & 0 \end{vmatrix}.$$

证　由性质 8.2.1

$$D = D^{\mathrm{T}} = \begin{vmatrix} 0 & -a_{12} & \cdots & -a_{1n} \\ a_{12} & 0 & \cdots & -a_{2n} \\ \vdots & & & \vdots \\ a_{1n} & \cdots & a_{n-1,n} & 0 \end{vmatrix},$$

利用性质 8.2.3,提出每行的公因子(−1),得

$$D = D^{\mathrm{T}} = (-1)^n \begin{vmatrix} 0 & a_{12} & \cdots & a_{1n} \\ -a_{12} & 0 & \cdots & a_{2n} \\ \vdots & & & \vdots \\ -a_{1n} & \cdots & -a_{n-1,n} & 0 \end{vmatrix} = (-1)^n D.$$

当 n 为奇数时,有 $D=-D$,从而 $D=0$.

计算行列式时,常利用行列式的性质,把它化为三角形行列式来计算.例如,化为上三角形行列式的步骤是:如果 $a_{11}\neq 0$(若 $a_{11}=0$ 则与其他行互换),将第一行分别乘以适当的数加到其他各行,使第一列除 a_{11} 外其余元素全为 0,再利用同样的方法处理除去第一行和第一列后余下的低阶行列式;依次下去,直到使它成为上三角形行列式,这时主对角线上元素的乘积就是行列式的值.

为了使计算过程清晰明了,约定如下记号.

(1) 交换行列式的第 i 行(列)与第 j 行(列),简记为 $r_i\leftrightarrow r_j$ $(c_i\leftrightarrow c_j)$;

(2) 给行列式的第 i 行(列)同乘非零数 k,简记为 kr_i (kc_i);

(3) 把行列式第 j 行(列)的 $k(k\neq 0)$ 倍加到第 i 行(列)相应的元素上,简记为 r_i+kr_j (c_i+kc_j).

例 8.2.3　计算四阶行列式

$$D = \begin{vmatrix} 5 & -2 & 3 & -5 \\ -2 & 5 & -1 & 2 \\ -1 & 0 & 3 & 5 \\ 2 & -3 & 5 & 4 \end{vmatrix}.$$

解　利用行列式的性质,将 D 化为上三角行列式.

$$D = \begin{vmatrix} 5 & -2 & 3 & -5 \\ -2 & 5 & -1 & 2 \\ -1 & 0 & 3 & 5 \\ 2 & -3 & 5 & 4 \end{vmatrix} \xlongequal{r_1+2r_2} \begin{vmatrix} 1 & 8 & 1 & -1 \\ -2 & 5 & -1 & 2 \\ -1 & 0 & 3 & 5 \\ 2 & -3 & 5 & 4 \end{vmatrix}$$

$$\xlongequal[r_4-2r_1]{\substack{r_2+2r_1\\ r_3+r_1}} \begin{vmatrix} 1 & 8 & 1 & -1 \\ 0 & 21 & 1 & 0 \\ 0 & 8 & 4 & 4 \\ 0 & -19 & 3 & 6 \end{vmatrix}$$

$$\xlongequal{r_2+r_4}\begin{vmatrix}1&8&1&-1\\0&2&4&6\\0&8&4&4\\0&-19&3&6\end{vmatrix}=2\begin{vmatrix}1&8&1&-1\\0&1&2&3\\0&8&4&4\\0&-19&3&6\end{vmatrix}$$

$$\xlongequal[r_4+19r_2]{r_3-8r_2}2\begin{vmatrix}1&8&1&-1\\0&1&2&3\\0&0&-12&-20\\0&0&41&63\end{vmatrix}$$

$$\xlongequal{r_4+3r_3}2\begin{vmatrix}1&8&1&-1\\0&1&2&3\\0&0&-12&-20\\0&0&5&3\end{vmatrix}=8\begin{vmatrix}1&8&1&-1\\0&1&2&3\\0&0&-3&-5\\0&0&5&3\end{vmatrix}$$

$$\xlongequal{r_3+r_4}8\begin{vmatrix}1&8&1&-1\\0&1&2&3\\0&0&2&-2\\0&0&5&3\end{vmatrix}$$

$$=16\begin{vmatrix}1&8&1&-1\\0&1&2&3\\0&0&1&-1\\0&0&5&3\end{vmatrix}\xlongequal{r_4-5r_3}16\begin{vmatrix}1&8&1&-1\\0&1&2&3\\0&0&1&-1\\0&0&0&8\end{vmatrix}=128.$$

注 运算 r_i+kr_j 表示将行列式的第 j 行的 k 倍加到第 i 行，r_i 与 r_j 的位置不能颠倒；此外，在运算中，相邻行列式是等号连接.

例 8.2.4 计算 n 阶行列式 $\begin{vmatrix}x&a&\cdots&a\\a&x&\cdots&a\\\vdots&\vdots&&\vdots\\a&a&\cdots&x\end{vmatrix}$.

解 这个行列式的特点是各列(行)的元素之和相等，故可将各行加到第一行，提出公因子，再化为上三角行列式.

$$\begin{vmatrix}x&a&\cdots&a\\a&x&\cdots&a\\\vdots&\vdots&&\vdots\\a&a&\cdots&x\end{vmatrix}\xlongequal[i=2,\cdots,n]{r_1+r_i}\begin{vmatrix}x+(n-1)a&x+(n-1)a&\cdots&x+(n-1)a\\a&x&\cdots&a\\\vdots&\vdots&&\vdots\\a&a&\cdots&x\end{vmatrix}$$

$$=[x+(n-1)a]\begin{vmatrix}1&1&\cdots&1\\a&x&\cdots&a\\\vdots&\vdots&&\vdots\\a&a&\cdots&x\end{vmatrix}$$

$$\xlongequal[i=2,\cdots,n]{r_i-ar_1}[x+(n-1)a]\begin{vmatrix}1&1&\cdots&1\\0&x-a&\cdots&0\\\vdots&\vdots&&\vdots\\0&0&\cdots&x-a\end{vmatrix}$$

$$=[x+(n-1)a](x-a)^{n-1}.$$

例 8.2.5　解方程($a_1\neq 0$)

$$\begin{vmatrix}a_1&a_2&a_3&\cdots&a_{n-1}&a_n\\a_1&a_1+a_2-x&a_3&\cdots&a_{n-1}&a_n\\a_1&a_2&a_2+a_3-x&\cdots&a_{n-1}&a_n\\\vdots&\vdots&\vdots&&\vdots&\vdots\\a_1&a_2&a_3&\cdots&a_{n-2}+a_{n-1}-x&a_n\\a_1&a_2&a_3&\cdots&a_{n-1}&a_{n-1}+a_n-x\end{vmatrix}=0.$$

解

$$\begin{vmatrix}a_1&a_2&a_3&\cdots&a_{n-1}&a_n\\a_1&a_1+a_2-x&a_3&\cdots&a_{n-1}&a_n\\a_1&a_2&a_2+a_3-x&\cdots&a_{n-1}&a_n\\\vdots&\vdots&\vdots&&\vdots&\vdots\\a_1&a_2&a_3&\cdots&a_{n-2}+a_{n-1}-x&a_n\\a_1&a_2&a_3&\cdots&a_{n-1}&a_{n-1}+a_n-x\end{vmatrix}$$

$$\xlongequal[i=2,3,\cdots,n]{r_i-r_1}\begin{vmatrix}a_1&a_2&a_3&\cdots&a_{n-1}&a_n\\0&a_1-x&0&\cdots&0&0\\0&0&a_2-x&\cdots&0&0\\\vdots&\vdots&\vdots&&\vdots&\vdots\\0&0&0&\cdots&a_{n-2}-x&0\\0&0&0&\cdots&0&a_{n-1}-x\end{vmatrix}$$

$$=a_1(a_1-x)(a_2-x)\cdots(a_{n-1}-x),$$

即 $a_1(a_1-x)(a_2-x)\cdots(a_{n-1}-x)=0$，解之得 $x_1=a_1,x_2=a_2,\cdots x_{n-1}=a_{n-1}$ 是方程的 $n-1$ 个根.

8.3 行列式按行(列)展开

将高阶行列式降为低阶行列式,是计算行列式的重要方法,本节首先引入余子式和代数余子式的概念,介绍降阶的基本方法,然后利用降阶来计算行列式.

定义 8.3.1 在 n 阶行列式 $D=\begin{vmatrix} a_{11} & a_{12} & \cdots & a_{1n} \\ a_{21} & a_{22} & \cdots & a_{2n} \\ \vdots & \vdots & & \vdots \\ a_{n1} & a_{n2} & \cdots & a_{nn} \end{vmatrix}$ 中,划掉元素 a_{ij} 所在的第 i 行与第 j 列,剩下的元素按原来的相对位置排列,形成的 $n-1$ 阶行列式称为元素 a_{ij} 的**余子式**,记作 M_{ij}. 称 $A_{ij}=(-1)^{i+j}M_{ij}$ 为元素 a_{ij} 的**代数余子式**.

例如,在三阶行列式 $\begin{vmatrix} a_{11} & a_{12} & a_{13} \\ a_{21} & a_{22} & a_{23} \\ a_{31} & a_{32} & a_{33} \end{vmatrix}$ 中,元素 a_{12} 的余子式和代数余子式分别为

$$M_{12}=\begin{vmatrix} a_{21} & a_{23} \\ a_{31} & a_{33} \end{vmatrix} \text{与} A_{12}=(-1)^{1+2}\begin{vmatrix} a_{21} & a_{23} \\ a_{31} & a_{33} \end{vmatrix}=-\begin{vmatrix} a_{21} & a_{23} \\ a_{31} & a_{33} \end{vmatrix}=-M_{12}.$$

定理 8.3.1 行列式等于它的任一行(列)的各元素与其代数余子式的乘积之和,即

$$D=a_{i1}A_{i1}+a_{i2}A_{i2}+\cdots+a_{in}A_{in},\quad i=1,2,\cdots,n \tag{8.8}$$

或

$$D=a_{1j}A_{1j}+a_{2j}A_{2j}+\cdots+a_{nj}A_{nj},\quad j=1,2,\cdots,n.$$

证 只证明式(8.8),分三步完成.

(1) 一个 n 阶行列式,如果第 i 行中所有元素除 a_{ij} 外都为零,先证 a_{ij} 位于第1行、第1列的情形. 此时

$$\begin{aligned} D=\begin{vmatrix} a_{11} & 0 & \cdots & 0 \\ a_{21} & a_{22} & \cdots & a_{2n} \\ \vdots & \vdots & & \vdots \\ a_{n1} & a_{n2} & \cdots & a_{nn} \end{vmatrix} &= \sum_{j_1j_2\cdots j_n}(-1)^{\tau(j_1j_2\cdots j_n)}a_{1j_1}a_{2j_2}\cdots a_{nj_n} \\ &= \sum_{j_2\cdots j_n}(-1)^{\tau(1j_2\cdots j_n)}a_{11}a_{2j_2}\cdots a_{nj_n} \\ &= a_{11}\sum_{j_2\cdots j_n}(-1)^{\tau(1j_2\cdots j_n)}a_{2j_2}\cdots a_{nj_n} \\ &= a_{11}M_{11}=a_{11}A_{11}. \end{aligned}$$

(2) 设行列式

$$D(i,j)=\begin{vmatrix} a_{11} & \cdots & a_{1j} & \cdots & a_{1n} \\ \vdots & & \vdots & & \vdots \\ 0 & \cdots & a_{ij} & \cdots & 0 \\ \vdots & & \vdots & & \vdots \\ a_{n1} & \cdots & a_{nj} & \cdots & a_{nn} \end{vmatrix},$$

$D(i,j)$ 中第 i 行除 a_{ij} 外其余元素都是零,把第 i 行依次与第 $i-1,\cdots,$ 第 1 行交换,然后再把第 j 列依次与第 $j-1,\cdots,$ 第 1 列交换,最终将非零元素 a_{ij} 换到 a_{11} 的位置. 由行列式性质有

$$D(i,j)=(-1)^{i-1+j-1}\begin{vmatrix} a_{ij} & 0 & \cdots & 0 & 0 & \cdots & 0 \\ a_{1j} & a_{11} & \cdots & a_{1,j-1} & a_{1,j+1} & \cdots & a_{1n} \\ \vdots & \vdots & & \vdots & \vdots & & \vdots \\ a_{i-1,j} & a_{i-1,1} & \cdots & a_{i-1,j-1} & a_{i-1,j+1} & \cdots & a_{i-1,n} \\ a_{i+1,j} & a_{i+1,1} & \cdots & a_{i+1,j-1} & a_{i+1,j+1} & \cdots & a_{i+1,n} \\ \vdots & \vdots & & \vdots & \vdots & & \vdots \\ a_{n,j} & a_{n1} & \cdots & a_{n,j-1} & a_{n,j+1} & \cdots & a_{nn} \end{vmatrix}.$$

由(1)的结果有

$$D(i,j)=(-1)^{i+j-2}a_{ij}M_{ij}=(-1)^{i+j}a_{ij}M_{ij}=a_{ij}A_{ij}.$$

(3) 一般情形. 利用行列式的性质,把第 i 行拆开,就有

$$D=\begin{vmatrix} a_{11} & a_{12} & \cdots & a_{1n} \\ \vdots & \vdots & & \vdots \\ a_{i1} & 0 & \cdots & 0 \\ \vdots & \vdots & & \vdots \\ a_{n1} & a_{n2} & \cdots & a_{nn} \end{vmatrix}+\begin{vmatrix} a_{11} & a_{12} & \cdots & a_{1n} \\ \vdots & \vdots & & \vdots \\ 0 & a_{i2} & \cdots & 0 \\ \vdots & \vdots & & \vdots \\ a_{n1} & a_{n2} & \cdots & a_{nn} \end{vmatrix}+\cdots+\begin{vmatrix} a_{11} & a_{12} & \cdots & a_{1n} \\ \vdots & \vdots & & \vdots \\ 0 & 0 & \cdots & a_{in} \\ \vdots & \vdots & & \vdots \\ a_{n1} & a_{n2} & \cdots & a_{nn} \end{vmatrix}$$

$$=a_{i1}A_{i1}+a_{i2}A_{i2}+\cdots+a_{in}A_{in}.$$

定理 8.3.1 提供了一个计算行列式的基本方法:应用行列式性质,将行列式化简,使行列式的某一行或某一列中尽可能多的元素为零,然后按该行或列展开,化为低阶行列式.

例 8.3.1 计算 3 阶行列式 $\begin{vmatrix} -1 & 0 & 1 \\ 1 & -2 & 1 \\ 2 & 1 & -1 \end{vmatrix}$.

解 按第一行展开,得到

$$\begin{vmatrix} -1 & 0 & 1 \\ 1 & -2 & 1 \\ 2 & 1 & -1 \end{vmatrix}$$

$$= (-1)\times(-1)^{1+1}\begin{vmatrix} -2 & 1 \\ 1 & -1 \end{vmatrix} + 0\times(-1)^{1+2}\begin{vmatrix} 1 & 1 \\ 2 & -1 \end{vmatrix} + 1\times(-1)^{1+3}\begin{vmatrix} 1 & -2 \\ 2 & 1 \end{vmatrix}$$

$$= -1 + 5 = 4.$$

例 8.3.2 计算 4 阶行列式 $D = \begin{vmatrix} 2 & 3 & 10 & 0 \\ 1 & 2 & 0 & 1 \\ 0 & 3 & 5 & 18 \\ 5 & 10 & 15 & 4 \end{vmatrix}$.

解 $D \xlongequal[c_2 - 2c_4]{c_1 - c_4} \begin{vmatrix} 2 & 3 & 10 & 0 \\ 0 & 0 & 0 & 1 \\ -18 & -33 & 5 & 18 \\ 1 & 2 & 15 & 4 \end{vmatrix}$

$$= (-1)^{2+4}\begin{vmatrix} 2 & 3 & 10 \\ -18 & -33 & 5 \\ 1 & 2 & 15 \end{vmatrix} = 5\begin{vmatrix} 2 & 3 & 2 \\ -18 & -33 & 1 \\ 1 & 2 & 3 \end{vmatrix}$$

$$\xlongequal[c_3 - 3c_1]{c_2 - 2c_1} 5\begin{vmatrix} 2 & -1 & -4 \\ -18 & 3 & 55 \\ 1 & 0 & 0 \end{vmatrix}$$

$$= (-1)^{3+1}5\begin{vmatrix} -1 & -4 \\ 3 & 55 \end{vmatrix} = -215.$$

例 8.3.3 讨论当 k 为何值时 $\begin{vmatrix} 1 & 1 & 0 & 0 \\ 1 & k & 1 & 0 \\ 0 & 0 & k & 2 \\ 0 & 0 & 2 & k \end{vmatrix} \neq 0$.

解 $\begin{vmatrix} 1 & 1 & 0 & 0 \\ 1 & k & 1 & 0 \\ 0 & 0 & k & 2 \\ 0 & 0 & 2 & k \end{vmatrix} \xlongequal{r_2 - r_1} \begin{vmatrix} 1 & 1 & 0 & 0 \\ 0 & k-1 & 1 & 0 \\ 0 & 0 & k & 2 \\ 0 & 0 & 2 & k \end{vmatrix}$

$$= \begin{vmatrix} k-1 & 1 & 0 \\ 0 & k & 2 \\ 0 & 2 & k \end{vmatrix} = (k-1)(k^2-4).$$

所以，当 $k \neq 1, k \neq 2, k \neq -2$ 时，$\begin{vmatrix} 1 & 1 & 0 & 0 \\ 1 & k & 1 & 0 \\ 0 & 0 & k & 2 \\ 0 & 0 & 2 & k \end{vmatrix} \neq 0$.

定理 8.3.2 n 阶行列式 D 中某一行(列)的元素与另一行(列)对应元素的代数余子式乘积之和等于零. 即

$$a_{i1}A_{j1}+a_{i2}A_{j2}+\cdots+a_{in}A_{jn}=\begin{cases}D, & i=j,\\ 0, & i\neq j,\end{cases}$$

$$a_{1i}A_{1j}+a_{2i}A_{2j}+\cdots+a_{ni}A_{nj}=\begin{cases}D, & i=j,\\ 0, & i\neq j.\end{cases}$$

证 (考虑行的情况)由定理 8.3.1,将行列式 D 按第 j 行展开,有

$$D=a_{j1}A_{j1}+a_{j2}A_{j2}+\cdots+a_{jn}A_{jn},$$

将行列式 D 中第 j 行元素换成第 i 行元素(不妨设 $j>i$),再按第 j 行展开,得到

$$\begin{vmatrix} a_{11} & \cdots & a_{1n}\\ \vdots & & \vdots\\ a_{i1} & \cdots & a_{in}\\ \vdots & & \vdots\\ a_{i1} & \cdots & a_{in}\\ \vdots & & \vdots\\ a_{n1} & \cdots & a_{nn}\end{vmatrix}=a_{i1}A_{j1}+a_{i2}A_{j2}+\cdots+a_{in}A_{jn},$$

上式等号左端的行列式有两行元素相同,其值应等于零. 故有

$$a_{i1}A_{j1}+a_{i2}A_{j2}+\cdots+a_{in}A_{jn}=0,\quad i\neq j.$$

例 8.3.4 设 $D=\begin{vmatrix} 2 & 1 & 4 & 2\\ 1 & 1 & 2 & 5\\ -3 & 1 & 3 & 3\\ 5 & 1 & 1 & 1\end{vmatrix}$,求 $A_{14}+A_{24}+A_{34}+A_{44}$ 与 $M_{11}+M_{12}+M_{13}+M_{14}$.

解 因第 2 列各元与第 4 列对应元的代数余子式乘积之和为零,所以有

$$A_{14}+A_{24}+A_{34}+A_{44}=0.$$

$$\begin{aligned}M_{11}+M_{12}+M_{13}+M_{14}&=A_{11}-A_{12}+A_{13}-A_{14}\\ &=\begin{vmatrix} 1 & -1 & 1 & -1\\ 1 & 1 & 2 & 5\\ -3 & 1 & 3 & 3\\ 5 & 1 & 1 & 1\end{vmatrix}\xlongequal[r_4+r_1]{\substack{r_2+r_1\\ r_3+r_1}}\begin{vmatrix} 1 & -1 & 1 & -1\\ 2 & 0 & 3 & 4\\ -2 & 0 & 4 & 2\\ 6 & 0 & 2 & 0\end{vmatrix}\\ &=\begin{vmatrix} 2 & 3 & 4\\ -2 & 4 & 2\\ 6 & 2 & 0\end{vmatrix}=-84.\end{aligned}$$

例 8.3.5 计算行列式

$$D_{2n}=\begin{vmatrix} a & & & & & & & b \\ & a & & & & & b & \\ & & \ddots & & & \iddots & & \\ & & & a & b & & & \\ & & & c & d & & & \\ & & \iddots & & & \ddots & & \\ & c & & & & & d & \\ c & & & & & & & d \end{vmatrix}.$$

解 按第一行展开,有

$$\begin{aligned} D_{2n} &= adD_{2(n-1)} - bc\,(-1)^{2n-1+1}D_{2(n-1)} \\ &= (ad-bc)D_{2(n-1)}, \end{aligned}$$

以此为递推公式,有

$$\begin{aligned} D_{2n} &= (ad-bc)D_{2(n-1)} = (ad-bc)^2D_{2(n-2)} \\ &= \cdots = (ad-bc)^{n-1}D_2 \\ &= (ad-bc)^{n-1}\begin{vmatrix} a & b \\ c & d \end{vmatrix} = (ad-bc)^n. \end{aligned}$$

8.4 克拉默法则

对于二元、三元线性方程组,当它们的系数行列式 $D\neq 0$ 时,其解可用二阶、三阶行列式来表示,其形式既简单又便于记忆. 对于 n 元线性方程组,也有类似的结论,即克拉默法则.

定理 8.4.1 设有 n 元线性方程组

$$\begin{cases} a_{11}x_1 + a_{12}x_2 + \cdots + a_{1n}x_n = b_1, \\ a_{21}x_1 + a_{22}x_2 + \cdots + a_{2n}x_n = b_2, \\ \cdots\cdots \\ a_{n1}x_1 + a_{n2}x_2 + \cdots + a_{nn}x_n = b_n. \end{cases} \tag{8.9}$$

通常把系数行列式记作 D, 即

$$D=\begin{vmatrix} a_{11} & a_{12} & \cdots & a_{1n} \\ a_{21} & a_{22} & \cdots & a_{2n} \\ \vdots & \vdots & & \vdots \\ a_{n1} & a_{n2} & \cdots & a_{nn} \end{vmatrix};$$

并且记

$$D_j=\begin{vmatrix}\cdots & a_{1,j-1} & b_1 & a_{1,j+1} & \cdots\\ \cdots & a_{2,j-1} & b_2 & a_{2,j+1} & \cdots\\ & \vdots & & \vdots & \\ \cdots & a_{n,j-1} & b_n & a_{n,j+1} & \cdots\end{vmatrix},\ 1\leqslant j\leqslant n.$$

若线性方程组(8.9)的系数行列式 $D\neq 0$，则方程组有唯一解

$$x_j=\frac{D_j}{D},\quad 1\leqslant j\leqslant n. \tag{8.10}$$

证　先证明式(8.10)是方程组(8.9)的解，将 D_j 按第 j 列展开

$$D_j=b_1A_{1j}+b_2A_{2j}+\cdots+b_nA_{nj},\quad j=1,2,\cdots,n,$$

其中 A_{ij} 是系数行列式中元 a_{ij} 的代数余子式，将 $x_j=\dfrac{D_j}{D},j=1,2,\cdots,n$ 代入方程组(8.9)中第 $i\ (i=1,2,\cdots,n)$ 个方程的左端，得到

$$\begin{aligned}&a_{i1}(b_1A_{11}+b_2A_{21}+\cdots+b_nA_{n1})\frac{1}{D}+a_{i2}(b_1A_{12}+b_2A_{22}+\cdots+b_nA_{n2})\frac{1}{D}+\cdots\\&\quad+a_{in}(b_1A_{1n}+b_2A_{2n}+\cdots+b_nA_{nn})\frac{1}{D}\\&=b_1(a_{i1}A_{11}+a_{i2}A_{12}+\cdots+a_{in}A_{1n})\frac{1}{D}+\cdots\\&\quad+b_i(a_{i1}A_{i1}+a_{i2}A_{i2}+\cdots+a_{in}A_{in})\frac{1}{D}\\&\quad+b_n(a_{i1}A_{n1}+a_{i2}A_{n2}+\cdots+a_{in}A_{nn})\frac{1}{D}\\&=b_i.\end{aligned}$$

因此 $x_j=\dfrac{D_j}{D}$ 是方程组(8.9)的解. 再证唯一性，若方程组有解 $x_1=c_1,x_2=c_2,\cdots,x_n=c_n$，则

$$\begin{cases}a_{11}c_1+a_{12}c_2+\cdots+a_{1n}c_n=b_1,\\ a_{21}c_1+a_{22}c_2+\cdots+a_{2n}c_n=b_2,\\ \cdots\cdots\\ a_{n1}c_1+a_{n2}c_2+\cdots+a_{nn}c_n=b_n.\end{cases}$$

在上面 n 个恒等式两端，分别依次乘以系数行列式 D 的第 j 列元的代数余子式 $A_{1j},A_{2j},\cdots,A_{nj}$，然后再把这 n 个等式的两端相加，得

$$\left(\sum_{i=1}^{n}a_{i1}A_{ij}\right)c_1+\cdots+\left(\sum_{i=1}^{n}a_{ij}A_{ij}\right)c_j+\cdots+\left(\sum_{i=1}^{n}a_{in}A_{ij}\right)c_n=\sum_{i=1}^{n}b_iA_{ij},$$

因此有 $Dc_j=D_j$，所以

$$c_j=\frac{D_j}{D},\quad j=1,2,\cdots,n.$$

例 8.4.1 解线性方程组$\begin{cases}2x_1+x_2-3x_3+x_4=1,\\x_1+2x_2-3x_3+x_4=0,\\x_2-2x_3+x_4=1,\\-x_1+3x_2-4x_3=0.\end{cases}$

解 方程组的系数行列式

$$D=\begin{vmatrix}2&1&-3&1\\1&2&-3&1\\0&1&-2&1\\-1&3&-4&0\end{vmatrix}=6\neq 0,$$

由克拉默法则知方程组有唯一解.

$$D_1=\begin{vmatrix}1&1&-3&1\\0&2&-3&1\\1&1&-2&1\\0&3&-4&0\end{vmatrix}=-3,\quad D_2=\begin{vmatrix}2&1&-3&1\\1&0&-3&1\\0&1&-2&1\\-1&0&-4&0\end{vmatrix}=-9,$$

$$D_3=\begin{vmatrix}2&1&1&1\\1&2&0&1\\0&1&1&1\\-1&3&0&0\end{vmatrix}=-6,\quad D_4=\begin{vmatrix}2&1&-3&1\\1&2&-3&0\\0&1&-2&1\\-1&3&-4&0\end{vmatrix}=3,$$

于是得 $x_1=\dfrac{D_1}{D}=-\dfrac{1}{2}$, $x_2=\dfrac{D_2}{D}=-\dfrac{3}{2}$, $x_3=\dfrac{D_3}{D}=-1$, $x_4=\dfrac{D_4}{D}=\dfrac{1}{2}$.

对于线性方程组(8.9),当其右端项 $b_1,b_2,\cdots,b_n$ 不全为零时,称(8.9)为 n **元非齐次线性方程组**;当其右端项 $b_1,b_2,\cdots,b_n$ 全为零时,称(8.9)为 n **元齐次线性方程组**. 齐次线性方程组一定有零解,但是不一定有非零解. 将克拉默法则应用于齐次线性方程组,即得到下面的定理.

定理 8.4.2 若 n 元齐次线性方程组

$$\begin{cases}a_{11}x_1+a_{12}x_2+\cdots+a_{1n}x_n=0,\\a_{21}x_1+a_{22}x_2+\cdots+a_{2n}x_n=0,\\\qquad\qquad\cdots\cdots\\a_{n1}x_1+a_{n2}x_2+\cdots+a_{nn}x_n=0\end{cases}$$

的系数行列式 $D\neq 0$, 则方程组只有零解 $x_j=0, j=1,2,\cdots,n$.

证 因为 $D\neq 0$, 根据克拉默法则,则齐次线性方程组有唯一解 $x_j=\dfrac{D_j}{D}$ $(j=1,2,\cdots,n)$. 又由于行列式 $D_j\ (j=1,2,\cdots,n)$ 中有一列的元素全为零,因而 $D_j=0$. 所以齐次线性方程组仅有零解.

在第 10 章还可以证明齐次线性方程组有非零解,则它的系数行列式必为零.即齐次线性方程组存在非零解的充分必要条件是系数行列式为零.

例 8.4.2 给定齐次线性方程组

$$\begin{cases}(1+a)x_1+x_2+x_3=0,\\ x_1+(1+a)x_2+x_3=0,\\ x_1+x_2+(1+a)x_3=0,\end{cases}$$

当 a 取何值时,方程组有非零解?

解 齐次线性方程组有非零解,则它的系数行列式必为零.而方程组的系数行列式为

$$D=\begin{vmatrix}1+a & 1 & 1\\ 1 & 1+a & 1\\ 1 & 1 & 1+a\end{vmatrix}=(3+a)a^2.$$

当 $a=-3$ 或 $a=0$ 时,系数行列式 $D=0$.

习 题 8

1. 计算下列行列式的值.

(1) $\begin{vmatrix}4 & -3\\ -7 & 6\end{vmatrix}$; (2) $\begin{vmatrix}\cos\alpha & -\sin\alpha\\ \sin\alpha & \cos\alpha\end{vmatrix}$;

(3) $\begin{vmatrix}1 & -2 & 3\\ 4 & 5 & -6\\ 7 & 0 & 9\end{vmatrix}$; (4) $\begin{vmatrix}x & 1 & -1\\ -1 & x & 1\\ 1 & -1 & x\end{vmatrix}$.

2. 计算下列排列的逆序数,并判断其奇偶性.

(1) 4357261; (2) 217986354;

(3) $135\cdots(2n-1)246\cdots(2n)$.

3. 选择 i 与 j 使

(1) $1i25j4897$ 为奇排列; (2) $3972i15j4$ 为偶排列.

4. 求排列 $n(n-1)\cdots21$ 的逆序数,并讨论其奇偶性.

5. 写出 4 阶行列式中,包含 $a_{21}a_{42}$ 的项,并指出对应项的符号.

6. 利用行列式的定义计算下列行列式.

(1) $\begin{vmatrix}1 & 1 & 0 & 0\\ 2 & -1 & 0 & 0\\ 0 & 0 & 3 & 0\\ 0 & 0 & 4 & 4\end{vmatrix}$; (2) $\begin{vmatrix}0 & n & 0 & \cdots & 0\\ 0 & 0 & n-1 & \cdots & 0\\ \vdots & \vdots & & & \vdots\\ 0 & 0 & \cdots & 0 & 2\\ 1 & 0 & \cdots & 0 & 0\end{vmatrix}$.

7. 利用行列式的性质,计算下列行列式.

(1) $\begin{vmatrix} 0 & -1 & -1 \\ 1 & 0 & -1 \\ 1 & 1 & 0 \end{vmatrix}$; (2) $\begin{vmatrix} 4 & 1 & 2 & 4 \\ 1 & 2 & 0 & 2 \\ 10 & 5 & 2 & 0 \\ 0 & 1 & 1 & 7 \end{vmatrix}$;

(3) $\begin{vmatrix} -ab & ac & ae \\ bd & -cd & de \\ bf & cf & ef \end{vmatrix}$; (4) $\begin{vmatrix} 1 & a & 0 & 0 \\ -1 & 1-a & b & 0 \\ 0 & -1 & 1-b & c \\ 0 & 0 & -1 & 1-c \end{vmatrix}$;

(5) $\begin{vmatrix} x & a_1 & a_2 & a_3 \\ b_1 & 1 & 0 & 0 \\ b_2 & 0 & 2 & 0 \\ b_3 & 0 & 0 & 3 \end{vmatrix}$.

8. 计算 n 阶行列式 $\begin{vmatrix} a_1+b_1 & a_1+b_2 & \cdots & a_1+b_n \\ a_2+b_1 & a_2+b_2 & \cdots & a_2+b_n \\ \vdots & \vdots & & \vdots \\ a_n+b_1 & a_n+b_2 & \cdots & a_n+b_n \end{vmatrix}$.

9. 证明:$\begin{vmatrix} a+b & b+c & c+a \\ a_1+b_1 & b_1+c_1 & c_1+a_1 \\ a_2+b_2 & b_2+c_2 & c_2+a_2 \end{vmatrix} = \begin{vmatrix} a & b & c \\ a_1 & b_1 & c_1 \\ a_2 & b_2 & c_2 \end{vmatrix}$.

10. 解方程

(1) $\begin{vmatrix} -2 & -2 & 2 & 1 \\ -1 & x^2-2 & 0 & 4 \\ 3 & 3 & -1 & 2 \\ 6 & 6 & -2 & 8-x^2 \end{vmatrix} = 0$; (2) $\begin{vmatrix} x & 3 & 3 & 3 \\ 3 & x & 3 & 3 \\ 3 & 3 & x & 3 \\ 3 & 3 & 3 & x \end{vmatrix} = 0$.

11. 求下列行列式的第二行元素的代数余子式.

(1) $\begin{vmatrix} 2 & 0 & 0 \\ -3 & 1 & 0 \\ 1 & 2 & 5 \end{vmatrix}$; (2) $\begin{vmatrix} 2 & 2 & 2 \\ 1 & 1 & 1 \\ 4 & 4 & 3 \end{vmatrix}$.

12. 计算下列行列式.

(1) $\begin{vmatrix} 1 & a & b & c \\ a & 1 & 0 & 0 \\ b & 0 & 2 & 0 \\ c & 0 & 0 & 3 \end{vmatrix}$; (2) $\begin{vmatrix} 1+x & 1 & 1 & 1 \\ 1 & 1-x & 1 & 1 \\ 1 & 1 & 1+y & 1 \\ 1 & 1 & 1 & 1-y \end{vmatrix}$;

(3) $\begin{vmatrix} a+x & a & a & a \\ a & a+x & a & a \\ a & a & a+x & a \\ a & a & a & a+x \end{vmatrix}$; (4) $\begin{vmatrix} 3 & 5 & -1 & 2 \\ -4 & 5 & 3 & -3 \\ 1 & 2 & 0 & 1 \\ 2 & 0 & -3 & 4 \end{vmatrix}$;

(5) $\begin{vmatrix} 1 & 2 & 3 & 4 & 5 \\ 2 & 3 & 4 & 5 & 6 \\ 3 & 4 & 5 & 6 & 7 \\ 4 & 5 & 6 & 7 & 8 \\ 5 & 6 & 7 & 8 & 9 \end{vmatrix}$; (6) $\begin{vmatrix} 2 & -1 & 3 & 1 & 0 \\ 1 & 2 & -1 & 4 & 3 \\ 0 & -1 & -3 & 2 & 3 \\ 4 & 5 & 0 & 3 & 1 \\ 1 & -1 & 2 & -2 & 3 \end{vmatrix}$;

(7) $\begin{vmatrix} \cos\alpha & 1 & 0 & 0 \\ 1 & 2\cos\alpha & 1 & 0 \\ 0 & 1 & 2\cos\alpha & 1 \\ 0 & 0 & 1 & 2\cos\alpha \end{vmatrix}$.

13. 计算 n 阶行列式.

(1) $\begin{vmatrix} 1 & 2 & 2 & \cdots & 2 \\ 2 & 2 & 2 & \cdots & 2 \\ 2 & 2 & 3 & \cdots & 2 \\ \vdots & \vdots & \vdots & & \vdots \\ 2 & 2 & 2 & \cdots & n \end{vmatrix}$; (2) $\begin{vmatrix} x & y & 0 & \cdots & 0 & 0 \\ 0 & x & y & \cdots & 0 & 0 \\ \vdots & \vdots & \vdots & & \vdots & \vdots \\ 0 & 0 & 0 & \cdots & x & y \\ y & 0 & 0 & \cdots & 0 & x \end{vmatrix}$

14. 用克拉默法则解下列方程组.

(1) $\begin{cases} x_1+2x_2-x_3+4x_4=1, \\ 3x_1+x_2+x_3+11x_4=0, \\ 2x_1-3x_2-x_3+4x_4=1, \\ x_1+x_2+x_3+x_4=0; \end{cases}$ (2) $\begin{cases} 5x_1+6x_2=1, \\ x_1+5x_2+6x_3=0, \\ x_2+5x_3+6x_4=0, \\ x_3+5x_4+6x_5=0, \\ x_4+5x_5=1; \end{cases}$

(3) $\begin{cases} x_1+2x_2+3x_3-2x_4=6, \\ 2x_1-x_2-2x_3-3x_4=8, \\ 3x_1+2x_2-x_3+2x_4=4, \\ 2x_1-3x_2+2x_3+x_4=-8. \end{cases}$

15. 设有齐次线性方程组 $\begin{cases} ax_1+x_2+x_3=0, \\ x_1+ax_2+x_3=0, \\ x_1+2ax_2+x_3=0, \end{cases}$ 当 a 取何值时,方程组有非零解?

16. 若齐次线性方程组$\begin{cases} kx+y+z=0, \\ x+ky-z=0, \\ 2x-y+z=0 \end{cases}$有非零解,求 k 值.

17. 齐次线性方程组$\begin{cases} x_1+x_2+x_3+ax_4=0, \\ x_1+2x_2+x_3+x_4=0, \\ x_1+x_2-3x_3+x_4=0, \\ x_1+x_2+ax_3+bx_4=0 \end{cases}$有非零解,$a$,$b$ 应满足什么关系式?

第 9 章　矩　　阵

矩阵是数学中的一个重要概念，是线性代数的重要研究对象. 线性代数的许多内容都可借助于矩阵进行讨论. 矩阵作为一种重要的数学工具不仅广泛应用于数学的其他分支，而且在其他学科也有着广泛的应用.

本章将从实际问题入手，引入矩阵的概念，然后介绍矩阵运算、分块矩阵、可逆矩阵、矩阵的初等变换与秩等内容.

9.1　矩阵的概念

9.1.1　矩阵的概念

在很多实际问题中，人们经常要处理一些数，不仅要描述它们，而且要研究它们之间的相互关系.

例 9.1.1　某城市有 4 个县城，市政府决定修建公路网. 图 9.1 所示为公路网中各段公路的里程数(单位：km). 其中，五个圆分别表示城市 O 与四个县城 E_1，E_2，E_3，E_4，图中两圆连线的数字表示两地公路的总里程.

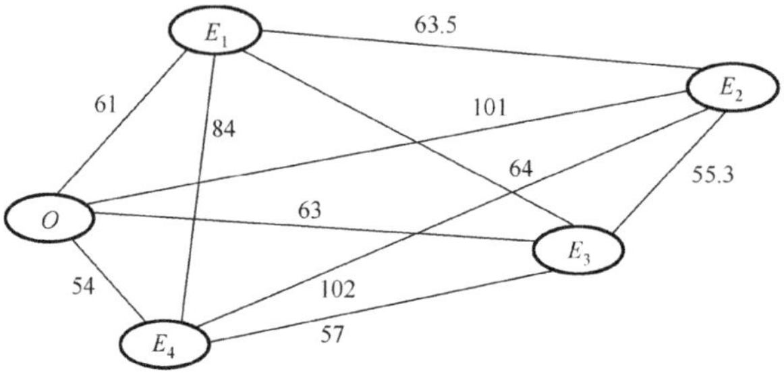

图 9.1

图 9.1 可用下面的矩形数表表示

	O	E_1	E_2	E_3	E_4
O	0	61	101	63	54
E_1	61	0	63.5	64	84
E_2	101	63.5	0	55.3	102
E_3	63	64	55.3	0	57
E_4	54	84	102	57	0

例 9.1.2　求解方程组

$$\begin{cases} x-y+2z=1, & ① \\ -x+2y-3z=0, & ② \\ x-y+3z=2. & ③ \end{cases} \tag{9.1}$$

解　采用消元法求解,②+①,③−① ,得

$$\begin{cases} x-y+2z=1, & ① \\ \qquad y-z=1, & ② \\ \qquad\quad z=1. & ③ \end{cases} \tag{9.2}$$

形如式(9.2)的方程组称为**阶梯形线性方程组**.

采用回代法求解阶梯形线性方程组. 由式(9.2)中的③知 $z=1$, 将其回代②, 得 $y=2$, 再回代①,得 $x=1$. 于是得原方程组(9.1)的解为 $\begin{cases} x=1, \\ y=2, \\ z=1. \end{cases}$

由例 9.1.2 的求解过程可以看出:线性方程组的解由未知变量的系数和常数项唯一确定,与未知变量的记号无关. 因此,要研究方程组的求解问题,只需研究未知变量的系数和常数项构成的数表即可. 我们将原方程组(9.1)中未知变量的系数和常数项构成的数表记为

$$\begin{pmatrix} 1 & -1 & 2 & 1 \\ -1 & 2 & -3 & 0 \\ 1 & -1 & 3 & 2 \end{pmatrix},$$

这样的矩形数表称为矩阵. 因该矩阵有 3 行(横为行)4 列(竖为列),故称之为 3 行 4 列矩阵,简称 3×4 矩阵.

类似地,例 9.1.1 中的数表可用一个 5×5 矩阵表示为

$$\begin{pmatrix} 0 & 61 & 101 & 63 & 54 \\ 61 & 0 & 63.5 & 64 & 84 \\ 101 & 63.5 & 0 & 55.3 & 102 \\ 63 & 64 & 55.3 & 0 & 57 \\ 54 & 84 & 102 & 57 & 0 \end{pmatrix}.$$

定义 9.1.1　$m\times n$ 个数 a_{ij} $(1\leqslant i\leqslant m, 1\leqslant j\leqslant n)$组成的矩形数表

$$\boldsymbol{A}=\begin{pmatrix} a_{11} & a_{12} & \cdots & a_{1n} \\ a_{21} & a_{22} & \cdots & a_{2n} \\ \vdots & \vdots & & \vdots \\ a_{m1} & a_{m2} & \cdots & a_{mn} \end{pmatrix}$$

称为 m 行 n 列**矩阵**,或 $m\times n$ 矩阵,记作 $\boldsymbol{A}=(a_{ij})_{m\times n}$. 数 a_{ij} 位于矩阵 $\boldsymbol{A}$ 的第 i 行第 j 列,称为矩阵 $\boldsymbol{A}$ 的第 i 行第 j 列元素.

通常,使用大写拉丁字母 $\boldsymbol{A},\boldsymbol{B},\boldsymbol{C},\cdots$ 表示矩阵.

对 $\boldsymbol{A}=(a_{ij})_{m\times n}$,若 $m=n$,称 $\boldsymbol{A}$ 为 n **阶矩阵**(或 n **阶方阵**),元素 a_{ii} $(i=1,2,\cdots,n)$ 所在的直线称为该方阵的**主对角线**. a_{ii} $(1\leqslant i\leqslant n)$称为 $\boldsymbol{A}$ 的主对角线元素.

若 $m=1$,则 $\boldsymbol{A}=(a_{11}\quad a_{12}\quad \cdots\quad a_{1n})$,称 $\boldsymbol{A}$ 为**行矩阵**,又称**行向量**;若 $n=1$,则 $\boldsymbol{A}=\begin{pmatrix}a_{11}\\a_{21}\\\vdots\\a_{m1}\end{pmatrix}$,称 $\boldsymbol{A}$ 为**列矩阵**,又称**列向量**.

$m\times n$ 个元素全为零的矩阵称为零矩阵,称为 $\boldsymbol{O}_{m\times n}$ 或 $\boldsymbol{O}$.

例如

$$\boldsymbol{A}=\begin{pmatrix}1 & 0 & -4\\-2.5 & 3 & 6.2\end{pmatrix},\quad \boldsymbol{C}=\begin{pmatrix}0 & 0\\0 & 0\\0 & 0\end{pmatrix},$$

则 $\boldsymbol{A}$ 是 2×3 矩阵,$\boldsymbol{C}=\boldsymbol{O}$ 是 3×2 零矩阵.

例 9.1.3　给定 n 个变量 m 个方程的线性方程组

$$\begin{cases}a_{11}x_1+a_{12}x_2+\cdots+a_{1n}x_n=b_1,\\a_{21}x_1+a_{22}x_2+\cdots+a_{2n}x_n=b_2,\\\qquad\cdots\cdots\\a_{m1}x_1+a_{m2}x_2+\cdots+a_{mn}x_n=b_m,\end{cases}$$

其中,$x_1,x_2,\cdots,x_n$ 是未知数,$a_{ij}(i=1,2,\cdots,m;j=1,2,\cdots,n)$ 是系数,$b_1,b_2,\cdots,b_m$ 是常数项.

将对应的系数按顺序排成矩形数表

$$\boldsymbol{A}=\begin{pmatrix}a_{11} & a_{12} & \cdots & a_{1n}\\a_{21} & a_{22} & \cdots & a_{2n}\\\vdots & \vdots & & \vdots\\a_{m1} & a_{m2} & \cdots & a_{mn}\end{pmatrix},$$

$\boldsymbol{A}$ 是一个 $m\times n$ 矩阵,称为方程组的**系数矩阵**;将对应的系数与常数项按顺序排成矩形数表

$$\boldsymbol{B}=\begin{pmatrix}a_{11} & a_{12} & \cdots & a_{1n} & b_1\\a_{21} & a_{22} & \cdots & a_{2n} & b_2\\\vdots & \vdots & & \vdots & \vdots\\a_{m1} & a_{m2} & \cdots & a_{mn} & b_m\end{pmatrix},$$

$\boldsymbol{B}$ 是一个 $m\times(n+1)$ 矩阵,称为方程组的**增广矩阵**.

9.1.2 几种特殊的矩阵

定义 9.1.2 主对角元素全为1,而其他元素全为零的n阶矩阵称为n **阶单位矩阵**,简称**单位阵**,记为 $\boldsymbol{E}_n$ 或 $\boldsymbol{E}$, 即

$$\boldsymbol{E}=\begin{pmatrix}1 & 0 & \cdots & 0\\ 0 & 1 & \cdots & 0\\ \vdots & \vdots & & \vdots\\ 0 & 0 & \cdots & 1\end{pmatrix}.$$

定义 9.1.3 除对角线上元素外其他元素全为零的n阶矩阵称为n **阶对角矩阵**,简称**对角阵**,记为$\boldsymbol{\Lambda}$, 即

$$\boldsymbol{\Lambda}=\begin{pmatrix}a_1 & 0 & \cdots & 0\\ 0 & a_2 & \cdots & 0\\ \vdots & \vdots & & \vdots\\ 0 & 0 & \cdots & a_n\end{pmatrix},$$

或记作 $\boldsymbol{\Lambda}=\mathrm{diag}(a_1,a_2,\cdots,a_n)$.

定义 9.1.4 形如 $\begin{pmatrix}a_{11} & a_{12} & \cdots & a_{1n}\\ 0 & a_{22} & \cdots & a_{2n}\\ \vdots & \vdots & & \vdots\\ 0 & 0 & \cdots & a_{nn}\end{pmatrix}$ 与 $\begin{pmatrix}a_{11} & 0 & \cdots & 0\\ a_{21} & a_{22} & \cdots & 0\\ \vdots & \vdots & & \vdots\\ a_{n1} & a_{n2} & \cdots & a_{nn}\end{pmatrix}$ 的n阶方阵分别称为n **阶上三角形矩阵**与n **阶下三角形矩阵**. 上三角形矩阵与下三角形矩阵统称为**三角形矩阵**.

显然,矩阵 $\boldsymbol{A}=(a_{ij})_{n\times n}$ 是上三角阵,当且仅当 $a_{ij}=0,(i>j,j=1,2,\cdots,n-1)$; 矩阵 $\boldsymbol{A}=(a_{ij})_{n\times n}$ 是下三角阵,当且仅当 $a_{ij}=0(i<j,j=2,3,\cdots,n)$.

9.2 矩阵的运算

9.2.1 矩阵的加法与数量乘法

为了有效地处理不同矩阵之间的相互关系,定义矩阵的代数运算.

定义 9.2.1 设 $\boldsymbol{A}=(a_{ij})_{m\times n}$, $\boldsymbol{B}=(b_{ij})_{m\times n}$ 具有相同的行与列,且对应位置的元素都相等,即 $a_{ij}=b_{ij}(i=1,2,\cdots,m;\ j=1,2,\cdots,n)$, 则称 $\boldsymbol{A}$ 和 $\boldsymbol{B}$ 相等,记作 $\boldsymbol{A}=\boldsymbol{B}$.

例如, 若 $\begin{pmatrix}a & -1\\ 0 & b\\ 2 & 3\end{pmatrix}=\begin{pmatrix}1 & -1\\ 0 & 2\\ c & 3\end{pmatrix}$, 则必有 $a=1$, $b=2$, $c=2$.

定义 9.2.2 设 $\boldsymbol{A}=(a_{ij})_{m\times n}$, $\boldsymbol{B}=(b_{ij})_{m\times n}$, 令

$$\boldsymbol{C}=\boldsymbol{A}+\boldsymbol{B}=\begin{pmatrix} a_{11}+b_{11} & a_{12}+b_{12} & \cdots & a_{1n}+b_{1n} \\ a_{21}+b_{21} & a_{22}+b_{22} & \cdots & a_{2n}+b_{2n} \\ \vdots & \vdots & & \vdots \\ a_{m1}+b_{m1} & a_{m2}+b_{m2} & \cdots & a_{mn}+b_{mn} \end{pmatrix},$$

称 $m\times n$ 矩阵 $\boldsymbol{C}=(c_{ij})_{m\times n}$ 为矩阵 $\boldsymbol{A}$ 与 $\boldsymbol{B}$ 的和,其中 $c_{ij}=a_{ij}+b_{ij}$, $i=1,2,\cdots,m$; $j=1,2,\cdots,n$.

加法运算性质

(1) 交换律 $\boldsymbol{A}+\boldsymbol{B}=\boldsymbol{B}+\boldsymbol{A}$;

(2) 结合律 $(\boldsymbol{A}+\boldsymbol{B})+\boldsymbol{C}=\boldsymbol{A}+(\boldsymbol{B}+\boldsymbol{C})$;

(3) 零矩阵的特性 $\boldsymbol{A}+\boldsymbol{O}=\boldsymbol{O}+\boldsymbol{A}=\boldsymbol{A}$.

其中,$\boldsymbol{A}$ 是与零矩阵具有相同的行与列的任意矩阵.

设 $\boldsymbol{A}=(a_{ij})_{m\times n}$,记 $-\boldsymbol{A}=(-a_{ij})_{m\times n}$,$-\boldsymbol{A}$ 称为 $\boldsymbol{A}$ 的负矩阵.

(4) $-\boldsymbol{A}$ 满足 $\boldsymbol{A}+(-\boldsymbol{A})=(-\boldsymbol{A})+\boldsymbol{A}=\boldsymbol{O}$.

以上性质很容易从定义直接验证. 利用性质(4),定义矩阵的减法为

$$\boldsymbol{A}-\boldsymbol{B}=\boldsymbol{A}+(-\boldsymbol{B}).$$

例如,若 $\boldsymbol{A}=\begin{pmatrix} 2 & 3 & 1 \\ -1 & 2 & 1 \end{pmatrix}$,$\boldsymbol{B}=\begin{pmatrix} 1 & -1 & 1 \\ 2 & 0 & -1 \end{pmatrix}$,则

$$\boldsymbol{A}+\boldsymbol{B}=\begin{pmatrix} 3 & 2 & 2 \\ 1 & 2 & 0 \end{pmatrix},\quad \boldsymbol{A}-\boldsymbol{B}=\begin{pmatrix} 1 & 4 & 0 \\ -3 & 2 & 2 \end{pmatrix}.$$

定义 9.2.3 设矩阵 $\boldsymbol{A}=(a_{ij})_{m\times n}$,规定

$$\lambda\boldsymbol{A}=(\lambda a_{ij})_{m\times n}=\begin{pmatrix} \lambda a_{11} & \lambda a_{12} & \cdots & \lambda a_{1n} \\ \lambda a_{21} & \lambda a_{22} & \cdots & \lambda a_{2n} \\ \vdots & \vdots & & \vdots \\ \lambda a_{m1} & \lambda a_{m2} & \cdots & \lambda a_{mn} \end{pmatrix},$$

称此矩阵为数 λ 和矩阵 $\boldsymbol{A}$ 的**数量乘积**,简称为**矩阵的数乘**.

矩阵的数量乘法具有下列性质

(1) $(\lambda+\mu)\boldsymbol{A}=\lambda\boldsymbol{A}+\mu\boldsymbol{A}$;

(2) $\lambda(\boldsymbol{A}+\boldsymbol{B})=\lambda\boldsymbol{A}+\lambda\boldsymbol{B}$;

(3) $(\lambda\mu)\boldsymbol{A}=\lambda(\mu\boldsymbol{A})=\mu(\lambda\boldsymbol{A})$;

(4) $1\cdot\boldsymbol{A}=\boldsymbol{A}$, $0\cdot\boldsymbol{A}=\boldsymbol{O}$.

其中 λ,μ 为任何实数,$\boldsymbol{A},\boldsymbol{B}$ 为同阶矩阵.

矩阵的加法运算与矩阵的数乘统称为**矩阵的线性运算**. 矩阵的线性运算与函数的线性运算有相似之处,零矩阵扮演着数零的角色;负矩阵扮演着相反数的角色.

例 9.2.1 设 $A=\begin{pmatrix}2&3&1\\-1&2&1\end{pmatrix}$，$\boldsymbol{B}=\begin{pmatrix}1&-1&1\\2&0&-1\end{pmatrix}$，求矩阵 $\boldsymbol{X}$，使得 $4\boldsymbol{A}+2\boldsymbol{X}=\boldsymbol{B}$.

解

$$\begin{aligned}2\boldsymbol{X}=\boldsymbol{B}-4\boldsymbol{A}&=\begin{pmatrix}1&-1&1\\2&0&-1\end{pmatrix}-4\begin{pmatrix}2&3&1\\-1&2&1\end{pmatrix}\\&=\begin{pmatrix}1&-1&1\\2&0&-1\end{pmatrix}-\begin{pmatrix}8&12&4\\-4&8&4\end{pmatrix}\\&=\begin{pmatrix}-7&-13&-3\\6&-8&-5\end{pmatrix},\end{aligned}$$

从而

$$\boldsymbol{X}=\frac{1}{2}\begin{pmatrix}-7&-13&-3\\6&-8&-5\end{pmatrix}=\begin{pmatrix}-7/2&-13/2&-3/2\\3&-4&-5/2\end{pmatrix}.$$

9.2.2 矩阵的乘法

例 9.2.2 某地区有4个工厂 F_1,F_2,F_3,F_4，生产甲、乙、丙3种产品，矩阵 $\boldsymbol{A}$ 表示一年中各工厂生产各种产品的数量，矩阵 $\boldsymbol{B}$ 表示各种产品的单位价格(元)及单位利润(元)，矩阵 $\boldsymbol{C}$ 表示各工厂一年的总收入及总利润.

$$\boldsymbol{A}=\overset{\begin{matrix}\text{甲}&\text{乙}&\text{丙}\end{matrix}}{\begin{pmatrix}a_{11}&a_{12}&a_{13}\\a_{21}&a_{22}&a_{23}\\a_{31}&a_{32}&a_{33}\\a_{41}&a_{42}&a_{43}\end{pmatrix}}\begin{matrix}F_1\\F_2\\F_3\\F_4\end{matrix},\quad \boldsymbol{B}=\overset{\begin{matrix}\text{单位价格}&\text{单位利润}\end{matrix}}{\begin{pmatrix}b_{11}&b_{12}\\b_{21}&b_{22}\\b_{31}&b_{32}\end{pmatrix}}\begin{matrix}\text{甲}\\\text{乙}\\\text{丙}\end{matrix},\quad \boldsymbol{C}=\overset{\begin{matrix}\text{总收入}&\text{总利润}\end{matrix}}{\begin{pmatrix}c_{11}&c_{12}\\c_{21}&c_{22}\\c_{31}&c_{32}\\c_{41}&c_{42}\end{pmatrix}},$$

其中 $a_{ik}(i=1,2,3,4;k=1,2,3)$ 是第 i 个工厂生产第 k 种产品的数量，b_{k1},b_{k2} $(k=1,2,3)$ 分别是第 k 种产品的单位价格及单位利润，$c_{i1},c_{i2}(i=1,2,3,4)$ 分别是第 i 个工厂生产3种产品的总收入与总利润，则矩阵 $\boldsymbol{A},\boldsymbol{B},\boldsymbol{C}$ 的元素之间有下列关系

$$\begin{pmatrix}a_{11}b_{11}+a_{12}b_{21}+a_{13}b_{31}&a_{11}b_{12}+a_{12}b_{22}+a_{13}b_{32}\\a_{21}b_{11}+a_{22}b_{21}+a_{23}b_{31}&a_{21}b_{12}+a_{22}b_{22}+a_{23}b_{32}\\a_{31}b_{11}+a_{32}b_{21}+a_{33}b_{31}&a_{31}b_{12}+a_{32}b_{22}+a_{33}b_{32}\\a_{41}b_{11}+a_{42}b_{21}+a_{43}b_{31}&a_{41}b_{12}+a_{42}b_{22}+a_{43}b_{32}\end{pmatrix}=\begin{pmatrix}c_{11}&c_{12}\\c_{21}&c_{22}\\c_{31}&c_{32}\\c_{41}&c_{42}\end{pmatrix},$$

其中

$$c_{ij}=a_{i1}b_{1j}+a_{i2}b_{2j}+a_{i3}b_{3j}\quad(i=1,2,3,4;j=1,2).$$

例 9.2.3 n 个变量 $x_1,x_2,\cdots,x_n$ 与 m 个变量 $y_1,y_2,\cdots,y_m$ 之间的关系式

$$\begin{cases}y_1=a_{11}x_1+a_{12}x_2+\cdots+a_{1n}x_n,\\y_2=a_{21}x_1+a_{22}x_2+\cdots+a_{2n}x_n,\\\qquad\cdots\cdots\\y_m=a_{m1}x_1+a_{m2}x_2+\cdots+a_{mn}x_n\end{cases}$$

称为一个从变量 $x_1,x_2,\cdots,x_n$ 到变量 $y_1,y_2,\cdots,y_m$ 的**线性变换**,这里 a_{ij} 为常数;$\boldsymbol{A}=(a_{ij})_{m\times n}$ 称为线性变换的**系数矩阵**.

设有两个线性变换关系式

$$\sigma_{xy}:\begin{cases} y_1=a_{11}x_1+a_{12}x_2+a_{13}x_3, \\ y_2=a_{21}x_1+a_{22}x_2+a_{23}x_3 \end{cases}$$

是从变量 x_1,x_2,x_3 到变量 y_1,y_2 的线性变换,其系数矩阵为 $\boldsymbol{A}=\begin{pmatrix} a_{11} & a_{12} & a_{13} \\ a_{21} & a_{22} & a_{23} \end{pmatrix}$.

关系式

$$\sigma_{tx}:\begin{cases} x_1=b_{11}t_1+b_{12}t_2, \\ x_2=b_{21}t_1+b_{22}t_2, \\ x_3=b_{31}t_1+b_{32}t_2 \end{cases}$$

是从变量 t_1,t_2 到变量 x_1,x_2,x_3 的线性变换,其系数矩阵为 $\boldsymbol{B}=\begin{pmatrix} b_{11} & b_{12} \\ b_{21} & b_{22} \\ b_{31} & b_{32} \end{pmatrix}$.

将 σ_{tx} 代入 σ_{xy},得到从变量 t_1,t_2 到变量 y_1,y_2 的线性变换 $\sigma_{ty}:\begin{cases} y_1=c_{11}t_1+c_{12}t_2, \\ y_2=c_{21}t_1+c_{22}t_2, \end{cases}$

其系数矩阵为

$$\boldsymbol{C}=\begin{pmatrix} a_{11}b_{11}+a_{12}b_{21}+a_{13}b_{31} & a_{11}b_{12}+a_{12}b_{22}+a_{13}b_{32} \\ a_{21}b_{11}+a_{22}b_{21}+a_{23}b_{31} & a_{21}b_{12}+a_{22}b_{22}+a_{23}b_{32} \end{pmatrix}=\begin{pmatrix} c_{11} & c_{12} \\ c_{21} & c_{22} \end{pmatrix}.$$

通常将变换 σ_{ty} 称为变换 σ_{xy} 与变换 σ_{tx} 的乘积线性变换. 由此,矩阵 $\boldsymbol{C}$ 称为矩阵 $\boldsymbol{A}$ 与 $\boldsymbol{B}$ 的乘积,记作 $\boldsymbol{C}=\boldsymbol{AB}$.

定义 9.2.4 设矩阵 $\boldsymbol{A}=(a_{ij})_{m\times p}$,$\boldsymbol{B}=(b_{ij})_{p\times n}$,以 $\boldsymbol{AB}$ 表示矩阵 $\boldsymbol{A}$ 和 $\boldsymbol{B}$ 的乘积,它是一个 $m\times n$ 矩阵,其第 i 行、第 j 列的元素等于 $\boldsymbol{A}$ 的第 i 行的 p 个元素与 $\boldsymbol{B}$ 的第 j 列的相应的 p 个元素分别相乘的乘积之和. 即若记 $\boldsymbol{C}=(c_{ij})_{m\times n}=\boldsymbol{AB}$,则

$$c_{ij}=\sum_{k=1}^{p}a_{ik}b_{kj}=a_{i1}b_{1j}+a_{i2}b_{2j}+\cdots+a_{ip}b_{pj}, \quad i=1,2,\cdots,m, j=1,2,\cdots,n.$$

由定义看出,只有当矩阵 $\boldsymbol{A}$ 的列数和矩阵 $\boldsymbol{B}$ 的行数相等时,乘积 $\boldsymbol{AB}$ 才有意义. 并且 $\boldsymbol{AB}$ 的行数等于 $\boldsymbol{A}$ 的行数,列数等于 $\boldsymbol{B}$ 的列数.

例 9.2.4 设 $\boldsymbol{A}=\begin{pmatrix} 3 & 2 \\ -2 & 3 \end{pmatrix}$,$\boldsymbol{B}=\begin{pmatrix} 2 & -1 & 1 \\ -1 & 2 & 2 \end{pmatrix}$,求 $\boldsymbol{AB}$.

解
$$\begin{aligned} \boldsymbol{AB} &= \begin{pmatrix} 3 & 2 \\ -2 & 3 \end{pmatrix}\begin{pmatrix} 2 & -1 & 1 \\ -1 & 2 & 2 \end{pmatrix} \\ &= \begin{pmatrix} 3\times 2+2\times(-1) & 3\times(-1)+2\times 2 & 3\times 1+2\times 2 \\ -2\times 2+3\times(-1) & -2\times(-1)+3\times 2 & -2\times 1+3\times 2 \end{pmatrix} \end{aligned}$$

$$=\begin{pmatrix}4 & 1 & 7\\ -7 & 8 & 4\end{pmatrix}.$$

但 $\boldsymbol{BA}$ 是没有意义的.

例 9.2.5 设 $\boldsymbol{A}=(2\quad 3\quad 0\quad -5)$，$\boldsymbol{B}=\begin{pmatrix}0.5\\ -2\\ 4.5\\ -3\end{pmatrix}$，求 $\boldsymbol{AB}$ 与 $\boldsymbol{BA}$.

解 按定义，一个 1×4 行矩阵与一个 4×1 列矩阵的乘积是一个 1 阶方阵，运算结果是 1 阶方阵时，可将它看成一个数，不用加括号.

$$\boldsymbol{AB}=(2\quad 3\quad 0\quad -5)\begin{pmatrix}0.5\\ -2\\ 4.5\\ -3\end{pmatrix}=10;$$

$$\boldsymbol{BA}=\begin{pmatrix}0.5\\ -2\\ 4.5\\ -3\end{pmatrix}(2\quad 3\quad 0\quad -5)=\begin{pmatrix}1 & 1.5 & 0 & -2.5\\ -4 & -6 & 0 & 10\\ 9 & 13.5 & 0 & -22.5\\ -6 & -9 & 0 & 15\end{pmatrix}.$$

$\boldsymbol{AB}$ 是一个数，$\boldsymbol{BA}$ 是一个 4 阶方阵，$\boldsymbol{AB}\neq\boldsymbol{BA}$. 此例不仅说明矩阵的乘积一般不满足交换律，同时也说明两个非零矩阵的乘积有可能是零矩阵. 这一点与普通数的乘法不同.

例 9.2.6 设 $\boldsymbol{A}=\begin{pmatrix}1 & -1\\ 1 & -1\end{pmatrix}$，$\boldsymbol{B}=\begin{pmatrix}1 & 1\\ 1 & 1\end{pmatrix}$，求 $\boldsymbol{AB}$ 与 $\boldsymbol{BA}$.

解

$$\boldsymbol{AB}=\begin{pmatrix}1 & -1\\ 1 & -1\end{pmatrix}\begin{pmatrix}1 & 1\\ 1 & 1\end{pmatrix}=\begin{pmatrix}0 & 0\\ 0 & 0\end{pmatrix},$$

$$\boldsymbol{BA}=\begin{pmatrix}1 & 1\\ 1 & 1\end{pmatrix}\begin{pmatrix}1 & -1\\ 1 & -1\end{pmatrix}=\begin{pmatrix}2 & -2\\ 2 & -2\end{pmatrix}.$$

$\boldsymbol{AB}$ 与 $\boldsymbol{BA}$ 是同阶方阵，但 $\boldsymbol{AB}\neq\boldsymbol{BA}$.

例 9.2.7 设 $\boldsymbol{A}=\begin{pmatrix}1 & -2\\ 0 & 0\end{pmatrix}$，$\boldsymbol{B}=\begin{pmatrix}2 & 5\\ -1 & 3\end{pmatrix}$，$\boldsymbol{C}=\begin{pmatrix}6 & 3\\ 1 & 2\end{pmatrix}$，求 $\boldsymbol{AB}$，$\boldsymbol{AC}$.

解 $$\boldsymbol{AB}=\begin{pmatrix}1 & -2\\ 0 & 0\end{pmatrix}\begin{pmatrix}2 & 5\\ -1 & 3\end{pmatrix}=\begin{pmatrix}4 & -1\\ 0 & 0\end{pmatrix},$$

$$\boldsymbol{AC}=\begin{pmatrix}1 & -2\\ 0 & 0\end{pmatrix}\begin{pmatrix}6 & 3\\ 1 & 2\end{pmatrix}=\begin{pmatrix}4 & -1\\ 0 & 0\end{pmatrix}.$$

此例说明，$\boldsymbol{AB}=\boldsymbol{AC}$，$\boldsymbol{A}\neq\boldsymbol{O}$，但 $\boldsymbol{B}\neq\boldsymbol{C}$.

由例 9.2.4～例 9.2.7 可看出,矩阵乘法与数的乘法的区别有以下几点.

(1) 矩阵乘法不满足交换律. 即一般地, $\boldsymbol{AB} \neq \boldsymbol{BA}$. 当 $\boldsymbol{AB} = \boldsymbol{BA}$ 时,称 $\boldsymbol{A}$ 与 $\boldsymbol{B}$ 可交换. 易证,若 $\boldsymbol{AB} = \boldsymbol{BA}$,则 $\boldsymbol{A}$, $\boldsymbol{B}$ 必是同阶方阵.

(2) 由矩阵乘积 $\boldsymbol{AB} = \boldsymbol{O}$,不能推出 $\boldsymbol{A} = \boldsymbol{O}$ 或 $\boldsymbol{B} = \boldsymbol{O}$. 即 $\boldsymbol{A} \neq \boldsymbol{O}$, $\boldsymbol{B} \neq \boldsymbol{O}$,可能会有 $\boldsymbol{AB} = \boldsymbol{O}$(如例 9.2.6).

(3) 矩阵乘法不满足消去律. 即由 $\boldsymbol{AB} = \boldsymbol{AC}$,$\boldsymbol{A} \neq \boldsymbol{O}$, 不能导出 $\boldsymbol{B} = \boldsymbol{C}$.

矩阵乘法亦具有与数的乘法相似的性质,满足结合律,分配律.

性质 9.2.1 $(\boldsymbol{AB})\boldsymbol{C} = \boldsymbol{A}(\boldsymbol{BC})$.

性质 9.2.2 $(\boldsymbol{A} + \boldsymbol{B})\boldsymbol{C} = \boldsymbol{AC} + \boldsymbol{BC}$;

$\boldsymbol{C}(\boldsymbol{A} + \boldsymbol{B}) = \boldsymbol{CA} + \boldsymbol{CB}$.

性质 9.2.3 $\lambda(\boldsymbol{AB}) = (\lambda\boldsymbol{A})\boldsymbol{B} = \boldsymbol{A}(\lambda\boldsymbol{B})$, 其中 λ 是数.

性质 9.2.4 $\boldsymbol{E}_m\boldsymbol{A}_{m\times n} = \boldsymbol{A}_{m\times n}$, $\boldsymbol{A}_{m\times n}\boldsymbol{E}_n = \boldsymbol{A}_{m\times n}$;

$\boldsymbol{O}_{p\times m}\boldsymbol{A}_{m\times n} = \boldsymbol{O}_{p\times n}$,$\boldsymbol{A}_{m\times n}\boldsymbol{O}_{n\times s} = \boldsymbol{O}_{m\times s}$.

这里只给出性质 9.2.1 的证明,性质 9.2.2～性质 9.2.4 的证明留给读者作为练习.

证 设 $\boldsymbol{A} = (a_{ij})_{m\times n}$, $\boldsymbol{B} = (b_{ij})_{n\times p}$, $\boldsymbol{C} = (c_{ij})_{p\times q}$, 则

$$\boldsymbol{AB} = \Big(\sum_{k=1}^{n} a_{ik}b_{kl}\Big)_{m\times p}, \quad \boldsymbol{BC} = \Big(\sum_{l=1}^{p} b_{kl}c_{lj}\Big)_{n\times q},$$

从而

$$\begin{aligned}(\boldsymbol{AB})\boldsymbol{C} &= \Big(\sum_{l=1}^{p}\Big(\sum_{k=1}^{n} a_{ik}b_{kl}\Big)c_{lj}\Big)_{m\times q} = \Big(\sum_{l=1}^{p}\sum_{k=1}^{n} a_{ik}b_{kl}c_{lj}\Big)_{m\times q} \\ &= \Big(\sum_{k=1}^{n}\sum_{l=1}^{p} a_{ik}b_{kl}c_{lj}\Big)_{m\times q} \\ &= \Big(\sum_{k=1}^{n} a_{ik}\Big(\sum_{l=1}^{p} b_{kl}c_{lj}\Big)\Big)_{m\times q} = \boldsymbol{A}(\boldsymbol{BC}).\end{aligned}$$

性质 9.2.4 说明,单位阵与零矩阵在矩阵乘法中的作用类似于数 1 与数 0 在数的乘法中的作用.

矩阵乘法使线性方程组与线性变换的表示变得异常简洁.

例如,给定线性方程组

$$\begin{cases} a_{11}x_1 + a_{12}x_2 + \cdots + a_{1n}x_n = b_1, \\ a_{21}x_1 + a_{22}x_2 + \cdots + a_{2n}x_n = b_2, \\ \qquad\cdots\cdots \\ a_{m1}x_1 + a_{m2}x_2 + \cdots + a_{mn}x_n = b_m. \end{cases}$$

设

$$A=\begin{pmatrix} a_{11} & a_{12} & \cdots & a_{1n} \\ a_{21} & a_{22} & \cdots & a_{2n} \\ \vdots & \vdots & & \vdots \\ a_{m1} & a_{m2} & \cdots & a_{mn} \end{pmatrix},\quad x=\begin{pmatrix} x_1 \\ x_2 \\ \vdots \\ x_n \end{pmatrix},\quad b=\begin{pmatrix} b_1 \\ b_2 \\ \vdots \\ b_m \end{pmatrix},$$

利用矩阵的乘法,上述方程组可记作 $\boldsymbol{Ax}=\boldsymbol{b}$.

对于线性变换

$$\begin{cases} y_1=a_{11}x_1+a_{12}x_2+\cdots+a_{1n}x_n, \\ y_2=a_{21}x_1+a_{22}x_2+\cdots+a_{2n}x_n, \\ \qquad\cdots\cdots \\ y_m=a_{m1}x_1+a_{m2}x_2+\cdots+a_{mn}x_n, \end{cases}$$

利用矩阵的乘法,可记作 $\boldsymbol{Y}=\boldsymbol{AX}$, 其中

$$\boldsymbol{A}=(a_{ij})_{m\times n},\quad \boldsymbol{Y}=\begin{pmatrix} y_1 \\ y_2 \\ \vdots \\ y_m \end{pmatrix},\quad \boldsymbol{X}=\begin{pmatrix} x_1 \\ x_2 \\ \vdots \\ x_n \end{pmatrix}.$$

9.2.3 方阵的幂

定义 9.2.5 设 $\boldsymbol{A}$ 是 n 阶方阵, k 是自然数, k 个 $\boldsymbol{A}$ 的连乘积称为 $\boldsymbol{A}$ 的 k 次幂,记作 $\boldsymbol{A}^k$, 即 $\boldsymbol{A}^k=\underbrace{\boldsymbol{AA}\cdots\boldsymbol{A}}_{k个}$.

规定 $\boldsymbol{A}^0=E$, $\boldsymbol{A}^1=\boldsymbol{A}$.

方阵的幂有如下的运算性质.

(1) $\boldsymbol{A}^n\boldsymbol{A}^m=\boldsymbol{A}^{n+m}$;

(2) $(\boldsymbol{A}^n)^m=\boldsymbol{A}^{nm}$;

这里 m,n 是自然数.

一般地, $(\boldsymbol{AB})^k\neq\boldsymbol{A}^k\boldsymbol{B}^k$, 当 $\boldsymbol{A}$ 与 $\boldsymbol{B}$ 可交换时, $(\boldsymbol{AB})^k=\boldsymbol{A}^k\boldsymbol{B}^k$. 因此有(可交换除外)

$$(\boldsymbol{A}+\boldsymbol{B})^2\neq\boldsymbol{A}^2+2\boldsymbol{AB}+\boldsymbol{B}^2;$$
$$\boldsymbol{A}^2-\boldsymbol{B}^2\neq(\boldsymbol{A}+\boldsymbol{B})(\boldsymbol{A}-\boldsymbol{B}).$$

例 9.2.8 设 $\boldsymbol{A}=\begin{pmatrix} 1 & 2 & -2 \\ 2 & 1 & 2 \\ -2 & 2 & 1 \end{pmatrix}$, 求 $\boldsymbol{A}^2,\boldsymbol{A}^{10}$.

解 $\boldsymbol{A}^2=\begin{pmatrix} 1 & 2 & -2 \\ 2 & 1 & 2 \\ -2 & 2 & 1 \end{pmatrix}\begin{pmatrix} 1 & 2 & -2 \\ 2 & 1 & 2 \\ -2 & 2 & 1 \end{pmatrix}=\begin{pmatrix} 9 & 0 & 0 \\ 0 & 9 & 0 \\ 0 & 0 & 9 \end{pmatrix}=9\boldsymbol{E}_3$;

$$A^{10}=(A^2)^5=(9E_3)^5=9^5E_3.$$

例 9.2.9　设 $A=\begin{pmatrix}1\\2\\2\\4\end{pmatrix}$，$B=(1\quad 2\quad 2\quad 4)$，求 $(AB)^3$.

解　$BA=(1\quad 2\quad 2\quad 4)\begin{pmatrix}1\\2\\2\\4\end{pmatrix}=25$，

$$(AB)^3=A(BA)(BA)B=A\cdot 25\cdot 25\cdot B=5^4AB=5^4\begin{pmatrix}1&2&2&4\\2&4&4&8\\2&4&4&8\\4&8&8&16\end{pmatrix}.$$

9.2.4　矩阵的转置

定义 9.2.6　设 $A=(a_{ij})_{m\times n}$，把 A 的行依次改变为列，所得到的 $n\times m$ 矩阵称为 A 的转置矩阵，记作 $A^{\mathrm{T}}=\begin{pmatrix}a_{11}&a_{21}&\cdots&a_{m1}\\a_{12}&a_{22}&\cdots&a_{m2}\\\vdots&\vdots&&\vdots\\a_{1n}&a_{2n}&\cdots&a_{mn}\end{pmatrix}$.

例如，设 $A=\begin{pmatrix}1&2\\0&-5\\3&6\end{pmatrix}$，则 $A^{\mathrm{T}}=\begin{pmatrix}1&0&3\\2&-5&6\end{pmatrix}$.

矩阵的转置具有以下性质

(1) $(A^{\mathrm{T}})^{\mathrm{T}}=A$；

(2) $(A+B)^{\mathrm{T}}=A^{\mathrm{T}}+B^{\mathrm{T}}$；

(3) $(AB)^{\mathrm{T}}=B^{\mathrm{T}}A^{\mathrm{T}}$；

(4) $(\lambda A)^{\mathrm{T}}=\lambda A^{\mathrm{T}}$，$\lambda$ 是数.

证　这里仅验证(3).

设 $A=(a_{ij})_{m\times n}$，$B=(b_{ij})_{n\times p}$，则 $A^{\mathrm{T}}=(a_{ji})_{n\times m}$，$B^{\mathrm{T}}=(b_{ji})_{p\times n}$. 又

$$AB=\Big(\sum_{k=1}^{n}a_{ik}b_{kj}\Big)_{m\times p},\quad (AB)^{\mathrm{T}}=\Big(\sum_{k=1}^{n}a_{jk}b_{ki}\Big)_{p\times m},\quad B^{\mathrm{T}}A^{\mathrm{T}}=\Big(\sum_{k=1}^{n}b_{ki}a_{jk}\Big)_{p\times m},$$

所以 $B^{\mathrm{T}}A^{\mathrm{T}}=(AB)^{\mathrm{T}}$.

定义 9.2.7　若方阵 A 满足条件 $A^{\mathrm{T}}=A$，则 A 称为对称矩阵.

设 $A=(a_{ij})_{n\times n}$，由定义，A 是对称阵当且仅当 $a_{ij}=a_{ji}(i,j=1,\cdots,n)$.

例如，$A=\begin{pmatrix}1&2&3\\2&4&5\\3&5&6\end{pmatrix}$ 是对称矩阵.

例 9.2.10　设 $\boldsymbol{A}$ 与 $\boldsymbol{B}$ 是同阶对称矩阵，证明：$\boldsymbol{AB}$ 是对称矩阵的充分必要条件是 $\boldsymbol{A}$ 与 $\boldsymbol{B}$ 是可交换矩阵.

证　因为

$$\boldsymbol{A}^{\mathrm{T}}=\boldsymbol{A},\quad \boldsymbol{B}^{\mathrm{T}}=\boldsymbol{B},$$

且 $(\boldsymbol{AB})^{\mathrm{T}}=\boldsymbol{B}^{\mathrm{T}}\boldsymbol{A}^{\mathrm{T}}=\boldsymbol{BA}$，所以 $(\boldsymbol{AB})^{\mathrm{T}}=\boldsymbol{AB}$ 的充分必要条件是 $\boldsymbol{AB}=\boldsymbol{BA}$，即 $\boldsymbol{A}$ 与 $\boldsymbol{B}$ 是可交换矩阵.

9.3 分块矩阵

在矩阵的讨论和运算中，尤其是处理高阶数的矩阵，有时需要将一个矩阵分成若干个子块(子矩阵)，使原矩阵显得结构简单清晰，而且还可以简化运算过程.

例如，矩阵

$$\boldsymbol{A}=\begin{pmatrix}1&2&1&0\\0&2&0&1\\3&0&0&0\\0&3&0&0\end{pmatrix},$$

令 $\boldsymbol{A}_{11}=\begin{pmatrix}1&2\\0&2\end{pmatrix}$，$\boldsymbol{E}_2=\begin{pmatrix}1&0\\0&1\end{pmatrix}$，$\boldsymbol{O}_{22}=\begin{pmatrix}0&0\\0&0\end{pmatrix}$，$3\boldsymbol{E}_2=\begin{pmatrix}3&0\\0&3\end{pmatrix}$，则

$$\boldsymbol{A}=\begin{pmatrix}1&2&1&0\\0&2&0&1\\3&0&0&0\\0&3&0&0\end{pmatrix}=\left(\begin{array}{cc:cc}1&2&1&0\\0&2&0&1\\ \hdashline 3&0&0&0\\0&3&0&0\end{array}\right)=\begin{pmatrix}\boldsymbol{A}_{11}&\boldsymbol{E}_2\\3\boldsymbol{E}_2&\boldsymbol{O}_{22}\end{pmatrix}.$$

像这样将一个矩阵分成若干块(称为子块或子阵)，并以所分的子块为元素的矩阵称为**分块矩阵**.

对于一个矩阵，可以根据需要把它写成不同的分块矩阵，如 $\boldsymbol{A}$ 也可按列分块，可记为

$$\boldsymbol{A}=\left(\begin{array}{c:c:c:c}1&2&1&0\\0&2&0&1\\3&0&0&0\\0&3&0&0\end{array}\right)=(\boldsymbol{\alpha}_1\quad\boldsymbol{\alpha}_2\quad\boldsymbol{\alpha}_3\quad\boldsymbol{\alpha}_4),$$

其中

$$\boldsymbol{\alpha}_1=\begin{pmatrix}1\\0\\3\\0\end{pmatrix},\quad \boldsymbol{\alpha}_2=\begin{pmatrix}2\\2\\0\\3\end{pmatrix},\quad \boldsymbol{\alpha}_3=\begin{pmatrix}1\\0\\0\\0\end{pmatrix},\quad \boldsymbol{\alpha}_4=\begin{pmatrix}0\\1\\0\\0\end{pmatrix},$$

$\boldsymbol{A}$ 是一个 1×4 分块行矩阵.

矩阵分块运算时,将子块作为元素来处理. 实际中,主要根据矩阵进行的运算,以及矩阵元素的特征来考虑如何分块.

当 n 阶方阵 $\boldsymbol{A}$ 的非零元集中在主对角线附近时,其余子块为零矩阵. 可分块为

$$\boldsymbol{A}=\begin{pmatrix}\boldsymbol{A}_1 & & & \\ & \boldsymbol{A}_2 & & \\ & & \ddots & \\ & & & \boldsymbol{A}_s\end{pmatrix},$$

其中 $\boldsymbol{A}_i(i=1,2,\cdots,s)$ 是方矩阵,$\boldsymbol{A}$ 称为**分块对角阵**.

例如

$$\boldsymbol{A}=\begin{pmatrix}-2 & 1 & & & & & \\ 0 & 3 & & & & & \\ & & 5 & 0 & 9 & 3 & \\ & & 2 & 6 & -8 & 7 & \\ & & 1 & 3 & -4 & 0 & \\ & & -3 & 0 & 3 & -7 & \\ & & & & & & 9\end{pmatrix}=\begin{pmatrix}\boldsymbol{A}_1 & & \\ & \boldsymbol{A}_2 & \\ & & \boldsymbol{A}_3\end{pmatrix},$$

其中,$\boldsymbol{A}_1=\begin{pmatrix}-2 & 1\\ 0 & 3\end{pmatrix}$,$\boldsymbol{A}_2=\begin{pmatrix}5 & 0 & 9 & 3\\ 2 & 6 & -8 & 7\\ 1 & 3 & -4 & 0\\ -3 & 0 & 3 & -7\end{pmatrix}$,$\boldsymbol{A}_3=(9)$.

下面讨论分块矩阵的运算.

(1) 相等　设 $m\times n$ 矩阵 $\boldsymbol{A}$ 和 $\boldsymbol{B}$ 有相同的分块方式,

$$\boldsymbol{A}=\begin{pmatrix}\boldsymbol{A}_{11} & \boldsymbol{A}_{12} & \cdots & \boldsymbol{A}_{1t}\\ \boldsymbol{A}_{21} & \boldsymbol{A}_{22} & \cdots & \boldsymbol{A}_{2t}\\ \vdots & \vdots & & \vdots\\ \boldsymbol{A}_{s1} & \boldsymbol{A}_{s2} & \cdots & \boldsymbol{A}_{st}\end{pmatrix},\quad \boldsymbol{B}=\begin{pmatrix}\boldsymbol{B}_{11} & \boldsymbol{B}_{12} & \cdots & \boldsymbol{B}_{1t}\\ \boldsymbol{B}_{21} & \boldsymbol{B}_{22} & \cdots & \boldsymbol{B}_{2t}\\ \vdots & \vdots & & \vdots\\ \boldsymbol{B}_{s1} & \boldsymbol{B}_{s2} & \cdots & \boldsymbol{B}_{st}\end{pmatrix},$$

则 $\boldsymbol{A}=\boldsymbol{B}$ 当且仅当 $\boldsymbol{A}_{ij}=\boldsymbol{B}_{ij}\ (i=1,2,\cdots,s;j=1,2,\cdots,t)$.

(2) 转置　设 $\boldsymbol{A}=\begin{pmatrix}\boldsymbol{A}_{11} & \boldsymbol{A}_{12} & \cdots & \boldsymbol{A}_{1t}\\ \boldsymbol{A}_{21} & \boldsymbol{A}_{22} & \cdots & \boldsymbol{A}_{2t}\\ \vdots & \vdots & & \vdots\\ \boldsymbol{A}_{s1} & \boldsymbol{A}_{s2} & \cdots & \boldsymbol{A}_{st}\end{pmatrix}$,则 $\boldsymbol{A}^{\mathrm{T}}=\begin{pmatrix}\boldsymbol{A}_{11}^{\mathrm{T}} & \boldsymbol{A}_{21}^{\mathrm{T}} & \cdots & \boldsymbol{A}_{s1}^{\mathrm{T}}\\ \boldsymbol{A}_{12}^{\mathrm{T}} & \boldsymbol{A}_{22}^{\mathrm{T}} & \cdots & \boldsymbol{A}_{s2}^{\mathrm{T}}\\ \vdots & \vdots & & \vdots\\ \boldsymbol{A}_{1t}^{\mathrm{T}} & \boldsymbol{A}_{2t}^{\mathrm{T}} & \cdots & \boldsymbol{A}_{st}^{\mathrm{T}}\end{pmatrix}$.

(3) 加减法 设 $\boldsymbol{A}=(a_{ij})_{m\times n}$, $\boldsymbol{B}=(b_{ij})_{m\times n}$, 且矩阵 $\boldsymbol{A},\boldsymbol{B}$ 有相同的分块方式, 则

$$\boldsymbol{A}\pm\boldsymbol{B}=\begin{pmatrix}\boldsymbol{A}_{11}\pm\boldsymbol{B}_{11} & \boldsymbol{A}_{12}\pm\boldsymbol{B}_{12} & \cdots & \boldsymbol{A}_{1t}\pm\boldsymbol{B}_{1t}\\ \boldsymbol{A}_{21}\pm\boldsymbol{B}_{21} & \boldsymbol{A}_{22}\pm\boldsymbol{B}_{22} & \cdots & \boldsymbol{A}_{2t}\pm\boldsymbol{B}_{2t}\\ \vdots & \vdots & & \vdots\\ \boldsymbol{A}_{s1}\pm\boldsymbol{B}_{s1} & \boldsymbol{A}_{s2}\pm\boldsymbol{B}_{s2} & \cdots & \boldsymbol{A}_{st}\pm\boldsymbol{B}_{st}\end{pmatrix}=(\boldsymbol{A}_{ij}\pm\boldsymbol{B}_{ij})_{s\times t}.$$

(4) 数乘 $\lambda\boldsymbol{A}=\begin{pmatrix}\lambda\boldsymbol{A}_{11} & \lambda\boldsymbol{A}_{12} & \cdots & \lambda\boldsymbol{A}_{1t}\\ \lambda\boldsymbol{A}_{21} & \lambda\boldsymbol{A}_{22} & \cdots & \lambda\boldsymbol{A}_{2t}\\ \vdots & \vdots & & \vdots\\ \lambda\boldsymbol{A}_{s1} & \lambda\boldsymbol{A}_{s2} & \cdots & \lambda\boldsymbol{A}_{st}\end{pmatrix}=(\lambda\boldsymbol{A}_{ij})_{s\times t}$, 这里 λ 是数.

(5) 乘法 设 $\boldsymbol{A}=(a_{ij})_{m\times n}$, $\boldsymbol{B}=(b_{ij})_{n\times p}$, 且 $\boldsymbol{A}$ 的列的分法和 $\boldsymbol{B}$ 的行的分法相同,即

$$\boldsymbol{A}=\begin{array}{c}\begin{pmatrix}\boldsymbol{A}_{11} & \boldsymbol{A}_{12} & \cdots & \boldsymbol{A}_{1s}\\ \boldsymbol{A}_{21} & \boldsymbol{A}_{22} & \cdots & \boldsymbol{A}_{2s}\\ \vdots & \vdots & & \vdots\\ \boldsymbol{A}_{r1} & \boldsymbol{A}_{r2} & \cdots & \boldsymbol{A}_{rs}\end{pmatrix}\begin{matrix}m_1\\ m_2\\ \vdots\\ m_r\end{matrix}\\ \begin{matrix}n_1 & n_2 & \cdots & n_s\end{matrix}\end{array},\quad \boldsymbol{B}=\begin{array}{c}\begin{pmatrix}\boldsymbol{B}_{11} & \boldsymbol{B}_{12} & \cdots & \boldsymbol{B}_{1t}\\ \boldsymbol{B}_{21} & \boldsymbol{B}_{22} & \cdots & \boldsymbol{B}_{2t}\\ \vdots & \vdots & & \vdots\\ \boldsymbol{B}_{s1} & \boldsymbol{B}_{s2} & \cdots & \boldsymbol{B}_{st}\end{pmatrix}\begin{matrix}n_1\\ n_2\\ \vdots\\ n_s\end{matrix}\\ \begin{matrix}p_1 & p_2 & \cdots & p_t\end{matrix}\end{array},$$

则

$$\boldsymbol{AB}=\begin{array}{c}\begin{pmatrix}\boldsymbol{C}_{11} & \boldsymbol{C}_{12} & \cdots & \boldsymbol{C}_{1t}\\ \boldsymbol{C}_{21} & \boldsymbol{C}_{22} & \cdots & \boldsymbol{C}_{2t}\\ \vdots & \vdots & & \vdots\\ \boldsymbol{C}_{r1} & \boldsymbol{C}_{r2} & \cdots & \boldsymbol{C}_{rt}\end{pmatrix}\begin{matrix}m_1\\ m_2\\ \vdots\\ m_r\end{matrix}\\ \begin{matrix}p_1 & p_2 & \cdots & p_t\end{matrix}\end{array},$$

其中, $\boldsymbol{C}_{ij}=\sum\limits_{k=1}^{s}\boldsymbol{A}_{ik}\boldsymbol{B}_{kj}$ $(i=1,2,\cdots,r;j=1,2,\cdots,t)$.

在做分块矩阵的乘法时,要注意小块矩阵相乘的计算次序,只能是 $\boldsymbol{A}_{ik}\boldsymbol{B}_{kj}$, 不允许 $\boldsymbol{B}_{kj}\boldsymbol{A}_{ik}$. 可以证明,分块相乘得到的 $\boldsymbol{AB}$ 与不分块直接相乘求得的 $\boldsymbol{AB}$ 完全相等.

由上可见,分块矩阵的运算规则和普通矩阵的运算规则形式上完全一样,要注意的是该运算是否有意义.

例 9.3.1 如果将矩阵 $\boldsymbol{A},\boldsymbol{x}$ 分块为

$$A=\left(\begin{array}{cccc:ccc} a_{11} & a_{12} & \cdots & a_{1r} & a_{1r+1} & \cdots & a_{1n} \\ a_{21} & a_{22} & \cdots & a_{2r} & a_{2r+1} & \cdots & a_{2n} \\ \vdots & \vdots & & \vdots & \vdots & & \vdots \\ a_{m1} & a_{m2} & \cdots & a_{mr} & a_{mr+1} & \cdots & a_{mn} \end{array}\right)=(A_1 \quad A_2);\quad x=\begin{pmatrix} x_1 \\ x_2 \\ \vdots \\ x_r \\ \vdots \\ x_{r+1} \\ \vdots \\ x_n \end{pmatrix}=\begin{pmatrix} x_1 \\ x_2 \end{pmatrix};$$

则 $\boldsymbol{Ax}=(\boldsymbol{A}_1 \quad \boldsymbol{A}_2)\cdot\begin{pmatrix} x_1 \\ x_2 \end{pmatrix}=\boldsymbol{A}_1x_1+\boldsymbol{A}_2x_2$.

例 9.3.2 设 $\boldsymbol{A}=\begin{pmatrix} 1 & 2 & 1 & 0 \\ 0 & 2 & 0 & 1 \\ 3 & 0 & 0 & 0 \\ 0 & 3 & 0 & 0 \end{pmatrix}$, $\boldsymbol{B}=\begin{pmatrix} 1 & 1 & 2 \\ 0 & 2 & 0 \\ 1 & -4 & 1 \\ 1 & 2 & 0 \end{pmatrix}$, 求 $\boldsymbol{AB}$.

解 根据矩阵 $\boldsymbol{A}$ 的特点:右下角为零矩阵,右上角为单位阵. 将 $\boldsymbol{A}$ 分块如下

$$\boldsymbol{A}=\left(\begin{array}{cc:cc} 1 & 2 & 1 & 0 \\ 0 & 2 & 0 & 1 \\ \hdashline 3 & 0 & 0 & 0 \\ 0 & 3 & 0 & 0 \end{array}\right)=\begin{pmatrix} \boldsymbol{A}_{11} & \boldsymbol{E}_2 \\ 3\boldsymbol{E}_2 & \boldsymbol{O}_{22} \end{pmatrix},$$

其中

$$\boldsymbol{A}_{11}=\begin{pmatrix} 1 & 2 \\ 0 & 2 \end{pmatrix},\quad \boldsymbol{E}_2=\begin{pmatrix} 1 & 0 \\ 0 & 1 \end{pmatrix},\quad 3\boldsymbol{E}_2=\begin{pmatrix} 3 & 0 \\ 0 & 3 \end{pmatrix},\quad \boldsymbol{O}_{22}=\begin{pmatrix} 0 & 0 \\ 0 & 0 \end{pmatrix},$$

为了使 $\boldsymbol{A},\boldsymbol{B}$ 相乘有意义,将 $\boldsymbol{B}$ 对应分块为

$$\boldsymbol{B}=\left(\begin{array}{c:cc} 1 & 1 & 2 \\ 0 & 2 & 0 \\ \hdashline 1 & -4 & 1 \\ 1 & 2 & 0 \end{array}\right)=\begin{pmatrix} \boldsymbol{B}_{11} & \boldsymbol{B}_{12} \\ \boldsymbol{B}_{21} & \boldsymbol{B}_{22} \end{pmatrix},$$

其中,

$$\boldsymbol{B}_{11}=\begin{pmatrix} 1 \\ 0 \end{pmatrix},\quad \boldsymbol{B}_{12}=\begin{pmatrix} 1 & 2 \\ 2 & 0 \end{pmatrix},\quad \boldsymbol{B}_{21}=\begin{pmatrix} 1 \\ 1 \end{pmatrix},\quad \boldsymbol{B}_{22}=\begin{pmatrix} -4 & 1 \\ 2 & 0 \end{pmatrix},$$

则

$$\boldsymbol{AB}=\begin{pmatrix} \boldsymbol{A}_{11} & \boldsymbol{E}_2 \\ 3\boldsymbol{E}_2 & \boldsymbol{O}_{22} \end{pmatrix}\begin{pmatrix} \boldsymbol{B}_{11} & \boldsymbol{B}_{12} \\ \boldsymbol{B}_{21} & \boldsymbol{B}_{22} \end{pmatrix}=\begin{pmatrix} \boldsymbol{A}_{11}\boldsymbol{B}_{11}+\boldsymbol{B}_{21} & \boldsymbol{A}_{11}\boldsymbol{B}_{12}+\boldsymbol{B}_{22} \\ 3\boldsymbol{B}_{11} & 3\boldsymbol{B}_{12} \end{pmatrix},$$

这里

$$A_{11}B_{11}+B_{21}=\begin{pmatrix}1&2\\0&2\end{pmatrix}\begin{pmatrix}1\\0\end{pmatrix}+\begin{pmatrix}1\\1\end{pmatrix}=\begin{pmatrix}2\\1\end{pmatrix},$$

$$A_{11}B_{12}+B_{22}=\begin{pmatrix}1&2\\0&2\end{pmatrix}\begin{pmatrix}1&2\\2&0\end{pmatrix}+\begin{pmatrix}-4&1\\2&0\end{pmatrix}=\begin{pmatrix}1&3\\6&0\end{pmatrix},$$

$$3B_{11}=\begin{pmatrix}3\\0\end{pmatrix},\quad 3B_{12}=3\begin{pmatrix}1&2\\2&0\end{pmatrix}=\begin{pmatrix}3&6\\6&0\end{pmatrix},$$

从而

$$AB=\left(\begin{array}{c:cc}2&1&3\\1&6&0\\ \hdashline 3&3&6\\0&6&0\end{array}\right)=\begin{pmatrix}2&1&3\\1&6&0\\3&3&6\\0&6&0\end{pmatrix}.$$

9.4 可逆矩阵

9.4.1 方阵的行列式

由 n 阶方阵 $\boldsymbol{A}$ 的元素所构成的行列式(各元素的位置不变),称为方阵的行列式,记为 $|\boldsymbol{A}|$ 或 $\det\boldsymbol{A}$.

方阵与行列式是两个不同的概念,n 阶方阵是 n^2 个数按一定方式排成的数表,而 n 阶行列式则是这些数按一定的运算法则确定的一个数.

n 阶方阵 $\boldsymbol{A}$ 所确定的行列式有下列性质

(1) $|\boldsymbol{A}^{\mathrm{T}}|=|\boldsymbol{A}|$;

(2) $|\lambda\boldsymbol{A}|=\lambda^n|\boldsymbol{A}|$;

(3) $|\boldsymbol{AB}|=|\boldsymbol{A}||\boldsymbol{B}|$ ($\boldsymbol{A},\boldsymbol{B}$ 均是 n 阶方阵).

9.4.2 可逆矩阵的概念

对于一元线性函数 $ax=b$,当 $a\neq0$ 时,存在一个数 a^{-1} 使方程有解 $x=a^{-1}b$. 现在将此性质推广到矩阵. 在解矩阵线性方程 $\boldsymbol{Ax}=\boldsymbol{b}$ 时,是否也存在一个矩阵,使这个矩阵乘以 $\boldsymbol{b}$ 等于 $\boldsymbol{x}$. 这就是本节要讨论的逆矩阵问题.

定义 9.4.1 设 $\boldsymbol{A}$ 是 n 阶方阵,若存在 n 阶方阵 $\boldsymbol{B}$,使

$$\boldsymbol{AB}=\boldsymbol{BA}=\boldsymbol{E}, \tag{9.3}$$

则称方阵 $\boldsymbol{A}$ 是**可逆的**,$\boldsymbol{B}$ 称为 $\boldsymbol{A}$ 的**逆矩阵**.

如果方阵 $\boldsymbol{A}$ 可逆,则它的逆矩阵是唯一的. 事实上,不妨设 $\boldsymbol{B}$ 和 $\boldsymbol{C}$ 都是方阵 $\boldsymbol{A}$ 的逆矩阵,由逆矩阵定义有

$$\boldsymbol{AB}=\boldsymbol{BA}=\boldsymbol{E},\quad \boldsymbol{AC}=\boldsymbol{CA}=\boldsymbol{E},$$

从而，$B = BE = B(AC) = (BA)C = EC = C$.

通常，A 的逆矩阵记作 A^{-1}.

注　(1) 只有方阵才可以讨论逆矩阵.

(2) 并不是每一个方阵都是可逆的，例如，零方阵就是不可逆的.

例 9.4.1　设 $A = \begin{pmatrix} 4 & 1 \\ 2 & 1 \end{pmatrix}$，则 A 可逆，且 $A^{-1} = \frac{1}{2}\begin{pmatrix} 1 & -1 \\ -2 & 4 \end{pmatrix}$.

证　因为 $\begin{pmatrix} 4 & 1 \\ 2 & 1 \end{pmatrix} \cdot \frac{1}{2}\begin{pmatrix} 1 & -1 \\ -2 & 4 \end{pmatrix} = \frac{1}{2}\begin{pmatrix} 1 & -1 \\ -2 & 4 \end{pmatrix} \cdot \begin{pmatrix} 4 & 1 \\ 2 & 1 \end{pmatrix} = \begin{pmatrix} 1 & 0 \\ 0 & 1 \end{pmatrix}$，所以 A 可逆，且

$$A^{-1} = \frac{1}{2}\begin{pmatrix} 1 & -1 \\ -2 & 4 \end{pmatrix}.$$

定理 9.4.1　若矩阵 A 可逆，则 $|A| \neq 0$.

证　A 可逆，即有 A^{-1} 使得 $AA^{-1} = E$. 因此 $|A||A^{-1}| = |E| = 1$，所以 $|A| \neq 0$.

定理 9.4.2　若 $|A| \neq 0$，则矩阵 A 可逆，且 $A^{-1} = \frac{1}{|A|}A^*$. 其中 A^* 为矩阵 A 的伴随矩阵，

$$A^* = \begin{pmatrix} A_{11} & A_{21} & A_{31} & \cdots & A_{n1} \\ A_{12} & A_{22} & A_{32} & \cdots & A_{n2} \\ A_{13} & A_{23} & A_{33} & \cdots & A_{n3} \\ \vdots & \vdots & \vdots & & \vdots \\ A_{1n} & A_{2n} & A_{3n} & \cdots & A_{nn} \end{pmatrix},$$

A_{ij} 是行列式 $|A|$ 中元素 a_{ij} 的代数余子式.

证　若 $|A| \neq 0$，存在矩阵 $B = \frac{1}{|A|}A^*$，使得

$$AB = \begin{pmatrix} a_{11} & a_{12} & \cdots & a_{1n} \\ a_{21} & a_{22} & \cdots & a_{2n} \\ \vdots & \vdots & & \vdots \\ a_{n1} & a_{n2} & \cdots & a_{nn} \end{pmatrix} \cdot \frac{1}{|A|}\begin{pmatrix} A_{11} & A_{21} & A_{31} & \cdots & A_{n1} \\ A_{12} & A_{22} & A_{32} & \cdots & A_{n2} \\ A_{13} & A_{23} & A_{33} & \cdots & A_{n3} \\ \vdots & \vdots & \vdots & & \vdots \\ A_{1n} & A_{2n} & A_{3n} & \cdots & A_{nn} \end{pmatrix}$$

$$= \frac{1}{|A|}\begin{pmatrix} |A| & & & \\ & |A| & & \\ & & \ddots & \\ & & & |A| \end{pmatrix} = E.$$

同理可得 $BA = E$. 由定义可知矩阵 A 可逆. 且 $A^{-1} = \frac{1}{|A|}A^*$.

定义 9.4.2 若 n 阶矩阵 $\boldsymbol{A}$ 的行列式 $|\boldsymbol{A}| \neq 0$，则称 $\boldsymbol{A}$ 为**非奇异矩阵**；否则 $\boldsymbol{A}$ 为**奇异矩阵**.

由上面的两个定理可知，$\boldsymbol{A}$ 是可逆矩阵的充分必要条件是 $|\boldsymbol{A}| \neq 0$，即矩阵 $\boldsymbol{A}$ 是非奇异矩阵.

由定理 9.4.2 可得推论如下.

推论 若 $\boldsymbol{AB}=\boldsymbol{E}$（或 $\boldsymbol{BA}=\boldsymbol{E}$），则方阵 $\boldsymbol{A}$，$\boldsymbol{B}$ 是可逆的，且 $\boldsymbol{B}=\boldsymbol{A}^{-1}$，$\boldsymbol{A}=\boldsymbol{B}^{-1}$.

证 由 $\boldsymbol{AB}=\boldsymbol{E}$，得到 $|\boldsymbol{A}|\,|\boldsymbol{B}|=|\boldsymbol{AB}|=|\boldsymbol{E}|=1$，从而 $|\boldsymbol{A}|\neq 0$，$|\boldsymbol{B}|\neq 0$，由定理 9.4.2 可知方阵 $\boldsymbol{A}$，$\boldsymbol{B}$ 可逆. 将等式 $\boldsymbol{AB}=\boldsymbol{E}$ 两端左乘 $\boldsymbol{A}^{-1}$，得 $\boldsymbol{B}=\boldsymbol{A}^{-1}$；将等式 $\boldsymbol{AB}=\boldsymbol{E}$ 两端右乘 $\boldsymbol{B}^{-1}$，得 $\boldsymbol{A}=\boldsymbol{B}^{-1}$.

这一结论说明，如果要验证矩阵 $\boldsymbol{B}$ 是矩阵 $\boldsymbol{A}$ 的逆矩阵，只要验证一个等式 $\boldsymbol{AB}=\boldsymbol{E}$ 或 $\boldsymbol{BA}=\boldsymbol{E}$ 即可，不必再按照定义验证两个等式.

例 9.4.2 判断下列矩阵

$$\boldsymbol{A}=\begin{pmatrix}1 & -2 & 0\\ 2 & 3 & 4\\ -1 & -5 & -4\end{pmatrix},\quad \boldsymbol{B}=\begin{pmatrix}0 & 2 & -1\\ 1 & 1 & 2\\ -1 & -1 & -1\end{pmatrix}$$

是否可逆，若可逆，求其逆矩阵.

解 由于 $|\boldsymbol{A}|=0$，$|\boldsymbol{B}|=-2\neq 0$，由定理 9.4.2 知，$\boldsymbol{A}$ 不可逆，$\boldsymbol{B}$ 可逆，且

$$\boldsymbol{B}^{-1}=\frac{\boldsymbol{B}^*}{|\boldsymbol{B}|}=\frac{1}{|\boldsymbol{B}|}\begin{pmatrix}B_{11} & B_{21} & B_{31}\\ B_{12} & B_{22} & B_{32}\\ B_{13} & B_{23} & B_{33}\end{pmatrix}=-\frac{1}{2}\begin{pmatrix}1 & 3 & 5\\ -1 & -1 & -1\\ 0 & -2 & -2\end{pmatrix}.$$

例 9.4.3 设 n 阶方阵 $\boldsymbol{B}$ 可逆，方阵 $\boldsymbol{A}$ 满足 $\boldsymbol{A}^2-\boldsymbol{A}=\boldsymbol{B}$，证明：$\boldsymbol{A}$ 可逆，并求其逆.

证 方阵 $\boldsymbol{B}$ 可逆，由 $\boldsymbol{A}^2-\boldsymbol{A}=\boldsymbol{B}$ 得 $|\boldsymbol{A}|\,|\boldsymbol{A}-\boldsymbol{E}|=|\boldsymbol{B}|\neq 0$，从而 $|\boldsymbol{A}|\neq 0$，即矩阵 $\boldsymbol{A}$ 可逆，对等式 $\boldsymbol{A}(\boldsymbol{A}-\boldsymbol{E})=\boldsymbol{B}$，右乘 $\boldsymbol{B}^{-1}$ 得 $\boldsymbol{A}(\boldsymbol{A}-\boldsymbol{E})\boldsymbol{B}^{-1}=\boldsymbol{E}$，由推论知

$$\boldsymbol{A}^{-1}=(\boldsymbol{A}-\boldsymbol{E})\boldsymbol{B}^{-1}.$$

例 9.4.4 设 n 阶方阵 $\boldsymbol{A}$ 的伴随矩阵为 $\boldsymbol{A}^*$，证明：

(1) 若 $|\boldsymbol{A}|=0$，则 $|\boldsymbol{A}^*|=0$；

(2) $|\boldsymbol{A}^*|=|\boldsymbol{A}|^{n-1}$.

证 由 $\boldsymbol{AA}^*=|\boldsymbol{A}|\boldsymbol{E}$，两边取行列式得

$$|\boldsymbol{A}|\,|\boldsymbol{A}^*|=|\boldsymbol{A}|^n.$$

(1) 若 $|\boldsymbol{A}|=0$，分两种情况讨论.

若 $\boldsymbol{A}=\boldsymbol{O}$，则 $\boldsymbol{A}^*=\boldsymbol{O}$，从而 $|\boldsymbol{A}^*|=0$；

若 $\boldsymbol{A}\neq\boldsymbol{O}$，则同样有 $|\boldsymbol{A}^*|=0$. 否则 $|\boldsymbol{A}^*|\neq 0$，则 $\boldsymbol{A}^*$ 可逆得

$$\boldsymbol{A}=\boldsymbol{AE}=\boldsymbol{A}(\boldsymbol{A}^*(\boldsymbol{A}^*)^{-1})=(\boldsymbol{AA}^*)(\boldsymbol{A}^*)^{-1}=|\boldsymbol{A}|\boldsymbol{E}(\boldsymbol{A}^*)^{-1}=\boldsymbol{O},$$

与 $\boldsymbol{A}\neq\boldsymbol{O}$ 矛盾，故 $|\boldsymbol{A}^*|=0$.

(2) 若 $|\boldsymbol{A}|\neq 0$，由 $|\boldsymbol{A}||\boldsymbol{A}^*|=|\boldsymbol{A}|^n$ 即得 $|\boldsymbol{A}^*|=|\boldsymbol{A}|^{n-1}$；若 $|\boldsymbol{A}|=0$，由(1)同样有 $|\boldsymbol{A}^*|=|\boldsymbol{A}|^{n-1}$.

9.4.3 可逆矩阵的性质

方阵的逆矩阵具有如下性质：设 $\boldsymbol{A}$ 可逆，则

(1) $\boldsymbol{A}^{-1}$ 可逆，且 $(\boldsymbol{A}^{-1})^{-1}=\boldsymbol{A}$；

(2) $\lambda\boldsymbol{A}$ 可逆，且 $(\lambda\boldsymbol{A})^{-1}=\dfrac{1}{\lambda}\boldsymbol{A}^{-1}$，这里 $\lambda\neq 0$ 是数；

(3) $\boldsymbol{A}^{\mathrm{T}}$ 也可逆，且 $(\boldsymbol{A}^{\mathrm{T}})^{-1}=(\boldsymbol{A}^{-1})^{\mathrm{T}}$；

(4) 若 $\boldsymbol{A},\boldsymbol{B}$ 为 n 阶可逆方阵，则 $\boldsymbol{AB}$ 可逆，且 $(\boldsymbol{AB})^{-1}=\boldsymbol{B}^{-1}\boldsymbol{A}^{-1}$.

(5) $|\boldsymbol{A}^{-1}|=|\boldsymbol{A}|^{-1}$.

证　(1)和(2)由定理 9.4.2 的推论直接验证.

(3) 因为 $\boldsymbol{A}^{\mathrm{T}}(\boldsymbol{A}^{-1})^{\mathrm{T}}=(\boldsymbol{A}^{-1}\boldsymbol{A})^{\mathrm{T}}=\boldsymbol{E}$，所以 $\boldsymbol{A}^{\mathrm{T}}$ 可逆，且 $(\boldsymbol{A}^{\mathrm{T}})^{-1}=(\boldsymbol{A}^{-1})^{\mathrm{T}}$.

(4) 由于 $\boldsymbol{A},\boldsymbol{B}$ 是 n 阶可逆方阵，因此 $\boldsymbol{A}^{-1},\boldsymbol{B}^{-1}$ 都存在，且

$$(\boldsymbol{AB})(\boldsymbol{B}^{-1}\boldsymbol{A}^{-1})=\boldsymbol{A}(\boldsymbol{B}(\boldsymbol{B}^{-1}\boldsymbol{A}^{-1}))=\boldsymbol{A}(\boldsymbol{BB}^{-1})\boldsymbol{A}^{-1}=\boldsymbol{AA}^{-1}=\boldsymbol{E},$$

由定理 9.4.2 的推论可知，$\boldsymbol{AB}$ 可逆，且 $(\boldsymbol{AB})^{-1}=\boldsymbol{B}^{-1}\boldsymbol{A}^{-1}$.

更一般地，如果 $\boldsymbol{A}_1,\boldsymbol{A}_2,\cdots,\boldsymbol{A}_s$ 都是可逆阵，那么乘积 $\boldsymbol{A}_1\boldsymbol{A}_2\cdots\boldsymbol{A}_s$ 也可逆，且

$$(\boldsymbol{A}_1\boldsymbol{A}_2\cdots\boldsymbol{A}_s)^{-1}=\boldsymbol{A}_s^{-1}\cdots\boldsymbol{A}_2^{-1}\boldsymbol{A}_1^{-1}.$$

定义可逆方阵 $\boldsymbol{A}$ 的负整指数幂

$$\boldsymbol{A}^{-n}=(\boldsymbol{A}^{-1})^n=(\boldsymbol{A}^n)^{-1}.$$

(5) $\boldsymbol{AA}^{-1}=\boldsymbol{E}$，$|\boldsymbol{A}||\boldsymbol{A}^{-1}|=|\boldsymbol{E}|=1$，所以 $|\boldsymbol{A}^{-1}|=|\boldsymbol{A}|^{-1}$.

例 9.4.5　求解矩阵方程 $\boldsymbol{AX}=\boldsymbol{B}$，其中 $\boldsymbol{A}=\begin{pmatrix}2&4\\1&-1\end{pmatrix}$，$\boldsymbol{B}=\begin{pmatrix}4&6\\2&-1\end{pmatrix}$.

解　因为 $|\boldsymbol{A}|\neq 0$，因此矩阵 $\boldsymbol{A}$ 可逆. 在方程两边左乘 $\boldsymbol{A}^{-1}$，得 $\boldsymbol{X}=\boldsymbol{A}^{-1}\boldsymbol{B}$，利用公式有

$$\boldsymbol{A}^{-1}=\frac{1}{|\boldsymbol{A}|}\boldsymbol{A}^*=\begin{pmatrix}\dfrac{1}{6}&\dfrac{2}{3}\\[2mm]\dfrac{1}{6}&-\dfrac{1}{3}\end{pmatrix},$$

所以，$\boldsymbol{X}=\begin{pmatrix}\dfrac{1}{6}&\dfrac{2}{3}\\[2mm]\dfrac{1}{6}&-\dfrac{1}{3}\end{pmatrix}\cdot\begin{pmatrix}4&6\\2&-1\end{pmatrix}=\begin{pmatrix}2&1/3\\0&4/3\end{pmatrix}$.

例 9.4.6　已知可逆矩阵 $\boldsymbol{A}=\begin{pmatrix}1&1&1\\1&2&1\\1&1&3\end{pmatrix}$，求其伴随矩阵 $\boldsymbol{A}^*$ 的逆矩阵.

解　$(\boldsymbol{A}^*)^{-1}=(|\boldsymbol{A}|\boldsymbol{A}^{-1})^{-1}=\frac{1}{|\boldsymbol{A}|}(\boldsymbol{A}^{-1})^{-1}=\frac{1}{|\boldsymbol{A}|}\boldsymbol{A}$，又

$$|\boldsymbol{A}|=\begin{vmatrix}1&1&1\\1&2&1\\1&1&3\end{vmatrix}=2,$$

所以

$$(\boldsymbol{A}^*)^{-1}=\frac{1}{2}\begin{pmatrix}1&1&1\\1&2&1\\1&1&3\end{pmatrix}.$$

9.5　矩阵的初等变换和初等方阵

矩阵的初等变换是一种特殊的矩阵运算，在线性方程组的求解与矩阵理论的研究中起着重要作用. 本节介绍矩阵的初等变换，并介绍利用初等变换求逆矩阵的方法.

定义 9.5.1　对矩阵施以下列 3 种变换，称为矩阵的**初等变换**.

(1) 交换矩阵的两行(列)；若互换第 i 行与第 j 行，记作 $r_i\leftrightarrow r_j$；

(2) 将一个非零常数 k 乘矩阵的某一行(列)；如果是第 i 行乘 $k\neq 0$，记作 kr_i；

(3) 将矩阵某一行(列)的 k 倍加到另一行(列)上，如果是第 j 行的 k 倍加到第 i 行，记作 r_i+kr_j.

定义 9.5.2　由单位矩阵 $\boldsymbol{E}$ 经过一次初等变换所得到的矩阵称为**初等矩阵**.

交换 n 阶单位矩阵 $\boldsymbol{E}$ 的第 i 行(列)和第 j 行(列)所得初等矩阵，记作 $\boldsymbol{E}(i,j)$；把第 i 行(列)乘以一个非零常数 k，所得初等矩阵，记作 $\boldsymbol{E}(i(k))$；把第 j 行(第 i 列)所有元素乘以 k，加到第 i 行(第 j 列)上所得初等矩阵，记作 $\boldsymbol{E}(i,j(k))$.

单位矩阵的三种初等变换对应着三种初等矩阵. 即

$$\boldsymbol{E}\xrightarrow[(c_i\leftrightarrow c_j)]{r_i\leftrightarrow r_j}\boldsymbol{E}(i,j)=\begin{pmatrix}1&&&&&&&&\\&\ddots&&&&&&&\\&&1&&&&&&\\&&&0&&&1&&\\&&&&1&&&&\\&&&&&\ddots&&&\\&&&&&&1&&\\&&&1&&&0&&\\&&&&&&&1&\\&&&&&&&&\ddots\\&&&&&&&&&1\end{pmatrix}\begin{matrix}\\\\\\i\text{行}\\\\\\\\j\text{行}\\\\\\\\\end{matrix},$$

$$E \xrightarrow[(kc_i)]{kr_i} E(i(k)) = \begin{pmatrix} 1 & & & & & & \\ & \ddots & & & & & \\ & & 1 & & & & \\ & & & k & & & \\ & & & & 1 & & \\ & & & & & \ddots & \\ & & & & & & 1 \end{pmatrix} i\text{行},$$

$$E \xrightarrow[(c_j+kc_i)]{r_i+kr_j} E(i,j(k)) = \begin{pmatrix} 1 & & & & & & \\ & \ddots & & & & & \\ & & 1 & & k & & \\ & & & \ddots & & & \\ & & & & 1 & & \\ & & & & & \ddots & \\ & & & & & & 1 \end{pmatrix} \begin{matrix} i\text{行} \\ \\ j\text{行} \end{matrix}.$$

显然初等矩阵都是可逆的,且(1) $E(i,j)^{-1}=E(i,j)$;(2) $E(i(k))^{-1}=E\left(i\left(\frac{1}{k}\right)\right)$;(3) $E(i,j(k))^{-1}=E(i,j(-k))$. 并且初等矩阵的逆仍是初等矩阵.

例 9.5.1 设 $A=\begin{pmatrix} a_{11} & a_{12} & a_{13} & a_{14} \\ a_{21} & a_{22} & a_{23} & a_{24} \\ a_{31} & a_{32} & a_{33} & a_{34} \end{pmatrix}$, 分别计算 $E_3(1,3)A$, $AE_4(1,3)$.

解

$$E_3(1,3)A=\begin{pmatrix} 0 & 0 & 1 \\ 0 & 1 & 0 \\ 1 & 0 & 0 \end{pmatrix}\begin{pmatrix} a_{11} & a_{12} & a_{13} & a_{14} \\ a_{21} & a_{22} & a_{23} & a_{24} \\ a_{31} & a_{32} & a_{33} & a_{34} \end{pmatrix}=\begin{pmatrix} a_{31} & a_{32} & a_{33} & a_{34} \\ a_{21} & a_{22} & a_{23} & a_{24} \\ a_{11} & a_{12} & a_{13} & a_{14} \end{pmatrix},$$

相当于 $A \xrightarrow{r_1 \leftrightarrow r_3} E_3(1,3)A$.

$$AE_4(1,3)=\begin{pmatrix} a_{11} & a_{12} & a_{13} & a_{14} \\ a_{21} & a_{22} & a_{23} & a_{24} \\ a_{31} & a_{32} & a_{33} & a_{34} \end{pmatrix}\begin{pmatrix} 0 & 0 & 1 & 0 \\ 0 & 1 & 0 & 0 \\ 1 & 0 & 0 & 0 \\ 0 & 0 & 0 & 1 \end{pmatrix}=\begin{pmatrix} a_{13} & a_{12} & a_{11} & a_{14} \\ a_{23} & a_{22} & a_{21} & a_{24} \\ a_{33} & a_{32} & a_{31} & a_{34} \end{pmatrix},$$

相当于 $A \xrightarrow{c_1 \leftrightarrow c_3} AE_4(1,3)$.

初等变换将一个矩阵变成了另一个矩阵,在一般情况下,变换前后的两个矩阵并不相等,因此进行初等变换只能用"$\rightarrow$"来表示,而不能用等号.

定义 9.5.3　如果矩阵 $\boldsymbol{A}$ 经过有限次初等变换后化为矩阵 $\boldsymbol{B}$，则称 $\boldsymbol{A}$ 等价于矩阵 $\boldsymbol{B}$，简记为 $\boldsymbol{A}\sim\boldsymbol{B}$.

由定义得矩阵等价的一些性质.

(1) 反身性　$\boldsymbol{A}\sim\boldsymbol{A}$；

(2) 对称性　若 $\boldsymbol{A}\sim\boldsymbol{B}$，则 $\boldsymbol{B}\sim\boldsymbol{A}$；

(3) 传递性　$\boldsymbol{A}\sim\boldsymbol{B}$ 且 $\boldsymbol{B}\sim\boldsymbol{C}$，则 $\boldsymbol{A}\sim\boldsymbol{C}$.

定理 9.5.1　对矩阵 $\boldsymbol{A}_{m\times n}$ 作一次初等行变换相当于在矩阵 $\boldsymbol{A}_{m\times n}$ 的左侧乘以相应的 m 阶初等矩阵；对矩阵 $\boldsymbol{A}_{m\times n}$ 作一次初等列变换相当于在矩阵 $\boldsymbol{A}_{m\times n}$ 的右侧乘以相应的 n 阶初等矩阵.

定理 9.5.2　任意非零矩阵 $A_{m\times n}=(a_{ij})_{m\times n}$，都与形如 $\boldsymbol{D}=\begin{pmatrix}\boldsymbol{E}_r & \boldsymbol{O}\\ \boldsymbol{O} & \boldsymbol{O}\end{pmatrix}$ 的矩阵等价，矩阵 $\begin{pmatrix}\boldsymbol{E}_r & \boldsymbol{O}\\ \boldsymbol{O} & \boldsymbol{O}\end{pmatrix}$ 称为矩阵 A 的标准型 $(1\leqslant r\leqslant\min(m,n))$.

$$\boldsymbol{D}=\begin{pmatrix}1 & & & & & \\ & \ddots & & & & \\ & & 1 & & & \\ & & & 0 & & \\ & & & & \ddots & \\ & & & & & 0\end{pmatrix}\begin{matrix}\\ r\text{ 行}\\ \\ \end{matrix}$$

$$r\text{ 列}$$

$$=\begin{pmatrix}\boldsymbol{E}_r & \boldsymbol{O}_{r\times(n-r)}\\ \boldsymbol{O}_{(m-r)\times r} & \boldsymbol{O}_{(m-r)\times(n-r)}\end{pmatrix}$$

证　略.

推论 9.5.1　如果 $\boldsymbol{A}$ 为 n 阶可逆矩阵，则 $\boldsymbol{D}=\boldsymbol{E}$.

定理 9.5.3　方阵 $\boldsymbol{A}$ 可逆的充分必要条件是 $\boldsymbol{A}$ 可以写成有限个初等矩阵的乘积.

证　充分性. 因初等矩阵可逆，所以充分条件是显然的.

必要性. 若方阵 $\boldsymbol{A}$ 可逆，由定理 9.5.2 推论知，矩阵 $\boldsymbol{A}$ 经初等变换能化成单位矩阵. 即存在有限个 n 阶初等矩阵 $\boldsymbol{P}_1,\boldsymbol{P}_2,\cdots,\boldsymbol{P}_s$，使得 $\boldsymbol{P}_s\cdots\boldsymbol{P}_2\boldsymbol{P}_1\boldsymbol{A}=\boldsymbol{E}$，从而

$$\boldsymbol{A}=\boldsymbol{P}_1^{-1}\boldsymbol{P}_2^{-1}\cdots\boldsymbol{P}_s^{-1}.$$

由于初等矩阵的逆仍是初等矩阵，所以可逆矩阵 A 可以写成有限个初等矩阵的乘积.

下面介绍一种求逆矩阵的方法.

由定理 9.5.3 可知，若方阵 $\boldsymbol{A}$ 可逆，一定存在有限个初等矩阵 $\boldsymbol{P}_1,\boldsymbol{P}_2,\cdots,\boldsymbol{P}_s$，使得

$$\boldsymbol{P}_s\cdots\boldsymbol{P}_2\boldsymbol{P}_1\boldsymbol{A}=\boldsymbol{E},$$

两边同时右乘 $\boldsymbol{A}^{-1}$，有 $\boldsymbol{P}_s\cdots\boldsymbol{P}_2\boldsymbol{P}_1\boldsymbol{E}=\boldsymbol{A}^{-1}$.

矩阵左乘一个初等矩阵 $\boldsymbol{P}$，相当于对这个矩阵作一个与 $\boldsymbol{P}$ 相对应的初等行变换. 对 $\boldsymbol{A}$ 依次作与 $\boldsymbol{P}_1,\boldsymbol{P}_2,\cdots,\boldsymbol{P}_s$ 相对应的初等行变换，结果得到单位矩阵 $\boldsymbol{E}$；同时，对单位矩阵 $\boldsymbol{E}$ 作完全相同的初等行变换，所得结果为 $\boldsymbol{P}_s\cdots\boldsymbol{P}_2\boldsymbol{P}_1\boldsymbol{E}$，恰好是 $\boldsymbol{A}$ 的逆矩阵 $\boldsymbol{A}^{-1}$.

为此，构造 $n\times 2n$ 矩阵 $(\boldsymbol{A} \vdots \boldsymbol{E})$，对其施行一系列初等行变换(相当于左乘一系列初等矩阵)，将 $\boldsymbol{A}$ 化为单位矩阵 $\boldsymbol{E}$；同时，将单位矩阵 $\boldsymbol{E}$ 化为 $\boldsymbol{A}$ 的逆矩阵 $\boldsymbol{A}^{-1}$. 即

$$\boldsymbol{P}_s\cdots\boldsymbol{P}_2\boldsymbol{P}_1(\boldsymbol{A},\boldsymbol{E})=(\boldsymbol{P}_s\cdots\boldsymbol{P}_2\boldsymbol{P}_1\boldsymbol{A},\boldsymbol{P}_s\cdots\boldsymbol{P}_2\boldsymbol{P}_1 E)=(\boldsymbol{E},\boldsymbol{A}^{-1}).$$

例 9.5.2 用初等行变换求下列矩阵的逆矩阵.

(1) $\begin{pmatrix} 2 & -2 & 3 \\ 1 & -1 & 2 \\ -1 & 0 & 1 \end{pmatrix}$；(2) $\begin{pmatrix} 1 & 2 & 1 & 1 \\ 1 & 1 & -2 & -1 \\ 1 & -2 & 1 & -1 \\ 1 & -1 & -2 & 1 \end{pmatrix}$.

解 (1) 对(A,E)施行初等行变换.

$$\left(\begin{array}{ccc|ccc} 2 & -2 & 3 & 1 & 0 & 0 \\ 1 & -1 & 2 & 0 & 1 & 0 \\ -1 & 0 & 1 & 0 & 0 & 1 \end{array}\right) \xrightarrow{r_1\leftrightarrow r_2} \left(\begin{array}{ccc|ccc} 1 & -1 & 2 & 0 & 1 & 0 \\ 2 & -2 & 3 & 1 & 0 & 0 \\ -1 & 0 & 1 & 0 & 0 & 1 \end{array}\right)$$

$$\xrightarrow[r_3+r_1]{r_2-2r_1} \left(\begin{array}{ccc|ccc} 1 & -1 & 2 & 0 & 1 & 0 \\ 0 & 0 & -1 & 1 & -2 & 0 \\ 0 & -1 & 3 & 0 & 1 & 1 \end{array}\right)$$

$$\xrightarrow[\substack{(-1)r_2 \\ (-1)r_3}]{r_2\leftrightarrow r_3} \left(\begin{array}{ccc|ccc} 1 & -1 & 2 & 0 & 1 & 0 \\ 0 & 1 & -3 & 0 & -1 & -1 \\ 0 & 0 & 1 & -1 & 2 & 0 \end{array}\right)$$

$$\xrightarrow[r_1-2r_3]{r_2+3r_3} \left(\begin{array}{ccc|ccc} 1 & -1 & 0 & 2 & -3 & 0 \\ 0 & 1 & 0 & -3 & 5 & -1 \\ 0 & 0 & 1 & -1 & 2 & 0 \end{array}\right)$$

$$\xrightarrow{r_1+r_2} \left(\begin{array}{ccc|ccc} 1 & 0 & 0 & -1 & 2 & -1 \\ 0 & 1 & 0 & -3 & 5 & -1 \\ 0 & 0 & 1 & -1 & 2 & 0 \end{array}\right)$$

因此，

$$\begin{pmatrix} 2 & -2 & 3 \\ 1 & -1 & 2 \\ -1 & 0 & 1 \end{pmatrix}^{-1} = \begin{pmatrix} -1 & 2 & -1 \\ -3 & 5 & -1 \\ -1 & 2 & 0 \end{pmatrix}.$$

(2) 对(A,E)施行初等行变换.

$$
\left(\begin{array}{cccc:cccc}
1 & 2 & 1 & 1 & 1 & 0 & 0 & 0 \\
1 & 1 & -2 & -1 & 0 & 1 & 0 & 0 \\
1 & -2 & 1 & -1 & 0 & 0 & 1 & 0 \\
1 & -1 & -2 & 1 & 0 & 0 & 0 & 1
\end{array}\right)
$$

$$
\xrightarrow[r_4-r_1]{\substack{r_2-r_1\\ r_3-r_1}}
\left(\begin{array}{cccc:cccc}
1 & 2 & 1 & 1 & 1 & 0 & 0 & 0 \\
0 & -1 & -3 & -2 & -1 & 1 & 0 & 0 \\
0 & -4 & 0 & -2 & -1 & 0 & 1 & 0 \\
0 & -3 & -3 & 0 & -1 & 0 & 0 & 1
\end{array}\right)
$$

……

$$
\xrightarrow{r_1-2r_2}
\left(\begin{array}{cccc:cccc}
1 & 0 & 0 & 0 & 2/6 & 1/6 & 2/6 & 1/6 \\
0 & 1 & 0 & 0 & 1/6 & 1/6 & -1/6 & -1/6 \\
0 & 0 & 1 & 0 & 1/6 & -1/6 & 1/6 & -1/6 \\
0 & 0 & 0 & 1 & 1/6 & -2/6 & -1/6 & 2/6
\end{array}\right),
$$

因此，

$$
\begin{pmatrix}
1 & 2 & 1 & 1 \\
1 & 1 & -2 & -1 \\
1 & -2 & 1 & -1 \\
1 & -1 & -2 & 1
\end{pmatrix}^{-1}
=\frac{1}{6}
\begin{pmatrix}
2 & 1 & 2 & 1 \\
1 & 1 & -1 & -1 \\
1 & -1 & 1 & -1 \\
1 & -2 & -1 & 2
\end{pmatrix}.
$$

上面用初等变换求逆矩阵的方法，仅限于对矩阵的行施以初等行变换，不能出现初等列变换. 求矩阵的逆也可采用初等列变换，方法如下.

构造 $2n\times n$ 矩阵 $\begin{pmatrix}\boldsymbol{A}\\ \boldsymbol{E}\end{pmatrix}$，对其施行一系列初等列变换(相当于右乘一系列初等矩阵)，将 $\boldsymbol{A}$ 化为单位矩阵 $\boldsymbol{E}$；同时，将单位矩阵 $\boldsymbol{E}$ 化为 $\boldsymbol{A}$ 的逆矩阵 $\boldsymbol{A}^{-1}$.

在矩阵方程 $\boldsymbol{AX}=\boldsymbol{B}$ 中，如果 $\boldsymbol{A}$ 是可逆阵，则有唯一解 $\boldsymbol{X}=\boldsymbol{A}^{-1}\boldsymbol{B}$. 若构造矩阵 $[\boldsymbol{A}\ \vdots\ \boldsymbol{B}]$，当对其进行初等行变换时，化其中的 $\boldsymbol{A}$ 为 $\boldsymbol{E}$ 时，$\boldsymbol{B}$ 就变成了 $\boldsymbol{A}^{-1}\boldsymbol{B}$. 即

$$
(\boldsymbol{A}\ \vdots\ \boldsymbol{B})\xrightarrow{\text{初等行变换}}(\boldsymbol{E}\ \vdots\ \boldsymbol{A}^{-1}\boldsymbol{B}).
$$

例 9.5.3　求解矩阵方程 $\boldsymbol{AX}=\boldsymbol{B}$，这里 $\boldsymbol{A}=\begin{pmatrix}2 & 4\\ 1 & -1\end{pmatrix}$，$\boldsymbol{B}=\begin{pmatrix}4 & 6\\ 2 & -1\end{pmatrix}$.

解　$\boldsymbol{X}=\boldsymbol{A}^{-1}\boldsymbol{B}=\begin{pmatrix}2 & 4\\ 1 & -1\end{pmatrix}^{-1}\begin{pmatrix}4 & 6\\ 2 & -1\end{pmatrix}$，用初等行变换求 $\boldsymbol{X}$.

构造分块矩阵 $(\boldsymbol{A}\ \vdots\ \boldsymbol{B})$，作初等行变换，将矩阵 $\boldsymbol{A}$ 化为 $\boldsymbol{E}$，同时将矩阵 $\boldsymbol{B}$ 化为 $\boldsymbol{A}^{-1}\boldsymbol{B}$.

$$
(\boldsymbol{A}\ \vdots\ \boldsymbol{B})=\left(\begin{array}{cc:cc}
2 & 4 & 4 & 6 \\
1 & -1 & 2 & -1
\end{array}\right)
\xrightarrow{r_1\leftrightarrow r_2}
\left(\begin{array}{cc:cc}
1 & -1 & 2 & -1 \\
2 & 4 & 4 & 6
\end{array}\right)
$$

$$\longrightarrow \left(\begin{array}{cc:cc} 1 & -1 & 2 & -1 \\ 0 & 6 & 0 & 8 \end{array}\right) \longrightarrow \left(\begin{array}{cc:cc} 1 & -1 & 2 & -1 \\ 0 & 1 & 0 & 4/3 \end{array}\right)$$

$$\longrightarrow \left(\begin{array}{cc:cc} 1 & 0 & 2 & 1/3 \\ 0 & 1 & 0 & 4/3 \end{array}\right);$$

因此，$\boldsymbol{X} = \begin{pmatrix} 2 & 1/3 \\ 0 & 4/3 \end{pmatrix}$.

例 9.5.4 可逆方阵可用来对需传输的信息加密. 首先给每个字母指派一个码字，如下表所示.

信息加密规则

字母	a	b	c	d	e	f	g	h	i	j	k	l	m	n	o	p	q	r	s	t	u	v	w	x	y	z	空格
码字	1	2	3	4	5	6	7	8	9	10	11	12	13	14	15	16	17	18	19	20	21	22	23	24	25	26	0

于是传输信息为

GO NORTHEAST

把对应的码字写成 3×4 矩阵(按列)

$$\boldsymbol{B} = \begin{pmatrix} 7 & 14 & 20 & 1 \\ 15 & 15 & 8 & 19 \\ 0 & 18 & 5 & 20 \end{pmatrix}.$$

如果直接发送矩阵 $\boldsymbol{B}$，这是不加密的信息，容易被破解，无论军事还是商业上均不可行，因此必须对信息予以加密，使得只有知道密钥的接受者才能准确，快速破译. 为此可以取定 3 阶可逆矩阵 $\boldsymbol{A}$，并且满足 $|\boldsymbol{A}| = \pm 1$.

令

$$\boldsymbol{C} = \boldsymbol{AB},$$

则 $\boldsymbol{C}$ 是 3×4 矩阵，其元素也均为整数. 现发送加密后的信息矩阵 $\boldsymbol{C}$，乙方接受者只需用 $\boldsymbol{A}^{-1}$ 进行解密，就得到发送者的信息

$$\boldsymbol{B} = \boldsymbol{A}^{-1}\boldsymbol{C}.$$

例如，取 $\boldsymbol{A} = \begin{pmatrix} 1 & 1 & 1 \\ -1 & 0 & 1 \\ 0 & 1 & 1 \end{pmatrix}$，则 $|\boldsymbol{A}| = -1$，且 $\boldsymbol{A}^{-1} = \begin{pmatrix} 1 & 0 & -1 \\ -1 & -1 & 2 \\ 1 & 1 & -1 \end{pmatrix}$. 现发送矩阵

$$\boldsymbol{C} = \boldsymbol{AB} = \begin{pmatrix} 1 & 1 & 1 \\ -1 & 0 & 1 \\ 0 & 1 & 1 \end{pmatrix} \begin{pmatrix} 7 & 14 & 20 & 1 \\ 15 & 15 & 8 & 19 \\ 0 & 18 & 5 & 20 \end{pmatrix} = \begin{pmatrix} 22 & 47 & 33 & 40 \\ -7 & 4 & -15 & 19 \\ 15 & 33 & 13 & 39 \end{pmatrix};$$

接受者收到矩阵 $\boldsymbol{C}$ 后用 $\boldsymbol{A}^{-1}$ 进行解密：

$$\boldsymbol{B} = \boldsymbol{A}^{-1}\boldsymbol{C} = \begin{pmatrix} 1 & 0 & -1 \\ -1 & -1 & 2 \\ 1 & 1 & -1 \end{pmatrix} \begin{pmatrix} 22 & 47 & 33 & 40 \\ -7 & 4 & -15 & 19 \\ 15 & 33 & 13 & 39 \end{pmatrix} = \begin{pmatrix} 7 & 14 & 20 & 1 \\ 15 & 15 & 8 & 19 \\ 0 & 18 & 5 & 20 \end{pmatrix}.$$

即 GO NORTHEAST.

9.6 矩阵的秩

定义 9.6.1 设 $A=(a_{ij})$ 是 $m\times n$ 矩阵,从 $\boldsymbol{A}$ 中任取 k 行 k 列 $(k\leqslant\min(m,n))$,位于这些行和列的相交处的元素,保持它们原来的相对位置所构成的 k 阶行列式,称为矩阵 $\boldsymbol{A}$ 的一个 k **阶子式**.

例如,$\boldsymbol{A}=\begin{pmatrix}1&3&4&5\\-1&0&2&3\\0&1&-1&0\end{pmatrix}$,矩阵 $\boldsymbol{A}$ 的第一三两行,第二四两列相交处的元素所构成的二阶子式为 $\begin{vmatrix}3&5\\1&0\end{vmatrix}$.

设 $\boldsymbol{A}=(a_{ij})$ 是 $m\times n$ 矩阵,当 $\boldsymbol{A}=\boldsymbol{O}$ 时,它的任何子式都为零;当 $\boldsymbol{A}\neq\boldsymbol{O}$ 时,它至少有一个元素不为零,这时考虑它的二阶子式,如果 $\boldsymbol{A}$ 中有二阶子式不为零,则再考查三阶子式,依此类推最后必达到 $\boldsymbol{A}$ 中有 r 阶子式不为零,而再没有比 r 阶更高的不为零的子式.这个不为零的子式的最高阶数 r,反映了矩阵 $\boldsymbol{A}$ 内在的重要性质,在矩阵的理论与应用中有重要意义.

例如,$\boldsymbol{A}=\begin{pmatrix}1&2&3&0\\0&1&2&1\\2&4&6&0\end{pmatrix}$,$\boldsymbol{A}$ 中有二阶子式 $\begin{vmatrix}1&2\\0&1\end{vmatrix}=1\neq0$,但它的任何三阶子式皆为零,即不为零的子式最高阶数 $r=2$.

定义 9.6.2 设 $\boldsymbol{A}=(a_{ij})$ 是 $m\times n$ 矩阵,如果 $\boldsymbol{A}$ 中不为零的子式最高阶数为 r,即存在 r 阶子式不为零,而任何 $r+1$ 阶子式皆为零,则称 r 为矩阵 $\boldsymbol{A}$ 的**秩**,记为秩 $(\boldsymbol{A})=r$,或 $r(\boldsymbol{A})=r$.当 $\boldsymbol{A}=\boldsymbol{O}$ 时,规定 $r(\boldsymbol{A})=0$.

显然 $r(\boldsymbol{A})=r(\boldsymbol{A}^{\mathrm{T}})$.且 $0\leqslant r\leqslant\min(m,n)$.

当 $r(\boldsymbol{A})=\min(m,n)$,称矩阵 $\boldsymbol{A}$ 为**满秩矩阵**.

例 9.6.1 求矩阵 $\boldsymbol{A},\boldsymbol{B}$ 的秩,其中

$$\boldsymbol{A}=\begin{pmatrix}3&1&0&2\\1&-1&2&-1\\1&3&-4&4\end{pmatrix},$$

$$\boldsymbol{B}=\begin{pmatrix}2&-1&0&3&-2\\0&3&1&-2&5\\0&0&0&4&-3\\0&0&0&0&0\end{pmatrix}.$$

解 在 $\boldsymbol{A}$ 中首先可以看到 $\begin{vmatrix}3&1\\1&-1\end{vmatrix}\neq0$,则 $r(\boldsymbol{A})\geqslant2$,而 $\boldsymbol{A}$ 的三阶子式共有

4 个,且每个都为 0,由矩阵秩的定义有 $r(\boldsymbol{A})=2$.

在 $\boldsymbol{B}$ 中,由第一、二、三行和第一、二、四列组成的三阶子式 $\begin{vmatrix} 2 & -1 & 3 \\ 0 & 3 & -2 \\ 0 & 0 & 4 \end{vmatrix} \neq 0$,而所有的四阶子式均为零,于是 $r(\boldsymbol{A})=3$.

由上例看出用定义求行数,列数都很大的矩阵的秩是很不方便的,但上例中矩阵 $\boldsymbol{B}$ 因最后一行元素全是 0,很容易求出此类矩阵的秩,称满足下列条件的矩阵为**行阶梯形矩阵**.

(1) 若有零行,则零行全部位于非零行的下方;

(2) 各非零行的左起首位非零元素的列序数由上至下严格递增(即必在前一行的首位非零元素的右下方位置).

下面介绍用初等变换求矩阵的秩.

定理 9.6.1 矩阵经初等变换后,其秩不变.

证 仅考查经一次初等行变换的情形.

设 $\boldsymbol{A}_{m\times n}$ 经初等变换为 $\boldsymbol{B}_{m\times n}$,且 $r(\boldsymbol{A})=r_1$,$r(\boldsymbol{B})=r_2$. 当对 $\boldsymbol{A}$ 施以互换两行或以某非零数乘某一行的变换时,矩阵 $\boldsymbol{B}$ 中任何 r_1+1 阶子式等于某一非零数 k 与 $\boldsymbol{A}$ 的某个 r_1+1 阶子式的乘积,其中 $k=\pm1$ 或其他非零数. 因为 $\boldsymbol{A}$ 的任何 r_1+1 阶子式皆为零,因此 $\boldsymbol{B}$ 的任何 r_1+1 阶子式也都为零.

当对 $\boldsymbol{A}$ 施以第 i 行乘 l 后加于第 j 行的变换时,矩阵 $\boldsymbol{B}$ 的任意一个 r_1+1 阶子式 $|\boldsymbol{B}_1|$,如果它不含 $\boldsymbol{B}$ 的第 j 行或既含 $\boldsymbol{B}$ 的第 i 行又含第 j 行,则它等于 $\boldsymbol{A}$ 的一个 r_1+1 阶子式,如果 $|\boldsymbol{B}_1|$ 中含 $\boldsymbol{B}$ 的第 j 行但不含第 i 行时,则 $|\boldsymbol{B}_1|=|\boldsymbol{A}_1|+l|\boldsymbol{A}_2|$,其中 $\boldsymbol{A}_1,\boldsymbol{A}_2$ 是 $\boldsymbol{A}$ 中的两个 r_1+1 阶子式. 由 $\boldsymbol{A}$ 的任何 r_1+1 阶子式均为零可知 $\boldsymbol{B}$ 的任何 r_1+1 阶子式也为零.

由以上分析可知,对 $\boldsymbol{A}$ 施以一次初等行变换后得 $\boldsymbol{B}$ 时,有 $r_2<r_1+1$,即 $r_2\leqslant r_1$. $\boldsymbol{A}$ 经某种初等变换得 $\boldsymbol{B}$,$\boldsymbol{B}$ 也可以经相应得初等变换得 $\boldsymbol{A}$. 因此又有 $r_1\leqslant r_2$,故得 $r_1=r_2$.

显然上述结论对初等列变换也成立.

故对 $\boldsymbol{A}$ 每施以一次初等变换所得到的矩阵的秩与 $\boldsymbol{A}$ 的秩相同,因此对 $\boldsymbol{A}$ 施以有限次初等变换后所得到的矩阵的秩仍然等于 $\boldsymbol{A}$ 的秩.

例 9.6.2 求矩阵 $\boldsymbol{A}$ 的秩

$$\boldsymbol{A}=\begin{pmatrix} 4 & -4 & 3 & -2 & 10 \\ 1 & -1 & 2 & -1 & 3 \\ 1 & -1 & -3 & 1 & 1 \\ 2 & -2 & -11 & 4 & 0 \end{pmatrix}.$$

解 首先对矩阵 $\boldsymbol{A}$ 做初等行变换.

$$A=\begin{pmatrix}4&-4&3&-2&10\\1&-1&2&-1&3\\1&-1&-3&1&1\\2&-2&-11&4&0\end{pmatrix}\xrightarrow{\text{初等行变换}}\cdots\rightarrow\begin{pmatrix}1&-1&0&-1/5&11/5\\0&0&1&-2/5&2/5\\0&0&0&0&0\\0&0&0&0&0\end{pmatrix}$$

$$\xrightarrow{c_2\leftrightarrow c_3}\begin{pmatrix}1&0&-1&-1/5&11/5\\0&1&0&-2/5&2/5\\0&0&0&0&0\\0&0&0&0&0\end{pmatrix}\xrightarrow[c_5-\frac{4}{5}c_1]{c_3+c_1,\ c_4+\frac{1}{5}c_1}\begin{pmatrix}1&0&0&0&0\\0&1&0&-2/5&2/5\\0&0&0&0&0\\0&0&0&0&0\end{pmatrix}$$

$$\xrightarrow[c_5-\frac{2}{5}c_2]{c_4+\frac{2}{5}c_2}\begin{pmatrix}1&0&0&0&0\\0&1&0&0&0\\0&0&0&0&0\\0&0&0&0&0\end{pmatrix}=I.$$

由秩的定义，$r(A)=2$.

由定理 9.6.1 知，矩阵的秩不随初等变换而变化，说明秩是反映矩阵固有性质的一个数. 由于矩阵可经过初等变换化为标准形，标准形矩阵的秩即为左上角单位阵的阶数，于是有下面的推论.

推论 9.6.1 若矩阵 A,B 等价，则 $r(A)=r(B)$.

推论 9.6.2 n 阶可逆矩阵，则 $r(A)=n$.

例 9.6.3 设矩阵

$$A=\begin{pmatrix}a_{11}&a_{12}&\cdots&a_{1r}&\cdots&a_{1n}\\0&a_{22}&\cdots&a_{2r}&\cdots&a_{2n}\\\vdots&\vdots&&\vdots&&\vdots\\0&0&\cdots&a_{rr}&\cdots&a_{rn}\\0&0&\cdots&0&\cdots&0\\\vdots&\vdots&&\vdots&&\vdots\\0&0&\cdots&0&\cdots&0\end{pmatrix}\ (a_{11}a_{22}\cdots a_{rr}\neq0),$$

求 $r(A)$.

解 对矩阵 A 进行初等列变换，首先用 a_{11} 将第一行的其余元素化为零，再用 a_{22} 将第二行的其余元素化为零，依次进行下去，最后用 a_{rr} 将第 r 行的其余元素化为零得

$$A\rightarrow\begin{pmatrix}a_{11}&0&\cdots&0&\cdots&0\\0&a_{22}&\cdots&0&\cdots&0\\\vdots&\vdots&&\vdots&&\vdots\\0&0&\cdots&a_{rr}&\cdots&0\\0&0&\cdots&0&\cdots&0\\\vdots&\vdots&&\vdots&&\vdots\\0&0&\cdots&0&\cdots&0\end{pmatrix}\ (a_{11}a_{22}\cdots a_{rr}\neq0),$$

由于 $a_{11},\cdots,a_{rr}$ 均不为零，继续进行初等变换得

$$A \to \begin{pmatrix} 1 & 0 & \cdots & 0 & \cdots & 0 \\ 0 & 1 & \cdots & 0 & \cdots & 0 \\ \vdots & \vdots & & \vdots & & \vdots \\ 0 & 0 & \cdots & 1 & \cdots & 0 \\ 0 & 0 & \cdots & 0 & \cdots & 0 \\ \vdots & \vdots & & \vdots & & \vdots \\ 0 & 0 & \cdots & 0 & \cdots & 0 \end{pmatrix},$$

所以 $r(\boldsymbol{A}) = r$.

要求一个矩阵的秩,用初等变换化 $\boldsymbol{A}$ 为形如 $\begin{pmatrix} \boldsymbol{E}_r & \boldsymbol{O} \\ \boldsymbol{O} & \boldsymbol{O} \end{pmatrix}$ 的矩阵,便可得到 $r(\boldsymbol{A}) = r$. 有时尚未化为 $\begin{pmatrix} \boldsymbol{E}_r & \boldsymbol{O} \\ \boldsymbol{O} & \boldsymbol{O} \end{pmatrix}$ 时就已经可以看出矩阵的秩,则变换步骤可以停止.

例 9.6.4 设矩阵 $\boldsymbol{A}$ 为

$$\boldsymbol{A} = \begin{pmatrix} 4 & 0 & 0 & 0 & 0 \\ 1 & 1 & 0 & 0 & 0 \\ 1 & -1 & 0 & 0 & 0 \\ 2 & -2 & -11 & 0 & 0 \end{pmatrix},$$

求 $r(\boldsymbol{A})$.

解 因为 $\boldsymbol{A}^{\mathrm{T}} = \begin{pmatrix} 4 & 1 & 1 & 2 \\ 0 & 1 & -1 & -2 \\ 0 & 0 & 0 & -11 \\ 0 & 0 & 0 & 0 \\ 0 & 0 & 0 & 0 \end{pmatrix}$ 是行阶梯形矩阵,其非零行的行数为 3,于是 $r(\boldsymbol{A}) = r(\boldsymbol{A}^{\mathrm{T}}) = 3$.

习 题 9

1. 写出下列矩阵.

(1) $a_{ij} = i - j$ 的 3×2 矩阵; (2) $a_{ij} = ij$ 的 5 阶方阵.

2. 某地区生产同一产品的有 C_1, C_2 两个厂,有四家销售门店 D_1, D_2, D_3, D_4. 用 a_{ij} 表示第 $i(i = 1,2)$ 厂家供应第 $j(j = 1,2,3,4)$ 门店的产量(单位:件),构造矩阵.

3. 设 $\begin{pmatrix} a+2b & -1 \\ 0 & 2 \\ 2 & 3 \end{pmatrix} = \begin{pmatrix} 1 & -1 \\ 0 & 2 \\ a-b & 3 \end{pmatrix}$, 求 a, b.

4. 已知 $\boldsymbol{A}=\begin{pmatrix}6 & -1\\3 & 0\\2 & 3\end{pmatrix}$，$\boldsymbol{B}=\begin{pmatrix}1 & -1\\0 & 2\\5 & 3\end{pmatrix}$，求 $\boldsymbol{A}+3\boldsymbol{B}$，$\boldsymbol{A}^{\mathrm{T}}-2\boldsymbol{B}^{\mathrm{T}}$.

5. 计算下列矩阵乘积.

(1) $\begin{pmatrix}3 & 2 & 1\\-1 & -2 & -3\end{pmatrix}\begin{pmatrix}1 & -1 & 1\\2 & 1 & -2\\-1 & 3 & -1\end{pmatrix}$；　(2) $(6\quad 0\quad 8\quad -3)\begin{pmatrix}0.5\\-2\\2.5\\-1\end{pmatrix}$；

(3) $\begin{pmatrix}0.5\\-2\\2.5\\-1\end{pmatrix}(6\quad 0\quad 8\quad -3)$；　(4) $\begin{pmatrix}3 & 2 & 1\\-1 & -2 & -3\end{pmatrix}\begin{pmatrix}x_1\\x_2\\x_3\end{pmatrix}$；

(5) $(1\quad -1\quad 2)\begin{pmatrix}1 & -2 & 0\\2 & 1 & 1\\1 & 0 & 2\end{pmatrix}$；

(6) $(x_1\quad x_2\quad x_3)\begin{pmatrix}a_{11} & a_{12} & a_{13}\\a_{21} & a_{22} & a_{23}\\a_{31} & a_{32} & a_{33}\end{pmatrix}\begin{pmatrix}x_1\\x_2\\x_3\end{pmatrix}$，且 $a_{ij}=a_{ji}(i,j=1,2,3)$.

6. 已知 $\boldsymbol{A}=\begin{pmatrix}3 & -1 & 1\\2 & 1 & 3\\1 & 3 & -1\end{pmatrix}$，$\boldsymbol{B}=\begin{pmatrix}1 & -1 & 1\\-1 & 1 & 3\\1 & 3 & -1\end{pmatrix}$，求 $\boldsymbol{AB}-\boldsymbol{BA}$. 此题结果说明什么？

7. 举反例说明下列结果是错误的.

(1) $\boldsymbol{A}^2-\boldsymbol{B}^2=(\boldsymbol{A}+\boldsymbol{B})(\boldsymbol{A}-\boldsymbol{B})$；　(2) $\boldsymbol{A}^2=\boldsymbol{O}$，则 $\boldsymbol{A}=\boldsymbol{O}$；

(3) $\boldsymbol{A}^2=\boldsymbol{A}$，则 $\boldsymbol{A}=\boldsymbol{O}$ 或 $\boldsymbol{A}=\boldsymbol{E}$.

8. 求与矩阵 $\begin{pmatrix}0 & 1 & 0\\0 & 0 & 1\\0 & 0 & 0\end{pmatrix}$ 可交换的所有矩阵.

9. 已知矩阵 $\boldsymbol{A}=(1\quad 2\quad 3)$，$\boldsymbol{B}=\left(1\quad \frac{1}{2}\quad \frac{1}{3}\right)$，且 $\boldsymbol{C}=\boldsymbol{A}^{\mathrm{T}}\boldsymbol{B}$，求 $\boldsymbol{C}^n$.

10. 设 $\boldsymbol{A}$ 是任意 n 阶方阵，证明：$\boldsymbol{A}+\boldsymbol{A}^{\mathrm{T}}$ 是对称矩阵.

11. 设 $\boldsymbol{A}$，$\boldsymbol{B}$ 为 n 阶方阵，求证：

(1) $(\boldsymbol{A}+\boldsymbol{E})^2=\boldsymbol{A}^2+2\boldsymbol{A}+\boldsymbol{E}$；

(2) $(\boldsymbol{A}+\boldsymbol{E})(\boldsymbol{A}-\boldsymbol{E})=\boldsymbol{A}^2-\boldsymbol{E}$.

12. 设 $\boldsymbol{A}$，$\boldsymbol{B}$ 为 n 阶方阵，且 $\boldsymbol{A}$ 为对称矩阵，证明：$\boldsymbol{B}^{\mathrm{T}}\boldsymbol{AB}$ 也是对称矩阵.

13. 对任意 $m\times n$ 矩阵 $\boldsymbol{A}$，证明：$\boldsymbol{A}\boldsymbol{A}^{\mathrm{T}}$,$\boldsymbol{A}^{\mathrm{T}}\boldsymbol{A}$ 都是对称矩阵.

14. 设 $\boldsymbol{A}$,$\boldsymbol{B}$ 为 n 阶方阵,且 $\boldsymbol{A}=\dfrac{1}{2}(\boldsymbol{B}+\boldsymbol{E})$. 证明：$\boldsymbol{A}^2=\boldsymbol{A}$ 当且仅当 $\boldsymbol{B}^2=\boldsymbol{E}$.

15. 设 $f(x)=ax^2+bx+c$,$\boldsymbol{A}$ 为 n 阶矩阵，$\boldsymbol{E}$ 为 n 阶单位矩阵，定义

$$f(\boldsymbol{A})=a\boldsymbol{A}^2+b\boldsymbol{A}+c\boldsymbol{E}.$$

(1)已知 $f(x)=x^2-x+1$,$\boldsymbol{A}=\begin{pmatrix}3&1&1\\1&1&2\\1&0&0\end{pmatrix}$，求 $f(\boldsymbol{A})$；

(2) 已知 $f(x)=x^2-3x+2$,$\boldsymbol{A}=\begin{pmatrix}2&1\\0&2\end{pmatrix}$，求 $f(\boldsymbol{A})$.

16. 设 $\boldsymbol{A}=\begin{pmatrix}1&-1&1&0\\3&2&0&1\\3&0&0&0\\0&3&0&0\end{pmatrix}$,$\boldsymbol{B}=\begin{pmatrix}2&1&0&0\\-3&1&0&0\\1&0&3&0\\0&1&0&3\end{pmatrix}$，利用矩阵分块，求

(1) $\boldsymbol{AB}$;(2) $\boldsymbol{BA}$;(3) $\boldsymbol{AB}-\boldsymbol{BA}$.

17. 按下列分块的方法，用分块矩阵乘法求下列矩阵的乘积.

(1) $\left(\begin{array}{cc:c}1&-2&0\\-1&1&1\\\hdashline 0&3&2\end{array}\right)\left(\begin{array}{c:c}0&1\\1&0\\\hdashline 0&-1\end{array}\right)$；

(2) $\left(\begin{array}{cc:cc}a&0&0&0\\0&a&0&0\\\hdashline 1&0&b&0\\0&1&0&b\end{array}\right)\left(\begin{array}{cc:cc}1&0&c&0\\0&1&0&c\\\hdashline 0&0&d&0\\0&0&0&d\end{array}\right)$.

18. 设矩阵 $A=\begin{pmatrix}1&2&0&0\\1&0&0&0\\0&0&1&0\\0&0&0&1\end{pmatrix}$，求 A^3.

19. 计算下列矩阵的逆.

(1) $\begin{pmatrix}3&-1\\-2&1\end{pmatrix}$；　　(2) $\begin{pmatrix}5&2&0&0\\2&1&0&0\\0&0&1&8\\0&0&1&9\end{pmatrix}$；

(3) $\boldsymbol{A}=\begin{pmatrix}a_1&&&\\&a_2&&\\&&\ddots&\\&&&a_n\end{pmatrix}$.

20. 已知 $\begin{pmatrix}1 & 2 & -1\\3 & 4 & -2\\5 & -4 & 1\end{pmatrix}^{-1}=\begin{pmatrix}-2 & 1 & 0\\-\frac{13}{2} & 3 & -\frac{1}{2}\\-16 & 7 & -1\end{pmatrix}$，求解下列方程.

(1) $\begin{cases}x_1+2x_2-x_3=1,\\3x_1+4x_2-2x_3=2,\\5x_1-4x_2+x_3=3;\end{cases}$ (2) $\begin{pmatrix}1 & 2 & -1\\3 & 4 & -2\\5 & -4 & 1\end{pmatrix}\boldsymbol{X}\begin{pmatrix}2 & 3\\1 & 2\end{pmatrix}=\begin{pmatrix}-1 & 0\\3 & 2\\0 & 1\end{pmatrix}$.

21. 解矩阵方程.

(1) $\begin{pmatrix}1 & 2\\3 & 4\end{pmatrix}\boldsymbol{X}=\begin{pmatrix}3 & 5\\5 & 9\end{pmatrix}$； (2) $\begin{pmatrix}2 & 0\\-1 & 1\end{pmatrix}\boldsymbol{X}\begin{pmatrix}1 & 4\\-1 & 2\end{pmatrix}=\begin{pmatrix}3 & 1\\0 & -1\end{pmatrix}$.

22. 设 $\boldsymbol{A}=\begin{pmatrix}1 & 0 & 1\\0 & 2 & 0\\1 & 0 & 1\end{pmatrix}$ 且 $\boldsymbol{X}=\boldsymbol{A}\boldsymbol{X}-\boldsymbol{A}^2+\boldsymbol{E}$. 求 $\boldsymbol{X}$.

23. 设方阵 $\boldsymbol{A}$ 满足 $\boldsymbol{A}^2-4\boldsymbol{A}-\boldsymbol{E}=\boldsymbol{O}$, 证明：$\boldsymbol{A}$ 及 $4\boldsymbol{A}+\boldsymbol{E}$ 均可逆，并求 $\boldsymbol{A}^{-1}$ 及 $(4\boldsymbol{A}+\boldsymbol{E})^{-1}$.

24. 设 $\boldsymbol{A}$ 为 n 阶方阵，对某正整数 $k>1$，$\boldsymbol{A}^k=\boldsymbol{O}$, 证明：

$$(\boldsymbol{E}-\boldsymbol{A})^{-1}=\boldsymbol{E}+\boldsymbol{A}+\boldsymbol{A}^2+\cdots+\boldsymbol{A}^{k-1}.$$

25. 设 $\boldsymbol{A},\boldsymbol{B}$ 为 n 阶方阵且满足 $\boldsymbol{A}+\boldsymbol{B}=\boldsymbol{A}\boldsymbol{B}$, 证明：$\boldsymbol{A}-\boldsymbol{E}$ 可逆，并给出其逆矩阵的表达式.

26. 利用矩阵的初等行变换计算下列矩阵的逆矩阵.

(1) $\begin{pmatrix}4 & -3\\-1 & 2\end{pmatrix}$； (2) $\begin{pmatrix}1 & -1 & -1\\0 & 1 & -1\\0 & 0 & 1\end{pmatrix}$；

(3) $\begin{pmatrix}1 & 2 & 3 & 4\\2 & 3 & 1 & 2\\1 & 1 & 1 & -1\\1 & 0 & -2 & -6\end{pmatrix}$； (4) $\begin{pmatrix}a & b\\c & d\end{pmatrix}$ $(ad-bc\neq 0)$；

(5) $\begin{pmatrix}0 & 0 & \cdots & 0 & a_n\\a_1 & 0 & \cdots & 0 & 0\\0 & a_2 & \cdots & \vdots & \vdots\\\vdots & \vdots & & \vdots & \vdots\\0 & \cdots & 0 & a_{n-1} & 0\end{pmatrix}$，其中 $a_i\neq 0, i=1,\cdots,n$；

(6) $\begin{pmatrix}a_1 & & & \\ & a_2 & & \\ & & \ddots & \\ & & & a_n\end{pmatrix}$，其中 $a_i\neq 0, i=1,\cdots,n$.

27. 解下列矩阵方程.

(1) $\begin{pmatrix}3 & 5\\5 & 9\end{pmatrix}\boldsymbol{X}=\begin{pmatrix}1 & 2\\3 & 4\end{pmatrix}$； (2) $\boldsymbol{X}\begin{pmatrix}1 & 2\\3 & 4\end{pmatrix}=\begin{pmatrix}3 & 5\\5 & 9\end{pmatrix}$；

(3) $\begin{pmatrix}1 & 2 & 3\\3 & 2 & -4\\2 & -1 & 0\end{pmatrix}\boldsymbol{X}=\begin{pmatrix}1 & 3\\0 & -2\\2 & 1\end{pmatrix}$.

28. 已知 $\boldsymbol{XA}=\boldsymbol{A}+3\boldsymbol{X}$，其中 $\boldsymbol{A}=\begin{pmatrix}4 & 2 & 3\\1 & 1 & 0\\1 & 2 & 3\end{pmatrix}$，求矩阵 $\boldsymbol{X}$.

29. 已知 $\boldsymbol{A}=\begin{pmatrix}1 & 0 & 2\\0 & 1 & 3\\2 & 3 & 1\end{pmatrix}$，求 $(\boldsymbol{A}^{-1})^2$.

30. 信息加密规则如例 9.5.4，某接受者收到信息

$$\boldsymbol{C}=\begin{pmatrix}43 & 17 & 48 & 25\\105 & 47 & 115 & 50\\81 & 34 & 82 & 50\end{pmatrix},$$

本公司的加密矩阵为 $\boldsymbol{A}=\begin{pmatrix}1 & 2 & 1\\2 & 5 & 3\\2 & 3 & 2\end{pmatrix}$，破译此信息.

31. 求矩阵 $\boldsymbol{A},\boldsymbol{B}$ 的秩.

$$\boldsymbol{A}=\begin{pmatrix}3 & 1 & 0 & 2\\1 & -1 & 2 & -1\\1 & 3 & -4 & 4\end{pmatrix};$$

$$\boldsymbol{B}=\begin{pmatrix}2 & -1 & 0 & 3 & -2\\0 & 3 & 1 & -2 & 5\\0 & 0 & 2 & 4 & -3\\1 & 2 & 0 & 0 & 2\end{pmatrix}.$$

32. 设矩阵 $\boldsymbol{A}=\begin{pmatrix}k & 1 & 1 & 1\\1 & k & 1 & 1\\1 & 1 & k & 1\\1 & 1 & 1 & k\end{pmatrix}$，且 $r(\boldsymbol{A})=3$，求 k 的值.

33. 设矩阵 $\boldsymbol{A}=\begin{pmatrix}1 & 1 & 2 & 2 & 3\\2 & 2 & 0 & a & 4\\1 & 0 & a & 1 & 5\\2 & a & 3 & 5 & 4\end{pmatrix}$，且 $r(\boldsymbol{A})=3$，求 a 的值.

34. 设 $\boldsymbol{A}$ 是 $m\times n$ 矩阵，$\boldsymbol{B}$ 是 $s\times t$ 矩阵. 令 $\boldsymbol{C}=\begin{pmatrix}\boldsymbol{A} & \boldsymbol{O}\\\boldsymbol{O} & \boldsymbol{B}\end{pmatrix}$，证明：$r(\boldsymbol{C})=r(\boldsymbol{A})+r(\boldsymbol{B})$.

第 10 章　线性方程组

在第 8 章里，以行列式为工具，介绍了求解线性方程组的克拉默法则，但它要求方程的个数与未知量的个数相等，且系数行列式不为零. 这一章将研究一般线性方程组的定性理论，给出求解方法，并讨论线性方程组解的结构.

10.1　消　元　法

考虑一般的线性方程组

$$\begin{cases} a_{11}x_1 + a_{12}x_2 + \cdots + a_{1n}x_n = b_1, \\ a_{21}x_1 + a_{22}x_2 + \cdots + a_{2n}x_n = b_2, \\ \quad\cdots\cdots \\ a_{m1}x_1 + a_{m2}x_2 + \cdots + a_{mn}x_n = b_m \end{cases} \tag{10.1}$$

的求解问题. 方程组(10.1)的矩阵形式为

$$\boldsymbol{A}\boldsymbol{x} = \boldsymbol{b}. \tag{10.2}$$

其中

$$\boldsymbol{A} = \begin{pmatrix} a_{11} & a_{12} & \cdots & a_{1n} \\ a_{21} & a_{22} & \cdots & a_{2n} \\ \vdots & \vdots & & \vdots \\ a_{m1} & a_{m2} & \cdots & a_{mn} \end{pmatrix}$$

称为方程组(10.1)的**系数矩阵**，

$$\boldsymbol{x} = \begin{pmatrix} x_1 \\ x_2 \\ \vdots \\ x_n \end{pmatrix}$$

称为 n **元未知量矩阵**，

$$\boldsymbol{b} = \begin{pmatrix} b_1 \\ b_2 \\ \vdots \\ b_m \end{pmatrix}$$

称为方程组(10.1)的**常数项矩阵**，

$$(\boldsymbol{A}\quad \boldsymbol{b})=\begin{pmatrix} a_{11} & a_{12} & \cdots & a_{1n} & b_1 \\ a_{21} & a_{22} & \cdots & a_{2n} & b_2 \\ \vdots & \vdots & & \vdots & \\ a_{m1} & a_{m2} & \cdots & a_{mn} & b_m \end{pmatrix}$$

称为方程组(10.1)的**增广矩阵**.

在中学已经学习过用消元法解线性方程组,这一方法也适用于求解一般的线性方程组(10.1),并可用其增广矩阵的初等变换表示其求解过程.

例 10.1.1 解线性方程组

$$\begin{cases} 2x_1+2x_2-x_3=6, \\ x_1-2x_2+4x_3=3, \\ 5x_1+7x_2+x_3=28. \end{cases} \tag{10.3}$$

解 方程组(10.3)中的第二个与第三个方程分别减去第一个方程的 $\frac{1}{2}$ 倍与 $\frac{5}{2}$ 倍,得

$$\begin{cases} 2x_1+2x_2-x_3=6, \\ -3x_2+\frac{9}{2}x_3=0, \\ 2x_2+\frac{7}{2}x_3=13. \end{cases} \tag{10.4}$$

再将方程组(10.4)中的第三个方程加上第二个方程的 $\frac{2}{3}$ 倍,得

$$\begin{cases} 2x_1+2x_2-x_3=6, \\ -3x_2+\frac{9}{2}x_3=0, \\ \frac{13}{2}x_3=13. \end{cases} \tag{10.5}$$

方程组(10.5)是一个阶梯形方程,从这个方程组的第三个方程可以得到 x_3 的值,然后再逐次代入前两个方程,求出 x_2,x_1,则得到方程组(10.3)的解.现将其方法叙述如下.

将方程组(10.5)中的第三个方程乘以 $\frac{2}{13}$,得

$$\begin{cases} 2x_1+2x_2-x_3=6, \\ -3x_2+\frac{9}{2}x_3=0, \\ x_3=2. \end{cases} \tag{10.6}$$

将方程组(10.6)中的第一个方程及第二个方程分别加上第三个方程的 1 倍及 $-\frac{9}{2}$ 倍,得

$$\begin{cases} 2x_1 + 2x_2 = 8, \\ \qquad\quad x_2 = 3, \\ \qquad\quad x_3 = 2, \end{cases} \tag{10.7}$$

继续得

$$\begin{cases} x_1 = 1, \\ x_2 = 3, \\ x_3 = 2. \end{cases} \tag{10.8}$$

显然方程组(10.3)～(10.8)都是同解方程组，因而(10.8)是方程组(10.3)的解.

方程(10.6)的特点是自上而下的各个方程所含未知量的个数依次减少. 这种形式的线性方程组称为阶梯形方程组. 由原方程组化为阶梯形方程组的过程，称为消元过程，由阶梯形方程组逐次求得各未知量的过程，称为回代过程. 这个方法称为消元法，上面的求解过程可以用方程组(10.3)的增广矩阵的初等行变换表示.

$$(\boldsymbol{A}\quad \boldsymbol{b}) = \begin{pmatrix} 2 & 2 & -1 & 6 \\ 1 & -2 & 4 & 3 \\ 5 & 7 & 1 & 28 \end{pmatrix} \to \begin{pmatrix} 2 & 2 & -1 & 6 \\ 0 & -3 & \frac{9}{2} & 0 \\ 0 & 2 & \frac{7}{2} & 13 \end{pmatrix} \to \begin{pmatrix} 2 & 2 & -1 & 6 \\ 0 & -3 & \frac{9}{2} & 0 \\ 0 & 0 & \frac{13}{2} & 13 \end{pmatrix}$$

$$\to \begin{pmatrix} 2 & 2 & -1 & 6 \\ 0 & -3 & \frac{9}{2} & 0 \\ 0 & 0 & 1 & 2 \end{pmatrix} \to \begin{pmatrix} 2 & 2 & 0 & 8 \\ 0 & 1 & 0 & 3 \\ 0 & 0 & 1 & 2 \end{pmatrix} \to \begin{pmatrix} 1 & 0 & 0 & 1 \\ 0 & 1 & 0 & 3 \\ 0 & 0 & 1 & 2 \end{pmatrix}.$$

由最后一个矩阵得到方程组的解

$$x_1 = 1, \quad x_2 = 3, \quad x_3 = 2.$$

定理 10.1.1　对线性方程组 $\boldsymbol{AX} = \boldsymbol{b}$，若将增广矩阵 $(\boldsymbol{A}\ \boldsymbol{b})$ 用初等行变换化为 $(\boldsymbol{U}\ \boldsymbol{V})$，则 $\boldsymbol{AX} = \boldsymbol{b}$ 与 $\boldsymbol{UX} = \boldsymbol{V}$ 是同解方程组.

证　由于对矩阵作一次初等行变换相当于矩阵左乘一个相应的初等矩阵，因此存在初等矩阵 $\boldsymbol{P}_1, \boldsymbol{P}_2, \cdots, \boldsymbol{P}_t$ 使

$$\boldsymbol{P}_t\boldsymbol{P}_{t-1}\cdots\boldsymbol{P}_2\boldsymbol{P}_1(\boldsymbol{A}\ \boldsymbol{b}) = (\boldsymbol{U}\ \boldsymbol{V}).$$

令 $\boldsymbol{P}_t\boldsymbol{P}_{t-1}\cdots\boldsymbol{P}_2\boldsymbol{P}_1 = \boldsymbol{P}$，因初等矩阵可逆，故 $\boldsymbol{P}$ 可逆，使 $\boldsymbol{PA} = \boldsymbol{U}, \boldsymbol{Pb} = \boldsymbol{V}$.

设 $\boldsymbol{X}_1$ 为 $\boldsymbol{AX} = \boldsymbol{b}$ 的任意一个解，即有 $\boldsymbol{AX}_1 = \boldsymbol{b}$，两边左乘 $\boldsymbol{P}$，有 $\boldsymbol{PAX}_1 = \boldsymbol{Pb}$，即 $\boldsymbol{UX}_1 = \boldsymbol{V}$，由此得 $\boldsymbol{X}_1$ 也是 $\boldsymbol{UX} = \boldsymbol{V}$ 的解.

反之，若 $\boldsymbol{X}_2$ 为 $\boldsymbol{UX} = \boldsymbol{V}$ 的任意一个解，即有 $\boldsymbol{UX}_2 = \boldsymbol{V}$，两边左乘 $\boldsymbol{P}^{-1}$，得

$$\boldsymbol{P}^{-1}\boldsymbol{UX}_2 = \boldsymbol{P}^{-1}\boldsymbol{V},$$

即 $\boldsymbol{AX}_2 = \boldsymbol{b}$. 由此得 $\boldsymbol{X}_2$ 也是 $\boldsymbol{AX} = \boldsymbol{b}$ 的解，因此 $\boldsymbol{AX} = \boldsymbol{b}$ 与 $\boldsymbol{UX} = \boldsymbol{V}$ 同解.

10.2 线性方程组的一般理论

设线性方程组

$$\boldsymbol{Ax}=\boldsymbol{b},$$

其中 $\boldsymbol{A}=(a_{ij})_{m\times n}$, $\boldsymbol{x}=(x_1,x_2,\cdots,x_n)^{\mathrm{T}}$, $\boldsymbol{b}=(b_1,b_2,\cdots,b_m)^{\mathrm{T}}$. 当 $\boldsymbol{b}\neq 0$ 时,称 $\boldsymbol{Ax}=\boldsymbol{b}$ 为非齐次线性方程组. 当 $\boldsymbol{b}=0$ 时,称 $\boldsymbol{Ax}=0$ 为齐次线性方程组. 由 10.1 节的例题可以看出,一个线性方程组的消元法解线性方程组的过程,实质上就是对该方程组的增广矩阵施以仅限于行的初等变换的过程. 其步骤如下.

首先写出方程组(10.1)的增广矩阵 $(\boldsymbol{A}\quad\boldsymbol{b})$.

第一步,设 $a_{11}\neq 0$, 否则将 $(\boldsymbol{A}\quad\boldsymbol{b})$ 的第一行与另一行交换,使第一行第一列的元素不为 0.

第二步,第一行乘 $\left(-\dfrac{a_{i1}}{a_{11}}\right)$ 再加到第 i 行上($i=2,3,\cdots,m$),使 $(\boldsymbol{A}\quad\boldsymbol{b})$ 成为

$$\begin{pmatrix} a_{11} & a_{12} & \cdots & a_{1n} & b_1 \\ 0 & a_{22}^{(1)} & \cdots & a_{2n}^{(1)} & b_2^{(1)} \\ \vdots & \vdots & & \vdots & \vdots \\ 0 & a_{m2}^{(1)} & \cdots & a_{mn}^{(1)} & b_m^{(1)} \end{pmatrix},$$

对这个矩阵的第二行到第 m 行,第二列到第 n 列再按以上步骤进行. 最后可以得到如下形式的阶梯形矩阵

$$\begin{pmatrix} a_{11}' & a_{12}' & \cdots & a_{1r}' & a_{1r+1}' & \cdots & a_{1n}' & d_1 \\ 0 & a_{22}' & \cdots & a_{2r}' & a_{2r+1}' & \cdots & a_{2n}' & d_2 \\ \vdots & \vdots & & \vdots & \vdots & & \vdots & \vdots \\ 0 & 0 & \cdots & a_{rr}' & a_{rr+1}' & \cdots & a_{rn}' & d_r \\ 0 & 0 & \cdots & 0 & \cdots & \cdots & 0 & d_{r+1} \\ 0 & 0 & \cdots & 0 & \cdots & \cdots & 0 & 0 \\ \vdots & \vdots & & \vdots & \vdots & & \vdots & \vdots \\ 0 & 0 & \cdots & 0 & \cdots & \cdots & 0 & 0 \end{pmatrix}, \tag{10.9}$$

其中 $a_{ii}'\neq 0(i=1,2,\cdots,r)$.

其相应的阶梯形方程组为

$$\begin{cases} a_{11}'x_1+a_{12}'x_2+\cdots+a_{1r}'x_r+a_{1r+1}'x_{r+1}+\cdots+a_{1n}'x_n=d_1, \\ \qquad a_{22}'x_2+\cdots+a_{2r}'x_r+a_{2r+1}'x_{r+1}+\cdots+a_{2n}'x_n=d_2, \\ \qquad\qquad \cdots\cdots \\ \qquad\qquad a_{rr}'x_r+a_{rr+1}'x_{r+1}+\cdots+a_{rn}'x_n=d_r, \\ \qquad\qquad\qquad 0=d_{r+1}, \\ \qquad\qquad\qquad 0=0, \\ \qquad\qquad \cdots\cdots \\ \qquad\qquad\qquad 0=0. \end{cases} \tag{10.10}$$

从上面讨论知，方程组(10.10)与(10.1)是同解方程组. 由(10.10)可见，“0=0”形式的方程是多余的方程，去掉它们不影响方程组的解. 故只需讨论阶梯形方程组(10.10)的解的各种情形，便可求出原方程组的解.

1) 如果 $d_{r+1}\neq 0$，则方程组无解.

2) 如果 $d_{r+1}=0$，可分如下两种情况.

(1) 当 $r=n$ 时，方程组(10.10)可以写成

$$\begin{cases} a'_{11}x_1+a'_{12}x_2+\cdots+a'_{1n}x_n=d_1, \\ \qquad a'_{22}x_2+\cdots+a'_{2n}x_n=d_2, \\ \qquad\qquad \cdots\cdots \\ \qquad\qquad a'_{nn}x_n=d_n, \end{cases} \tag{10.11}$$

因 $a'_{ii}\neq 0(i=1,2,\cdots,n)$，所以它有唯一解. 从式(10.11)中最后一个方程解出 x_n，再代入第 $n-1$ 个方程，求出 x_{n-1}，如此继续下去，则可求出其他未知量，得出它的唯一解.

(2) 当 $r<n$ 时，方程组(10.10)可以写成

$$\begin{cases} a'_{11}x_1+a'_{12}x_2+\cdots+a'_{1r}x_r=d_1-a'_{1r+1}x_{r+1}-\cdots-a'_{1n}x_n, \\ \qquad a'_{22}x_2+\cdots+a'_{2r}x_r=d_2-a'_{2r+1}x_{r+1}-\cdots-a'_{2n}x_n, \\ \qquad\qquad \cdots\cdots \\ \qquad\qquad a'_{rr}x_r=d_r-a'_{rr+1}x_{r+1}-\cdots-a'_{rn}x_n. \end{cases} \tag{10.12}$$

同样对它进行回代过程，则可求出 $x_1,x_2,\cdots,x_r$ 且含有 $n-r$ 个未知量 $x_{r+1},\cdots,x_n$ (称为自由未知量)的表达式为

$$\begin{cases} x_1=k_1-k_{1r+1}x_{r+1}-\cdots-k_{1n}x_n, \\ x_2=k_2-k_{2r+1}x_{r+1}-\cdots-k_{2n}x_n, \\ \qquad \cdots\cdots \\ x_r=k_r-k_{rr+1}x_{r+1}-\cdots-k_{rn}x_n, \end{cases} \tag{10.13}$$

它由 $n-r$ 个自由未知量 $x_{r+1},\cdots,x_n$ 取不同值而得不同的解，如果取

$$x_{r+1}=c_1,\ x_{r+2}=c_2,\ \cdots,\ x_n=c_{n-r},$$

其中 $c_1,c_2,\cdots,c_{n-r}$ 为任意常数，则方程组(10.13)有如下无穷多个解.

$$\begin{cases} x_1=k_1-k_{1r+1}c_1-\cdots-k_{1n}c_{n-r}, \\ x_2=k_2-k_{2r+1}c_1-\cdots-k_{2n}c_{n-r}, \\ \qquad \cdots\cdots \\ x_r=k_r-k_{rr+1}c_1-\cdots-k_{rn}c_{n-r}, \\ \qquad x_{r+1}=c_1, \\ \qquad x_{r+2}=c_2, \\ \qquad \cdots\cdots \\ \qquad x_n=c_{n-r}, \end{cases} \tag{10.14}$$

它是方程组(10.9)的无穷多个解的一般形式,也是方程组(10.1)的无穷多个解的一般形式,我们称它为通解.

总之,解线性方程组的步骤是:用初等行变换化方程组(10.1)的增广矩阵为阶梯形矩阵,根据 d_{r+1} 是否为零来判断方程组是否有解. 如果 $d_{r+1} \neq 0$, 则有 $r(\mathbf{A}) = r$, $r(\mathbf{A}\ \boldsymbol{b}) = r+1$, 即 $r(\mathbf{A}) \neq r(\mathbf{A}\ \boldsymbol{b})$, 此时方程组(10.1)无解;如果 $d_{r+1} = 0$, 则有 $r(\mathbf{A}) = r(\mathbf{A}\ \boldsymbol{b}) = r$, 此时方程组(10.1)有解. 当 $r = n$ 时,有唯一解;当 $r < n$ 时,有无穷解. 然后依次回代求出解. 于是有下面的定理.

定理 10.2.1 线性方程组(10.1)有解的充分必要条件是: $r(\mathbf{A}) = r(\mathbf{A}\ \boldsymbol{b})$. 当 $r(\mathbf{A}\ \boldsymbol{b}) = n$ 时有唯一解,当 $r(\mathbf{A}\ \boldsymbol{b}) < n$ 时,有无穷多解.

对于齐次线性方程组,其一般形式为

$$\begin{cases} a_{11}x_1 + a_{12}x_2 + \cdots + a_{1n}x_n = 0, \\ a_{21}x_1 + a_{22}x_2 + \cdots + a_{2n}x_n = 0, \\ \quad\cdots\cdots \\ a_{m1}x_1 + a_{m2}x_2 + \cdots + a_{mn}x_n = 0, \end{cases} \tag{10.15}$$

其中 $\mathbf{A} = \begin{pmatrix} a_{11} & a_{12} & \cdots & a_{1n} \\ a_{21} & a_{22} & \cdots & a_{2n} \\ \vdots & \vdots & & \vdots \\ a_{m1} & a_{m2} & \cdots & a_{mn} \end{pmatrix}$ 为系数矩阵.

齐次线性方程组(10.15)恒有解,因为它至少有零解. 由定理 10.2.1 有,当 $r(\mathbf{A}) = n$ 时,方程组(10.15)只有零解;当 $r(\mathbf{A}) < n$ 时, 方程组(10.15)有无穷多个解. 即除零解外,还有非零解. 于是有以下定理.

定理 10.2.2 齐次线性方程组(10.15)有非零解的充分必要条件是 $r(\mathbf{A}) < n$.

推论 10.2.1 当 $m < n$ 时,齐次线性方程组有非零解.

推论 10.2.2 当 $m = n$ 时, 齐次线性方程组有非零解的充分必要条件是 $|\mathbf{A}| = 0$.

例 10.2.1 解线性方程组

$$\begin{cases} x_1 + 5x_2 - x_3 - x_4 = -1, \\ x_1 - 2x_2 + x_3 + 3x_4 = 3, \\ 3x_1 + 8x_2 - x_3 + x_4 = 1, \\ x_1 - 9x_2 + 3x_3 + 7x_4 = 7. \end{cases}$$

解 对方程组的增广矩阵施以初等行变换,化为阶梯形矩阵.

$$(\mathbf{A}\ \boldsymbol{b}) = \begin{pmatrix} 1 & 5 & -1 & -1 & -1 \\ 1 & -2 & 1 & 3 & 3 \\ 3 & 8 & -1 & 1 & 1 \\ 1 & -9 & 3 & 7 & 7 \end{pmatrix} \to \begin{pmatrix} 1 & 5 & -1 & -1 & -1 \\ 0 & -7 & 2 & 4 & 4 \\ 0 & -7 & 2 & 4 & 4 \\ 0 & -14 & 4 & 8 & 8 \end{pmatrix}$$

$$\rightarrow\begin{pmatrix}1&5&-1&-1&-1\\0&-7&2&4&4\\0&0&0&0&0\\0&0&0&0&0\end{pmatrix}\rightarrow\begin{pmatrix}1&0&\frac{3}{7}&\frac{13}{7}&\frac{13}{7}\\0&1&-\frac{2}{7}&-\frac{4}{7}&-\frac{4}{7}\\0&0&0&0&0\\0&0&0&0&0\end{pmatrix}.$$

因为 $r(\boldsymbol{A})=r(\boldsymbol{A}\,\boldsymbol{b})=2<4$，故方程组有无穷多解，上式等价于

$$\begin{cases}x_1=\frac{13}{7}-\frac{3}{7}x_3-\frac{13}{7}x_4,\\x_2=-\frac{4}{7}+\frac{2}{7}x_3+\frac{4}{7}x_4.\end{cases}$$

取 $x_3=c_1, c_4=c_2$，则方程组的全部解为 $\begin{cases}x_1=\frac{13}{7}-\frac{3}{7}c_1-\frac{13}{7}c_2,\\x_2=-\frac{4}{7}+\frac{2}{7}c_1+\frac{4}{7}c_2,\\x_3=c_1,\\x_4=c_2.\end{cases}$

例 10.2.2　解齐次线性方程组

$$\begin{cases}x_1+3x_2-2x_3+2x_4-x_5=0,\\x_3+2x_4-x_5=0,\\2x_1+6x_2-4x_3+5x_4+7x_5=0,\\x_1+3x_2-4x_3+19x_5=0.\end{cases}$$

解　因 $m=4<5=n$，因此方程组有无穷多个解.

$$\boldsymbol{A}=\begin{pmatrix}1&3&-2&2&-1\\0&0&1&2&-1\\2&6&-4&5&7\\1&3&-4&0&19\end{pmatrix}\rightarrow\begin{pmatrix}1&3&-2&2&-1\\0&0&1&2&-1\\0&0&0&1&9\\0&0&-2&-2&20\end{pmatrix}$$

$$\rightarrow\begin{pmatrix}1&3&0&6&-3\\0&0&1&2&-1\\0&0&0&1&9\\0&0&0&2&18\end{pmatrix}\rightarrow\begin{pmatrix}1&3&0&0&-57\\0&0&1&0&-19\\0&0&0&1&9\\0&0&0&0&0\end{pmatrix}.$$

得方程组 $\begin{cases}x_1=-3x_2+57x_5,\\x_3=19x_5,\\x_4=-9x_5.\end{cases}$

令 $x_2=c_1, x_5=c_2$，则方程组的解为

$$\begin{cases} x_1 = -3c_1 + 57c_2, \\ x_2 = c_1, \\ x_3 = 19c_2, \\ x_4 = -9c_2, \\ x_5 = c_2, \end{cases} \quad (c_1, c_2 \text{ 为任意常数}).$$

例 10.2.3 λ 取何值时,下面方程组有解,并求其解.

$$\begin{cases} \lambda x_1 + x_2 + x_3 = 1, \\ x_1 + \lambda x_2 + x_3 = \lambda, \\ x_1 + x_2 + \lambda x_3 = \lambda^2. \end{cases}$$

解 对增广矩阵进行初等行变换

$$B = \begin{pmatrix} \lambda & 1 & 1 & 1 \\ 1 & \lambda & 1 & \lambda \\ 1 & 1 & \lambda & \lambda^2 \end{pmatrix} \xrightarrow{r_1 \leftrightarrow r_3} \begin{pmatrix} 1 & 1 & \lambda & \lambda^2 \\ 1 & \lambda & 1 & \lambda \\ \lambda & 1 & 1 & 1 \end{pmatrix} \xrightarrow[r_3 - \lambda r_1]{r_2 - r_1} \begin{pmatrix} 1 & 1 & \lambda & \lambda^2 \\ 0 & \lambda - 1 & 1 - \lambda & \lambda - \lambda^2 \\ 0 & 1 - \lambda & 1 - \lambda^2 & 1 - \lambda^3 \end{pmatrix}$$

$$\xrightarrow{r_3 + r_2} \begin{pmatrix} 1 & 1 & \lambda & \lambda^2 \\ 0 & \lambda - 1 & 1 - \lambda & \lambda - \lambda^2 \\ 0 & 0 & 2 - \lambda - \lambda^2 & 1 + \lambda - \lambda^2 - \lambda^3 \end{pmatrix}$$

$$\xrightarrow{(-1)r_3} \begin{pmatrix} 1 & 1 & \lambda & \lambda^2 \\ 0 & \lambda - 1 & 1 - \lambda & \lambda - \lambda^2 \\ 0 & 0 & (\lambda - 1)(\lambda + 2) & (\lambda - 1)(\lambda + 1)^2 \end{pmatrix} = \widetilde{B}.$$

由此可见

(1) 当 $\lambda \neq 1, -2$ 时, $r(A) = r(B) = 3$, 故原方程组有唯一解. 此时

$$\widetilde{B} \longrightarrow \begin{pmatrix} 1 & 0 & 0 & -\dfrac{\lambda + 1}{\lambda + 2} \\ 0 & 1 & 0 & \dfrac{1}{\lambda + 2} \\ 0 & 0 & 1 & \dfrac{(\lambda + 1)^2}{\lambda + 2} \end{pmatrix},$$

从而得该方程组的唯一解 $\begin{cases} x_1 = -\dfrac{\lambda + 1}{\lambda + 2}, \\ x_2 = \dfrac{1}{\lambda + 2}, \\ x_3 = \dfrac{(\lambda + 1)^2}{\lambda + 2}. \end{cases}$

(2) 当 $\lambda = -2$ 时,由 $\widetilde{B}$ 明显可以看出 $r(A) = 2, r(B) = 3$. 即 $r(A) \neq r(B)$, 故原方程组无解.

(3) 当 $\lambda = 1$ 时,由 $\widetilde{B}$ 得 $r(A) = r(B) = 1 < 3$, 故原方程组有无穷多解. 此时

$$\widetilde{\boldsymbol{B}}=\begin{pmatrix}1&1&1&1\\0&0&0&0\\0&0&0&0\end{pmatrix}$$，从而其通解为 $$\begin{cases}x_1=1-k_1-k_2,\\x_2=k_1,\\x_3=k_2,\end{cases}$$ （k_1,k_2 为任意常数）.

10.3　n 维向量空间

定义 10.3.1　n 个数组成的有序数组

$$(a_1,a_2,\cdots,a_n),$$

称为 n 维向量，a_i 称为该向量的第 i 个分量. 一般用小写希腊字母 $\boldsymbol{\alpha},\boldsymbol{\beta},\boldsymbol{\gamma},\cdots$ 等表示向量，称

$$\boldsymbol{\alpha}=\begin{pmatrix}\boldsymbol{a}_1\\\boldsymbol{a}_2\\\vdots\\\boldsymbol{a}_n\end{pmatrix}$$

为列向量，称

$$\boldsymbol{\alpha}^{\mathrm{T}}=(a_1,a_2,\cdots,a_n)$$

为行向量.

例 10.3.1　矩阵 $\boldsymbol{A}=\begin{pmatrix}a_{11}&a_{12}&\cdots&a_{1n}\\a_{21}&a_{22}&\cdots&a_{2n}\\\vdots&\vdots&&\vdots\\a_{m1}&a_{m2}&\cdots&a_{mn}\end{pmatrix}$ 的每一行 $(a_{i1},a_{i2},\cdots,a_{in})(i=1,2,\cdots,m)$ 是一个 n 维行向量，每一列 $\begin{pmatrix}a_{1j}\\a_{2j}\\\vdots\\a_{mj}\end{pmatrix}$ $(j=1,2,\cdots,n)$ 是一个 m 维列向量.

定义 10.3.2　如果两个 n 维向量

$$\boldsymbol{\alpha}=\begin{pmatrix}a_1\\a_2\\\vdots\\a_n\end{pmatrix},\quad \boldsymbol{\beta}=\begin{pmatrix}b_1\\b_2\\\vdots\\b_n\end{pmatrix}$$

的对应分量相等，即 $a_i=b_i(i=1,2,\cdots,n)$，则称这两个向量是相等，记作 $\boldsymbol{\alpha}=\boldsymbol{\beta}$.

所有分量均为零的向量称为零向量，记为 $\boldsymbol{O}=(0,0,\cdots,0)$.

n 维向量 $\boldsymbol{\alpha}=\begin{pmatrix}a_1\\a_2\\\vdots\\a_n\end{pmatrix}$ 的各分量的相反数组成的 n 维向量称为 $\boldsymbol{\alpha}$ 的负向量,记为 $-\boldsymbol{\alpha}$.

定义 10.3.3　两个 n 维向量

$$\boldsymbol{\alpha}=\begin{pmatrix}a_1\\a_2\\\vdots\\a_n\end{pmatrix},\quad \boldsymbol{\beta}=\begin{pmatrix}b_1\\b_2\\\vdots\\b_n\end{pmatrix}$$

的各对应分量之和所组成的向量,称为向量 $\boldsymbol{\alpha}$ 与 $\boldsymbol{\beta}$ 的和,记为 $\boldsymbol{\alpha}+\boldsymbol{\beta}$, 即

$$\boldsymbol{\alpha}+\boldsymbol{\beta}=\begin{pmatrix}a_1+b_1\\a_2+b_2\\\vdots\\a_n+b_n\end{pmatrix}.$$

由向量的加法及负向量的定义,可定义向量减法,

$$\boldsymbol{\alpha}-\boldsymbol{\beta}=\begin{pmatrix}a_1-b_1\\a_2-b_2\\\vdots\\a_n-b_n\end{pmatrix}.$$

定义 10.3.4　n 维向量 $\boldsymbol{\alpha}^{\mathrm{T}}=(a_1,a_2,\cdots,a_n)$ 的各个分量都乘以数 k 所组成的向量,称为数 k 与向量的 $\boldsymbol{\alpha}^{\mathrm{T}}$ 的乘积,记为 $k\boldsymbol{\alpha}^{\mathrm{T}}$, 即 $k\boldsymbol{\alpha}^{\mathrm{T}}=(ka_1,ka_2,\cdots,ka_n)$.

定义 10.3.5　所有 n 维向量的集合记为 $\mathbf{R}^n$. 称 $\mathbf{R}^n$ 为 n 维向量空间,它是指在 $\mathbf{R}^n$ 中定义了加法及数乘这两种运算,并且这两种运算满足以下 8 条规律.

(1) $\boldsymbol{\alpha}+\boldsymbol{\beta}=\boldsymbol{\beta}+\boldsymbol{\alpha}$;

(2) $\boldsymbol{\alpha}+(\boldsymbol{\beta}+\boldsymbol{\gamma})=(\boldsymbol{\alpha}+\boldsymbol{\beta})+\boldsymbol{\gamma}$;

(3) $\boldsymbol{\alpha}+\mathbf{0}=\boldsymbol{\alpha}$;

(4) $\boldsymbol{\alpha}+(-\boldsymbol{\alpha})=\mathbf{0}$;

(5) $k(\boldsymbol{\alpha}+\boldsymbol{\beta})=k\boldsymbol{\alpha}+k\boldsymbol{\beta}$;

(6) $(k+l)\boldsymbol{\alpha}=k\boldsymbol{\alpha}+l\boldsymbol{\alpha}$;

(7) $k(l\boldsymbol{\alpha})=(kl)\boldsymbol{\alpha}$;

(8) $1\cdot\boldsymbol{\alpha}=\boldsymbol{\alpha}$.

其中 $\boldsymbol{\alpha},\boldsymbol{\beta},\boldsymbol{\gamma}$ 都是 n 维向量, k,l 为实数. 列向量常用 $\boldsymbol{\alpha},\boldsymbol{\beta},\boldsymbol{\gamma},\cdots$ 等表示,行向量常用 $\boldsymbol{\alpha}^{\mathrm{T}},\boldsymbol{\beta}^{\mathrm{T}},\boldsymbol{\gamma}^{\mathrm{T}},\cdots$ 表示. 向量的加法和数乘运算称之为向量的线性运算.

例 10.3.2　设 $\boldsymbol{\alpha},\boldsymbol{\beta},\boldsymbol{\gamma}$ 均为三维向量，且 $2\boldsymbol{\alpha}-\boldsymbol{\beta}+3\boldsymbol{\gamma}=\mathbf{0}$，其中

$$\boldsymbol{\alpha}=\begin{pmatrix}2\\2\\1\end{pmatrix},\quad \boldsymbol{\beta}=\begin{pmatrix}-1\\2\\-2\end{pmatrix},$$

求向量 $\boldsymbol{\gamma}$.

解　由于 $2\boldsymbol{\alpha}-\boldsymbol{\beta}+3\boldsymbol{\gamma}=\mathbf{0}$，则

$$\boldsymbol{\gamma}=\frac{1}{3}(\boldsymbol{\beta}-2\boldsymbol{\alpha})=\frac{1}{3}\begin{pmatrix}-1\\2\\-2\end{pmatrix}-\frac{2}{3}\begin{pmatrix}2\\2\\1\end{pmatrix}=\frac{1}{3}\begin{pmatrix}-5\\-2\\-4\end{pmatrix}.$$

10.4　向量间的线性关系

10.4.1　向量的线性表示

向量的加法和数乘运算通常称之为向量的线性运算，我们研究向量在线性运算下的关系.

定义 10.4.1　设 $\boldsymbol{\alpha}_1,\boldsymbol{\alpha}_2,\cdots,\boldsymbol{\alpha}_s,\boldsymbol{\beta}$ 均为 n 维向量，若存在一组数 $k_1,k_2,\cdots,k_s$ 使得

$$\boldsymbol{\beta}=k_1\boldsymbol{\alpha}_1+k_2\boldsymbol{\alpha}_2+\cdots+k_s\boldsymbol{\alpha}_s,$$

则称向量 $\boldsymbol{\beta}$ 是向量组 $\boldsymbol{\alpha}_1,\boldsymbol{\alpha}_2,\cdots,\boldsymbol{\alpha}_s$ 的一个线性组合. 这时也称向量 $\boldsymbol{\beta}$ 可由向量组 $\boldsymbol{\alpha}_1,\boldsymbol{\alpha}_2,\cdots,\boldsymbol{\alpha}_s$ 线性表示.

例 10.4.1　设 $\boldsymbol{\alpha}_1=\begin{pmatrix}1\\2\\3\end{pmatrix},\boldsymbol{\alpha}_2=\begin{pmatrix}2\\0\\1\end{pmatrix},\boldsymbol{\beta}=\begin{pmatrix}5\\2\\5\end{pmatrix}$，则有 $\boldsymbol{\beta}=\boldsymbol{\alpha}_1+2\boldsymbol{\alpha}_2$. 这表明 $\boldsymbol{\beta}$ 能由 $\boldsymbol{\alpha}_1,\boldsymbol{\alpha}_2$ 线性表示.

例 10.4.2　设 $\boldsymbol{\varepsilon}_1=\begin{pmatrix}1\\0\\\vdots\\0\end{pmatrix},\boldsymbol{\varepsilon}_2=\begin{pmatrix}0\\1\\\vdots\\0\end{pmatrix},\cdots,\boldsymbol{\varepsilon}_n=\begin{pmatrix}0\\0\\\vdots\\1\end{pmatrix}$，则对任意的 n 维向量 $\boldsymbol{\alpha}=\begin{pmatrix}a_1\\a_2\\\vdots\\a_n\end{pmatrix}$ 均有

$$\boldsymbol{\alpha}=a_1\varepsilon_1+a_2\varepsilon_2+\cdots+a_n\varepsilon_n.$$

这表明任意一个 n 维向量 $\boldsymbol{\alpha}$ 均可由向量组 $\varepsilon_1,\varepsilon_2,\cdots,\varepsilon_n$ 线性表示. $\varepsilon_1,\varepsilon_2,\cdots,\varepsilon_n$

通常称为 n 维单位坐标向量组.

若记

$$\boldsymbol{\alpha}_1=\begin{pmatrix}a_{11}\\a_{21}\\\vdots\\a_{m1}\end{pmatrix},\boldsymbol{\alpha}_2=\begin{pmatrix}a_{12}\\a_{22}\\\vdots\\a_{m2}\end{pmatrix},\cdots,\boldsymbol{\alpha}_n=\begin{pmatrix}a_{1n}\\a_{2n}\\\vdots\\a_{mn}\end{pmatrix},\quad \boldsymbol{\beta}=\begin{pmatrix}b_1\\b_2\\\vdots\\b_m\end{pmatrix},$$

则线性方程组(10.1) $\begin{cases}a_{11}x_1+a_{12}x_2+\cdots+a_{1n}x_n=b_1,\\a_{21}x_1+a_{22}x_2+\cdots+a_{2n}x_n=b_2,\\\cdots\cdots\\a_{m1}x_1+a_{m2}x_2+\cdots+a_{mn}x_n=b_m\end{cases}$ 可以表示为向量形式

$$x_1\boldsymbol{\alpha}_1+x_2\boldsymbol{\alpha}_2+\cdots+x_n\boldsymbol{\alpha}_n=\boldsymbol{\beta}.$$

于是线性方程组(10.1)有解,就等价于 $\boldsymbol{\beta}$ 可由向量组 $\boldsymbol{\alpha}_1,\boldsymbol{\alpha}_2,\cdots,\boldsymbol{\alpha}_n$ 线性表示. 方程组(10.1)的解唯一就是 $\boldsymbol{\beta}$ 由向量组 $\boldsymbol{\alpha}_1,\boldsymbol{\alpha}_2,\cdots,\boldsymbol{\alpha}_n$ 线性表示的表示法唯一.

定理 10.4.1 向量 $\boldsymbol{\beta}$ 可由向量组 $\boldsymbol{\alpha}_1,\boldsymbol{\alpha}_2,\cdots,\boldsymbol{\alpha}_n$ 线性表示的充分必要条件是线性方程组

$$x_1\boldsymbol{\alpha}_1+x_2\boldsymbol{\alpha}_2+\cdots+x_n\boldsymbol{\alpha}_n=\boldsymbol{\beta}$$

有解.

证 充分性. 若方程组有解,设 $k_1,k_2,\cdots,k_n$ 为一组解,则有

$$k_1\boldsymbol{\alpha}_1+k_2\boldsymbol{\alpha}_2+\cdots+k_n\boldsymbol{\alpha}_n=\boldsymbol{\beta},$$

即向量 $\boldsymbol{\beta}$ 可由向量组 $\boldsymbol{\alpha}_1,\boldsymbol{\alpha}_2,\cdots,\boldsymbol{\alpha}_n$ 线性表示.

必要性. 若向量 $\boldsymbol{\beta}$ 可由向量组 $\boldsymbol{\alpha}_1,\boldsymbol{\alpha}_2,\cdots,\boldsymbol{\alpha}_n$ 线性表示,则存在一组数 k_1, $k_2,\cdots,k_n$ 使得

$$\boldsymbol{\beta}=k_1\boldsymbol{\alpha}_1+k_2\boldsymbol{\alpha}_2+\cdots+k_n\boldsymbol{\alpha}_n,$$

所以 $k_1,k_2,\cdots,k_n$ 是方程组 $x_1\boldsymbol{\alpha}_1+x_2\boldsymbol{\alpha}_2+\cdots+x_n\boldsymbol{\alpha}_n=\boldsymbol{\beta}$ 的一组解.

推论 10.4.1 向量 $\boldsymbol{\beta}$ 可由向量组 $\boldsymbol{\alpha}_1,\boldsymbol{\alpha}_2,\cdots,\boldsymbol{\alpha}_n$ 线性表示的充分必要条件是以 $\boldsymbol{\alpha}_1,\boldsymbol{\alpha}_2,\cdots,\boldsymbol{\alpha}_n$ 为列向量的矩阵与以 $\boldsymbol{\alpha}_1,\boldsymbol{\alpha}_2,\cdots,\boldsymbol{\alpha}_n,\boldsymbol{\beta}$ 为列向量的矩阵有相同的秩.

例 10.4.3 设 $\boldsymbol{\alpha}_1=(1,2,-3)^{\mathrm{T}},\boldsymbol{\alpha}_2=(-3,4,7)^{\mathrm{T}},\boldsymbol{\alpha}_3=(7,-3,2)^{\mathrm{T}}$, $\boldsymbol{\beta}=(2,-1,3)^{\mathrm{T}}$, 问 $\boldsymbol{\beta}$ 能否由 $\boldsymbol{\alpha}_1,\boldsymbol{\alpha}_2,\boldsymbol{\alpha}_3$ 线性表示,若能, 写出表示式.

解 考虑线性方程组 $x_1\boldsymbol{\alpha}_1+x_2\boldsymbol{\alpha}_2+x_3\boldsymbol{\alpha}_3=\boldsymbol{\beta}$, 即

$$\begin{cases}x_1-3x_2+7x_3=2,\\2x_1+4x_2-3x_3=-1,\\-3x_1+7x_2+2x_3=3.\end{cases}$$

由于系数行列式非零,方程组有唯一解,其解为

$$x_1=-\frac{27}{98},\quad x_2=\frac{19}{98},\quad x_3=\frac{20}{49},$$

所以 $\boldsymbol{\beta}$ 可由 $\boldsymbol{\alpha}_1,\boldsymbol{\alpha}_2,\boldsymbol{\alpha}_3$ 线性表示,且

$$\boldsymbol{\beta}=-\frac{27}{98}\boldsymbol{\alpha}_1+\frac{19}{98}\boldsymbol{\alpha}_2+\frac{20}{49}\boldsymbol{\alpha}_3.$$

例 10.4.4　判断向量 $\boldsymbol{\beta}_1=(4\quad 3\quad -1\quad 11)^{\mathrm{T}},\boldsymbol{\beta}_2=(4\quad 3\quad 0\quad 11)^{\mathrm{T}}$ 是否各为向量组 $\boldsymbol{\alpha}_1=(1\quad 2\quad -1\quad 5)^{\mathrm{T}},\boldsymbol{\alpha}_2=(2\quad -1\quad 1\quad 1)^{\mathrm{T}}$ 的线性组合,若能,写出表示式.

解　(1) 设 $k_1\boldsymbol{\alpha}_1+k_2\boldsymbol{\alpha}_2=\boldsymbol{\beta}_1$, 对矩阵 $(\boldsymbol{\alpha}_1\ \boldsymbol{\alpha}_2\ \boldsymbol{\beta}_1)$ 施以初等行变换,

$$\begin{pmatrix}1&2&4\\2&-1&3\\-1&1&-1\\5&1&11\end{pmatrix}\to\begin{pmatrix}1&2&4\\0&-5&-5\\0&3&3\\0&-9&-9\end{pmatrix}\to\begin{pmatrix}1&2&4\\0&1&1\\0&0&0\\0&0&0\end{pmatrix}\to\begin{pmatrix}1&0&2\\0&1&1\\0&0&0\\0&0&0\end{pmatrix}.$$

秩 $(\boldsymbol{\alpha}_1\ \boldsymbol{\alpha}_2\ \boldsymbol{\beta}_1)=$ 秩 $(\boldsymbol{\alpha}_1\ \boldsymbol{\alpha}_2)=2$,因此 $\boldsymbol{\beta}_1$ 可由 $\boldsymbol{\alpha}_1$, $\boldsymbol{\alpha}_2$ 线性表示,且由上面的初等变换可知 $k_1=2,k_2=1$, 使 $2\boldsymbol{\alpha}_1+\boldsymbol{\alpha}_2=\boldsymbol{\beta}_1$.

(2)类似地,对 $(\boldsymbol{\alpha}_1\ \boldsymbol{\alpha}_2\ \boldsymbol{\beta}_2)$ 施以初等行变换,

$$\begin{pmatrix}1&2&4\\2&-1&3\\-1&1&0\\5&1&11\end{pmatrix}\to\begin{pmatrix}1&2&4\\0&-5&-5\\0&3&4\\0&-9&-9\end{pmatrix}\to\begin{pmatrix}1&2&4\\0&1&1\\0&0&1\\0&0&0\end{pmatrix},$$

秩 $(\boldsymbol{\alpha}_1\ \boldsymbol{\alpha}_2\ \boldsymbol{\beta}_2)=3$,而秩 $(\boldsymbol{\alpha}_1\ \boldsymbol{\alpha}_2)=2$,,因此 $\boldsymbol{\beta}_2$ 不能由 $\boldsymbol{\alpha}_1$, $\boldsymbol{\alpha}_2$ 线性表示.

10.4.2　向量的线性相关性

定义 10.4.2　若存在不全为零的一组数 $k_1,k_2,\cdots,k_s$ 使得

$$k_1\boldsymbol{\alpha}_1+k_2\boldsymbol{\alpha}_2+\cdots+k_s\boldsymbol{\alpha}_s=\mathbf{0},$$

称向量组 $\boldsymbol{\alpha}_1,\boldsymbol{\alpha}_2,\cdots,\boldsymbol{\alpha}_s(s\geqslant 1)$ **线性相关**,否则为**线性无关**. 线性无关即上式中 $k_1=k_2=\cdots=k_s=0$. 一个向量 $\boldsymbol{\alpha}$ 构成的向量组,当 $\boldsymbol{\alpha}=\mathbf{0}$ 时,向量组是线性相关的;当 $\boldsymbol{\alpha}\neq\mathbf{0}$ 时,向量组是线性无关的.

例 10.4.5　设向量组

$$\boldsymbol{\alpha}_1=\begin{pmatrix}1\\2\\3\end{pmatrix},\quad \boldsymbol{\alpha}_2=\begin{pmatrix}2\\0\\1\end{pmatrix},\quad \boldsymbol{\alpha}_3=\begin{pmatrix}5\\2\\5\end{pmatrix},$$

由于存在不全为零的一组数 1,2,−1, 使得 $\boldsymbol{\alpha}_1+2\boldsymbol{\alpha}_2-\boldsymbol{\alpha}_3=0$, 根据定义向量组 $\boldsymbol{\alpha}_1,\boldsymbol{\alpha}_2,\boldsymbol{\alpha}_3$ 线性相关.

例 10.4.6　证明下列命题.

(1) 若向量组中含有零向量, 则向量组线性相关.

(2) 若向量组中有两个向量相同,则向量组线性相关.

证 (1) 设向量组 $\boldsymbol{\alpha}_1,\boldsymbol{\alpha}_2,\cdots,\boldsymbol{\alpha}_s$ 含有零向量，不妨设 $\boldsymbol{\alpha}_1=\mathbf{0}$，由于存在不全为零的一组数 $1,0,\cdots,0$，使得 $1\boldsymbol{\alpha}_1+0\boldsymbol{\alpha}_2+\cdots+0\boldsymbol{\alpha}_s=\mathbf{0}$，根据定义，向量组 $\boldsymbol{\alpha}_1$，$\boldsymbol{\alpha}_2,\cdots,\boldsymbol{\alpha}_s$ 线性相关.

(2) 设向量组 $\boldsymbol{\alpha}_1,\boldsymbol{\alpha}_2,\cdots,\boldsymbol{\alpha}_s$ 中有两个向量相同，不妨设 $\boldsymbol{\alpha}_1=\boldsymbol{\alpha}_2$，由于存在不全为零的一组数 $1,-1,0,\cdots,0$，使得 $1\boldsymbol{\alpha}_1+(-1)\boldsymbol{\alpha}_2+0\boldsymbol{\alpha}_3+\cdots+0\boldsymbol{\alpha}_s=\mathbf{0}$，根据定义，向量组 $\boldsymbol{\alpha}_1,\boldsymbol{\alpha}_2,\cdots,\boldsymbol{\alpha}_s$ 线性相关.

定理 10.4.2 向量组 $\boldsymbol{\alpha}_1,\boldsymbol{\alpha}_2,\cdots,\boldsymbol{\alpha}_s(s\geqslant 2)$ 线性相关的充分必要条件是其中至少存在一个向量可由其余的 $s-1$ 个向量线性表示.

证 必要性. 若向量组 $\boldsymbol{\alpha}_1,\boldsymbol{\alpha}_2,\cdots,\boldsymbol{\alpha}_s$ 线性相关,则存在不全为零的一组数 k_1，$k_2,\cdots,k_s$ 使得

$$k_1\boldsymbol{\alpha}_1+k_2\boldsymbol{\alpha}_2+\cdots+k_s\boldsymbol{\alpha}_s=\mathbf{0}.$$

由于 $k_1,k_2,\cdots,k_s$ 中至少有一个不为零,不妨设 $k_i\neq 0$，则有

$$\boldsymbol{\alpha}_i=-\frac{k_1}{k_i}\boldsymbol{\alpha}_1-\cdots-\frac{k_{i-1}}{k_i}\boldsymbol{\alpha}_{i-1}-\frac{k_{i+1}}{k_i}\boldsymbol{\alpha}_{i+1}-\cdots-\frac{k_s}{k_i}\boldsymbol{\alpha}_s.$$

即存在向量 $\boldsymbol{\alpha}_i$ 可由其余的向量线性表示.

充分性. 若向量组 $\boldsymbol{\alpha}_1,\boldsymbol{\alpha}_2,\cdots,\boldsymbol{\alpha}_s$ 中有一个向量可由其余的 $s-1$ 个向量线性表示,设 $\boldsymbol{\alpha}_i$ 可由其余的向量线性表示,

$$\boldsymbol{\alpha}_i=k_1\boldsymbol{\alpha}_1+\cdots+k_{i-1}\boldsymbol{\alpha}_{i-1}+k_{i+1}\boldsymbol{\alpha}_{i+1}+\cdots+k_s\boldsymbol{\alpha}_s,$$

从而

$$k_1\boldsymbol{\alpha}_1+\cdots+k_{i-1}\boldsymbol{\alpha}_{i-1}+(-1)\boldsymbol{\alpha}_i+k_{i+1}\boldsymbol{\alpha}_{i+1}+\cdots+k_s\boldsymbol{\alpha}_s=\mathbf{0}.$$

由于数 $k_1,\cdots,k_{i-1},-1,k_{i+1},\cdots,k_s$ 不全为零,根据定义向量组 $\boldsymbol{\alpha}_1,\boldsymbol{\alpha}_2,\cdots,\boldsymbol{\alpha}_s$ 线性相关.

例 10.4.7 证明：n 维单位坐标向量组 $\boldsymbol{\varepsilon}_1,\boldsymbol{\varepsilon}_2,\cdots,\boldsymbol{\varepsilon}_n$ 线性无关.

证 若存在数 $k_1,k_2,\cdots,k_n$ 使得 $k_1\boldsymbol{\varepsilon}_1+k_2\boldsymbol{\varepsilon}_2+\cdots+k_n\boldsymbol{\varepsilon}_n=\mathbf{0}$，于是

$$\begin{pmatrix}k_1\\k_2\\\vdots\\k_n\end{pmatrix}=k_1\begin{pmatrix}1\\0\\\vdots\\0\end{pmatrix}+k_2\begin{pmatrix}0\\1\\\vdots\\0\end{pmatrix}+\cdots+k_n\begin{pmatrix}0\\0\\\vdots\\1\end{pmatrix}=\begin{pmatrix}0\\0\\\vdots\\0\end{pmatrix},$$

所以 $k_1=k_2=\cdots=k_s=0$，故向量组 $\boldsymbol{\varepsilon}_1,\boldsymbol{\varepsilon}_2,\cdots,\boldsymbol{\varepsilon}_n$ 线性无关.

例 10.4.8 判断向量组

$$\boldsymbol{\alpha}_1=\begin{pmatrix}1\\2\\3\end{pmatrix},\quad \boldsymbol{\alpha}_2=\begin{pmatrix}2\\0\\1\end{pmatrix},\quad \boldsymbol{\alpha}_3=\begin{pmatrix}5\\2\\1\end{pmatrix}$$

的线性相关性.

解 若 $k_1\boldsymbol{\alpha}_1+k_2\boldsymbol{\alpha}_2+k_3\boldsymbol{\alpha}_3=0$，即

$$k_1\begin{pmatrix}1\\2\\3\end{pmatrix}+k_2\begin{pmatrix}2\\0\\1\end{pmatrix}+k_3\begin{pmatrix}5\\2\\1\end{pmatrix}=\begin{pmatrix}0\\0\\0\end{pmatrix},$$

也即

$$\begin{cases}k_1+2k_2+5k_3=0,\\2k_1+2k_3=0,\\3k_1+k_2+k_3=0.\end{cases}$$

这是三个未知数三个方程的齐次线性方程组，由于该方程组的系数行列式不等于零，故该方程组只有零解，没有非零解，所以向量组 $\boldsymbol{\alpha}_1,\boldsymbol{\alpha}_2,\boldsymbol{\alpha}_3$ 线性无关.

一般地，对于向量组

$$\boldsymbol{\alpha}_1=\begin{pmatrix}a_{11}\\a_{21}\\\vdots\\a_{n1}\end{pmatrix},\boldsymbol{\alpha}_2=\begin{pmatrix}a_{12}\\a_{22}\\\vdots\\a_{n2}\end{pmatrix},\cdots,\boldsymbol{\alpha}_s=\begin{pmatrix}a_{1s}\\a_{2s}\\\vdots\\a_{ns}\end{pmatrix},$$

作齐次线性方程组

$$x_1\begin{pmatrix}a_{11}\\a_{21}\\\vdots\\a_{n1}\end{pmatrix}+x_2\begin{pmatrix}a_{12}\\a_{22}\\\vdots\\a_{n2}\end{pmatrix}+\cdots+x_s\begin{pmatrix}a_{1s}\\a_{2s}\\\vdots\\a_{ns}\end{pmatrix}=\begin{pmatrix}0\\0\\\vdots\\0\end{pmatrix},$$

即

$$x_1\boldsymbol{\alpha}_1+x_2\boldsymbol{\alpha}_2+\cdots+x_s\boldsymbol{\alpha}_s=0,$$

于是有下面的定理.

定理 10.4.3 向量组 $\boldsymbol{\alpha}_1,\boldsymbol{\alpha}_2,\cdots,\boldsymbol{\alpha}_s$ 线性相关的充分必要条件是齐次线性方程组

$$x_1\boldsymbol{\alpha}_1+x_2\boldsymbol{\alpha}_2+\cdots+x_s\boldsymbol{\alpha}_s=\mathbf{0}$$

有非零解.

推论 10.4.2 向量组 $\boldsymbol{\alpha}_1,\boldsymbol{\alpha}_2,\cdots,\boldsymbol{\alpha}_s$ 线性无关的充分必要条件是齐次线性方程组

$$x_1\boldsymbol{\alpha}_1+x_2\boldsymbol{\alpha}_2+\cdots+x_s\boldsymbol{\alpha}_s=\mathbf{0}$$

只有零解.

定理 10.4.4 向量组 $\boldsymbol{\alpha}_1=(a_{11},a_{21},\cdots a_{m1})^{\mathrm{T}},\boldsymbol{\alpha}_2=(a_{12},a_{22},\cdots,a_{m2})^{\mathrm{T}},\cdots,\boldsymbol{\alpha}_n=(a_{1n},a_{2n},\cdots,a_{mn})^{\mathrm{T}}$ 线性相关的充要条件是矩阵

$$\boldsymbol{A}=(\boldsymbol{\alpha}_1,\boldsymbol{\alpha}_2,\cdots,\boldsymbol{\alpha}_n)=\begin{pmatrix}a_{11}&a_{12}&\cdots&a_{1n}\\a_{21}&a_{22}&\cdots&a_{2n}\\\vdots&\vdots&&\vdots\\a_{m1}&a_{m2}&\cdots&a_{mn}\end{pmatrix}$$

的秩 $r(\boldsymbol{A})$ 小于向量的个数 n，向量组 $\boldsymbol{\alpha}_1,\boldsymbol{\alpha}_2,\cdots,\boldsymbol{\alpha}_n$ 线性无关的充要条件是 $r(\boldsymbol{A})=n$.

证　由定义知，m 元向量组 $\boldsymbol{\alpha}_1,\boldsymbol{\alpha}_2,\cdots,\boldsymbol{\alpha}_n$ 是线性相关还是线性无关取决于向量方程

$$x_1\boldsymbol{\alpha}_1+x_2\boldsymbol{\alpha}_2+\cdots+x_n\boldsymbol{\alpha}_n=\mathbf{0}$$

有非零解还是只有零解.

将上述方程改写成 $(\boldsymbol{\alpha}_1,\boldsymbol{\alpha}_2,\cdots,\boldsymbol{\alpha}_n)\begin{pmatrix}x_1\\x_2\\\vdots\\x_n\end{pmatrix}=\mathbf{0}$，记 $\boldsymbol{X}=\begin{pmatrix}x_1\\x_2\\\vdots\\x_n\end{pmatrix}$，即有 $\boldsymbol{AX}=\mathbf{0}$.

这是一个齐次线性方程组，由 10.1 节定理 10.1.2 知，齐次线性方程组有非零解的充要条件是 $r(\boldsymbol{A})<n$，只有零解的充要条件是 $r(\boldsymbol{A})=n$.

特别当 $m=n$ 时，$\boldsymbol{A}$ 为 n 阶方阵，因此 n 元向量组 $\boldsymbol{\alpha}_1,\boldsymbol{\alpha}_2,\cdots,\boldsymbol{\alpha}_n$ 线性无关的充要条件是 $|\boldsymbol{A}|\neq 0$.

例 10.4.9　设向量组 $\boldsymbol{\alpha}_1,\boldsymbol{\alpha}_2,\boldsymbol{\alpha}_3$ 线性无关，且 $\boldsymbol{\beta}_1=3\boldsymbol{\alpha}_1+2\boldsymbol{\alpha}_2,\boldsymbol{\beta}_2=\boldsymbol{\alpha}_2-\boldsymbol{\alpha}_3,\boldsymbol{\beta}_3=4\boldsymbol{\alpha}_3-5\boldsymbol{\alpha}_1$，证明：向量组 $\boldsymbol{\beta}_1,\boldsymbol{\beta}_2,\boldsymbol{\beta}_3$ 线性无关.

证　设存在数 k_1,k_2,k_3 使得 $k_1\boldsymbol{\beta}_1+k_2\boldsymbol{\beta}_2+k_3\boldsymbol{\beta}_3=\mathbf{0}$，于是

$$k_1(3\boldsymbol{\alpha}_1+2\boldsymbol{\alpha}_2)+k_2(\boldsymbol{\alpha}_2-\boldsymbol{\alpha}_3)+k_3(4\boldsymbol{\alpha}_3-5\boldsymbol{\alpha}_1)=\mathbf{0},$$

即

$$(3k_1-5k_3)\boldsymbol{\alpha}_1+(2k_1+k_2)\boldsymbol{\alpha}_2+(-k_2+4k_3)\boldsymbol{\alpha}_3=\mathbf{0},$$

由于 $\boldsymbol{\alpha}_1,\boldsymbol{\alpha}_2,\boldsymbol{\alpha}_3$ 线性无关，故

$$\begin{cases}3k_1-5k_3=0,\\2k_1+k_2=0,\\-k_2+4k_3=0.\end{cases}$$

又 $\begin{vmatrix}3&0&-5\\2&1&0\\0&-1&4\end{vmatrix}=22\neq 0$，从而必有 $k_1=0,k_2=0,k_3=0$，所以向量组 $\boldsymbol{\beta}_1,\boldsymbol{\beta}_2,\boldsymbol{\beta}_3$ 线性无关.

定理 10.4.5　若向量组 $\boldsymbol{\alpha}_1,\boldsymbol{\alpha}_2,\cdots,\boldsymbol{\alpha}_s$ 线性无关，向量组 $\boldsymbol{\alpha}_1,\boldsymbol{\alpha}_2,\cdots,\boldsymbol{\alpha}_s,\boldsymbol{\beta}$ 线性相关，则向量 $\boldsymbol{\beta}$ 可由向量组 $\boldsymbol{\alpha}_1,\boldsymbol{\alpha}_2,\cdots,\boldsymbol{\alpha}_s$ 线性表示，且表示法唯一.

证　由于向量组 $\boldsymbol{\alpha}_1,\boldsymbol{\alpha}_2,\cdots,\boldsymbol{\alpha}_s,\boldsymbol{\beta}$ 线性相关，则存在不全为零的一组数 $k_1,k_2,\cdots,k_s,k$ 使得

$$k_1\boldsymbol{\alpha}_1+k_2\boldsymbol{\alpha}_2+\cdots+k_s\boldsymbol{\alpha}_s+k\boldsymbol{\beta}=\mathbf{0}.$$

则必有 $k\neq 0$. 否则若 $k=0$，则 $k_1,k_2,\cdots,k_s$ 不全为零且有

$$k_1\boldsymbol{\alpha}_1+k_2\boldsymbol{\alpha}_2+\cdots+k_s\boldsymbol{\alpha}_s=\mathbf{0}.$$

这与假设条件向量组 $\boldsymbol{\alpha}_1,\boldsymbol{\alpha}_2,\cdots,\boldsymbol{\alpha}_s$ 线性无关相矛盾，从而 $k\neq 0$，所以

$$\boldsymbol{\beta}=-\frac{k_1}{k}\boldsymbol{\alpha}_1-\frac{k_2}{k}\boldsymbol{\alpha}_2-\cdots-\frac{k_s}{k}\boldsymbol{\alpha}_s.$$

即 $\boldsymbol{\beta}$ 可由向量组 $\boldsymbol{\alpha}_1,\boldsymbol{\alpha}_2,\cdots,\boldsymbol{\alpha}_s$ 线性表示. 再证表示法唯一，设

$$\boldsymbol{\beta}=l_1\boldsymbol{\alpha}_1+l_2\boldsymbol{\alpha}_2+\cdots+l_s\boldsymbol{\alpha}_s,$$

$$\boldsymbol{\beta}=m_1\boldsymbol{\alpha}_1+m_2\boldsymbol{\alpha}_2+\cdots+m_s\boldsymbol{\alpha}_s,$$

两式相减得

$$\mathbf{0}=(l_1-m_1)\boldsymbol{\alpha}_1+(l_2-m_2)\boldsymbol{\alpha}_2+\cdots+(l_s-m_s)\boldsymbol{\alpha}_s,$$

由于 $\boldsymbol{\alpha}_1,\boldsymbol{\alpha}_2,\cdots,\boldsymbol{\alpha}_s$ 线性无关，所以 $l_1-m_1=0,l_2-m_2=0,\cdots,l_s-m_s=0$，即

$$l_1=m_1,l_2=m_2,\cdots,l_s=m_s,$$

所以表示法唯一.

10.5　向量组的秩

定义 10.5.1　若向量组 $\boldsymbol{A}$ 的一个部分组 $\boldsymbol{\alpha}_1,\boldsymbol{\alpha}_2,\cdots,\boldsymbol{\alpha}_r$ 满足

(1) 向量组 $\boldsymbol{\alpha}_1,\boldsymbol{\alpha}_2,\cdots,\boldsymbol{\alpha}_r$ 线性无关，

(2) 向量组 $\boldsymbol{A}$ 中的任意向量均可由 $\boldsymbol{\alpha}_1,\boldsymbol{\alpha}_2,\cdots,\boldsymbol{\alpha}_r$ 线性表示，

则称 $\boldsymbol{\alpha}_1,\boldsymbol{\alpha}_2,\cdots,\boldsymbol{\alpha}_r$ 为向量组 $\boldsymbol{A}$ 的一个**极大线性无关组**.

由极大线性无关组的定义可得：若 $\boldsymbol{\alpha}_1,\boldsymbol{\alpha}_2,\cdots,\boldsymbol{\alpha}_r$ 是向量组 $\boldsymbol{A}$ 的极大线性无关组，则向量组 $\boldsymbol{A}$ 的任意线性无关部分组所含向量的个数至多为 r 个，因为 $\boldsymbol{A}$ 中任意 $r+1$ 个向量均可由 $\boldsymbol{\alpha}_1,\boldsymbol{\alpha}_2,\cdots,\boldsymbol{\alpha}_r$ 线性表示，根据定理知这 $r+1$ 个向量线性相关.

例 10.5.1　设向量组 $\boldsymbol{A}$ 为

$$\boldsymbol{\alpha}_1=\begin{pmatrix}1\\1\\1\\1\end{pmatrix},\quad \boldsymbol{\alpha}_2=\begin{pmatrix}1\\1\\-1\\-1\end{pmatrix},\quad \boldsymbol{\alpha}_3=\begin{pmatrix}1\\1\\0\\0\end{pmatrix},$$

由于 $\boldsymbol{\alpha}_1,\boldsymbol{\alpha}_2$ 线性无关，且 $\boldsymbol{\alpha}_3=\frac{1}{2}\boldsymbol{\alpha}_1+\frac{1}{2}\boldsymbol{\alpha}_2$，所以 $\boldsymbol{\alpha}_1,\boldsymbol{\alpha}_2$ 是向量组 $\boldsymbol{A}$ 的一个极大线性无关组，事实上 $\boldsymbol{\alpha}_1,\boldsymbol{\alpha}_3$ 与 $\boldsymbol{\alpha}_2,\boldsymbol{\alpha}_3$ 均为向量组 $\boldsymbol{A}$ 的极大线性无关组.

例 10.5.1 表明一个向量组的极大线性无关组不一定是唯一的，可以证明向量组的各极大线性无关组所含向量的个数都是相同的.

定义 10.5.2　向量组的极大线性无关组所含向量的个数称为该向量组的秩.

向量组的极大线性无关组不唯一，但其所含向量的个数是相同的.

在全体 n 维向量构成的向量组 $\mathbf{R}^n$ 中，向量组 $\boldsymbol{\varepsilon}_1,\boldsymbol{\varepsilon}_2,\cdots,\boldsymbol{\varepsilon}_n$ 线性无关，且 $\mathbf{R}^n$ 中任何一个向量均可由 $\boldsymbol{\varepsilon}_1,\boldsymbol{\varepsilon}_2,\cdots,\boldsymbol{\varepsilon}_n$ 线性表示，所以 $\boldsymbol{\varepsilon}_1,\boldsymbol{\varepsilon}_2,\cdots,\boldsymbol{\varepsilon}_n$ 是 $\mathbf{R}^n$ 的一个极大线性无关组，且秩为 n.

在第 9 章中，我们用矩阵在初等变换下的标准形定义了矩阵的秩，本节中将通过向量组的秩进一步研究矩阵的秩，并讨论矩阵的秩与向量组的秩之间的关系.

设 $\boldsymbol{A}$ 为 $m\times n$ 矩阵，矩阵 $\boldsymbol{A}$ 的行向量组由 m 个 n 维行向量组成. 矩阵 $\boldsymbol{A}$ 的列向量组由 n 个 m 维列向量组成.

定义 10.5.3 矩阵 $\boldsymbol{A}$ 的行向量组的秩称为矩阵 $\boldsymbol{A}$ 的**行秩**，矩阵 $\boldsymbol{A}$ 的列向量组的秩称为矩阵 $\boldsymbol{A}$ 的**列秩**.

例 10.5.2 求矩阵 $\boldsymbol{A}$ 的行秩与列秩，其中

$$\boldsymbol{A}=\begin{pmatrix}1&0&2&3\\0&1&3&4\\1&1&5&7\end{pmatrix}.$$

解 $\boldsymbol{A}$ 的行向量组为

$$\boldsymbol{\alpha}_1^{\mathrm{T}}=(1\quad 0\quad 2\quad 3),\quad \boldsymbol{\alpha}_2^{\mathrm{T}}=(0\quad 1\quad 3\quad 4),\quad \boldsymbol{\alpha}_3^{\mathrm{T}}=(1\quad 1\quad 5\quad 7),$$

由于 $\boldsymbol{\alpha}_1^{\mathrm{T}},\boldsymbol{\alpha}_2^{\mathrm{T}}$ 线性无关，而 $\boldsymbol{\alpha}_3^{\mathrm{T}}=\boldsymbol{\alpha}_1^{\mathrm{T}}+\boldsymbol{\alpha}_2^{\mathrm{T}}$，所以向量组 $\boldsymbol{\alpha}_1^{\mathrm{T}},\boldsymbol{\alpha}_2^{\mathrm{T}},\boldsymbol{\alpha}_3^{\mathrm{T}}$ 的秩为 2，矩阵 $\boldsymbol{A}$ 的行秩为 2. 矩阵 $\boldsymbol{A}$ 的列向量组为

$$\boldsymbol{\beta}_1=\begin{pmatrix}1\\0\\1\end{pmatrix},\quad \boldsymbol{\beta}_2=\begin{pmatrix}0\\1\\1\end{pmatrix},\quad \boldsymbol{\beta}_3=\begin{pmatrix}2\\3\\5\end{pmatrix},\quad \boldsymbol{\beta}_4=\begin{pmatrix}3\\4\\7\end{pmatrix},$$

由于 $\boldsymbol{\beta}_1,\boldsymbol{\beta}_2$ 线性无关，而 $\boldsymbol{\beta}_3=2\boldsymbol{\beta}_1+3\boldsymbol{\beta}_2,\boldsymbol{\beta}_4=3\boldsymbol{\beta}_1+4\boldsymbol{\beta}_2$，从而向量组 $\boldsymbol{\beta}_1,\boldsymbol{\beta}_2,\boldsymbol{\beta}_3,\boldsymbol{\beta}_4$ 的秩为 2，矩阵 $\boldsymbol{A}$ 的列秩为 2.

定理 10.5.1 矩阵 $\boldsymbol{A}$ 的列秩等于矩阵的秩 $\boldsymbol{r}(\boldsymbol{A})$.

证明 略.

推论 矩阵 $\boldsymbol{A}$ 的行秩等于矩阵 $\boldsymbol{A}$ 的秩等于矩阵 $\boldsymbol{A}$ 的列秩.

证 矩阵 $\boldsymbol{A}$ 的列秩=矩阵 $\boldsymbol{A}^{\mathrm{T}}$ 的行秩=矩阵 $\boldsymbol{A}^{\mathrm{T}}$ 的秩=矩阵 $\boldsymbol{A}$ 的秩.

这样可以通过矩阵的秩求向量组的秩.

例 10.5.3 求下列向量组的秩：

$$\boldsymbol{\alpha}_1=\begin{pmatrix}5\\2\\7\\5\end{pmatrix},\quad \boldsymbol{\alpha}_2=\begin{pmatrix}6\\3\\9\\9\end{pmatrix},\quad \boldsymbol{\alpha}_3=\begin{pmatrix}-2\\-1\\-3\\-3\end{pmatrix},\quad \boldsymbol{\alpha}_4=\begin{pmatrix}7\\4\\5\\1\end{pmatrix}.$$

解 令矩阵 $\boldsymbol{A}=(\boldsymbol{\alpha}_1,\boldsymbol{\alpha}_2,\boldsymbol{\alpha}_3,\boldsymbol{\alpha}_4)$，对矩阵进行初等行变换，

$$A=\begin{pmatrix}5&6&-2&7\\2&3&-1&4\\7&9&-3&5\\5&9&-3&1\end{pmatrix}\rightarrow\begin{pmatrix}1&0&0&-1\\2&3&-1&4\\7&9&-3&5\\5&9&-3&1\end{pmatrix}$$

$$\rightarrow\begin{pmatrix}1&0&0&-1\\0&3&-1&6\\0&9&-3&12\\0&9&-3&6\end{pmatrix}\rightarrow\begin{pmatrix}1&0&0&-1\\0&3&-1&6\\0&0&0&-6\\0&0&0&0\end{pmatrix},$$

由于矩阵的秩为 3,所以列向量组的秩即向量组 $\boldsymbol{\alpha}_1,\boldsymbol{\alpha}_2,\boldsymbol{\alpha}_3,\boldsymbol{\alpha}_4$ 的秩为 3.

例 10.5.4 设向量组为

$$\boldsymbol{\alpha}_1=\begin{pmatrix}1\\-1\\0\\1\end{pmatrix},\quad \boldsymbol{\alpha}_2=\begin{pmatrix}2\\-2\\0\\2\end{pmatrix},\quad \boldsymbol{\alpha}_3=\begin{pmatrix}1\\0\\0\\2\end{pmatrix},$$

$$\boldsymbol{\alpha}_4=\begin{pmatrix}7\\-3\\0\\11\end{pmatrix},\quad \boldsymbol{\alpha}_5=\begin{pmatrix}-1\\1\\1\\0\end{pmatrix},\quad \boldsymbol{\alpha}_6=\begin{pmatrix}-3\\5\\5\\4\end{pmatrix},$$

求向量组的秩.

解 设矩阵 $\boldsymbol{A}=(\boldsymbol{\alpha}_1,\boldsymbol{\alpha}_2,\boldsymbol{\alpha}_3,\boldsymbol{\alpha}_4,\boldsymbol{\alpha}_5,\boldsymbol{\alpha}_6)$,对 $\boldsymbol{A}$ 进行初等行变换

$$\boldsymbol{A}=\begin{pmatrix}1&2&1&7&-1&-3\\-1&-2&0&-3&1&5\\0&0&0&0&1&5\\1&2&2&11&0&4\end{pmatrix}\rightarrow\begin{pmatrix}1&2&1&7&-1&-3\\0&0&1&4&0&2\\0&0&0&0&1&5\\0&0&0&0&0&0\end{pmatrix}\rightarrow\begin{pmatrix}1&2&0&3&0&0\\0&0&1&4&0&2\\0&0&0&0&1&5\\0&0&0&0&0&0\end{pmatrix},$$

因此向量组 $\boldsymbol{\alpha}_1,\boldsymbol{\alpha}_2,\boldsymbol{\alpha}_3,\boldsymbol{\alpha}_4,\boldsymbol{\alpha}_5,\boldsymbol{\alpha}_6$ 的秩为 3.

10.6 线性方程组解的结构

对于线性方程组(10.1),当 $r(\boldsymbol{A}\,\boldsymbol{b})=r(\boldsymbol{A})=r<n$ 时,$\boldsymbol{A}$ 中不为零的 r 阶子式所含的 r 个列以外的 $n-r$ 个列对应的未知量称为自由变量. 又 $r(\boldsymbol{A}\,\boldsymbol{b})=r(\boldsymbol{A})=r<n$ 时,方程组(10.1)有无穷多个解,为什么式(10.14)

$$\begin{cases}x_1=k_1-k_{1r+1}c_1-\cdots-k_{1n}c_{n-r},\\x_2=k_2-k_{2r+1}c_1-\cdots-k_{2n}c_{n-r},\\\quad\cdots\cdots\\x_r=k_r-k_{rr+1}c_1-\cdots-k_{rn}c_{n-r},\\x_{r+1}=c_1,\\x_{r+2}=c_2,\\\quad\cdots\cdots\\x_n=c_{n-r}\end{cases}$$

代表了它的全部解? 下面来讨论有关方程解的结果.

10.6.1 齐次线性方程组解的结构

齐次线性方程组(10.15)的矩阵形式为 $\boldsymbol{A}\boldsymbol{x}=\boldsymbol{0}$，其中

$$\boldsymbol{A}=\begin{pmatrix} a_{11} & a_{12} & \cdots & a_{1n} \\ a_{21} & a_{22} & \cdots & a_{2n} \\ \vdots & \vdots & & \vdots \\ a_{m1} & a_{m2} & \cdots & a_{mn} \end{pmatrix}, \boldsymbol{x}=\begin{pmatrix} x_1 \\ x_2 \\ \vdots \\ x_n \end{pmatrix}.$$

方程组(10.15)的解有如下性质.

(1) 如果 ξ_1,ξ_2 均为齐次线性方程组 $\boldsymbol{A}\boldsymbol{x}=\boldsymbol{0}$ 的解，则 $\boldsymbol{\xi}_1+\boldsymbol{\xi}_2$ 也是它的解.

证 由于 $\boldsymbol{A}\xi_1=\boldsymbol{0},\boldsymbol{A}\xi_2=\boldsymbol{0}$，故 $\boldsymbol{A}(\xi_1+\xi_2)=\boldsymbol{A}\xi_1+\boldsymbol{A}\xi_2=\boldsymbol{0}$，所以 $\boldsymbol{\xi}_1+\boldsymbol{\xi}_2$ 是方程组 $\boldsymbol{A}\boldsymbol{x}=\boldsymbol{0}$ 的解.

(2) 如果 $\boldsymbol{\xi}$ 为齐次线性方程组 $\boldsymbol{A}\boldsymbol{x}=\boldsymbol{0}$ 的解，k 为任意常数，则 $k\boldsymbol{\xi}$ 也是方程组 $\boldsymbol{A}\boldsymbol{x}=\boldsymbol{0}$ 的解.

证 由于 $\boldsymbol{A}\xi=\boldsymbol{0}$，故 $\boldsymbol{A}(k\boldsymbol{\xi})=k(\boldsymbol{A}\boldsymbol{\xi})=\boldsymbol{0}$，所以 $k\xi$ 也是方程组 $\boldsymbol{A}\boldsymbol{x}=\boldsymbol{0}$ 的解.

推论 如果 $\boldsymbol{\xi}_1,\boldsymbol{\xi}_2,\cdots,\boldsymbol{\xi}_t$ 均为方程组 $\boldsymbol{A}\boldsymbol{x}=\boldsymbol{0}$ 的解，则 $k_1\boldsymbol{\xi}_1+k_2\boldsymbol{\xi}_2+\cdots+k_t\boldsymbol{\xi}_t$ 也是方程组 $\boldsymbol{A}\boldsymbol{x}=\boldsymbol{0}$ 的解.

由此可知，如果一个齐次线性方程组有非零解，则它就有无穷多解，这无穷多解就构成了一个 n 维向量组. 如果能求出这个向量组的一个极大无关组，就能用它的线性组合来表示它的全部解.

定义 10.6.1 如果 $\boldsymbol{\xi}_1,\boldsymbol{\xi}_2,\cdots,\boldsymbol{\xi}_s$ 是齐次线性方程组(10.15)的解向量组的一个极大无关组，则称 $\boldsymbol{\xi}_1,\boldsymbol{\xi}_2,\cdots,\boldsymbol{\xi}_s$ 是方程组(10.15)的一个基础解系.

定理 10.6.1 设 $\boldsymbol{A}=(a_{ij})$ 是 $m\times n$ 矩阵，且 $r(\boldsymbol{A})=r$，则齐次线性方程组 $\boldsymbol{A}\boldsymbol{x}=\boldsymbol{0}$ 的基础解系由 $n-r$ 个向量构成.

证 由于 $r(\boldsymbol{A})=r$，所以 $\boldsymbol{A}$ 中有 r 阶子式非零，不妨设左上角的 r 阶子式非零，则矩阵 $\boldsymbol{A}$ 的前 r 行是行向量组的极大线性无关组，设 $\boldsymbol{A}$ 的行向量组为 $\beta_1^{\mathrm{T}},\cdots,\beta_r^{\mathrm{T}},\cdots,\beta_m^{\mathrm{T}}$，即

$$\boldsymbol{A}=\begin{pmatrix} \beta_1^{\mathrm{T}} \\ \vdots \\ \beta_r^{\mathrm{T}} \\ \vdots \\ \beta_m^{\mathrm{T}} \end{pmatrix}.$$

由于 $\boldsymbol{\beta}_j^{\mathrm{T}}(j>r)$ 可由 $\boldsymbol{\beta}_1^{\mathrm{T}},\cdots,\boldsymbol{\beta}_r^{\mathrm{T}}$ 线性表示，所以矩阵 $\boldsymbol{A}$ 经初等行变换可化为

$$A \to \begin{pmatrix} \boldsymbol{\beta}_1^{\mathrm{T}} \\ \vdots \\ \boldsymbol{\beta}_r^{\mathrm{T}} \\ 0 \\ \vdots \\ 0 \end{pmatrix} = \boldsymbol{B}.$$

从而方程组

$$\begin{cases} a_{11}x_1 + a_{12}x_2 + \cdots + a_{1n}x_n = 0, \\ a_{21}x_1 + a_{22}x_2 + \cdots + a_{2n}x_n = 0, \\ \quad\cdots\cdots \\ a_{r1}x_1 + a_{r2}x_2 + \cdots + a_{rn}x_n = 0, \\ \quad\cdots\cdots \\ a_{m1}x_1 + a_{m2}x_2 + \cdots + a_{mn}x_n = 0 \end{cases} \tag{10.16}$$

与

$$\begin{cases} a_{11}x_1 + a_{12}x_2 + \cdots + a_{1n}x_n = 0, \\ a_{21}x_1 + a_{22}x_2 + \cdots + a_{2n}x_n = 0, \\ \quad\cdots\cdots \\ a_{r1}x_1 + a_{r2}x_2 + \cdots + a_{rn}x_n = 0 \end{cases} \tag{10.17}$$

同解. 方程组(10.17)可改写为

$$\begin{cases} a_{11}x_1 + a_{12}x_2 + \cdots + a_{1r}x_r = -a_{1r+1}x_{r+1} - \cdots - a_{1n}x_n, \\ a_{21}x_1 + a_{22}x_2 + \cdots + a_{2r}x_r = -a_{2r+1}x_{r+1} - \cdots - a_{2n}x_n, \\ \quad\cdots\cdots \\ a_{r1}x_1 + a_{r2}x_2 + \cdots + a_{rr}x_r = -a_{rr+1}x_{r+1} - \cdots - a_{rn}x_n. \end{cases} \tag{10.18}$$

若 $r = n$, 方程组(10.18)的右端全为零,由克拉默法则知方程组(10.18)只有零解. 若 $r < n$, 方程组(10.18)有 $n - r$ 个自由未知量,对 $x_{r+1},\cdots,x_n$ 任意赋一组值,由方程组(10.18)可以唯一确定 $x_1,\cdots,x_r$ 的值, 从而得到方程组(10.18)的一组解. 现设自由未知量分别取

$$\begin{pmatrix} x_{r+1} \\ x_{r+2} \\ \vdots \\ x_n \end{pmatrix} = \begin{pmatrix} 1 \\ 0 \\ \vdots \\ 0 \end{pmatrix}, \begin{pmatrix} 0 \\ 1 \\ \vdots \\ 0 \end{pmatrix}, \cdots, \begin{pmatrix} 0 \\ 0 \\ \vdots \\ 1 \end{pmatrix},$$

得方程组(10.18)的一组解

$$\boldsymbol{\xi}_1=\begin{pmatrix}c_{1,r+1}\\c_{2,r+1}\\\vdots\\c_{r,r+1}\\1\\0\\\vdots\\0\end{pmatrix},\quad \boldsymbol{\xi}_2=\begin{pmatrix}c_{1,r+2}\\c_{2,r+2}\\\vdots\\c_{r,r+2}\\0\\1\\\vdots\\0\end{pmatrix},\cdots,\boldsymbol{\xi}_{n-r}=\begin{pmatrix}c_{1,n}\\c_{2,n}\\\vdots\\c_{r,n}\\0\\0\\\vdots\\1\end{pmatrix},$$

根据定理这组解线性无关.设

$$\boldsymbol{\xi}=\begin{pmatrix}k_1\\k_2\\\vdots\\k_r\\k_{r+1}\\\vdots\\k_n\end{pmatrix}$$

是方程组(10.18)的任一解,令 $\boldsymbol{\zeta}=k_{r+1}\boldsymbol{\xi}_1+k_{r+2}\boldsymbol{\xi}_2+\cdots+k_n\boldsymbol{\xi}_{n-r}$,则 $\boldsymbol{\zeta}$ 也是方程组(10.18)的解,由于 $\boldsymbol{\xi},\boldsymbol{\zeta}$ 均满足方程组(10.18),且他们后 $n-r$ 个分量相同,所以

$$\boldsymbol{\xi}=\boldsymbol{\zeta}=k_{r+1}\boldsymbol{\xi}_1+k_{r+2}\boldsymbol{\xi}_2+\cdots+k_n\boldsymbol{\xi}_{n-r},$$

即方程组(10.18)的任一解均 $\boldsymbol{\xi}$ 可由 $\boldsymbol{\xi}_1,\boldsymbol{\xi}_2,\cdots,\boldsymbol{\xi}_{n-r}$ 线性表示,所以 $\boldsymbol{\xi}_1,\boldsymbol{\xi}_2,\cdots,\boldsymbol{\xi}_{n-r}$ 是方程组(10.18)的基础解系,也就是 $\boldsymbol{Ax}=\boldsymbol{0}$ 的基础解系. 这时方程组的通解为

$$c_1\boldsymbol{\xi}_1+c_2\boldsymbol{\xi}_2+\cdots+c_{n-r}\boldsymbol{\xi}_{n-r},\quad c_1,c_2,\cdots,c_{n-r}\text{ 为任意常数}.$$

定理 10.6.1 的证明给出了求齐次线性方程组基础解系的方法.

例 10.6.1 求下列齐次线性方程组的基础解系与通解.

$$\begin{cases}3x_1+6x_2+2x_3+12x_4-x_5=0,\\-2x_1-4x_2-x_3-5x_4+x_5=0,\\2x_1+4x_2+2x_3+19x_4+x_5=0,\\6x_1+12x_2+6x_3+47x_4+x_5=0.\end{cases}$$

解 对系数矩阵 $\boldsymbol{A}$ 进行初等行变换

$$\boldsymbol{A}=\begin{pmatrix}3&6&2&12&-1\\-2&-4&-1&-5&1\\2&4&2&19&1\\6&12&6&47&1\end{pmatrix}\to\begin{pmatrix}1&2&1&7&0\\-2&-4&-1&-5&1\\2&4&2&19&1\\6&12&6&47&1\end{pmatrix}$$

$$\rightarrow\begin{pmatrix}1&2&1&7&0\\0&0&1&9&1\\0&0&0&5&1\\0&0&0&5&1\end{pmatrix}\rightarrow\begin{pmatrix}1&2&1&7&0\\0&0&1&9&1\\0&0&0&5&1\\0&0&0&0&0\end{pmatrix}$$

$$\rightarrow\begin{pmatrix}1&2&1&7&0\\0&0&1&4&0\\0&0&0&5&1\\0&0&0&0&0\end{pmatrix}\rightarrow\begin{pmatrix}1&2&0&3&0\\0&0&1&4&0\\0&0&0&5&1\\0&0&0&0&0\end{pmatrix},$$

由于系数矩阵的秩 $r(\mathbf{A})=3$，未知量的个数 $n=5$，所以基础解系由 $n-r=2$ 个向量构成，取 x_2,x_4 为自由未知量，得同解方程组为

$$\begin{cases}x_1=-2x_2-3x_4,\\x_3=-4x_4,\\x_5=-5x_4.\end{cases}$$

令自由未知量 $\begin{pmatrix}x_2\\x_4\end{pmatrix}=\begin{pmatrix}1\\0\end{pmatrix},\begin{pmatrix}0\\1\end{pmatrix}$，分别得方程组的基础解系为

$$\boldsymbol{\xi}_1=\begin{pmatrix}-2\\1\\0\\0\\0\end{pmatrix},\quad \boldsymbol{\xi}_2=\begin{pmatrix}-3\\0\\-4\\1\\-5\end{pmatrix}.$$

通解为 $k_1\boldsymbol{\xi}_1+k_2\boldsymbol{\xi}_2$（$k_1,k_2$ 为任意常数）.

注意　哪些未知量保留在左边，哪些可作为自由未知量移到等式的右端，保留在左边的未知量要保证系数构成的 r 阶子式非零. 通常化成阶梯形后，取非零行首元所在的列对应的变量作为保留未知量，其余的作为自由未知量. 在上例中，可把 x_1,x_3,x_4 保留在左边，取 x_2,x_5 为自由未知量. 实际上，由于本题阶梯形矩阵的具体情况，为简化计算，我们将 x_1,x_3,x_5 保留在等式的左边，取 x_2,x_4 为自由未知量.

10.6.2　非齐次线性方程组

若 $\mathbf{A}$ 是 $m\times n$ 矩阵，称齐次线性方程组 $\mathbf{Ax}=\mathbf{0}$ 为非齐次线性方程组 $\mathbf{Ax}=\mathbf{b}$ 的导出组或相应的齐次线性方程组.

非齐次线性方程组 $\mathbf{Ax}=\mathbf{b}$ 的解与它的导出组 $\mathbf{Ax}=\mathbf{b}$ 的解之间有下列性质.

(1) 如果 $\boldsymbol{\eta}_1,\boldsymbol{\eta}_2$ 是方程组 $\mathbf{Ax}=\mathbf{b}$ 的解，则 $\boldsymbol{\eta}_1-\boldsymbol{\eta}_2$ 是导出组 $\mathbf{Ax}=\mathbf{0}$ 的解.

证　由假设有 $\mathbf{A}\boldsymbol{\eta}_1=\mathbf{b},\mathbf{A}\boldsymbol{\eta}_2=\mathbf{b}$，所以 $\mathbf{A}(\boldsymbol{\eta}_1-\boldsymbol{\eta}_2)=\mathbf{A}\boldsymbol{\eta}_1-\mathbf{A}\boldsymbol{\eta}_2=\mathbf{b}-\mathbf{b}=\mathbf{0}$. 即 $\boldsymbol{\eta}_1-\boldsymbol{\eta}_2$ 是导出组 $\mathbf{Ax}=\mathbf{0}$ 的解.

(2) 如果 $\boldsymbol{\eta}$ 是方程组 $\boldsymbol{Ax}=\boldsymbol{b}$ 的解，$\boldsymbol{\xi}$ 是导出组 $\boldsymbol{Ax}=\boldsymbol{0}$ 的解，则 $\boldsymbol{\eta}+\xi$ 是方程组 $\boldsymbol{Ax}=\boldsymbol{b}$ 的解.

证 由假设 $\boldsymbol{A\eta}=\boldsymbol{b}$，$\boldsymbol{A}\xi=\boldsymbol{0}$，则 $\boldsymbol{A}(\boldsymbol{\eta}+\xi)=\boldsymbol{A\eta}+\boldsymbol{A}\xi=\boldsymbol{b}+\boldsymbol{0}=\boldsymbol{b}$，所以 $\boldsymbol{\eta}+\xi$ 是方程组 $\boldsymbol{Ax}=\boldsymbol{b}$ 的解.

定理 10.6.2 设 $\boldsymbol{A}$ 为 $m\times n$ 矩阵，$\boldsymbol{A}$ 的秩 $r(\boldsymbol{A})=r$，若 $\boldsymbol{\eta}^*$ 是非齐次线性方程组 $\boldsymbol{Ax}=\boldsymbol{b}$ 的特解，$\xi_1,\cdots,\xi_{n-r}$ 是导出组 $\boldsymbol{Ax}=\boldsymbol{0}$ 的基础解系，则方程组 $\boldsymbol{Ax}=\boldsymbol{b}$ 的通解为

$$\boldsymbol{\eta}=\boldsymbol{\eta}^*+k_1\boldsymbol{\xi}_1+k_2\boldsymbol{\xi}_2+\cdots+k_{n-r}\boldsymbol{\xi}_{n-r}(k_1,k_2,\cdots,k_{n-r}\text{ 为任意常数}).$$

证 由于 $\boldsymbol{\eta}^*$ 是方程组 $\boldsymbol{Ax}=\boldsymbol{b}$ 的解，$k_1\boldsymbol{\xi}_1+k_2\boldsymbol{\xi}_2+\cdots+k_{n-r}\boldsymbol{\xi}_{n-r}$ 是导出组 $\boldsymbol{Ax}=\boldsymbol{b}$ 的解，根据性质(2)知 $\boldsymbol{\eta}=\boldsymbol{\eta}^*+(k_1\boldsymbol{\xi}_1+k_2\boldsymbol{\xi}_2+\cdots+k_{n-r}\boldsymbol{\xi}_{n-r})$ 是方程组 $\boldsymbol{Ax}=\boldsymbol{b}$ 的解. 另外，对于方程组 $\boldsymbol{Ax}=\boldsymbol{b}$ 的任一解 $\boldsymbol{\eta}_1$，由于 $\boldsymbol{\eta}_1-\boldsymbol{\eta}^*$ 是 $\boldsymbol{Ax}=\boldsymbol{0}$ 的解，可由其基础解系 $\boldsymbol{\xi}_1,\cdots,\boldsymbol{\xi}_{n-r}$ 线性表示，故存在数 $k_1,k_2,\cdots,k_{n-r}$，使得 $\boldsymbol{\eta}_1-\boldsymbol{\eta}^*=k_1\boldsymbol{\xi}_1+k_2\boldsymbol{\xi}_2+\cdots+k_{n-r}\boldsymbol{\xi}_{n-r}$，即有 $\boldsymbol{\eta}_1=\boldsymbol{\eta}^*+k_1\boldsymbol{\xi}_1+k_2\boldsymbol{\xi}_2+\cdots+k_{n-r}\boldsymbol{\xi}_{n-r}$. 所以方程组的通解为

$$\boldsymbol{\eta}=\boldsymbol{\eta}^*+k_1\boldsymbol{\xi}_1+k_2\boldsymbol{\xi}_2+\cdots+k_{n-r}\boldsymbol{\xi}_{n-r}(k_1,k_2,\cdots,k_{n-r}\text{ 为任意常数}).$$

例 10.6.2 求下列方程组的通解

$$\begin{cases}x_1-2x_2+2x_3+5x_4=-3,\\-x_1+2x_2-x_3-x_4=1,\\2x_1-4x_2+2x_3+2x_4=-2,\\3x_1-6x_2+6x_3+15x_4=-9.\end{cases}$$

解 对增广矩阵进行初等行变换

$$(\boldsymbol{A}\ \boldsymbol{\beta})=\begin{pmatrix}1&-2&2&5&-3\\-1&2&-1&-1&1\\2&-4&2&2&-2\\3&-6&6&1&5\end{pmatrix}\to\begin{pmatrix}1&-2&2&5&-3\\0&0&1&4&-2\\0&0&-2&-8&4\\0&0&0&0&0\end{pmatrix}$$

$$\to\begin{pmatrix}1&-2&2&5&-3\\0&0&1&4&-2\\0&0&0&0&0\\0&0&0&0&0\end{pmatrix}\to\begin{pmatrix}1&-2&0&-3&1\\0&0&1&4&-2\\0&0&0&0&0\\0&0&0&0&0\end{pmatrix}.$$

由于系数矩阵的秩与增广矩阵的秩均为 2，所以方程组有解，同解方程组为

$$\begin{cases}x_1-2x_2-3x_4=1,\\x_3+4x_4=-2,\end{cases}$$

即

$$\begin{cases}x_1=2x_2+3x_4+1,\\x_3=-4x_4-2.\end{cases}$$

令自由未知量 $x_2=0, x_4=0$，可得 $x_1=1, x_3=-2$，从而得到方程组的特解

$$\boldsymbol{\eta}^*=\begin{pmatrix}1\\0\\-2\\0\end{pmatrix}.$$

现在求导出组的基础解系，导出组的同解方程组为

$$\begin{cases}x_1=2x_2+3x_4,\\ x_3=-4x_4,\end{cases}$$

令自由未知量 $x_2=1, x_4=0$，可得 $x_1=2, x_3=0$；令 $x_2=0, x_4=1$，可得 $x_1=3$，$x_3=-4$，导出组的基础解系为

$$\boldsymbol{\xi}_1=\begin{pmatrix}2\\1\\0\\0\end{pmatrix},\quad \boldsymbol{\xi}_2=\begin{pmatrix}3\\0\\-4\\1\end{pmatrix}.$$

所以原方程的通解为

$$\boldsymbol{\eta}=\boldsymbol{\eta}^*+k_1\xi_1+k_2\xi_2(k_1,k_2\text{ 为任意常数}).$$

例 10.6.3 求解方程组

$$\begin{cases}x_1-2x_2+2x_3+5x_4=-3,\\ -x_1+2x_2-x_3-x_4=1,\\ 2x_1-4x_2+2x_3+2x_4=2.\end{cases}$$

解 对增广矩阵进行初等行变换

$$(\boldsymbol{A}\ \boldsymbol{b})=\begin{pmatrix}1&-2&2&5&-3\\-1&2&-1&-1&1\\2&-4&2&2&2\end{pmatrix}$$

$$\to\begin{pmatrix}1&-2&2&5&-3\\0&0&1&4&-2\\0&0&-2&-8&8\end{pmatrix}\to\begin{pmatrix}1&-2&2&5&-3\\0&0&1&4&-2\\0&0&0&0&4\end{pmatrix}.$$

由于 $r(\boldsymbol{A})=2, r(\boldsymbol{A}\ \boldsymbol{b})=3$，所以方程组无解.

习 题 10

1. 用消元法解线性方程组.

(1) $\begin{cases}x_1-2x_2+x_3+x_4=1,\\ x_1-2x_2+x_3-x_4=-1,\\ x_1-2x_2+x_3+5x_4=5;\end{cases}$

(2) $\begin{cases}x_1+2x_2+2x_3=2,\\ 3x_1-2x_2-x_3=5,\\ 2x_1-5x_2+3x_3=-4,\\ x_1+4x_2+6x_3=0.\end{cases}$

2. 解线性方程组

$$\begin{cases} x_1 - x_2 - x_3 = 1, \\ x_1 - 2x_2 - x_3 = 2, \\ 3x_1 - x_2 + 6x_3 = 3, \\ 2x_1 - 2x_2 + 3x_3 = 0. \end{cases}$$

3. λ 取何值时,下面方程组有解? 并求其解.

$$\begin{cases} x_1 + x_2 + \lambda x_3 = 2, \\ 3x_1 + 4x_2 + 2x_3 - \lambda, \\ 2x_1 + 3x_2 - x_3 = 1. \end{cases}$$

4. 讨论下列方程组,当 λ 取何值时方程组有唯一解? λ 取何值时有无穷多解? λ 取何值时无解?

(1) $\begin{cases} x_1 + 2x_2 + \lambda x_3 = 1, \\ 2x_1 + \lambda x_2 + 8x_3 = 3; \end{cases}$ (2) $\begin{cases} (\lambda + 3)x_1 + x_2 + 2x_3 = \lambda, \\ \lambda x_1 + (\lambda - 1)x_2 + x_3 = \lambda, \\ 3(\lambda + 1)x_1 + \lambda x_2 + (\lambda + 3)x_3 = 3. \end{cases}$

5. 判别齐次线性方程组是否有非零解.

$$\begin{cases} \qquad\quad x_2 + x_3 \cdots + x_n = 0, \\ x_1 + \qquad x_3 + \cdots + x_n = 0, \\ x_1 + x_2 \qquad + \cdots + x_n = 0, \\ \qquad\qquad \cdots\cdots \\ x_1 + x_2 + \cdots + x_{n-1} \qquad = 0. \end{cases}$$

6. 已知向量 $\boldsymbol{\alpha}_1 = (1, -1, 2)^{\mathrm{T}}, \boldsymbol{\alpha}_2 = (3, 1, -5)^{\mathrm{T}}, \boldsymbol{\alpha}_3 = (4, -7, 0)^{\mathrm{T}}$, 计算

(1) $\boldsymbol{\alpha}_1 + 2\boldsymbol{\alpha}_2 - \boldsymbol{\alpha}_3$;

(2) $(\boldsymbol{\alpha}_1 + \boldsymbol{\alpha}_2) + 2(\boldsymbol{\alpha}_2 + \boldsymbol{\alpha}_3) - 3(\boldsymbol{\alpha}_3 + \boldsymbol{\alpha}_1)$;

(3) $(\boldsymbol{\alpha}_1 - \boldsymbol{\alpha}_2) + (\boldsymbol{\alpha}_2 - \boldsymbol{\alpha}_3) + (\boldsymbol{\alpha}_3 - \boldsymbol{\alpha}_1)$.

7. 已知向量 $\boldsymbol{\alpha} = (3, 5, 7)^{\mathrm{T}}, \boldsymbol{\beta} = (2, 4, 6)^{\mathrm{T}}$, 且 $2\boldsymbol{\alpha} - 5\boldsymbol{\beta} + 3\boldsymbol{\gamma} = \mathbf{0}$, 求向量 $\boldsymbol{\gamma}$.

8. 下列向量组是否线性相关,为什么?

(1) $\boldsymbol{\alpha}_1^{\mathrm{T}} = (1, -1, 3), \boldsymbol{\alpha}_2^{\mathrm{T}} = (4, 2, -1), \boldsymbol{\alpha}_3^{\mathrm{T}} = (0, 0, 0)$;

(2) $\boldsymbol{\alpha}_1^{\mathrm{T}} = (1, 2, 3), \boldsymbol{\alpha}_2^{\mathrm{T}} = (4, 5, 6), \boldsymbol{\alpha}_3^{\mathrm{T}} = (3, 3, 3)$;

(3) $\boldsymbol{\alpha}_1^{\mathrm{T}} = (1, 2, 3), \boldsymbol{\alpha}_2^{\mathrm{T}} = (4, 5, 6), \boldsymbol{\alpha}_3^{\mathrm{T}} = (5, 7, 8)$.

9. 设向量组 $\boldsymbol{\alpha}_1, \boldsymbol{\alpha}_2, \boldsymbol{\alpha}_3$ 线性无关,证明:向量组 $\boldsymbol{\alpha}_1 + \boldsymbol{\alpha}_2, \boldsymbol{\alpha}_2 + \boldsymbol{\alpha}_3, \boldsymbol{\alpha}_3 + \boldsymbol{\alpha}_1$ 线性无关;向量组 $\boldsymbol{\alpha}_1 - \boldsymbol{\alpha}_2, \boldsymbol{\alpha}_2 - \boldsymbol{\alpha}_3, \boldsymbol{\alpha}_3 - \boldsymbol{\alpha}_1$ 线性相关.

10. 证明:如果向量组 $\boldsymbol{\alpha}, \boldsymbol{\beta}, \boldsymbol{\gamma}$ 线性无关,则向量组 $\boldsymbol{\alpha} + \boldsymbol{\beta}, \boldsymbol{\beta} + \boldsymbol{\gamma}, \boldsymbol{\gamma} + \boldsymbol{\alpha}$ 也线性无关.

11. 求下列矩阵的秩.

(1) $\begin{pmatrix} 1 & 2 & -3 & 4 \\ 2 & 4 & -6 & 8 \end{pmatrix}$；　(2) $\begin{pmatrix} 2 & -1 & 3 & -2 & 4 \\ 4 & -2 & 5 & 1 & 7 \\ 2 & -1 & 1 & 8 & 2 \end{pmatrix}$；

(3) $\begin{pmatrix} 3 & 2 & -1 & -3 & -1 \\ 2 & -1 & 3 & 1 & -3 \\ 2 & 0 & 5 & 1 & 8 \\ 5 & 1 & 2 & -2 & -4 \end{pmatrix}$.

12. 求下列向量组的秩与一个极大线性无关组.

(1) $\boldsymbol{\alpha}_1=(1,0,0)^{\mathrm{T}},\boldsymbol{\alpha}_2=(0,1,0)^{\mathrm{T}},\boldsymbol{\alpha}_3=(2,-3,0)^{\mathrm{T}},\boldsymbol{\alpha}_4=(0,0,0)^{\mathrm{T}}$；

(2) $\boldsymbol{\alpha}_1=(1,0,0)^{\mathrm{T}},\boldsymbol{\alpha}_2=(0,1,0)^{\mathrm{T}},\boldsymbol{\alpha}_3=(2,-3,4)^{\mathrm{T}},\boldsymbol{\alpha}_4=(0,0,5)^{\mathrm{T}}$.

13. 求向量组 $\boldsymbol{\alpha}_1,\boldsymbol{\alpha}_2,\boldsymbol{\alpha}_3,\boldsymbol{\alpha}_4,\boldsymbol{\alpha}_5$ 的一个极大线性无关组与秩,并将其余向量用该极大线性无关组表示,其中

$$\boldsymbol{\alpha}_1^{\mathrm{T}}=(1,-1,2,4),\boldsymbol{\alpha}_2^{\mathrm{T}}=(3,0,7,4),\boldsymbol{\alpha}_3^{\mathrm{T}}=(0,3,1,-8),$$
$$\boldsymbol{\alpha}_4^{\mathrm{T}}=(2,1,5,6),\boldsymbol{\alpha}_5^{\mathrm{T}}=(2,-2,4,8).$$

14. 求下列方程组的通解.

(1) $\begin{cases} 3x_1+4x_2-7x_3+x_4=0, \\ 2x_1+x_2-6x_3=0, \\ -x_1+2x_2+5x_3+x_4=0; \end{cases}$　(2) $\begin{cases} 2x_1+3x_2+x_3=0, \\ -5x_1+7x_2+x_4=0. \end{cases}$

15. 求齐次线性方程组的通解.

$$\begin{cases} x_1+2x_2+3x_3-x_4=0, \\ 3x_1+2x_2+x_3-x_4=0. \end{cases}$$

16. 设线性方程组

$$\begin{cases} x_1+x_2+ax_3=0, \\ -x_1+ax_2+x_3=0, \\ x_1-x_2+2x_3=0, \end{cases}$$

当 a 为何值时,方程组有非零解？并求出通解.

17. 求解下列方程组.

(1) $\begin{cases} 2x_1+x_2+3x_3+3x_4=1, \\ x_1+x_2+x_3+2x_4=0, \\ x_1-2x_2+4x_3+x_4=4; \end{cases}$　(2) $\begin{cases} x_1+x_2-x_3=-1, \\ 2x_1-5x_2+3x_3=2, \\ 7x_1-7x_2+2x_3=1. \end{cases}$

第 11 章　矩阵的特征值与二次型

11.1　特征值与特征向量

11.1.1　特征值与特征向量的概念及求法

定义 11.1.1　设 $\boldsymbol{A}$ 是 n 阶方阵,如果存在数 λ 和 n 维列向量 $\boldsymbol{x} \neq \boldsymbol{0}$, 使得等式

$$\boldsymbol{A}\boldsymbol{x} = \lambda\boldsymbol{x} \tag{11.1}$$

成立,则称 λ 为矩阵 $\boldsymbol{A}$ 的一个**特征值**,非零向量 $\boldsymbol{x}$ 称为矩阵 $\boldsymbol{A}$ 的属于特征值 λ 的**特征向量**,简称为**特征向量**.

例 11.1.1　若 $\boldsymbol{A} = \begin{pmatrix} 1 & 3 \\ 4 & 2 \end{pmatrix}$, 取 $\lambda = 5, \boldsymbol{x} = \begin{pmatrix} 3 \\ 4 \end{pmatrix}$, 则

$$\boldsymbol{A}\boldsymbol{x} = \begin{pmatrix} 1 & 3 \\ 4 & 2 \end{pmatrix}\begin{pmatrix} 3 \\ 4 \end{pmatrix} = \begin{pmatrix} 15 \\ 20 \end{pmatrix} = 5\begin{pmatrix} 3 \\ 4 \end{pmatrix} = 5\boldsymbol{x},$$

因此, $\lambda = 5$ 是矩阵的 $\boldsymbol{A}$ 的特征值, $\boldsymbol{x} = \begin{pmatrix} 3 \\ 4 \end{pmatrix}$ 是矩阵 $\boldsymbol{A}$ 的属于特征值 $\lambda = 5$ 的特征向量.

下面讨论如何求出矩阵的特征值及特征向量. 从定义 11.1.1 可以知道,对于 n 阶方阵 $\boldsymbol{A}$, 要求出它的特征值和特征向量,也就是要找到一个数 λ 和一个非零向量 $\boldsymbol{x}$, 使得式(11.1)成立,即

$$\boldsymbol{A}\boldsymbol{x} = \lambda\boldsymbol{x},$$

注意到等式 $\boldsymbol{x} = \boldsymbol{E}\boldsymbol{x}$, 其中 $\boldsymbol{E}$ 是 n 阶单位阵,就有

$$\boldsymbol{A}\boldsymbol{x} = \lambda\boldsymbol{E}\boldsymbol{x},$$

即

$$(\lambda\boldsymbol{E} - \boldsymbol{A})\boldsymbol{x} = \boldsymbol{0}. \tag{11.2}$$

这说明,要解决所提出的问题,就是要找到数 λ, 使得齐次线性方程组(11.2)有非零解. 方程组(11.2)有非零解的充分必要条件是它的系数行列式 $|\lambda\boldsymbol{E} - \boldsymbol{A}| = 0$.

若记 $\boldsymbol{A} = (a_{ij})_{n\times n}$, 那么,

$$|\lambda\boldsymbol{E} - \boldsymbol{A}| = \begin{vmatrix} \lambda - a_{11} & -a_{12} & \cdots & -a_{1n} \\ -a_{21} & \lambda - a_{22} & \cdots & -a_{2n} \\ \vdots & \vdots & & \vdots \\ -a_{n1} & -a_{n2} & \cdots & \lambda - a_{nn} \end{vmatrix}, \tag{11.3}$$

由行列式的定义可以知道,式(11.3)是一个关于变量 λ 的 n 次多项式,通常把这一多项式称为矩阵 $\boldsymbol{A}$ 的特征多项式,记作 $f_{\boldsymbol{A}}(\lambda)$ 或 $f(\lambda)$,即 $f_{\boldsymbol{A}}(\lambda)=|\lambda\boldsymbol{E}-\boldsymbol{A}|$,而 $\boldsymbol{A}$ 的特征值恰是 $\boldsymbol{A}$ 的特征多项式 $f_{\boldsymbol{A}}(\lambda)$ 的根. 由于 n 次多项式恰好有 n 个复根,所以,任意一个 n 阶方阵恰有 n 个特征值(可能有重根).

如果 λ_0 是矩阵 $\boldsymbol{A}$ 的特征值,则由前面的分析知道,属于特征值 λ_0 的特征向量应是齐次线性方程组 $(\lambda_0\boldsymbol{E}-\boldsymbol{A})\boldsymbol{x}=\boldsymbol{0}$ 的非零解. 这样就可以找到 $\boldsymbol{A}$ 的全部特征值及相应的特征向量.

由上述讨论可以得到,计算矩阵 $\boldsymbol{A}$ 的特征值和特征向量的方法及步骤.

(1) 计算矩阵 $\boldsymbol{A}$ 的特征多项式 $f_{\boldsymbol{A}}(\lambda)=|\lambda\boldsymbol{E}-\boldsymbol{A}|$.

(2) 计算出 $f_{\boldsymbol{A}}(\lambda)=0$ 的全部根,它们就是矩阵 $\boldsymbol{A}$ 的全部特征值.

(3) 对每一个特征值 λ_0,求出齐次线性方程组 $(\lambda_0\boldsymbol{E}-\boldsymbol{A})\boldsymbol{x}=\boldsymbol{0}$ 的基础解系

$$\boldsymbol{\alpha}_1,\boldsymbol{\alpha}_2,\cdots,\boldsymbol{\alpha}_t.$$

则矩阵 $\boldsymbol{A}$ 的属于特征值 λ_0 的全部特征向量为

$$k_1\boldsymbol{\alpha}_1+k_2\boldsymbol{\alpha}_2+\cdots+k_t\boldsymbol{\alpha}_t,$$

其中 $k_1,k_2,\cdots,k_t$ 是不全为零的任意常数.

例 11.1.2　求出二阶方阵 $\boldsymbol{A}=\begin{pmatrix}-3&1\\1&-3\end{pmatrix}$ 的全部特征值和相应的特征向量.

解　方阵 $\boldsymbol{A}$ 的特征多项式为

$$f_{\boldsymbol{A}}(\lambda)=|\lambda\boldsymbol{E}-\boldsymbol{A}|=\begin{vmatrix}\lambda+3&-1\\-1&\lambda+3\end{vmatrix}=\lambda^2+6\lambda+8=(\lambda+2)(\lambda+4),$$

所以,方阵 $\boldsymbol{A}$ 有两个特征值 $\lambda_1=-2,\lambda_2=-4$.

对于特征值 $\lambda_1=-2$,解齐次线性方程组 $(\lambda_1\boldsymbol{E}-\boldsymbol{A})\boldsymbol{x}=\boldsymbol{0}$,即 $\begin{pmatrix}1&-1\\-1&1\end{pmatrix}\begin{pmatrix}x_1\\x_2\end{pmatrix}=\boldsymbol{0}$,求得基础解系 $\boldsymbol{\alpha}_1=\begin{pmatrix}1\\1\end{pmatrix}$,所以矩阵 $\boldsymbol{A}$ 的属于特征值 $\lambda_1=-2$ 的全部特征向量是 $k\boldsymbol{\alpha}_1=\begin{pmatrix}k\\k\end{pmatrix},k\neq 0$.

对于特征值 $\lambda_2=-4$,解齐次线性方程组 $(\lambda_2\boldsymbol{E}-\boldsymbol{A})\boldsymbol{x}=\boldsymbol{0}$,即 $\begin{pmatrix}-1&-1\\-1&-1\end{pmatrix}\begin{pmatrix}x_1\\x_2\end{pmatrix}=\boldsymbol{0}$,求得基础解系 $\boldsymbol{\alpha}_2=\begin{pmatrix}1\\-1\end{pmatrix}$,所以矩阵 $\boldsymbol{A}$ 的属于特征值 $\lambda_2=-4$ 的全部特征向量是 $k\boldsymbol{\alpha}_2=\begin{pmatrix}k\\-k\end{pmatrix},k\neq 0$.

例 11.1.3　求出三阶方阵 $\boldsymbol{A}=\begin{pmatrix}1&-1&1\\1&3&-1\\1&1&1\end{pmatrix}$ 的全部特征值和相应的特征向量.

解 三阶方阵 $\boldsymbol{A}$ 的特征多项式为

$$f_{\boldsymbol{A}}(\lambda)=|\lambda\boldsymbol{E}-\boldsymbol{A}|=\begin{vmatrix}\lambda-1 & 1 & -1\\ -1 & \lambda-3 & 1\\ -1 & -1 & \lambda-1\end{vmatrix}=(\lambda-1)(\lambda-2)^2,$$

所以,$\boldsymbol{A}$ 有三个特征值 $\lambda_1=1,\lambda_2=\lambda_3=2$.

对于特征值 $\lambda_1=1$,解齐次线性方程组 $(\lambda_1\boldsymbol{E}-\boldsymbol{A})\boldsymbol{x}=\boldsymbol{0}$,即 $\begin{pmatrix}0 & 1 & -1\\ -1 & -2 & 1\\ -1 & -1 & 0\end{pmatrix}\boldsymbol{x}=\boldsymbol{0}$,求得基础解系 $\boldsymbol{\alpha}_1=\begin{pmatrix}-1\\ 1\\ 1\end{pmatrix}$,所以矩阵 $\boldsymbol{A}$ 的属于特征值 $\lambda_1=1$ 的全部特征向量为 $k\boldsymbol{\alpha}_1,k\neq 0$.

对于特征值 $\lambda_2=\lambda_3=2$,解齐次线性方程组 $(\lambda_2\boldsymbol{E}-\boldsymbol{A})\boldsymbol{x}=\boldsymbol{0}$,即 $\begin{pmatrix}1 & 1 & -1\\ -1 & -1 & 1\\ -1 & -1 & 1\end{pmatrix}\boldsymbol{x}=\boldsymbol{0}$,求得基础解系 $\boldsymbol{\alpha}_2=\begin{pmatrix}1\\ 0\\ 1\end{pmatrix},\boldsymbol{\alpha}_3=\begin{pmatrix}0\\ 1\\ 1\end{pmatrix}$,所以矩阵 $\boldsymbol{A}$ 的属于特征值 $\lambda_2=\lambda_3=2$ 的全部特征向量为 $k_2\boldsymbol{\alpha}_2+k_3\boldsymbol{\alpha}_3,k_2,k_3$ 不同时为零.

11.1.2 特征值与特征向量的性质

定理 11.1.1 方阵 $\boldsymbol{A}$ 的属于不同特征值的特征向量是线性无关的.

证 若 λ_1,λ_2 是方阵 $\boldsymbol{A}$ 的不同特征值,即 $\lambda_1\neq\lambda_2$,而 x_1,x_2 分别是属于 λ_1,λ_2 的特征向量,则有 $\boldsymbol{A}\boldsymbol{x}_1=\lambda_1\boldsymbol{x}_1,\boldsymbol{A}\boldsymbol{x}_2=\lambda_2\boldsymbol{x}_2$.

对于向量 $\boldsymbol{x}_1,\boldsymbol{x}_2$ 的线性组合

$$k_1\boldsymbol{x}_1+k_2\boldsymbol{x}_2=0, \tag{11.4}$$

用矩阵 $\boldsymbol{A}$ 左乘等式两边得

$$\boldsymbol{A}(k_1\boldsymbol{x}_1+k_2\boldsymbol{x}_2)=k_1\lambda_1\boldsymbol{x}_1+k_2\lambda_2\boldsymbol{x}_2=\boldsymbol{0}. \tag{11.5}$$

由式(11.4),式(11.5)消去向量 $\boldsymbol{x}_2$,得到 $k_1(\lambda_2-\lambda_1)\boldsymbol{x}_1=\boldsymbol{0}$. 由于 $\lambda_1\neq\lambda_2,\boldsymbol{x}_1\neq\boldsymbol{0}$ 所以 $k_1=0$. 将 $k_1=0$ 代入式(11.4)得到 $k_2=0$. 由线性无关的定义,可知 $\boldsymbol{x}_1,\boldsymbol{x}_2$ 是线性无关的.

定理 11.1.2 设 $\lambda_1,\lambda_2,\cdots,\lambda_m$ 是方阵 $\boldsymbol{A}$ 的 m 个特征值,$\boldsymbol{x}_1,\boldsymbol{x}_2,\cdots,\boldsymbol{x}_m$ 是依次与之对应的特征向量. 如果 $\lambda_1,\lambda_2,\cdots,\lambda_m$ 是互不相同的,那么 $\boldsymbol{x}_1,\boldsymbol{x}_2,\cdots,\boldsymbol{x}_m$ 线性无关.

证明留作习题.

定理 11.1.3 设 $\lambda_1,\lambda_2,\cdots,\lambda_n$ 是 n 阶方阵 $A=(a_{ij})_n$ 的全体特征值. 则

(1) $\sum\limits_{i=1}^{n}\lambda_i=a_{11}+a_{22}+\cdots+a_{nn}=\sum\limits_{i=1}^{n}a_{ii}$;

(2) $\prod_{i=1}^{n}\lambda_i = |A|$.

其中 $\sum_{i=1}^{n}a_{ii}$ 称为矩阵 $\boldsymbol{A}$ 的**迹**，记作 $\mathrm{tr}(\boldsymbol{A})$.

证　因为

$$|\lambda\boldsymbol{E}-\boldsymbol{A}| = \begin{vmatrix} \lambda-a_{11} & -a_{12} & \cdots & -a_{1n} \\ -a_{21} & \lambda-a_{22} & \cdots & -a_{2n} \\ \vdots & \vdots & & \vdots \\ -a_{n1} & -a_{n2} & & \lambda-a_{nn} \end{vmatrix}$$

的行列式展开式中，主对角线上元素的乘积

$$(\lambda-a_{11})(\lambda-a_{22})\cdots(\lambda-a_{nn})$$

是行列式中的一项，由行列式定义，展开式中的其余各项至多包含 $n-2$ 个主对角线上的元素，因此特征多项式中 λ^n 和 λ^{n-1} 的项只能在主对角线元素乘积项中出现. 特征多项式 $f(\lambda)=|\lambda\boldsymbol{E}-\boldsymbol{A}|$ 的常数项为 $f(0)=|-\boldsymbol{A}|=(-1)^n\,|\boldsymbol{A}|$，从而有

$$f(\lambda)=|\lambda\boldsymbol{E}-\boldsymbol{A}|=\lambda^n-(a_{11}+a_{22}+\cdots+a_{nn})\lambda^{n-1}+\cdots+(-1)^n\,|\boldsymbol{A}|. \tag{11.6}$$

另外，$\lambda_1,\lambda_2,\cdots,\lambda_m$ 为 $\boldsymbol{A}$ 的 n 个特征值，特征多项式 $f(\lambda)$ 又可表示为

$$\begin{aligned}|\lambda\boldsymbol{E}-\boldsymbol{A}| &= (\lambda-\lambda_1)(\lambda-\lambda_2)\cdots(\lambda-\lambda_n) \\ &= \lambda^n-(\lambda_1+\lambda_2+\cdots+\lambda_n)\lambda^{n-1}+\cdots+(-1)^n\lambda_1\lambda_2\lambda_n.\end{aligned} \tag{11.7}$$

比较式(11.6)和(11.7)可知

$$\lambda_1+\lambda_2+\cdots+\lambda_n=a_{11}+a_{22}+\cdots+a_{nn},$$

$$\lambda_1\lambda_2\cdots\lambda_n=|\boldsymbol{A}|.$$

推论　n 阶方阵 $\boldsymbol{A}$ 可逆的充分必要条件是 $\boldsymbol{A}$ 的特征值均非零.

11.2　相似矩阵

定义 11.2.1　若 $\boldsymbol{A},\boldsymbol{B}$ 都是 n 阶方阵，如果存在 n 阶可逆矩阵 $\boldsymbol{P}$，使得 $\boldsymbol{P}^{-1}\boldsymbol{AP}=\boldsymbol{B}$，则称矩阵 $\boldsymbol{A}$ 与 $\boldsymbol{B}$ 相似，记作 $\boldsymbol{A}\sim\boldsymbol{B}$.

例如，$\boldsymbol{A}=\begin{pmatrix}-2 & 3\\ 5 & -7\end{pmatrix}$，$\boldsymbol{B}=\begin{pmatrix}2 & 7\\ -3 & -11\end{pmatrix}$，取 $\boldsymbol{P}=\begin{pmatrix}3 & 2\\ 2 & 1\end{pmatrix}$，则 $\boldsymbol{P}^{-1}=\begin{pmatrix}-1 & 2\\ 2 & -3\end{pmatrix}$，简单计算可知 $\boldsymbol{P}^{-1}\boldsymbol{AP}=\boldsymbol{B}$，按定义矩阵 $\boldsymbol{A}$ 与 $\boldsymbol{B}$ 相似.

定理 11.2.1　相似的矩阵有相同的特征多项式，进而有相同的特征值.

证　若矩阵 $\boldsymbol{A}$ 与 $\boldsymbol{B}$ 相似，那么一定存在可逆矩阵 $\boldsymbol{P}$，使得 $\boldsymbol{P}^{-1}\boldsymbol{AP}=\boldsymbol{B}$. 于是

$$f_{\boldsymbol{B}}(\lambda)=|\lambda\boldsymbol{E}-\boldsymbol{B}|=|\boldsymbol{P}^{-1}(\lambda\boldsymbol{E})\boldsymbol{P}-\boldsymbol{P}^{-1}\boldsymbol{AP}|$$

$$= |\boldsymbol{P}^{-1}(\lambda\boldsymbol{E}-\boldsymbol{A})\boldsymbol{P}| = |\lambda\boldsymbol{E}-\boldsymbol{A}| = f_{\boldsymbol{A}}(\lambda).$$

例 11.2.1 若方阵 $\boldsymbol{A}$ 与 $\boldsymbol{B}$ 相似，$\boldsymbol{P}$ 是可逆矩阵，且 $\boldsymbol{P}^{-1}\boldsymbol{AP}=\boldsymbol{B}$. 如果 $\boldsymbol{x}_0$ 是 $\boldsymbol{B}$ 的属于特征值 λ_0 的特征向量，则 $\boldsymbol{Px}_0$ 是 $\boldsymbol{A}$ 的属于特征值 λ_0 的特征向量.

证 由题意有，$\boldsymbol{Bx}_0=\lambda_0\boldsymbol{x}_0$ 及 $\boldsymbol{P}^{-1}\boldsymbol{AP}=\boldsymbol{B}$，可得 $\boldsymbol{AP}=\boldsymbol{PB}$，右乘 $\boldsymbol{x}_0$，得到 $\boldsymbol{A}(\boldsymbol{Px}_0)=\boldsymbol{PBx}_0=\lambda_0\boldsymbol{Px}_0$.

相似矩阵的性质.

(1) $r(\boldsymbol{A})=r(\boldsymbol{B})$；

(2) $|\boldsymbol{A}|=|\boldsymbol{B}|$；

(3)若 $\boldsymbol{A}$ 可逆，则 $\boldsymbol{B}$ 也可逆，且 A^{-1} 与 B^{-1} 也相似.

如果方阵 $\boldsymbol{A}$ 与一个对角矩阵相似，则说 $\boldsymbol{A}$ 是可以对角化的，否则称为不可对角化的. 由于对角矩阵在计算上比较简单，因此，矩阵的对角化有重要应用.

如果 n 阶矩阵 $\boldsymbol{A}$ 是可以对角化的，根据定义一定存在 n 阶可逆矩阵 $\boldsymbol{P}$，使得

$$\boldsymbol{P}^{-1}\boldsymbol{AP}=\begin{pmatrix}\boldsymbol{a}_1 & & & \\ & \boldsymbol{a}_2 & & \\ & & \ddots & \\ & & & \boldsymbol{a}_n\end{pmatrix}.$$

在等式两端左乘矩阵 $\boldsymbol{P}$，且把 $\boldsymbol{P}$ 按列分块为 $(\boldsymbol{x}_1,\boldsymbol{x}_2,\cdots,\boldsymbol{x}_n)$，得

$$\boldsymbol{A}(\boldsymbol{x}_1,\boldsymbol{x}_2,\cdots,\boldsymbol{x}_n)=(\boldsymbol{x}_1,\boldsymbol{x}_2,\cdots,\boldsymbol{x}_n)\begin{pmatrix}a_1 & & & \\ & a_2 & & \\ & & \ddots & \\ & & & a_n\end{pmatrix},$$

即 $(\boldsymbol{Ax}_1,\boldsymbol{Ax}_2,\cdots,\boldsymbol{Ax}_n)=(a_1\boldsymbol{x}_1,a_2\boldsymbol{x}_2,\cdots,a_n\boldsymbol{x}_n)$. 这样就有 $\boldsymbol{Ax}_i=a_i\boldsymbol{x}_i,1\leqslant i\leqslant n$. 由特征值与特征向量的定义，可以知道，$a_i$ 是 $\boldsymbol{A}$ 的特征值，$\boldsymbol{x}_i$ 恰是 a_i 的一个特征向量，$1\leqslant i\leqslant n$. 因此，矩阵 $\boldsymbol{A}$ 有 n 个线性无关的特征向量，而与 $\boldsymbol{A}$ 相似的对角阵恰是由 $\boldsymbol{A}$ 的全部特征值为对角线元素的矩阵.

反之，如果 n 阶矩阵 $\boldsymbol{A}$ 有 n 个线性无关的特征向量 $\boldsymbol{x}_1,\boldsymbol{x}_2,\cdots,\boldsymbol{x}_n$，它们相应的特征值依次为 $\lambda_1,\lambda_2,\cdots,\lambda_n$，则有 $\boldsymbol{Ax}_i=\lambda_i\boldsymbol{x}_i,1\leqslant i\leqslant n$，于是

$$(\boldsymbol{Ax}_1,\boldsymbol{Ax}_2,\cdots,\boldsymbol{Ax}_n)=(\lambda_1\boldsymbol{x}_1,\lambda_2\boldsymbol{x}_2,\cdots,\lambda_n\boldsymbol{x}_n),$$

所以

$$\boldsymbol{A}(\boldsymbol{x}_1,\boldsymbol{x}_2,\cdots,\boldsymbol{x}_n)=(\boldsymbol{x}_1,\boldsymbol{x}_2,\cdots,\boldsymbol{x}_n)\begin{pmatrix}\lambda_1 & & & \\ & \lambda_2 & & \\ & & \ddots & \\ & & & \lambda_n\end{pmatrix}.$$

记 $\boldsymbol{P}=(\boldsymbol{x}_1,\boldsymbol{x}_2,\cdots,\boldsymbol{x}_n)$，则 $\boldsymbol{P}$ 可逆，且有

$$AP = P\begin{pmatrix} \lambda_1 & & & \\ & \lambda_2 & & \\ & & \ddots & \\ & & & \lambda_n \end{pmatrix},$$

即

$$P^{-1}AP = \begin{pmatrix} \lambda_1 & & & \\ & \lambda_2 & & \\ & & \ddots & \\ & & & \lambda_n \end{pmatrix}.$$

称对角矩阵 $\begin{pmatrix} \lambda_1 & & & \\ & \lambda_2 & & \\ & & \ddots & \\ & & & \lambda_n \end{pmatrix}$ 为矩阵 $\boldsymbol{A}$ 的相似标准形. 这样,就有如下定理.

定理 11.2.2　n 阶方阵 $\boldsymbol{A}$ 可以对角化的充分必要条件是 $\boldsymbol{A}$ 有 n 个线性无关的特征向量.

推论　如果 n 阶方阵 $\boldsymbol{A}$ 有 n 个互不相同的特征值,则 $\boldsymbol{A}$ 一定可以对角化.

例 11.2.2　求 $\boldsymbol{A} = \begin{pmatrix} -3 & 1 \\ 1 & -3 \end{pmatrix}$ 的相似标准形.

解　$\boldsymbol{A}$ 的特征值为 -2, -4, 对应的特征向量是 $\begin{pmatrix} 1 \\ 1 \end{pmatrix}$, $\begin{pmatrix} 1 \\ -1 \end{pmatrix}$. 取 $\boldsymbol{P} = \begin{pmatrix} 1 & 1 \\ 1 & -1 \end{pmatrix}$, 则有

$$P^{-1}AP = \begin{pmatrix} -2 & \\ & -4 \end{pmatrix}.$$

11.3　实对称矩阵的对角化

在经济计量学和一些经济数学模型中,经常遇到实对称矩阵,实对称矩阵的特征值和特征向量有许多特殊的性质.

对任意向量 $\boldsymbol{\alpha}$,$\boldsymbol{\alpha}^{\mathrm{T}}\boldsymbol{\alpha} \geqslant 0$, 于是引入向量长度的概念.

定义 11.3.1　对 $\mathbf{R}^n$ 中的任一向量 $\boldsymbol{\alpha} = (a_1, a_2, \cdots, a_n)^{\mathrm{T}}$, 其长度

$$\|\boldsymbol{\alpha}\| = \sqrt{\boldsymbol{\alpha}^{\mathrm{T}}\boldsymbol{\alpha}} = \sqrt{a_1^2 + a_2^2 + \cdots a_n^2},$$

向量长度也称为向量范数.

长度为 1 的向量称为单位向量,用非零向量 $\boldsymbol{\alpha}$ 的长度去除向量 $\boldsymbol{\alpha}$ 就得到一个单位向量,通常称为把向量 $\boldsymbol{\alpha}$ 单位化.

定义 11.3.2 如果两个向量 $\boldsymbol{\alpha}$ 与 $\boldsymbol{\beta}$ 的内积等于零,即 $\boldsymbol{\alpha}^{\mathrm{T}}\boldsymbol{\beta}=0$, 则称向量 $\boldsymbol{\alpha}$ 与 $\boldsymbol{\beta}$ 相互正交.

例 11.3.1 零向量与任何向量的内积都为零,因此零向量与任意向量正交.

例 11.3.2 $\mathbf{R}^n$ 中的单位向量组 $\boldsymbol{\varepsilon}_1,\boldsymbol{\varepsilon}_2,\cdots,\boldsymbol{\varepsilon}_n$ 是两两正交的, $\boldsymbol{\varepsilon}_i^{\mathrm{T}}\boldsymbol{\varepsilon}_j=0\ (i\neq j)$.

定义 11.3.3 如果 $\mathbf{R}^n$ 中的非零向量组 $\boldsymbol{\alpha}_1,\boldsymbol{\alpha}_2,\cdots,\boldsymbol{\alpha}_s$ 两两正交,即 $\boldsymbol{\alpha}_i{}^{\mathrm{T}}\boldsymbol{\alpha}_j=0$ $(i\neq j)$, 则称该向量组为**正交向量组**,由该向量组构成的矩阵称为**正交矩阵**.

定理 11.3.1 实对称矩阵的特征值都是实数.

证 设复数 λ 是实对称矩阵 $\boldsymbol{A}$ 的特征值,则存在非零向量 $\boldsymbol{x}$ 使得 $\boldsymbol{A}\boldsymbol{x}=\lambda\boldsymbol{x}$, 且 $\boldsymbol{A}^{\mathrm{T}}=\boldsymbol{A},\bar{\boldsymbol{A}}=\boldsymbol{A}$, 从而

$$\begin{aligned}\lambda(\bar{\boldsymbol{x}}^{\mathrm{T}}\boldsymbol{x})&=\bar{\boldsymbol{x}}^{\mathrm{T}}(\lambda\boldsymbol{x})=\bar{\boldsymbol{x}}^{\mathrm{T}}(\boldsymbol{A}\boldsymbol{x})=\bar{\boldsymbol{x}}^{\mathrm{T}}\boldsymbol{A}^{\mathrm{T}}\boldsymbol{x}=(\boldsymbol{A}\bar{\boldsymbol{x}})^{\mathrm{T}}\boldsymbol{x}\\&=(\bar{\boldsymbol{A}}\bar{\boldsymbol{x}})^{\mathrm{T}}\boldsymbol{x}=(\overline{\boldsymbol{A}\boldsymbol{x}})^{\mathrm{T}}\boldsymbol{x}=(\overline{\lambda\boldsymbol{x}})^{\mathrm{T}}\boldsymbol{x}=(\bar{\lambda}\bar{\boldsymbol{x}})^{\mathrm{T}}\boldsymbol{x}=\bar{\lambda}(\bar{\boldsymbol{x}}^{\mathrm{T}}\boldsymbol{x}),\end{aligned}$$

则 $(\lambda-\bar{\lambda})\,\bar{\boldsymbol{x}}^{\mathrm{T}}\boldsymbol{x}=0$. 又 $\boldsymbol{x}\neq\mathbf{0}$, 于是 $\bar{\boldsymbol{x}}^{\mathrm{T}}\boldsymbol{x}\neq\mathbf{0}$, 故 $\lambda=\bar{\lambda}$, 即 λ 是实数.

定理 11.3.2 实对称矩阵属于不同特征值的特征向量一定是正交的.

证 设 λ_1,λ_2 是对称矩阵 $\boldsymbol{A}$ 的两个不同的特征值, $\boldsymbol{x}_1,\boldsymbol{x}_2$ 分别是属于这两个特征值的特征向量,则有 $\boldsymbol{A}\boldsymbol{x}_1=\lambda_1\boldsymbol{x}_1,\boldsymbol{A}\boldsymbol{x}_2=\lambda_2\boldsymbol{x}_2$. 那么,

$$\begin{aligned}\lambda_1(\boldsymbol{x}_1^{\mathrm{T}}\boldsymbol{x}_2)&=(\lambda_1\boldsymbol{x}_1)^{\mathrm{T}}\boldsymbol{x}_2=(\boldsymbol{A}\boldsymbol{x}_1)^{\mathrm{T}}\boldsymbol{x}_2\\&=\boldsymbol{x}_1^{\mathrm{T}}\boldsymbol{A}^{\mathrm{T}}\boldsymbol{x}_2=\boldsymbol{x}_1^{\mathrm{T}}(\boldsymbol{A}\boldsymbol{x}_2)=\boldsymbol{x}_1^{\mathrm{T}}(\lambda_2\boldsymbol{x}_2)=\lambda_2\boldsymbol{x}_1^{\mathrm{T}}\boldsymbol{x}_2.\end{aligned}$$

由于 $\lambda_1\neq\lambda_2$, 所以 $\boldsymbol{x}_1^{\mathrm{T}}\boldsymbol{x}_2=0$. 即 $\boldsymbol{x}_1$ 与 $\boldsymbol{x}_2$ 正交.

定理 11.3.3 对任意的 n 阶实对称矩阵 $\boldsymbol{A}$, 一定存在 n 阶正交矩阵 $\boldsymbol{Q}$, 使得

$$\boldsymbol{Q}^{-1}\boldsymbol{A}\boldsymbol{Q}=\begin{pmatrix}\lambda_1&&&\\&\lambda_2&&\\&&\ddots&\\&&&\lambda_n\end{pmatrix},$$

这里 $\lambda_i(1\leqslant i\leqslant n)$ 是 $\boldsymbol{A}$ 的全部特征值.

证明略.

定理 11.3.3 说明,实对称矩阵一定正交相似于一个实对角矩阵,其对角线上元素为实对称矩阵的全部特征值.

已知 $\mathbf{R}^n$ 中的线性无关向量组 $\boldsymbol{\alpha}_1,\boldsymbol{\alpha}_2,\cdots,\boldsymbol{\alpha}_s$, 则可以生成正交向量组 $\boldsymbol{\beta}_1,\boldsymbol{\beta}_2,\cdots,\boldsymbol{\beta}_s$, 这一过程称为将向量组正交化. 这一正交化过程使用施密特正交化方法,其步骤如下.

对 $\mathbf{R}^n$ 中的线性无关向量组 $\boldsymbol{\alpha}_1,\boldsymbol{\alpha}_2,\cdots,\boldsymbol{\alpha}_s$, 令

$$\boldsymbol{\beta}_1=\boldsymbol{\alpha}_1;$$

$$\boldsymbol{\beta}_2=\boldsymbol{\alpha}_2-\frac{\boldsymbol{\alpha}_2^{\mathrm{T}}\boldsymbol{\beta}_1}{\boldsymbol{\beta}_1^{\mathrm{T}}\boldsymbol{\beta}_1}\boldsymbol{\beta}_1;$$

$$\boldsymbol{\beta}_3=\boldsymbol{\alpha}_3-\frac{\boldsymbol{\alpha}_3^{\mathrm{T}}\boldsymbol{\beta}_1}{\boldsymbol{\beta}_1^{\mathrm{T}}\boldsymbol{\beta}_1}\boldsymbol{\beta}_1-\frac{\boldsymbol{\alpha}_3^{\mathrm{T}}\boldsymbol{\beta}_2}{\boldsymbol{\beta}_2^{\mathrm{T}}\boldsymbol{\beta}_2}\boldsymbol{\beta}_2;$$

$$\cdots\cdots$$

$$\boldsymbol{\beta}_s=\boldsymbol{\alpha}_s-\sum_{i=1}^{s-1}\frac{\boldsymbol{\alpha}_s^{\mathrm{T}}\boldsymbol{\beta}_i}{\boldsymbol{\beta}_i^{\mathrm{T}}\boldsymbol{\beta}_i}\boldsymbol{\beta}_i\,(i=1,2,\cdots,s).$$

例 11.3.3　设线性无关的向量组 $\boldsymbol{\alpha}_1=(1,1,1,1)^{\mathrm{T}},\boldsymbol{\alpha}_2=(3,3,-1,-1)^{\mathrm{T}}$，$\boldsymbol{\alpha}_3=(-2,0,6,8)^{\mathrm{T}}$，将其正交化.

解　利用施密特正交化方法，令

$$\boldsymbol{\beta}_1=\boldsymbol{\alpha}_1=(1,1,1,1)^{\mathrm{T}},$$

$$\boldsymbol{\beta}_2=\boldsymbol{\alpha}_2-\frac{\boldsymbol{\alpha}_2^{\mathrm{T}}\boldsymbol{\beta}_1}{\boldsymbol{\beta}_1^{\mathrm{T}}\boldsymbol{\beta}_1}\boldsymbol{\beta}_1=(3,3,-1,-1)^{\mathrm{T}}-\frac{4}{4}(1,1,1,1)^{\mathrm{T}}=(2,2,-2,-2)^{\mathrm{T}},$$

$$\begin{aligned}\boldsymbol{\beta}_3&=\boldsymbol{\alpha}_3-\frac{\boldsymbol{\alpha}_3^{\mathrm{T}}\boldsymbol{\beta}_1}{\boldsymbol{\beta}_1^{\mathrm{T}}\boldsymbol{\beta}_1}\boldsymbol{\beta}_1-\frac{\boldsymbol{\alpha}_3^{\mathrm{T}}\boldsymbol{\beta}_2}{\boldsymbol{\beta}_2^{\mathrm{T}}\boldsymbol{\beta}_2}\boldsymbol{\beta}_2\\&=(-2,0,6,8)^{\mathrm{T}}-\frac{12}{4}(1,1,1,1)^{\mathrm{T}}-\frac{-32}{16}(2,2,-2,-2)^{\mathrm{T}}\\&=(-1,1,-1,1)^{\mathrm{T}}.\end{aligned}$$

例 11.3.4　设 $\boldsymbol{A}=\begin{pmatrix}-1&-2&-2\\-2&-1&-2\\-2&-2&-1\end{pmatrix}$，求正交矩阵 $\boldsymbol{Q}$，使得 $\boldsymbol{Q}^{-1}\boldsymbol{A}\boldsymbol{Q}$ 为对角阵.

解　矩阵 $\boldsymbol{A}$ 的特征多项式为

$$f_{\boldsymbol{A}}(\lambda)=|\lambda\boldsymbol{E}-\boldsymbol{A}|=\begin{vmatrix}\lambda+1&2&2\\2&\lambda+1&2\\2&2&\lambda+1\end{vmatrix}=(\lambda-1)^2(\lambda+5),$$

所以 $\boldsymbol{A}$ 的特征值为 $\lambda_1=\lambda_2=1,\lambda_3=-5$.

对于特征值 $\lambda_1=\lambda_2=1$，求解方程组 $(\lambda_1\boldsymbol{E}-\boldsymbol{A})\boldsymbol{x}=\boldsymbol{0}$，其中 $\boldsymbol{x}=\begin{pmatrix}x_1\\x_2\\x_3\end{pmatrix}$，也即

求解方程组 $\begin{cases}2x_1+2x_2+2x_3=0,\\2x_1+2x_2+2x_3=0,\\2x_1+2x_2+2x_3=0,\end{cases}$ 得到两个线性无关的特征向量 $\boldsymbol{\alpha}_1=\begin{pmatrix}-1\\1\\0\end{pmatrix}$，

$\boldsymbol{\alpha}_2=\begin{pmatrix}-1\\0\\1\end{pmatrix}$. 用施密特正交化方法将 $\boldsymbol{\alpha}_1,\boldsymbol{\alpha}_2$ 正交化，

$$\boldsymbol{\beta}_1=\boldsymbol{\alpha}_1=\begin{pmatrix}-1\\1\\0\end{pmatrix},$$

$$\boldsymbol{\beta}_2=\boldsymbol{\alpha}_2-\frac{\boldsymbol{\alpha}_2^{\mathrm{T}}\boldsymbol{\beta}_1}{\boldsymbol{\beta}_1^{\mathrm{T}}\boldsymbol{\beta}_1}\boldsymbol{\beta}_1=\begin{pmatrix}-1\\0\\1\end{pmatrix}-\frac{1}{2}\begin{pmatrix}-1\\1\\0\end{pmatrix}=\begin{pmatrix}-\frac{1}{2}\\-\frac{1}{2}\\1\end{pmatrix},$$

再单位化得到 $\boldsymbol{p}_1=\begin{pmatrix}-\frac{1}{\sqrt{2}}\\\frac{1}{\sqrt{2}}\\0\end{pmatrix},\boldsymbol{p}_2=\begin{pmatrix}-\frac{1}{\sqrt{6}}\\-\frac{1}{\sqrt{6}}\\\frac{2}{\sqrt{6}}\end{pmatrix}$.

对于特征值 $\lambda_3=-5$，求解方程组 $(\lambda_3\boldsymbol{E}-\boldsymbol{A})\boldsymbol{x}=\boldsymbol{0}$，其中 $\boldsymbol{x}=\begin{pmatrix}x_1\\x_2\\x_3\end{pmatrix}$，亦即求解

方程组 $\begin{cases}-4x_1+2x_2+2x_3=0,\\2x_1-4x_2+2x_3=0,\\2x_1+2x_2-4x_3=0,\end{cases}$ 得到一个特征向量为 $\boldsymbol{\alpha}_3=\begin{pmatrix}1\\1\\1\end{pmatrix}$，单位化为

$\boldsymbol{p}_3=\begin{pmatrix}\frac{1}{\sqrt{3}}\\\frac{1}{\sqrt{3}}\\\frac{1}{\sqrt{3}}\end{pmatrix}$. 取 $\boldsymbol{Q}=(\boldsymbol{p}_1,\boldsymbol{p}_2,\boldsymbol{p}_3)$，则 $\boldsymbol{Q}$ 为正交矩阵，且 $\boldsymbol{Q}^{-1}\boldsymbol{AQ}=\begin{pmatrix}1&&\\&1&\\&&-5\end{pmatrix}$.

用正交矩阵将实对称矩阵对角化的步骤如下.

(1) 求出实对称矩阵 $\boldsymbol{A}$ 的全部不同的特征值 $\lambda_1,\lambda_2,\cdots,\lambda_s$.

(2) 对每一个 $\lambda_i(i=1,2,\cdots,s)$，求出 $(\lambda_i\boldsymbol{E}-\boldsymbol{A})\boldsymbol{x}=\boldsymbol{0}$ 的基础解系 $\boldsymbol{\alpha}_{i1},\boldsymbol{\alpha}_{i2},\cdots,\boldsymbol{\alpha}_{in_i}$，正交化、单位化得：$\boldsymbol{p}_{i1},\boldsymbol{p}_{i2},\cdots\boldsymbol{p}_{in_i}$.

(3) 令 $\boldsymbol{Q}=(\boldsymbol{p}_{11},\cdots\boldsymbol{p}_{1n_1},\boldsymbol{p}_{21},\cdots\boldsymbol{p}_{2n_2},\cdots,\boldsymbol{p}_{s1},\cdots\boldsymbol{p}_{sn_s})$，则 $\boldsymbol{Q}$ 为正交矩阵，且 $\boldsymbol{Q}^{-1}\boldsymbol{AQ}$ 为对角矩阵，对角线上的元素为 $\boldsymbol{A}$ 的全部特征值.

例 11.3.5 设 $\boldsymbol{A}=\begin{pmatrix}3&2&4\\2&0&2\\4&2&3\end{pmatrix}$，求正交矩阵 $\boldsymbol{Q}$，使得 $\boldsymbol{Q}^{-1}\boldsymbol{AQ}$ 是对角阵.

解 矩阵 $\boldsymbol{A}$ 的特征多项式为

$$f_A(\lambda)=|\lambda \boldsymbol{E}-\boldsymbol{A}|=\begin{vmatrix}\lambda-3 & -2 & -4\\ -2 & \lambda & -2\\ -4 & -2 & \lambda-3\end{vmatrix}=(\lambda-8)(\lambda+1)^2.$$

所以，$\boldsymbol{A}$ 的特征值为 $\lambda_1=8,\lambda_2=\lambda_3=-1$.

对于特征值 $\lambda_1=8$，解方程组 $(8\boldsymbol{E}-\boldsymbol{A})\boldsymbol{x}=\boldsymbol{0}$，得到基础解系 $\begin{pmatrix}2\\1\\2\end{pmatrix}$，单位化得

$$\boldsymbol{p}_1=\begin{pmatrix}\frac{2}{3}\\ \frac{1}{3}\\ \frac{2}{3}\end{pmatrix}.$$

对于特征值 $\lambda_2=\lambda_3=-1$，解方程组 $(-\boldsymbol{E}-\boldsymbol{A})\boldsymbol{x}=\boldsymbol{0}$，得到基础解系 $\begin{pmatrix}0\\-2\\1\end{pmatrix}$，$\begin{pmatrix}1\\-2\\0\end{pmatrix}$，正交化、单位化得 $\boldsymbol{p}_2=\begin{pmatrix}0\\-\frac{2}{\sqrt{5}}\\ \frac{1}{\sqrt{5}}\end{pmatrix}$，$\boldsymbol{p}_3=\begin{pmatrix}\frac{\sqrt{5}}{3}\\-\frac{2\sqrt{5}}{15}\\-\frac{4\sqrt{5}}{15}\end{pmatrix}$. 令 $\boldsymbol{Q}=(\boldsymbol{p}_1,\boldsymbol{p}_2,\boldsymbol{p}_3)=$ $\begin{pmatrix}\frac{2}{3} & 0 & \frac{\sqrt{5}}{3}\\ \frac{1}{3} & -\frac{2}{\sqrt{5}} & -\frac{2\sqrt{5}}{15}\\ \frac{2}{3} & \frac{1}{\sqrt{5}} & -\frac{4\sqrt{5}}{15}\end{pmatrix}$，则 $\boldsymbol{Q}$ 为正交矩阵，且有 $\boldsymbol{Q}^{-1}\boldsymbol{A}\boldsymbol{Q}=\begin{pmatrix}8 & & \\ & -1 & \\ & & -1\end{pmatrix}$.

11.4　二　次　型

二次型起源于解析几何中对二次曲线

$$ax^2+bxy+cy^2=d$$

的研究，当选择适当的坐标旋转变换

$$\begin{cases}x=x'\cos\theta-y'\sin\theta,\\ y=x'\sin\theta+y'\cos\theta,\end{cases}$$

把二次曲线化为标准形式

$$a'x'^2 + c'y'^2 = d'.$$

进而判别该曲线的几何形状和性质. 这样的问题在数学的其他分支以及工程技术，最优控制中也经常碰到.

定义 11.4.1　n 个变量 $x_1, x_2, \cdots, x_n$ 的二次齐次多项式

$$\begin{aligned} f(x_1, x_2, \cdots, x_n) = a_{11}x_1^2 + 2a_{12}x_1x_2 + \cdots + 2a_{1n}x_1x_n \\ + a_{22}x_2^2 + \cdots + 2a_{2n}x_2x_n \\ \cdots\cdots \\ + a_{nn}x_n^2, \end{aligned} \tag{11.8}$$

称为 n **元二次型**,简称**二次型**.

当系数 a_{ij} 均为实数时,称为实数域上的 n 元二次型,简称实二次型，本书仅讨论实二次型. 为了研究方便,通常约定当 $i \neq j$ 时，$a_{ij} = a_{ji}$，这样二次型 (11.8) 就容易用矩阵形式写出.

$$\begin{aligned} f(x_1, x_2, \cdots, x_n) &= a_{11}x_1^2 + a_{12}x_1x_2 + \cdots + a_{1n}x_1x_n \\ &\quad + a_{21}x_2x_1 + a_{22}x_2^2 + \cdots + a_{2n}x_2x_n \\ &\quad \cdots\cdots \\ &\quad + a_{n1}x_nx_1 + a_{n2}x_nx_2 + \cdots + a_{nn}x_n^2 \\ &= (a_{11}x_1 + a_{12}x_2 + \cdots + a_{1n}x_n)x_1 \\ &\quad + (a_{21}x_1 + a_{22}x_2 + \cdots + a_{2n}x_n)x_2 \\ &\quad + \cdots\cdots \\ &\quad (a_{n1}x_1 + a_{n2}x_2 + \cdots + a_{nn}x_n)x_n \\ &= (x_1, x_2, \cdots, x_n)\begin{pmatrix} a_{11}x_1 + a_{12}x_2 + \cdots + a_{1n}x_n \\ a_{21}x_1 + a_{22}x_2 + \cdots + a_{2n}x_n \\ \cdots\cdots \\ a_{n1}x_1 + a_{n2}x_2 + \cdots + a_{nn}x_n \end{pmatrix} \\ &= (x_1, x_2, \cdots, x_n)\begin{pmatrix} a_{11} & a_{12} & \cdots & a_{1n} \\ a_{21} & a_{22} & \cdots & a_{2n} \\ \vdots & \vdots & & \vdots \\ a_{n1} & a_{n2} & \cdots & a_{nn} \end{pmatrix}\begin{pmatrix} x_1 \\ x_2 \\ \vdots \\ x_n \end{pmatrix}. \end{aligned}$$

如果记 $\boldsymbol{X} = \begin{pmatrix} x_1 \\ x_2 \\ \vdots \\ x_n \end{pmatrix}$，$\boldsymbol{A} = (a_{ij})_{n\times n} = \begin{pmatrix} a_{11} & a_{12} & \cdots & a_{1n} \\ a_{21} & a_{22} & \cdots & a_{2n} \\ \vdots & \vdots & & \vdots \\ a_{n1} & a_{n2} & \cdots & a_{nn} \end{pmatrix}$，则上述二次型可以最终写为

$$f(x_1,x_2,\cdots,x_n)=\sum_{i=1}^{n}\sum_{j=1}^{n}a_{ij}x_ix_j=\boldsymbol{X}^{\mathrm{T}}\boldsymbol{A}\boldsymbol{X},\tag{11.9}$$

其中矩阵 $\boldsymbol{A}$ 是一个 n 阶实对称矩阵,称为二次型 $f(x_1,x_2,\cdots,x_n)$ 的矩阵.

由上述分析可知,二次型(11.9)可唯一确定 n 阶实对称矩阵 $\boldsymbol{A}$,$\boldsymbol{A}$ 称为二次型的矩阵. 反之,给定 n 阶实对称矩阵 $\boldsymbol{A}$,可唯一确定 n 元二次型 $f(x_1,x_2,\cdots,x_n)=\boldsymbol{X}^{\mathrm{T}}\boldsymbol{A}\boldsymbol{X}$,该二次型的矩阵就是 $\boldsymbol{A}$. 即 n 元二次型与和 n 阶实对称矩阵之间有一一对应关系. 为了方便讨论,将对称矩阵 $\boldsymbol{A}$ 称为二次型 f 的矩阵,矩阵 $\boldsymbol{A}$ 的秩定义为二次型的秩.

例 11.4.1　设二次型 $f(x_1,x_2,x_3)=x_1^2+x_2^2+x_3^2-4x_1x_2-6x_2x_3+2x_3x_1$,求二次型的矩阵 $\boldsymbol{A}$.

解　所求矩阵为 $\begin{pmatrix}1&-2&1\\-2&1&-3\\1&-3&1\end{pmatrix}$.

例 11.4.2　求下列二次型的矩阵.

(1) 三元二次型 $f(x_1,x_2,x_3)=x_1^2+8x_1x_2-x_2^2$;

(2) 二元二次型 $f(x_1,x_2)=x_1^2+8x_1x_2-x_2^2$.

解　(1) 这是三元二次型,所求矩阵为三阶对实称矩阵 $\begin{pmatrix}1&4&0\\4&-1&0\\0&0&0\end{pmatrix}$.

(2) 这是二元二次型,所求矩阵为二阶实对称矩阵 $\begin{pmatrix}1&4\\4&-1\end{pmatrix}$.

例 11.4.3　求 n 元二次型 $f(x_1,x_2,\cdots,x_n)=\sum\limits_{\substack{i\neq j\\ i<j}}x_ix_j$ 的矩阵 $\boldsymbol{A}$.

解　所求矩阵为 $\boldsymbol{A}=\begin{pmatrix}0&\frac{1}{2}&\cdots&\frac{1}{2}\\ \frac{1}{2}&0&\cdots&\frac{1}{2}\\ \vdots&\vdots&&\vdots\\ \frac{1}{2}&\frac{1}{2}&\cdots&0\end{pmatrix}$.

11.5　二次型的标准形

11.5.1　正交变换化二次型为标准形

对于二次型 $f(x_1,x_2,\cdots,x_n)=\sum\limits_{i=1}^{n}\sum\limits_{j=1}^{n}a_{ij}x_ix_j$,寻求可逆线性变换

$$\begin{cases} x_1 = c_{11}y_1 + c_{12}y_2 + \cdots + c_{1n}y_n, \\ x_2 = c_{21}y_1 + c_{22}y_2 + \cdots + c_{2n}y_n, \\ \quad\cdots\cdots \\ x_n = c_{n1}y_1 + c_{n2}y_2 + \cdots + c_{nn}y_n, \end{cases} \tag{11.10}$$

使二次型 $f(x_1,x_2,\cdots,x_n)=\sum_{i=1}^{n}\sum_{j=1}^{n}a_{ij}x_ix_j$ 只含平方项，即将式(11.10) 代入得

$$f = k_1y_1^2 + k_2y_2^2 + \cdots + k_ny_n^2. \tag{11.11}$$

这种只含平方项的二次型,称为二次型的标准形.

记 n 阶可逆矩阵 $\boldsymbol{C}=(c_{ij})$,$\boldsymbol{X}=(x_1,x_2,\cdots,x_n)^{\mathrm{T}}$,$\boldsymbol{Y}=(y_1,y_2,\cdots,y_n)^{\mathrm{T}}$，可逆线性变换(11.10)记作

$$\boldsymbol{X}=\boldsymbol{CY}, \tag{11.12}$$

代入二次型 $f=\boldsymbol{X}^{\mathrm{T}}\boldsymbol{AX}$ 中,有 $f=\boldsymbol{X}^{\mathrm{T}}\boldsymbol{AX}=(\boldsymbol{CY})^{\mathrm{T}}\boldsymbol{A}(\boldsymbol{CY})=\boldsymbol{Y}^{\mathrm{T}}(\boldsymbol{C}^{\mathrm{T}}\boldsymbol{AC})\boldsymbol{Y}$.

容易验证,矩阵 $\boldsymbol{C}^{\mathrm{T}}\boldsymbol{AC}$ 仍然是一个对称矩阵,且 $r(\boldsymbol{C}^{\mathrm{T}}\boldsymbol{AC})=r(\boldsymbol{A})$. 因此二次型 f 经线性变换 $\boldsymbol{X}=\boldsymbol{CY}$ 后,其矩阵由 $\boldsymbol{A}$ 变为 $\boldsymbol{C}^{\mathrm{T}}\boldsymbol{AC}$,且二次型的秩不变.

定义 11.5.1　设 $\boldsymbol{A}$,$\boldsymbol{B}$ 都是 n 阶矩阵,如果存在 n 阶可逆矩阵 $\boldsymbol{C}$ 使得 $\boldsymbol{B}=\boldsymbol{C}^{\mathrm{T}}\boldsymbol{AC}$，则称矩阵 $\boldsymbol{A}$ 与 $\boldsymbol{B}$ 是合同的.

容易验证矩阵的合同有如下一些性质.

(1) 反身性　矩阵 $\boldsymbol{A}$ 与 $\boldsymbol{A}$ 合同;

(2) 对称性　如果矩阵 $\boldsymbol{A}$ 与 $\boldsymbol{B}$ 是合同的,则 $\boldsymbol{B}$ 与 $\boldsymbol{A}$ 是合同的;

(3) 传递性　如果矩阵 $\boldsymbol{A}$ 与 $\boldsymbol{B}$ 是合同的, $\boldsymbol{B}$ 与 $\boldsymbol{C}$ 是合同的,则 $\boldsymbol{A}$ 与 $\boldsymbol{C}$ 是合同的.

矩阵的合同关系是一种等价关系.

要使二次型 $f=\boldsymbol{X}^{\mathrm{T}}\boldsymbol{AX}$ 经可逆线性变换 $\boldsymbol{X}=\boldsymbol{CY}$ 化为标准形,就是要使

$$\begin{aligned} f &= \boldsymbol{X}^{\mathrm{T}}\boldsymbol{AX}=(\boldsymbol{CY})^{\mathrm{T}}\boldsymbol{A}(\boldsymbol{CY})=\boldsymbol{Y}^{\mathrm{T}}(\boldsymbol{C}^{\mathrm{T}}\boldsymbol{AC})\boldsymbol{Y} \\ &= k_1y_1^2+k_2y_2^2+\cdots+k_ny_n^2 \\ &= (y_1,y_2,\cdots,y_n)\begin{pmatrix} k_1 & & & \\ & k_2 & & \\ & & \ddots & \\ & & & k_n \end{pmatrix}\begin{pmatrix} y_1 \\ y_2 \\ \vdots \\ y_n \end{pmatrix}, \end{aligned}$$

也就是使 $\boldsymbol{B}=\boldsymbol{C}^{\mathrm{T}}\boldsymbol{AC}$ 为对角矩阵. 主要问题转化为对实对称矩阵 $\boldsymbol{A}$，寻求可逆矩阵 $\boldsymbol{C}$，使 $\boldsymbol{C}^{\mathrm{T}}\boldsymbol{AC}$ 为对角矩阵.

如果已知实对称矩阵 $\boldsymbol{A}$ 的特征值为 $\lambda_1,\lambda_2,\cdots,\lambda_n$，则存在正交矩阵 $\boldsymbol{Q}$，使得 $\boldsymbol{Q}^{-1}\boldsymbol{AQ}=\boldsymbol{Q}^{\mathrm{T}}\boldsymbol{AQ}=\begin{pmatrix} \lambda_1 & & & \\ & \lambda_2 & & \\ & & \ddots & \\ & & & \lambda_n \end{pmatrix}$. 于是,得到对称矩阵在合同关系下的如下结论.

定理 11.5.1 若实对称矩阵 $\boldsymbol{A}$ 的特征值是 $\lambda_1,\lambda_2,\cdots,\lambda_n$，则存在正交矩阵 $\boldsymbol{Q}$，使得

$$\boldsymbol{Q}^{\mathrm{T}}\boldsymbol{A}\boldsymbol{Q}=\mathrm{diag}(\lambda_1,\lambda_2,\cdots,\lambda_n).$$

定理说明任何实对称矩阵都与一个对角形矩阵合同，此结论用于二次型，则有下面的定理.

定理 11.5.2（主轴定理） 任意实二次型 $f(\boldsymbol{X})=\boldsymbol{X}^{\mathrm{T}}\boldsymbol{A}\boldsymbol{X}$ 都可以经过正交变换 $\boldsymbol{X}=\boldsymbol{Q}\boldsymbol{Y}$ 化成标准形 $f=\lambda_1y_1^2+\lambda_2y_2^2+\cdots\lambda_ny_n^2$，其中 $\lambda_1,\lambda_2,\cdots,\lambda_n$ 是 f 的矩阵 $\boldsymbol{A}$ 的全部特征值，正交矩阵 $\boldsymbol{Q}$ 的列向量为 $\boldsymbol{A}$ 的对应于特征值 $\lambda_1,\lambda_2,\cdots,\lambda_n$ 的 n 个正交单位特征向量.

例 11.5.1 设四元二次型 $f(x_1,x_2,x_3,x_4)$ 的矩阵为

$$\boldsymbol{A}=\begin{pmatrix}0&1&1&-1\\1&0&-1&1\\1&-1&0&1\\-1&1&1&0\end{pmatrix},$$

用正交变换将它化成标准形.

解 (1) 求特征值

$$|\lambda\boldsymbol{E}-\boldsymbol{A}|=\begin{vmatrix}\lambda&-1&-1&1\\-1&\lambda&1&-1\\-1&1&\lambda&-1\\1&-1&-1&\lambda\end{vmatrix}=(\lambda-1)\begin{vmatrix}1&-1&-1&1\\1&\lambda&1&-1\\1&1&\lambda&-1\\1&-1&-1&\lambda\end{vmatrix}$$

$$=(\lambda-1)\begin{vmatrix}1&-1&-1&1\\0&\lambda+1&2&-2\\0&2&\lambda+1&-2\\0&0&0&\lambda-1\end{vmatrix}=(\lambda-1)^2[(\lambda+1)^2-4]$$

$$=(\lambda-1)^3(\lambda+3).$$

得特征值 $\lambda_1=-3,\lambda_2=\lambda_3=\lambda_4=1$

(2) 求特征向量

当 $\lambda_1=-3$ 时，

$$\lambda\boldsymbol{E}-\boldsymbol{A}=\begin{pmatrix}-3&-1&-1&1\\-1&-3&1&-1\\-1&1&-3&-1\\1&-1&-1&-3\end{pmatrix}\to\begin{pmatrix}1&-1&-1&-3\\-1&-3&1&-1\\-1&1&-3&-1\\-3&-1&-1&1\end{pmatrix}\to\begin{pmatrix}1&-1&-1&-3\\0&-4&0&-4\\0&0&-4&-4\\0&-4&-4&-8\end{pmatrix}$$

$$\to\begin{pmatrix}1&-1&-1&-3\\0&1&0&1\\0&0&1&1\\0&0&1&1\end{pmatrix}\to\begin{pmatrix}1&-1&-1&-3\\0&1&0&1\\0&0&1&1\\0&0&0&0\end{pmatrix}\to\begin{pmatrix}1&0&0&-1\\0&1&0&1\\0&0&1&1\\0&0&0&0\end{pmatrix},$$

得矩阵 $\boldsymbol{A}$ 属于特征值 $\lambda_1=-3$ 的特征向量 $\boldsymbol{p}_1=\begin{pmatrix}1\\-1\\-1\\1\end{pmatrix}$，单位化得 $\widetilde{\boldsymbol{p}}_1=\begin{pmatrix}\frac{1}{2}\\-\frac{1}{2}\\-\frac{1}{2}\\\frac{1}{2}\end{pmatrix}$.

当 $\lambda_2=\lambda_3=\lambda_4=1$ 时，$\lambda\boldsymbol{E}-\boldsymbol{A}=\begin{pmatrix}1&-1&-1&1\\-1&1&1&-1\\-1&1&1&-1\\1&-1&-1&1\end{pmatrix}\rightarrow\begin{pmatrix}1&-1&-1&1\\0&0&0&0\\0&0&0&0\\0&0&0&0\end{pmatrix}$，

取 x_2,x_3,x_4 为自由未知数，得 $\boldsymbol{A}$ 属于特征值 $\lambda_2=\lambda_3=\lambda_4=1$ 的三个线性无关的特征向量

$$\boldsymbol{p}_2=\begin{bmatrix}1\\1\\0\\0\end{bmatrix},\quad \boldsymbol{p}_3=\begin{bmatrix}0\\0\\1\\1\end{bmatrix},\quad \boldsymbol{p}_4=\begin{bmatrix}1\\-1\\1\\-1\end{bmatrix},$$

单位化得

$$\widetilde{\boldsymbol{p}}_2=\frac{\boldsymbol{p}_2}{\|\boldsymbol{p}_2\|}=\begin{bmatrix}\frac{\sqrt{2}}{2}\\\frac{\sqrt{2}}{2}\\0\\0\end{bmatrix},\quad \widetilde{\boldsymbol{p}}_3=\frac{\boldsymbol{p}_3}{\|\boldsymbol{p}_3\|}=\begin{bmatrix}0\\0\\\frac{\sqrt{2}}{2}\\\frac{\sqrt{2}}{2}\end{bmatrix},\quad \widetilde{\boldsymbol{p}}_4=\frac{\boldsymbol{p}_4}{\|\boldsymbol{p}_4\|}=\begin{bmatrix}\frac{1}{2}\\-\frac{1}{2}\\\frac{1}{2}\\-\frac{1}{2}\end{bmatrix},$$

于是得正交矩阵

$$\boldsymbol{Q}=[\widetilde{\boldsymbol{p}}_1\quad\widetilde{\boldsymbol{p}}_2\quad\widetilde{\boldsymbol{p}}_3\quad\widetilde{\boldsymbol{p}}_4]=\begin{pmatrix}\frac{1}{2}&\frac{\sqrt{2}}{2}&0&\frac{1}{2}\\-\frac{1}{2}&\frac{\sqrt{2}}{2}&0&-\frac{1}{2}\\-\frac{1}{2}&0&\frac{\sqrt{2}}{2}&\frac{1}{2}\\\frac{1}{2}&0&\frac{\sqrt{2}}{2}&-\frac{1}{2}\end{pmatrix}.$$

则当 $\boldsymbol{x}=\boldsymbol{Q}\boldsymbol{y}$ 时，$f(x_1,x_2,x_3)=-3y_1^2+y_2^2+y_3^2+y_4^2$.

11.5.2　配方法化二次型为标准形

用正交变换化二次型化为标准形，具有保持几何形状不变的特点. 若不限用正交变换，有多种方法将二次型化为标准形，下面介绍配方法. 配方法是利用代数公式，将二次型配成完全平方式的方法，现举例说明.

例 11.5.2　用配方法化二次型

$$f(x_1,x_2,x_3)=4x_1^2+2x_2^2-x_3^2-4x_1x_2-3x_2x_3+4x_1x_3$$

为标准形.

解　先将含有 x_1 的项配方

$$\begin{aligned}f(x_1,x_2,x_3)&=4x_1^2+2x_2^2-x_3^2-4x_1x_2-3x_2x_3+4x_1x_3\\&=[4x_1^2-4x_1(x_2-x_3)+(x_2-x_3)^2]-(x_2-x_3)^2+2x_2^2-x_3^2-3x_2x_3\\&=(2x_1-x_2+x_3)^2+x_2^2-2x_3^2-x_2x_3,\end{aligned}$$

再对后三项中含有 x_2 的项配方

$$\begin{aligned}f(x_1,x_2,x_3)&=(2x_1-x_2+x_3)^2+x_2^2-x_2x_3+\left(\frac{1}{2}x_3\right)^2-\left(\frac{1}{2}x_3\right)^2-2x_3^2\\&=(2x_1-x_2+x_3)^2+\left(x_2-\frac{1}{2}x_3\right)^2-\frac{9}{4}x_3^2,\end{aligned}$$

作可逆线性变换

$$\begin{cases}y_1=2x_1-x_2+x_3,\\y_2=\qquad x_2-\dfrac{1}{2}x_3,\\y_3=\qquad\qquad x_3,\end{cases}\quad\text{即}\begin{cases}x_1=\dfrac{1}{2}y_1+\dfrac{1}{2}y_2-\dfrac{1}{4}y_3,\\x_2=y_2+\dfrac{1}{2}y_3,\\x_3=y_3,\end{cases}$$

将二次型 $f(x_1,x_2,x_3)$ 化为标准形 $y_1^2+y_2^2-\dfrac{9}{4}y_3^2$.

例 11.5.3　用配方法化二次型

$$f(x_1,x_2,x_3)=x_1x_2+x_1x_3-3x_2x_3$$

为标准形.

解　由于二次型没有平方项，因此先作一个可逆线性变换使其出现平方项，令

$$\begin{cases}x_1=y_1+y_2,\\x_2=y_1-y_2,\\x_3=y_3,\end{cases}\tag{11.13}$$

则 $f=y_1^2-y_2^2-2y_1y_3+4y_2y_3$.

再进行配方，得

$$\begin{aligned}f&=y_1^2-2y_1y_3+y_3^2-y_3^2+4y_2y_3-y_2^2\\&=(y_1-y_3)^2-(y_2^2-4y_2y_3+4y_3^2)+3y_3^2\end{aligned}$$

$$=(y_1-y_3)^2-(y_2-2y_3)^2+3y_3^2.$$

作变换

$$\begin{cases} z_1=y_1-y_3, \\ z_2=y_2-2y_3, \\ z_3=y_3, \end{cases} \quad 即 \begin{cases} y_1=z_1+z_3, \\ y_2=z_2+2z_3, \\ y_3=z_3, \end{cases} \tag{11.14}$$

则有 $f=z_1^2-z_2^2+3z_3^2$，由式(11.13)和式(11.14)，所作的可逆线性变换为

$$\begin{pmatrix} x_1 \\ x_2 \\ x_3 \end{pmatrix}=\begin{pmatrix} 1 & 1 & 0 \\ 1 & -1 & 0 \\ 0 & 0 & 1 \end{pmatrix}\begin{pmatrix} y_1 \\ y_2 \\ y_3 \end{pmatrix}=\begin{pmatrix} 1 & 1 & 0 \\ 1 & -1 & 0 \\ 0 & 0 & 1 \end{pmatrix}\begin{pmatrix} 1 & 0 & 1 \\ 0 & 1 & 2 \\ 0 & 0 & 1 \end{pmatrix}\begin{pmatrix} z_1 \\ z_2 \\ z_3 \end{pmatrix}$$

$$=\begin{pmatrix} 1 & 1 & 3 \\ 1 & -1 & -1 \\ 0 & 0 & 1 \end{pmatrix}\begin{pmatrix} z_1 \\ z_2 \\ z_3 \end{pmatrix}.$$

一般地，n 个变量的二次型都可以用配方法化为标准型. 即如果二次型中没有平方项，先用可逆线性变换使它成为有平方项的二次型；有了平方项后，再集中含某一个平方项的变量的所有项，然后再配方；对剩下的 $n-1$ 个变量的二次型继续这一做法，直至将二次型用可逆线性变换化为标准型.

11.6　正定二次型

定义 11.6.1　设 $f(x_1,x_2,\cdots,x_n)=\boldsymbol{X}^{\mathrm{T}}\boldsymbol{AX}$ 是一个实二次型，若对任意非零向量 $\boldsymbol{X}$，都有 $\boldsymbol{X}^{\mathrm{T}}\boldsymbol{AX}>0$，则二次型称为**正定的**. 相应的矩阵 $\boldsymbol{A}$ 称为**正定矩阵**.

定理 11.6.1　n 元实二次型 $f(x_1,x_2,\cdots,x_n)=d_1x_1^2+d_2x_2^2+\cdots+d_nx_n^2$ 是正定的充分必要条件是 $d_i>0, i=1,2,\cdots,n$.

证　必要性. 二次型 $f(x_1,x_2,\cdots,x_n)$ 的矩阵为

$$A=\operatorname{diag}(d_1,d_2,\cdots,d_n),$$

由于二次型是正定的，对任意的 $\boldsymbol{X}\neq\boldsymbol{0}$，有 $\boldsymbol{X}^{\mathrm{T}}\boldsymbol{AX}>0$. 特别取 $\boldsymbol{X}_i=(0,\cdots,0,1,0,\cdots,0)^{\mathrm{T}}\neq 0\ (i=1,2,\cdots,n)$，则有 $d_i=\boldsymbol{X}_i^{\mathrm{T}}\boldsymbol{AX}_i>0(i=1,2,\cdots,n)$.

充分性. 设 $d_i>0(i=1,2,\cdots,n)$，对任意的 $\boldsymbol{X}=(x_1,x_2,\cdots,x_n)^{\mathrm{T}}\neq\boldsymbol{0}$，则有某个 $x_k\neq 0$，于是 $d_kx_k^2>0$，而其余的 $d_ix_i^2\geqslant 0$，所以

$$f(x_1,x_2,\cdots,x_n)=d_1x_1^2+d_2x_2^2+\cdots+d_nx_n^2>0,$$

于是二次型 $f(x_1,x_2,\cdots,x_n)$ 为正定二次型.

矩阵 $\boldsymbol{A}$ 正定 $\Leftrightarrow$ 二次型 $\boldsymbol{f}(\boldsymbol{X})=\boldsymbol{X}^{\mathrm{T}}\boldsymbol{AX}$ 正定 $\Leftrightarrow\lambda_i>0(i=1,2,\cdots,n)$.

下面从实对称矩阵本身讨论正定矩阵的性质.

$\boldsymbol{A}$ 是对称矩阵,子式 a_{11}, $\begin{vmatrix} a_{11} & a_{12} \\ a_{21} & a_{22} \end{vmatrix}$, …, $\begin{vmatrix} a_{11} & a_{12} & \cdots & a_{1n} \\ a_{21} & a_{22} & \cdots & a_{2n} \\ \vdots & \vdots & & \vdots \\ a_{n1} & a_{n2} & \cdots & a_{nn} \end{vmatrix}$ 称为 $\boldsymbol{A}$ 的顺序主子式.

定理 11.6.2　正定矩阵的行列式大于零.

证　若 $\boldsymbol{A}$ 正定,则存在可逆矩阵 $\boldsymbol{P}$, 使得 $\boldsymbol{A}=\boldsymbol{P}^{\mathrm{T}}\boldsymbol{E}\boldsymbol{P}=\boldsymbol{P}^{\mathrm{T}}\boldsymbol{P}$, 所以 $|\boldsymbol{A}|=|\boldsymbol{P}^{\mathrm{T}}\boldsymbol{P}|=|\boldsymbol{P}|^2>0$.

定理 11.6.3　设 $\boldsymbol{A}$ 是实对称矩阵,则 $\boldsymbol{A}$ 正定的充分必要条件是 $\boldsymbol{A}$ 的顺序主子式均大于零.

证明略.

例 11.6.1　判断实对称矩阵 $\begin{pmatrix} 3 & -1 & -1 \\ -1 & 4 & -1 \\ -1 & -1 & 5 \end{pmatrix}$ 是否正定.

解　由于 $3>0$, $\begin{vmatrix} 3 & -1 \\ -1 & 4 \end{vmatrix}=11>0$, $\begin{vmatrix} 3 & -1 & -1 \\ -1 & 4 & -1 \\ -1 & -1 & 5 \end{vmatrix}=46>0$, 根据定理 11.6.3 知这个矩阵是正定的.

例 11.6.2　设二次型

$$f(x_1,x_2,x_3)=x_1^2+x_2^2+5x_3^2+2tx_1x_2+4x_2x_3-2x_1x_3,$$

当 t 为何值时, $f(x_1,x_2,x_3)$ 为正定二次型.

解　二次型的矩阵为

$$A=\begin{pmatrix} 1 & t & -1 \\ t & 1 & 2 \\ -1 & 2 & 5 \end{pmatrix},$$

二次型 $f(x_1,x_2,x_3)$ 正定的充分必要条件是 $\boldsymbol{A}$ 的各阶顺序主子式均大于零,即

$$|1|>0,\quad \begin{vmatrix} 1 & t \\ t & 1 \end{vmatrix}=(1-t^2)>0,\quad |\boldsymbol{A}|=\begin{vmatrix} 1 & t & -1 \\ t & 1 & 2 \\ -1 & 2 & 5 \end{vmatrix}=-5t^2-4t>0,$$

解得 $-\frac{4}{5}<t<0$. 因此 $-\frac{4}{5}<t<0$ 时,二次型 $f(x_1,x_2,x_3)$ 为正定二次型.

习　题　11

1. 求出下列方阵的特征值及特征向量.

(1) $\begin{pmatrix} 0 & 1 \\ 1 & 0 \end{pmatrix}$;　　(2) $\begin{pmatrix} 11 & 25 \\ -4 & -9 \end{pmatrix}$;

(3) $\begin{pmatrix} 3 & 6 & 6 \\ 0 & 2 & 0 \\ -3 & -12 & -6 \end{pmatrix}$；　(4) $\begin{pmatrix} 3 & -2 & 0 \\ -1 & 3 & -1 \\ -5 & 7 & -1 \end{pmatrix}$；

(5) $\begin{pmatrix} 1 & 1 & 1 \\ 1 & 1 & 1 \\ 1 & 1 & 1 \end{pmatrix}$；　(6) $\begin{pmatrix} 4 & -2 & -1 \\ 5 & -2 & -1 \\ -2 & 1 & 1 \end{pmatrix}$.

2. $\boldsymbol{A}$ 是可逆方阵，λ 是 $\boldsymbol{A}$ 的特征值，证明：$\frac{1}{\lambda}$ 是 $\boldsymbol{A}^{-1}$ 的特征值.

3. 设三阶方阵 $\boldsymbol{A}=\begin{pmatrix} 1 & 1 & 1 \\ 1 & 1 & 1 \\ 1 & 1 & 1 \end{pmatrix}$，求 $\boldsymbol{A}$ 的特征值，特征向量.

4. 下列矩阵为 $\boldsymbol{A}$，求正交矩阵 $\boldsymbol{Q}$，使 $\boldsymbol{Q}^{-1}\boldsymbol{AQ}$ 为对角矩阵.

(1) $\begin{pmatrix} 1 & -2 \\ -2 & 1 \end{pmatrix}$；　(2) $\begin{pmatrix} 0 & -6 & 6 \\ -6 & -3 & 0 \\ 6 & 0 & 3 \end{pmatrix}$；

(3) $\begin{pmatrix} 4 & 2 & 0 \\ 2 & 3 & -2 \\ 0 & -2 & 2 \end{pmatrix}$；　(4) $\begin{pmatrix} 2 & -2 & -2 \\ -2 & 5 & 4 \\ -2 & 4 & 5 \end{pmatrix}$.

5. 写出下列二次型的矩阵.

(1) $2x^2-4xy+5y^2$；

(2) $x_1^2-2x_2^2+3x_3^2-4x_1x_2+6x_2x_3-8x_3x_1$；

(3) $2x_1x_2+2x_2x_3+2x_3x_4+2x_4x_1$；

(4) $x^2+y^2+z^2+w^2-2(xy+xz+xw+yz+yw+zw)$.

6. 写出下列实对称矩阵的二次型.

(1) $\begin{pmatrix} 0 & -2 \\ -2 & 3 \end{pmatrix}$；　(2) $\begin{pmatrix} 7 & 4 \\ 4 & 5 \end{pmatrix}$；

(3) $\begin{pmatrix} -1 & 4 & 6 \\ 4 & 2 & -5 \\ 6 & -5 & -3 \end{pmatrix}$；　(4) $\begin{pmatrix} -6 & 0 & 3 \\ 0 & 7 & 0 \\ 3 & 0 & -2 \end{pmatrix}$.

7. 用正交变换化下列二次型为标准形，并写出所作的变换.

(1) $2x_1^2+x_2^2-4x_1x_2-4x_2x_3$；

(2) $x_1^2+4x_2^2+x_3^2-4x_1x_2-8x_1x_3-4x_2x_3$；

(3) $x_1x_2+x_2x_3+x_3x_1$；

(4) $x_1x_4+x_2x_3$.

8. 用配方法化下面二次型为标准形，并写出所作的变换.

(1) $x_1^2+2x_2^2-x_3^2+2x_1x_2-2x_3x_1$；

(2) $2x_1x_2+2x_2x_3+2x_3x_1$；

(3) $x_1^2-x_2^2+2x_1x_2+4x_3x_1$.

9. 判断下列二次型的正定性.

(1) $x_1^2+x_2^2+2x_3^2-8x_1x_2-4x_2x_3+2x_3x_1$；

(2) $7x_1^2+8x_2^2+6x_3^2-4x_1x_2-4x_2x_3$；

(3) $99x_1^2-12x_1x_2+48x_1x_3+130x_2^2-60x_2x_3+70x_3^2$；

(4) $10x_1^2+8x_1x_2+24x_1x_3+2x_2^2-28x_2x_3+x_3^2$.

10. 确定参数 t，使得下面给出的二次型是正定的.

(1) $4x_1^2+x_2^2+tx_3^2-2x_1x_2+4x_1x_3-2x_2x_3$；

(2) $2x_1^2+3x_2^2+4x_3^2+2tx_1x_2-6x_1x_3+2x_2x_3$.

第 12 章　随机事件及其概率

12.1　随 机 事 件

在自然界与人类社会普遍存在两类现象，一类为确定性现象，即在一定条件下，事情没有发生之前就清楚结果，如抛一枚硬币必然下落. 一类为不确定性现象，即条件相同，事情的结果却不确定，在事情发生之前，不清楚哪个结果会发生.

例 12.1.1　抛一枚硬币，落地后可能是正面朝上，也可能是反面朝上.

例 12.1.2　明天的股市可能会上涨，也可能会下跌.

概率论与数理统计是一门研究随机现象的规律性的数学学科，是近代数学的重要组成部分，同时也是近代经济理论的应用与研究的重要数学工具.

12.1.1　随机试验与样本空间

为了研究随机现象，就要对客观事物进行观察. 观察的过程称为试验. 概率论里所研究的试验具有下列特点.

(1) 在相同的条件下试验可以重复进行；

(2) 每次试验的结果具有多种可能性，而且在试验之前可以明确试验的所有可能结果；

(3) 在每次试验之前不能准确地预策该次试验将出现哪一种结果.

下面是一些试验的例子.

E_1：抛一枚硬币，观察正面 H，反面 T 出现的情况；

E_2：将一枚硬币连续抛两次，观察正面 H，反面 T 出现的情况；

E_3：将一枚硬币连续抛两次，观察正面 H 出现的次数；

E_4：一批灯泡中，任选一个，检验其是否合格；

E_5：记录某超市一天内进入的顾客人数；

E_6：在一批冰箱中任意抽取一台，测试其寿命.

对于一个随机试验 E，由于试验的所有可能结果组成的集合是已知的，因此将随机试验 E 的所有可能结果组成的集合称为 E 的样本空间，记为 Ω. Ω 中的元素，即 E 的每个结果，称为样本点. 样本点一般用 ω 表示，于是 $\Omega=\{\omega\}$. 前面提到的试验 $E_1 \sim E_6$ 所对应的样本空间 $\Omega_1, \cdots, \Omega_6$ 为

$\Omega_1=\{\mathrm{H}, \mathrm{T}\}$；

$\Omega_2 = \{HH, HT, TH, TT\}$;

$\Omega_3 = \{0, 1, 2\}$;

$\Omega_4 = \{$合格,不合格$\}$;

$\Omega_5 = \{0, 1, 2, 3, 4, \cdots\}$;

$\Omega_6 = \{t \mid t \geqslant 0\}$.

12.1.2 随机事件

进行随机试验时，人们常关心的往往是满足某种条件的样本点所组成的集合. 例如,冰箱的寿命超过 10000 小时为合格品,则在试验 E_6 中最关心的是冰箱的寿命是否大于 10000 小时,满足这一条件的样本点组成 $\Omega_6 = \{t \mid t \geqslant 0\}$ 的一个子集 $A = \{t \mid t > 10000\}$. 称 A 为试验 E_6 的一个随机事件.

一般地,随机试验 E 的样本空间 Ω 的子集称为随机事件,简称事件.

在概率论中,将实验的结果称为事件. 通常用大写的拉丁字母 A, B, C 等表示. 设 A 是一事件,当且仅当试验中出现的样本点 $\omega \in A$ 时,称事件 A 在该试验中发生. 在随机事件中,有些可以看成是由某些事件复合而成的,而有些事件则不能分解为其他事件的组合. 这种不能分解成其他事件组合的最简单的随机事件称为基本事件.

例 12.1.3　掷一颗骰子的试验中,其出现的点数,“1 点”“2 点”…“6 点”都是基本事件. “奇数点”也是随机事件,但它不是基本事件,它是由“1 点”“3 点”“5 点”这三个基本事件组成的,只要这三个基本事件中的一个发生,“奇数点”这个事件就发生.

每次试验中一定发生的事件称为必然事件,用符号 Ω 表示. 每次试验中一定不发生的事件称为不可能事件,用符号 $\varnothing$ 表示. 例如,在上面例 12.1.3 的掷骰子试验中,“点数小于 7”是必然事件. “点数不小于 7”是不可能事件.

例 12.1.4　8 件产品中,有 2 件次品,从中任取 3 件,观察其中的次品数记为 $\omega_i (i = 0, 1, 2)$, 于是样本空间 $\Omega = \{\omega_0, \omega_1, \omega_2\}$.

应该指出:必然事件与不可能事件有着紧密的联系. 如果每次试验中,某一个结果必然发生(如“点数小于 7”),那么这个结果的反面(即“点数不小于 7”)就一定不发生;不论必然事件、不可能事件,还是随机事件,都是相对一定的试验条件而言的,如果试验的条件变了,事件的性质也会发生变化. 比如,掷两颗骰子时,“点数小于 7”是随机事件,而掷 8 颗骰子时,“点数小于 7”就是不可能事件. 概率论所研究的都是随机事件,为讨论问题方便,将必然事件 Ω 及不可能事件 $\varnothing$ 作为随机事件的两个极端情况.

事件是集合,利用集合的关系与运算,可得事件的关系与运算. 为了直观,人们还经常用图形表示事件. 一般地,用平面上某一个方(或矩)形区域表示必然事件,该区域内的一个子区域表示事件. 研究事件间的关系和运算,应用点集的概念和图示方法比较容易理解. 详细地分析事件之间的各种关系和运算性质,不仅有助于进一步认识事件的本质,而且还为后继计算事件的概率作了必要的准备.

12.1.3 事件间的关系及其运算

1. 事件的包含

如果事件 A 发生必然导致事件 B 发生,即属于 A 的每一个样本点也都属于 B, 则称事件 B 包含事件 A, 或称事件 A 含于事件 B. 记作 $B \supset A$ 或 $A \subset B$.

2. 事件的相等

如果事件 A 包含事件 B, 事件 B 也包含事件 A, 称事件 A 与事件 B 相等. 即 A 与 B 中的样本点完全相同. 记作 $A = B$.

3. 事件的并(和)

两个事件 A,B 中至少有一个发生,即"A 或 B"是一个事件,称为事件 A 与 B 的并(和). 它是由属于 A 或 B 的所有样本点构成的集合. 记作 $A+B$ 或 $A\cup B$.

相应地, $A_1 \cup \cdots \cup A_n$ 称为 n 个事件 $A_1, \cdots, A_n$ 的和事件. 称 $\bigcup_{i=1}^{\infty} A_i$ 为可列个事件 $A_1, A_2, \cdots, A_n, \cdots$的和事件.

4. 事件的交(积)

两个事件 A 与 B 同时发生,即"A 且 B"是一个事件,称为事件 A 与 B 的交. 它是由既属于 A 又属于 B 的所有公共样本点构成的集合. 记作 AB 或 $A\cap B$.

相应地, $A_1 \cap \cdots \cap A_n$ 称为 n 个事件 $A_1, \cdots, A_n$ 的积事件. 称 $\bigcap_{i=1}^{\infty} A_i$ 为可列个事件 $A_1, A_2, \cdots, A_n, \cdots$的积事件.

5. 事件的差

事件 A 发生而事件 B 不发生是一个事件,称为事件 A 与 B 的差. 它是由属于 A 但不属于 B 的那些样本点构成的集合. 记作 $A-B$.

6. 互不相容事件

如果事件 A 与 B 不能同时发生,即 $AB = \varnothing$, 称事件 A 与 B 互不相容(或称互斥). 互不相容事件 A 与 B 没有公共的样本点. 显然,基本事件间是互不相容的.

7. 对立事件

事件"非 A "称为 A 的对立事件(或逆事件). 它是由样本空间中所有不属于 A 的样本点组成的集合. 记作 $\bar{A}$.

显然, $A\bar{A}=\varnothing, A\cup\bar{A}=\Omega, \bar{A}=\Omega-A, \bar{\bar{A}}=A$.

8. 完备事件组

若事件 $A_1, \cdots, A_n$ 为两两互不相容的事件, 并且 $A_1\cup\cdots\cup A_n=\Omega$, 称 $A_1,\cdots,A_n$ 构成一个完备事件组.

各事件的关系及运算如图 12.1 中图形所示.

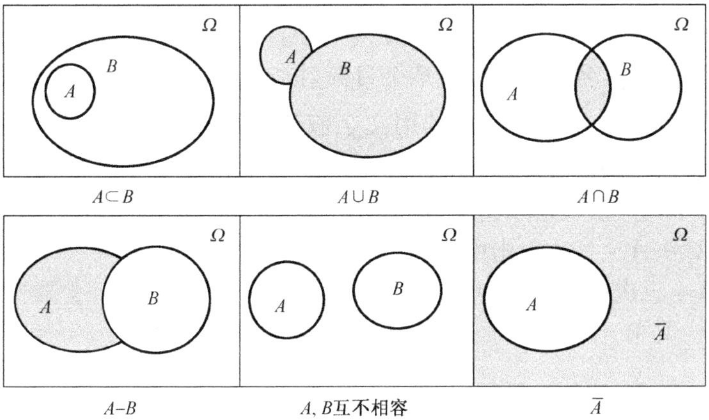

图 12.1

与集合论中集合的运算一样,事件之间的运算满足下述运算规律。

(1) 交换律　$A\cup B=B\cup A$, $A\cap B=B\cap A$;

(2) 结合律　$(A\cup B)\cup C=A\cup(B\cup C)$,

$(A\cap B)\cap C=A\cap(B\cap C)$;

(3) 分配律　$A\cup(B\cap C)=(A\cup B)\cap(A\cup C)$,

$A\cap(B\cup C)=(A\cap B)\cup(A\cap C)$;

(4) 对偶律　$\overline{A\cup B}=\bar{A}\cap\bar{B}, \overline{A\cap B}=\bar{A}\cup\bar{B}$.

例 12.1.5　掷一颗骰子的试验 E, 观察出现的点数: 事件 A 表示"偶数点"; B 表示"点数小于 4"; C 表示"小于 5 的偶数点". 用集合的列举表示法表示下列事件.

$$\Omega, A, B, C, A+B, A-B, B-A, AB, AC, \bar{A}+B.$$

解　$\Omega=\{1,2,3,4,5,6\}$,　$A=\{2,4,6\}$,

$B = \{1,2,3\}$, $C = \{2,4\}$,

$A + B = \{1,2,3,4,6\}$, $A - B = \{4,6\}$,

$B - A = \{1,3\}$, $AB = \{2\}$,

$AC = \{2,4\}$, $\bar{A} + B = \{1,2,3,5\}$.

例 12.1.6 从一批产品中每次取出一个产品进行检验(每次取出的产品不放回),事件 A_i 表示第 i 次取到合格品($i = 1,2,3$).试用事件的运算符号表示下列事件:三次都取到了合格品;三次中至少有一次取到合格品;三次中恰有两次取到合格品;三次中最多有一次取到合格品.

解 三次全取到合格品:$A_1A_2A_3$;

三次中至少有一次取到合格品:$A_1 + A_2 + A_3$;

三次中恰有两次取到合格品:$A_1A_2\bar{A}_3 + A_1\bar{A}_2A_3 + \bar{A}_1A_2A_3$;

三次中至多有一次取到合格品:$\bar{A}_1\bar{A}_2 + \bar{A}_1\bar{A}_3 + \bar{A}_2\bar{A}_3$.

例 12.1.7 一名射手连续向某个目标射击三次,事件 A_i 表示该射手第 i 次射击时击中目标($i = 1,2,3$).试用文字叙述下列事件:$\bar{A}_1$;$A_1 + A_2 + A_3$;$A_1A_2A_3$;$A_1A_2 + A_1A_3 + A_2A_3$.

解 $\bar{A}_1$:第一次射击未击中目标;

$A_1 + A_2 + A_3$:三次射击中至少有一次击中目标;

$A_1A_2A_3$:三次射击都击中了目标;

$A_1A_2 + A_1A_3 + A_2A_3$:三次射击中至少有两次击中目标.

12.2 随机事件的概率

对一个事件(必然事件与不可能事件除外)来说,它在一次试验中可能发生,也可能不发生.但是如果独立地多次重复进行这一试验时,就会发现,不同事件发生的可能性是有大小之分的.这种可能性的大小是事件本身固有的一种属性,它不以人们的意志为转移.

例 12.2.1 保险公司为获得较大利润,就必须研究个别意外事件发生可能性的大小.

例 12.2.2 掷一颗质地匀称的骰子,事件"出现偶数点"与事件"出现奇数点"的可能性是一样的,而"出现奇数点"比"出现 1 点"的可能性更大.为了定量地描述这种属性,首先引入频率,它描述了事件发生的频繁程度,进而引出表示事件在一次试验中发生的可能性大小的量度——概率.

12.2.1 概率的定义

定义 12.2.1 在相同条件下,进行了 n 次试验.在 n 次重复试验中,事件 A 发

生的次数 m 称为 A 的**频数**. 比值 m/n 称为事件 A 发生的**频率**,记为 $f_n(A)$.

由定义,显然频率有下列基本性质.

(1) 非负性　$f_n(A) \geqslant 0$;

(2) 规范性　$f_n(\Omega) = 1$;

(3) 有限可加性　若 $A_1, A_2, \cdots, A_k$ 为两两互不相容的事件,则

$$f_n(A_1 \cup A_2 \cup \cdots \cup A_k) = f_n(A_1) + f_n(A_2) + \cdots + f_n(A_k).$$

事件 A 发生的频率是它发生的次数与试验次数之比,其大小表示 A 发生的频繁程度. 频率大, A 发生就频繁,这意味着 A 在一次试验中发生的可能性大. 看下面的例子.

例 12.2.3　掷一枚硬币,观察它出现正面次数,试验的一些结果列于表 12.1.

表 12.1　掷硬币实验结果

试验者	抛掷次数 n	正面出现次数 m	正面出现频率 m/n
德·摩尔根	2048	1061	0.518
蒲丰	4040	2048	0.5069
皮尔逊	12000	6019	0.5016
皮尔逊	24000	12012	0.5005
维尼	30000	14994	0.4998

由表 12.1 看出,出现正面的频率接近 0.5,并且抛掷次数越多,频率越接近 0.5,大量试验证实:多次重复同一试验时,随机现象呈现出一定的量的规律. 具体地说,就是当试验次数 n 很大时,事件 A 的频率具有一种稳定性. 它的数值徘徊在某个确定的常数附近. 而且一般说来,试验次数越多,事件 A 的频率就越接近那个确定的常数. 这种在多次重复试验中,事件频率稳定性的统计规律,便是概率这一概念的经验基础. 而所谓某事件发生的可能性大小,就是这个"频率的稳定值".

定义 12.2.2(概率的统计定义)　在相同的条件下,重复进行 n 次试验,事件 A 发生的频率稳定地在某一常数 p 附近摆动. 且一般说来, n 越大,摆动幅度越小,则称常数 p 为事件 A 的**概率**,记作 $P(A)$.

数值 p 即 $P(A)$ 就是在一次试验中对事件 A 发生的可能性大小的数量描述. 例如,用 0.5 来描述掷一枚质地均匀的硬币"正面"出现的可能性.

概率的统计定义仅仅指出了事件的概率是客观存在的,但并不能用这个定义计算 $P(A)$. 实际上,人们是采取大量试验的频率的平均值作为 $P(A)$ 的近似值. 例如,从对一个妇产医院 6 年出生婴儿的调查中(表 12.2),可以看到生男孩的频率是稳定的,可以取 0.515 作为生男孩概率的近似值.

概率的统计定义有不便之处,因为试验做到何时得到的概率也无法得到并不知晓的"确定数值"概率,况且有些试验不能大量做. 尽管频率没有解决问题,但是给出启示,它使人们明白了用刻画随机事件发生的可能性大小的指标应该满足的条件.

表 12.2 某妇产医院 6 年出生婴儿性别调查表

出生年份	新生儿总数 n	新生儿分类数		频率/%	
		男孩数 m_1	女孩数 m_2	男孩	女孩
1977	3670	1883	1787	51.31	48.69
1978	4250	2177	2073	51.22	48.78
1979	4055	2138	1917	52.73	47.27
1980	5844	2955	2889	50.56	49.44
1981	6344	3271	3073	51.56	48.44
1982	7231	3722	3509	51.47	48.53
6 年合计	31394	16146	15248	51.48	48.52

定义 12.2.3(概率的公理化定义) 设 E 是随机试验，Ω 是它的样本空间，对 E 的每一个事件 A，将其对应于一个实数，记为 $P(A)$，称为事件 A 的概率，如果集合函数 $P(\cdot)$ 满足下列条件.

(1) 非负性 $P(A) \geqslant 0$；

(2) 规范性 $P(\Omega) = 1$；

(3) 可列可加性 若 $A_1, A_2, \cdots, A_k, \cdots$, 为两两互不相容的事件，即 $A_iA_j = \varnothing$, $i \neq j$, $i,j = 1,2,\cdots$, 则

$$P(A_1 \cup A_2 \cup \cdots \cup A_k \cup \cdots) = P(A_1) + P(A_2) + \cdots + P(A_k) + \cdots.$$

12.2.2 等可能概型(古典概型)

直接计算某一事件的概率有时是非常困难的，甚至是不可能的. 下面讨论最常见的随机试验：古典概型. 看下面两个例子.

(1) 抛掷一枚质地均匀的硬币，可能出现正面与反面两种结果，并且这两种结果出现的可能是相同的.

(2) 200 个同型号产品中有 6 个废品，从中每次抽取 3 个进行检验，共有 C_{200}^3 种不同的可能抽取结果，并且任意 3 个产品被取到的机会是相同.

这两个随机试验的共同特征是

(1) 试验的样本空间只含有有限个元素，即 $\Omega = \{\omega_1, \omega_2, \cdots, \omega_n\}$；

(2) 试验中每个基本事件发生的可能性相同，即

$$P(\omega_1) = P(\omega_2) = \cdots = P(\omega_n).$$

具有上述特点的随机试验称为**等可能概型**. 等可能概型是一类最简单直观的随机试验，也是概率论发展初期就开始研究的一类概率问题，因此也称为**古典概型**.

设试验 E 是古典概型，由于基本事件两两互不相容，因此

$$1 = P(\Omega) = P\left(\bigcup_{i=1}^{n} \{\omega_i\}\right) = \sum_{i=1}^{n} P(\{\omega_i\}) = nP(\{\omega_i\}),$$

于是

$$P(\{\omega_i\}) = \frac{1}{n}\ (i = 1,2,\cdots,n).$$

若事件 A 由 m 个基本事件组成,则有

$$P(A) = \frac{A\text{ 中包含的基本事件数}}{\text{试验的基本事件总数}} = \frac{m}{n}. \tag{12.1}$$

所谓古典概型就是利用关系式(12.1)来讨论事件发生的概率的数学模型,且概率的古典定于与统计定义是一致的.在古典概型随机试验中,事件的频率是围绕着定义中的 m/n 这一数值摆动的.概率的统计定义具有普遍性,它适用于一切随机现象,而古典定义只适用于试验结果为等可能的有限个的情况.

例 12.2.4　掷一颗质地均匀的骰子,求点数“小于3”的概率.

解　设 $A=\{$ 点数小于3 $\}$,基本事件 $n=6$,$A=\{1,2\}$,因此有

$$P(A)=\frac{m}{n}=\frac{2}{6}=\frac{1}{3}.$$

例 12.2.5　一批产品共 N 件,有 D 件次品,求(1)这批产品的次品率;(2)任取 n 件恰有 $k(k\leqslant D)$ 件是次品的概率.

解　设 $P(A)$,$P(A_1)$ 分别表示(1)和(2)中所求的概率,根据式(12.1)有

(1)　$P(A)=\dfrac{D}{n}$,

(2)　$P(A_1)=\dfrac{C_D^k C_{N-D}^{n-k}}{C_N^n}$.

例 12.2.6　袋内装有4个白球,2个黑球.从袋中取球两次,每次随机地取一只.考虑两种取球方式:(1)第一次取出一个球,观察颜色后放回袋中,搅匀后再取一个球,这种取球方式称作放回抽样.(2)第一次取一个球后不放回袋中,第二次从剩余的球中再取一球,这种取球方式称作不放回抽样.试分别就上面两种情况求

(1) 取到的两个球都是白球的概率;

(2) 取到的两个球至少有一个是白球的概率.

解　令 A,B 分别表示事件“取到的两个球都是白球”和“取到的两个球至少有一个是白球”.

(1) 放回(抽样)取球:第一次从袋中取球有6个球可供抽取,第二次也是6个球,因此共有 6×6 种取法,即试验的基本事件总数是 6×6.对事件 A 来说,由于第一次有4个白球可供选择,第二次也是一样,因此 A 中包含 4×4 个基本事件.于是

$$P(A)=\frac{m}{n}=\frac{4^2}{6^2}=\frac{4}{9}.$$

事件 B 可以分解为{第一次取到白球,第二次取到黑球},{第一次取到黑球,第二次取到白球},{两次均取到白球}.因此

$$P(B)=\frac{4}{6}\times\frac{2}{6}+\frac{2}{6}\times\frac{4}{6}+\frac{4\times4}{6\times6}=\frac{8}{9}.$$

(2) 不放回抽样:每次取一个,取两次同一次取两个基本事件总数是一样的,即为 C_6^2. 取到的两个球都是白球的取法有 C_4^2 种. 因此

$$P(A)=\frac{m}{n}=\frac{C_4^2}{C_6^2}=\frac{2}{5}.$$

事件 B 的取法有 $C_4^1C_2^1+C_4^2$,由式(12.1)有

$$P(B)=\frac{C_4^1C_2^1+C_4^2}{C_6^2}=\frac{14}{15}.$$

例 12.2.7(抽奖问题) 盒中有 n 张奖券,其中 k 张有奖. 现有 n 个人依次各取一张,证明:每个人抽得有奖奖券的概率都是 $\frac{k}{n}$.

证 n 个人依次各取一张奖券,共有 $n!$ 种取法,其中第 j 个人抽到有奖奖券的取法可按如下方法计算:第 j 个位置上安排一张有奖奖券,有 k 种情形,而另外 $n-1$ 张奖券可在余下的 $n-1$ 个位置全排列,有 $(n-1)!$ 种排法,故第 j 个人抽到有奖奖券的抽法为 $k(n-1)!$ 种,因此

$$p=\frac{k(n-1)!}{n!}=\frac{k}{n}(j=1,2,\cdots,n).$$

例 12.2.8(女士品茶) 一位常饮茶的女士称,她能从一杯冲好的奶茶中辨别出该奶茶是先放牛奶还是先放茶冲制而成的. 做了 10 次试验,该女士都正确地辨别出来了,问该女士的说法是否可信?

解 假设该女士的说法不可信,即纯粹靠运气猜对的 . 在此假设下,每次试验的两个可能结果为

奶 + 茶 或 茶 + 奶

且它们是等可能的,因此是一个古典概型. 10 次试验一共有 2^{10} 个等可能的结果.

若记

$$A=\{10\text{ 次试验中都能正确分辨出放茶和放奶的先后次序}\},$$

则 A 中只包含了 2^{10} 个样本点中的一个样本点,故

$$P(A)=\frac{1}{2^{10}}=0.0009766.$$

这是一个非常小的概率,而人们在长期实践中总结出来的所谓"实际推断原理"为:概率很小的事件在一次试验中几乎是不发生的. 但现在概率很小的事件在一次试验中居然发生了,因此有理由怀疑"该女士是纯粹靠运气猜对的"这一假设的正确性,而断言该女士确有这种分辨能力,即她的说法可信.

例 12.2.9(生日问题) 某班有学生 50 人,一教师对该班学生并不了解,但是预测说这个班至少有两个人的生日相同,问这位教师的根据何在.

解　$P\{$至少有两个人生日相同$\} = 1 - P\{$所有人生日不同$\}$

$$= 1 - \frac{A_{365}^{50}}{365^{50}} = 1 - 0.03 = 0.97.$$

教师在对该班学生并不了解的情况下敢作出预测，是基于如下原理：一次试验中，小概率事件一般不会发生. 即"实际推断原理".

12.3　概率的加法法则

例 12.3.1　100个产品中有60个一等品，30个二等品，10个废品. 规定一、二等品都为合格品，考虑这批产品的合格率与一、二等品率之间的关系.

解　设事件 A,B 分别表示产品为一、二等品. 显然事件 A 与 B 互不相容，并且事件 $A+B$ 表示产品为合格品，按古典定义式(12.1)有

$$P(A) = \frac{60}{100},\quad P(B) = \frac{30}{100},$$

$$P(A+B) = \frac{60+30}{100} = \frac{90}{100},$$

可见

$$P(A+B) = P(A) + P(B).$$

例 12.3.2　计算200件产品，6件废品，从中任取3件产品最多只有1件废品的概率 $P(B)$.

解　设事件 A_0, A_1 分别表示3个产品中有0个和1个废品，则依题意 $B = A_0 + A_1$，且 A_0 与 A_1 互不相容. 按古典定义，试验的基本事件总数为 C_{200}^3 个，而事件 B 的基本事件数恰好是事件 A_0 与 A_1 的基本事件数之和，因此有

$$P(B) = \frac{C_{194}^3 + C_{194}^2 C_6^1}{C_{200}^3},$$

$$P(A_0) + P(A_1) = \frac{C_{194}^3 + C_{194}^2 C_6^1}{C_{200}^3},$$

即

$$P(A_0 + A_1) = P(A_0) + P(A_1).$$

另外，如果从概率的统计定义出发，由于事件发生的频率所具有的性质，而概率又是其相应频率的稳定值，因此也可以得出上面的运算规律. 事实上，对于任意的两个互斥事件，它们都满足下面的运算法则.

加法法则　两个互斥事件之和的概率等于它们概率的和，即当 $AB = \varnothing$ 时，

$$P(A+B) = P(A) + P(B).$$

实际上，只要 $P(AB) = 0$，上式就成立. 由加法法则可以得到下面几个重要结论.

(1) 如果 n 个事件 $A_1, \cdots, A_n$ 为两两互不相容，则

$$P(A_1+\cdots+A_n)=P(A_1)+\cdots+P(A_n),$$

这个性质称为概率的有限可加性.

(2) 若 n 个事件 $A_1,\cdots,A_n$ 构成一个完备事件组,则它们概率的和为 1,即

$$P(A_1)+\cdots+P(A_n)=1.$$

特别地,两个对立事件概率之和为 1,即

$$P(A)+P(\bar{A})=1,$$

经常使用的形式是

$$P(A)=1-P(\bar{A}).$$

(3) 如果 $B\supset A$,则

$$P(B-A)=P(B)-P(A).$$

(4) 对任意两个事件 A,B 有

$$P(A+B)=P(A)+P(B)-P(AB).$$

上式又称为广义加法法则.

例 12.3.3 设 A,B 为两事件,且 $P(B)=0.3,P(A\cup B)=0.6$,求 $P(A\bar{B})$.

解 $P(A\bar{B})=P\{A(\Omega-B)\}=P(A-AB)$,

由于

$$P(A\cup B)=P(A)+P(B)-P(AB),$$

所以

$$P(A\cup B)-P(B)=P(A)-P(AB)P(A\bar{B}),$$

于是

$$P(A\bar{B})=0.6-0.3=0.3.$$

例 12.3.4 产品有一、二等品及废品 3 种,若一、二等品率分别为 0.63 和 0.35,求产品的合格率与废品率.

解 令事件 A 表示产品为合格品,A_1,A_2 分别表示一、二等品. 显然 A_1 与 A_2 互不相容,并且 $A=A_1+A_2$,则有

$$P(A)=P(A_1+A_2)=P(A_1)+P(A_2)=0.98,$$

$$P(\bar{A})=1-P(A)=0.02.$$

例 12.3.5 一个袋内装有大小相同的 7 个球,4 个白球,3 个黑球. 从中一次抽取 3 个,计算至少有两个是白球的概率.

解 设事件 A_i 表示抽到的 3 个球中有 i 个白球 $(i=2,3)$,显然 A_2 与 A_3 互不相容,则有

$$P(A_2)=\frac{C_4^2C_3^1}{C_7^3}=\frac{18}{35},\quad P(A_3)=\frac{C_4^3}{C_7^3}=\frac{4}{35}.$$

根据加法法则,所求的概率为

$$P(A_2+A_3)=P(A_2)+P(A_3)=\frac{22}{35}.$$

例 12.3.6　50 个产品中有 46 个合格品与 4 个废品,从中一次抽取 3 个,求其中有废品的概率.

解　设事件 A 表示取到的 3 个中有废品,则

$$P(\bar{A})=\frac{C_{46}^3}{C_{50}^3}=\frac{759}{980}\approx 0.7745,$$

$$P(A)=1-P(\bar{A})\approx 0.2255.$$

12.4　条件概率与乘法法则

12.4.1　条件概率

对于人寿保险,保险公司最关心的是参保人群在已经活到某个年龄的条件下,在未来的一年内死亡的概率. 像这样的实际问题中,往往需要求在某事件 A 发生的条件下,事件 B 发生的概率.

一般地,对 A,B 两个事件,$P(A)>0$,在事件 A 发生的条件下事件 B 发生的概率称为条件概率,记为 $P(B\mid A)$.

例 12.4.1　市场上供应的某种零件中,甲厂产品占 70%,乙厂占 30%,甲厂产品的合格率是 95%,乙厂产品的合格率是 80%. 若用事件 A,$\bar{A}$ 分别表示甲、乙两厂的产品,B 表示产品为合格品,试写出有关事件的概率.

解　依题意

$$P(A)=70\%,\quad P(\bar{A})=30\%,$$

$$P(B|A)=95\%,\quad P(B|\bar{A})=80\%.$$

进一步可得

$$P(\bar{B}|A)=5\%,\quad P(\bar{B}|\bar{A})=20\%.$$

例 12.4.2　全年级 100 名学生中,有男生(以事件 A 表示)80 人,女生 20 人;来自北京的(以事件 B 表示)有 20 人,其中男生 12 人,女生 8 人,免修英语的(以事件 C 表示)40 人中有 32 名男生,8 名女生. 试写出

$$P(A),P(B),P(B|A),P(A|B),P(AB),P(C),P(C|A),P(\bar{A}|\bar{B}),P(AC).$$

解　依题意,有

$$P(A)=80/100=0.8,\quad P(B)=20/100=0.2,$$

$$P(B|A)=12/80=0.15,\quad P(A|B)=12/20=0.6,$$

$$P(AB)=12/100=0.12,\quad P(C)=40/100=0.4,$$

$$P(C|A)=32/80=0.4,\quad P(\bar{A}|\bar{B})=12/80=0.15,$$
$$P(AC)=32/100=0.32.$$

从例 14.2.2 中可以看到

$$P(B|A)=\frac{P(AB)}{P(A)},\quad P(A|B)=\frac{P(AB)}{P(B)}.$$

事实上,上式不仅适用于古典概型中条件概率的计算,对于一般情况下任意两个事件,只要相关的条件概率有意义,都满足上式. 由概率的直观意义,在事件 A 发生的条件下,事件 B 发生当且仅当试验的结果既属于 A 又属于 AB. 因此 $P(B|A)$ 应为 $P(AB)$ 在 $P(A)$ 中的"比重".

定义 12.4.1 设 A,B 两个事件,且 $P(A)>0$,称

$$P(B|A)=\frac{P(AB)}{P(A)} \tag{12.2}$$

为在事件 A 发生的条件下事件 B 发生的**条件概率**.

可以验证,条件概率也是一种概率,它有概率的三个基本属性.

例 12.4.3 人寿保险公司常常需要知道存活到某一个年龄段的人在下一年仍然存活的概率. 据统计资料可知,某城市的人由出生活到 50 岁的概率为 0.90718,存活到 51 岁的概率为 0.90135. 问现在已经 50 岁的人,能够活到 51 岁的概率是多少?

解 记 $A=\{$活到 50 岁$\}$,$B=\{$活到 51 岁$\}$,显然 $B\subset A$. 因此 $AB=B$,求 $P(B|A)$. 由于 $P(A)=0.90718$,$P(B)=0.90135$,$P(AB)=P(B)=0.90135$,从而

$$P(B|A)=\frac{P(AB)}{P(A)}=\frac{0.90135}{0.90718}\approx 0.99357.$$

由此可知,该城市的人在 50 岁到 51 岁之间死亡的概率约为 0.00643. 在平均意义下,该年龄段中每千人中间约有 6.43 人死亡.

12.4.2 乘法公式

由条件公式得概率的乘法公式. 即

$$P(AB)=P(A)P(B|A),\quad P(A)>0, \tag{12.3}$$

$$P(AB)=P(B)P(A|B),\quad P(B)>0. \tag{12.4}$$

相应地,关于 n 个事件 $A_1,\cdots,A_n$ 的乘法公式为

$$P(A_1A_2\cdots A_n)=P(A_1)P(A_2|A_1)P(A_3|A_1A_2)\cdots P(A_n|A_1\cdots A_{n-1}), \tag{12.5}$$

其中 $P(A_1A_2\cdots A_{n-1})>0$.

例 12.4.4 求例 12.4.1 中从市场买到的零件既是甲厂生产的(事件 A 发

生)，又是合格的(事件 B 发生)概率，也就是求 A 与 B 同时发生的概率. 有

$$P(AB)=P(A)P(B|A)=0.7\times 0.95=0.665.$$

同样的方法还可以计算出从市场上买到一个乙厂合格零件的概率是 0.24.

例 12.4.5　10 个彩票中有 4 个中奖，3 人参加抽奖(不放回)，甲先、乙次、丙最后. 求(1)甲中奖；(2)甲、乙都中奖；(3)甲没中奖而乙中奖；(4)甲、乙、丙都中奖的概率.

解　设事件 A,B,C 分别表示甲、乙、丙各自中奖，则有

$$P(A)=\frac{m}{n}=\frac{4}{10},$$

$$P(AB)=P(A)P(B|A)=\frac{4}{10}\times\frac{3}{9}=\frac{12}{90},$$

$$P(\bar{A}B)=P(\bar{A})P(B|\bar{A})=(1-P(A))P(B|\bar{A})=\left(1-\frac{4}{10}\right)\times\frac{4}{9}=\frac{24}{90},$$

$$P(ABC)=P(A)P(B|A)P(C|AB)=\frac{4}{10}\times\frac{3}{9}\times\frac{2}{8}=\frac{24}{720}.$$

12.4.3　全概率公式与贝叶斯公式

在概率的加法和乘法的基础上，介绍两个经常用的公式——全概率公式和贝叶斯公式.

定理 12.4.1(全概率公式)　如果事件 $A_1,A_2,\cdots,A_n$ 构成一个完备事件组，并且都具有正概率，则对任何一个事件 B，有

$$P(B)=\sum_{i=1}^{n}P(A_i)P(B|A_i).\tag{12.6}$$

证　由于 $A_1,A_2,\cdots,A_n$ 两两互不相容，因此，$A_1B,A_2B,\cdots,A_nB$ 也两两互不相容. 而且

$$B=B(\sum_{i=1}^{n}A_i)=\sum_{i=1}^{n}A_iB.$$

由加法法则有

$$P(B)=\sum_{i=1}^{n}P(A_iB),$$

再利用乘法法则，得到

$$P(B)=\sum_{i=1}^{n}P(A_i)P(B|A_i).$$

例 12.4.6　市场上供应的某种零件中，甲厂产品占 70%，乙厂占 30%，甲厂产品的合格率是 95%，乙厂产品的合格率是 80%. 若用事件 $A,\bar{A}$ 分别表示甲、乙两厂的产品，B 表示产品为合格品，求这种零件的合格率.

解　由于 $B=AB+\bar{A}B$，并且 AB 与 $\bar{A}B$ 互不相容，根据全概率公式有

$$P(B)=P(A)P(B|A)+P(\bar{A})P(B|\bar{A})$$
$$=0.7\times0.95+0.3\times0.8$$
$$=0.905.$$

在全概率公式中，若将事件 B 看成是“结果”，而事件 $A_1,A_2,\cdots,A_n$ 看作是产生结果 B 的“原因”，那么式(12.6)正好给出了结果与原因之间的一种联系方式，即已知所有可能“原因”发生的概率，求“结果”发生的概率，这一类问题称为“全概率问题”. 与全概率问题相反的问题为已经观察到一个事件已经发生，再来研究事件发生的各种原因的可能性的大小，通常称这一类问题为逆概率问题.

定理 12.4.2(贝叶斯公式)　如果事件 $A_1,A_2,\cdots,A_n$ 构成一个完备事件组，并且都具有正概率，则对任何一个概率不为零的事件 B，有

$$P(A_m\mid B)=\frac{P(A_m)P(B\mid A_m)}{\sum_{i=1}^{n}P(A_i)P(B|A_i)},\quad m=1,2,\cdots,n. \tag{12.7}$$

证　由条件概率公式有

$$P(A_m\mid B)=\frac{P(A_mB)}{P(B)},$$

再由乘法公式及全概率公式即得

$$P(A_m\mid B)=\frac{P(A_m)P(B\mid A_m)}{\sum_{i=1}^{n}P(A_i)P(B|A_i)}.$$

贝叶斯公式主要用于在已知某事件 B 发生的条件下，来判断 B 是伴随着 A_1，$A_2,\cdots,A_n$ 中的哪一个事件发生的情况下而发生的. 即知道 B 发生的条件下某个原因 A_m 发生的概率.

例 12.4.7　计算例 12.4.6 中，买到的合格零件恰是甲厂生产的概率 $P(A|B)$.

解　由贝叶斯公式有

$$P(A|B)=\frac{P(A)P(B|A)}{P(A)P(B|A)+P(\bar{A})P(B|\bar{A})}$$
$$=\frac{0.7\times0.95}{0.7\times0.95+0.3\times0.8}$$
$$\approx0.735.$$

例 12.4.8　以往数据分析结果表明，当机器调整良好时，产品的合格率为98%，而当机器发生某种故障时，其合格率为55%. 每天早上机器开动时，机器调整良好的概率为95%. 试求已知某日早上第一件产品是合格品时，机器调整良好的概率是多少?

解　设 A 为事件“产品合格”，B 为事件“机器调整良好”. 已知

$$P(A \mid B) = 0.98, \quad P(A \mid \bar{B}) = 0.55,$$

$$P(B) = 0.95, \quad P(\bar{B}) = 0.05,$$

所求的概率为 $P(B \mid A)$，由贝叶斯公式有

$$\begin{aligned} P(B \mid A) &= \frac{P(A \mid B)P(B)}{P(A \mid B)P(B) + P(A \mid \bar{B})P(\bar{B})} \\ &= \frac{0.98 \times 0.95}{0.98 \times 0.95 + 0.55 \times 0.05} \\ &= 0.97. \end{aligned}$$

例 12.4.9　假设在某时期内影响股票价格变化的因素只有银行存款利率的变化. 经分析，该时期内利率不会上调，利率下降的概率为 60%，利率不变的概率为 40%. 根据经验，在利率下调时某支股票上涨的概率为 80%，在利率不变时这支股票上涨的概率为 40%. 求这支股票上涨的概率.

解　设 A_1, A_2 分别表示"利率下调""利率不变"这两个事件，B 表示"该支股票上涨". A_1, A_2 是导致 B 发生的原因，且 $A_1 \cup A_2 = \Omega, A_1A_2 = \varnothing$. 由全概率公式有

$$\begin{aligned} P(B) &= P(B \mid A_1)P(A_1) + P(B \mid A_2)P(A_2) \\ &= 80\% \times 60\% + 40\% \times 40\% \\ &= 64\%. \end{aligned}$$

例 12.4.10　针对某种疾病进行一种化验，患该种病的人中有 90%呈阳性反应，而未患该病的人中有 5%呈阳性反应. 设人群中有 1%的人患这种病，若某人做这种化验呈阳性反应，则他患这种病的概率是多少？

解　设 A 表示"某人患这种病"，B 表示"化验呈阳性反应"，则

$$P(A) = 1\%, \quad P(B \mid A) = 0.90, \quad P(B \mid \bar{A}) = 5\%.$$

所求为

$$\begin{aligned} P(A \mid B) &= \frac{P(A)P(B \mid A)}{P(A)P(B \mid A) + P(\bar{A})P(B \mid \bar{A})} \\ &= \frac{0.01 \times 0.9}{0.01 \times 0.9 + 0.99 \times 0.05} = 0.1538. \end{aligned}$$

本题的结果表明，化验呈阳性反应的人中，只有 15%左右真正患有该病.

12.5　事件的独立性

例 12.5.1　袋中有 a 只红球，b 只白球，从中随机抽取 2 次，每次取出一只球，观察球的颜色，采取(1)不放回取球；(2)放回取球两种方式.

解　设 $A = \{$ 第一次取到红球 $\}$，$B = \{$ 第二次取到红球 $\}$. 分析两种方式中的下列概率：$P(A), P(B \mid A), P(B), P(AB)$.

(1) 不放回:

$$P(A)=\frac{a}{a+b},$$

$$P(B\mid A)=\frac{a-1}{a+b-1},$$

$$P(B)=\frac{a}{a+b},$$

$$P(AB)=P(A)P(B\mid A)=\frac{a}{a+b}\cdot\frac{a-1}{a+b-1},$$

(2) 放回:

$$P(A)=\frac{a}{a+b},$$

$$P(B\mid A)=\frac{a}{a+b},$$

$$P(B)=\frac{a}{a+b},$$

$$P(AB)=P(A)P(B\mid A)=\frac{a}{a+b}\cdot\frac{a}{a+b}.$$

分析:(1) 取后不放回抽样的试验, $P(A)$,$P(B\mid A)$ 两个概率不相等,说明事件 A 发生与否对事件 B 发生有影响.

(2) 取后放回抽样, $P(A)=P(B\mid A)$, 从取后放回这一背景,可知上述等式成立不奇怪,因为无论第一次取到什么,取后放回去,第二次取球时的条件与第一次取球的条件一样,所以第二次取到红球的概率在任何条件下相同,即事件 A 发生与否对事件 B 发生的概率没有影响. 由于 $P(A)=P(B\mid A)$, 也就有 $P(AB)=P(B)P(A)$.

定义 12.5.1 如果事件 A 发生的可能性不受事件 B 发生与否的影响,即 $P(A\mid B)=P(A)$, 则称事件 A 对于事件 B 独立. 显然,若 A 对于 B 独立,则 B 对于 A 也一定独立,称事件 A 与事件 B **相互独立**.

定义 12.5.2 如果 $n\,(n>2)$ 个事件 $A_1,\cdots,A_n$ 中任何一个事件发生的可能性都不受其他一个或几个事件发生与否的影响,则称 $A_1,\cdots,A_n$ 相互独立.

关于独立性有以下几个结论.

(1) 事件 A 与 B 独立的充分必要条件是

$$P(AB)=P(A)P(B).$$

(2) 若事件 A 与 B 独立,则 A 与 $\bar{B}$,$\bar{A}$ 与 B,$\bar{A}$ 与 $\bar{B}$ 中的每一对事件都相互独立.

(3) 若事件 $A_1,\cdots,A_n$ 相互独立,则有

$$P(A_1\cdots A_n)=\prod_{i=1}^{n}P(A_i).$$

(4) 若事件 $A_1,\cdots,A_n$ 相互独立,则有

$$P\Big(\sum_{i=1}^{n}A_i\Big)=1-\prod_{i=1}^{n}P(\bar{A}_i).$$

证 (1) 必要性. 若 A 与 B 中有一个事件概率为零,则结论显然成立. 设 A,B 概率都不为 0,由于 A 与 B 独立,有 $P(A|B)=P(A)$. 而由乘法公式有 $P(AB)=P(B)P(A|B)$, 因此得到 $P(AB)=P(A)P(B)$.

充分性. 不妨设 $P(B)>0$. 因为 $P(AB)=P(A|B)P(B)$ 及 $P(AB)=P(A)P(B)$，所以 $P(A|B)=P(A)$，即 A 与 B 独立.

(2) 只证明 A 与 $\bar{B}$ 独立，其他两对的证法类似.

$$\begin{aligned}P(A\bar{B})&=P(A-AB)\\&=P(A)-P(AB)\\&=P(A)-P(A)P(B)\\&=P(A)P(\bar{B}),\end{aligned}$$

由结论(1)，A 与 $\bar{B}$ 独立.

(3) $P(A_1\cdots A_n)=P(A_1)P(A_2|A_1)\cdots P(A_n|A_1\cdots A_{n-1})$，而

$$P(A_2|A_1)=P(A_2),\cdots,P(A_n|A_1\cdots A_{n-1})=P(A_n),$$

所以 $P(A_1\cdots A_n)=P(A_1)P(A_2)\cdots P(A_n)$.

(4) $P(A_1+\cdots+A_n)=1-P\overline{(A_1+\cdots+A_n)}=1-P(\bar{A}_1\bar{A}_2\cdots\bar{A}_n)$. 由于 $A_1,\cdots,A_n$ 相互独立，$\bar{A}_1,\cdots,\bar{A}_n$ 也相互独立，所以

$$P(A_1+\cdots+A_n)=1-P(\bar{A}_1)\cdots P(\bar{A}_n).$$

实际问题中，往往根据问题的实际意义来判断事件的独立性.

例 12.5.2　用高射炮射击飞机，如果每门高射炮击中飞机的概率是 0.6，试求用两门高射炮分别射击一次击中飞机的概率是多少？

解　设 A 表示击中飞机，$B_i(i=1,2)$ 表示第 i 门高射炮击中飞机. 在射击时，B_1 与 B_2 是相互独立的，且 $P(B_1)=P(B_2)=0.6$，$P(\bar{B}_1)=P(\bar{B}_2)=0.4$，因此有

$$\begin{aligned}P(A)&=1-P(\bar{A})=1-P(\bar{B}_1\bar{B}_2)\\&=1-P(\bar{B}_1)P(\bar{B}_2)\\&=1-0.4\times0.4\\&=0.84.\end{aligned}$$

例 12.5.3　甲、乙、丙 3 部机床独立工作，由一个工人照管，某段时间内它们不需要工人照管的概率分别为 0.9，0.8 及 0.85. 求在这段时间内有机床需要工人照管的概率.

解　用事件 A,B,C 分别表示在这段时间内机床甲、乙、丙不需要工人照管. 依题意，A,B,C 相互独立，并且

$$P(A)=0.9,\quad P(B)=0.8,\quad P(C)=0.85,$$

$$\begin{aligned}P\overline{(ABC)}&=1-P(ABC)=1-P(A)P(B)P(C)\\&=1-0.612=0.388.\end{aligned}$$

例 12.5.4（保险赔付）　设有 n 个人向保险公司购买人身意外保险（保险期为 1 年），假定投保人在一年内发生意外的概率为 0.01，求

(1) 保险公司赔付的概率;

(2) 当 n 为多大时，使得以上赔付的概率超过 50%?

解 (1) 记 $A_i=\{$ 第 i 个人投保出现意外 $\}(i=1,2,\cdots,n)$, $A=\{$ 保险公司赔付 $\}$. 则由实际问题可知 $A_1,\cdots,A_n$ 相互独立,且 $A=\bigcup_{i=1}^{n}A$, 因此

$$P(A)=1-P(\overline{\bigcup_{i=1}^{n}A})=1-\prod_{i=1}^{n}P(\bar{A}_i)=1-(0.99)^n.$$

(2) 注意到 $P(A)\geqslant 0.5\Leftrightarrow(0.99)^n\leqslant 0.5\Leftrightarrow n\geqslant\dfrac{\lg 2}{2-\lg 99}\approx 684.16$, 即当投保人数 $n>685$ 时,保险公司有大于一半的概率赔付.

该例表明:虽然概率为 0.01 的事件是小概率事件,它在一次试验中几乎是不会发生的;但若重复做 n 次试验,只要 $n\geqslant 685$, 这一系列小概率事件至少发生一次的概率要超过 0.5,且显然,当 $n\to\infty$ 时, $P(A)\to 1$. 因此决不能忽视小概率事件.

一个系统由许多元件按一定的方式联结而成. 因而,系统的可靠性(能正常工作的概率)依赖于元件可靠度和元件之间的联结方式. 元件组合的两种最基本的方式是串联和并联. 设系统由 n 个元件联结而成,每个元件的可靠性(即元件能正常工作的概率)为 r, 且各元件能否正常工作是相互独立的. 下面来求串联系统和并联系统的可靠性. 设第 i 个元件正常工作的事件记为 A_i, 串联系统和并联系统如图 12.2 所示.

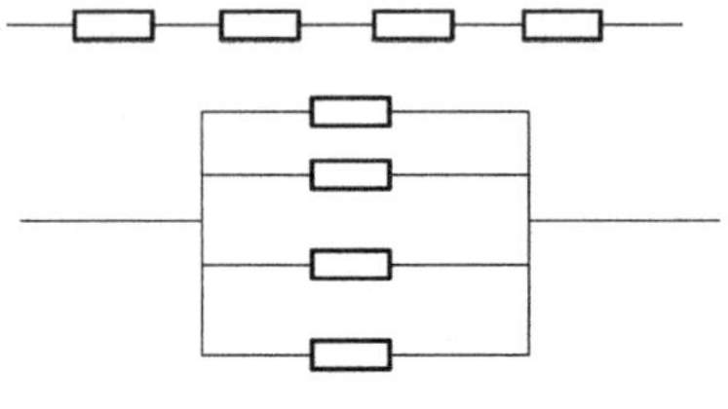

图 12.2

串联系统正常工作的事件 $A_1A_2\cdots A_n$, 所以系统正常工作的概率为

$$P(A_1A_2\cdots A_n)=P(A_1)P(A_2)\cdots P(A_n)=r^n.$$

并联系统正常工作的事件 $A_1\cup A_2\cup\cdots\cup A_n$, 所以系统正常工作的概率为

$$\begin{aligned}P(A_1\cup A_2\cup\cdots\cup A_n)&=1-P(\overline{A_1\cup A_2\cup\cdots\cup A_n})\\&=1-P(\overline{A_1}\,\overline{A_2}\cdots\overline{A_n})\\&=1-(1-r)^n.\end{aligned}$$

可见,并联系统比串联系统的可靠性要好得多.

例 12.5.5 设有五个电池 A,B,C,D,E, 它们被损坏的概率依次为 0.1, 0.3,0.2,0.15,0.25. 现分别将 A,B,C 和 D,E 并联成两组元件,在将这两组元件串联得一电路. 求该电路被损坏的概率.

解　元件组成的电路如图 12.3 所示.

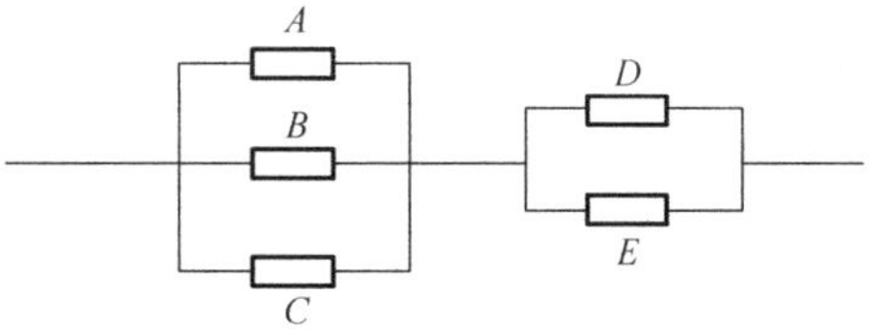

图 12.3

设电池 A,B,C,D,E 被损坏的事件依次记为 A,B,C,D,E，则电路被损坏的事件为

$ABC\cup DE$，所以其概率为

$$P(ABC\cup DE)=P(ABC)+P(DE)-P(ABCDE).$$

因为每个电池是否被损坏是相互独立的，故

$$\begin{aligned}P(ABC\cup DE)&=0.1\times 0.3\times 0.2+0.15\times 0.25\\&\quad-0.1\times 0.3\times 0.2\times 0.15\times 0.25\\&=0.006+0.0375-0.000225=0.043275.\end{aligned}$$

例 12.5.6　若例 12.5.3 中的 3 部机床性能相同，设 $P(A)=P(B)=P(C)=0.8$，求这段时间内恰有一部机床需要人照管的概率.

解　3 部机床中的某 1 部需要照管而另两部不需要照管的概率是 $0.2\times 0.8\times 0.8=0.128$，而"3 部中恰有一部机床需要人照管"用事件 E 来表示，需要照管的机床可以是这 3 部中的任意 1 部，因此共有 3 种可能，即

$$P(E)=C_3^1\times 0.2\times 0.8^2=0.384.$$

例 12.5.7　一批产品的废品率为 0.1，每次抽取 1 个，观察后放回去，下次再取 1 个，共重复 3 次，求 3 次中恰有两次取到废品的概率.

解　设 3 次中恰有两次取到废品的事件用 B 表示，每次取到 1 个产品，重复取 3 次的全部结果有 8 种情况. 设 $B_1=\{$废，废，正$\}$，$B_2=\{$废，正，废$\}$，$B_3=\{$正，废，废$\}$，$B=B_1+B_2+B_3$ 并且 B_1,B_2,B_3 两两互不相容，因此

$$\begin{aligned}P(B)&=P(B_1)+P(B_2)+P(B_3)\\&=3\times(0.1\times 0.1\times 0.9)\\&=3\times 0.009\\&=0.027.\end{aligned}$$

习　题　12

1. 试用集合的形式表示下列随机试验的有关随机事件，并分析它们之间的相互关系.

(1) 掷一颗质地均匀的骰子,观察掷得的点数,考虑事件: A =“点数不超过2”, B =“点数不超过 3”, C =“点数不小于 4”, D =“掷得奇数点”;

(2) 从一批灯泡中任取一只,测试它的寿命,考虑事件: E =“寿命大于 1000 小时”, F =“寿命大于 1500 小时”, G =“寿命不小于 1000 小时”.

2. 检验某种圆柱形产品时,要求它的长度及直径都符合规格才算合格,记 A=“产品合格”, B =“长度合格”, C =“直径合格”,试述:(1) A 与 B,C 之间的关系;(2) $\bar{A}$ 与 $\bar{B},\bar{C}$ 之间的关系.

3. 设 A,B,C 表示三个事件,利用 A,B,C 表示下列事件.

(1) A 出现, B,C 都不出现;

(2) A,B 都出现, C 不出现;

(3) 所有三个事件都出现;

(4) 三个事件中至少有一个事件出现;

(5) 三个事件都不出现;

(6) 不多于一个事件出现;

(7) 不多于两个事件出现;

(8) 三个事件中至少有两个出现.

4. 向指定的目标射三枪,以 A_1,A_2,A_3 分别表示事件“第一、二、三枪击中目标”试用 A_1,A_2,A_3 表示以下各事件.

(1) 只击中第一枪; (2) 只击中一枪;

(3) 三枪都未击中; (4) 至少击中一枪.

5. 从一批由 37 件正品,3 件次品组成的产品中任取 3 件产品,求

(1) 3 件中恰有一件次品的概率;

(2) 3 件全是次品的概率;

(3) 3 件全是正品的概率;

(4) 3 件中至少有 1 件次品的概率;

(5) 3 件中至少有 2 件次品的概率.

6. 袋中有 5 个红球、2 个白球,有放回地取两次,每次 1 个,求

(1) 第一次、第二次都取到红球的概率;

(2) 第一次取到红球,第二次取到白球的概率;

(3) 两次中,一次取到红球,一次取到白球的概率;

(4) 第二次取到红球的概率.

7. 某城市有 50%住户订日报,有 65%住户订晚报,有 85%住户至少订这两种报纸中的一种,求同时订两种报纸的住户的比例.

8. 在 0,1,2,3,…,9 共 10 个数字中,任取 4 个不同数字,试求这 4 个数字能排成一个四位偶数的概率.

9. 甲、乙两城市都位于长江下游，根据一百余年来气象的记录，知道甲、乙两城市一年中雨天占的比例分别为 20% 和 18%，两地同时下雨的比例为 12%，问

(1) 乙市为雨天时，甲市也为雨天的概率是多少?

(2) 甲市为雨天时，乙市也为雨天的概率是多少?

(3) 甲、乙两城市至少有一个为雨天的概率是多少?

10. 某种动物由出生活到 20 岁的概率为 0.8，活到 25 岁的概率为 0.4，问现年 20 岁的这种动物活到 25 岁的概率是多少?

11. 一批零件共 100 个，其中次品 10 个，每次其中任取一个零件，取出的零件不再放回去，求第三次才取到正品的概率.

12. 某工厂有甲、乙、丙三个车间，生产同一种产品，每个车间的产量分别占全厂的 25%，35%，40%，各车间产品的次品率分别为 5%，4%，2%，求全厂产品的次品率.

13. 题 12 中，如果从全厂总产品中抽取一件产品抽得的是次品，求它依次是甲、乙、丙车间生产的概率.

14. 两台车床加工同样的零件，第一台加工后的废品率为 0.03，第二台加工后的废品率为 0.02，加工出来的零件放在一起，已知这批加工后的零件中，由第一台车床加工的占 $\frac{2}{3}$，由第二台车床加工的占 $\frac{1}{3}$，从这批零件中任取一件，求这件是合格品的概率.

15. 电路由两个电池 A 与 B 并联，再与电池 C 串联而成如下图，设电池 A,B,C 损坏的概率分别是 0.2，0.2，0.3，求电路发生间断的概率.

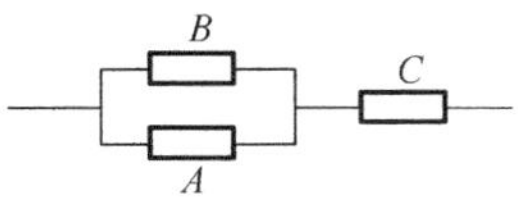

16. 加工某一零件，共需经过四道工序，设一、二、三、四道工序的次品率分别是 2%，3%，5%，3%，假定各道工序是互不影响的，求加工出来的次品率.

17. 甲、乙、丙三人向同一飞机射击，设甲、乙、丙射中的概率分别为 0.4，0.5，0.7，又设若只有一人射中，飞机坠毁的概率为 0.2，若两人射中，飞机坠毁的概率为 0.6，若三人射中，飞机必坠毁，求飞机坠毁的概率.

18. 三个人独立地破译一个密码，他们能破译出的概率分别为 $\frac{1}{5},\frac{1}{3},\frac{1}{4}$，求此密码能破译出的概率.

19. 某类电灯泡使用时数在 1000 小时以上的概率为 0.2，求三个灯泡在使用 1000 小时以后最多只坏一个的概率.

20. 一个自动报警器由雷达和计算机两部分组成，两部分有任何一个失灵，这

个报警器就失灵,若使用100小时后,雷达部分失灵的概率为0.1,计算机失灵的概率为0.3,若两部分失灵与否为独立的,求这个报警器使用100小时而不失灵的概率.

21. 一个机床有$\frac{1}{3}$的时间加工零件A,其余时间加工零件B,加工零件A时,停机的概率是0.3,加工零件B时,停机的概率是0.4,求这个机床停机的概率.

22. 甲、乙两人射击,甲击中的概率为0.8,乙击中的概率为0.7,两人同时射击,并假定中靶与否是独立的.求(1) 两人都中靶的概率;(2) 甲中乙不中的概率;(3) 甲不中乙中的概率.

第 13 章　一维随机变量及其分布

13.1　随机变量

第 12 章介绍了随机事件及其概率. 可以看到很多随机事件都可以采取数量的标识. 比如,某一段时间内车间正在工作的车床数目,抽样检查产品质量时出现的废品个数,掷骰子出现的点数等. 对于那些没有采取数量标识的事件,也可以给它们以数量标识. 比如,某工人一天"完成定额"记为 1;"没完成定额"记为 0;生产的产品是"优质品"记为 2,是"次品"记为 1,是"废品"记为 0 等. 这样一来,对于试验的结果就都可以给予数量的描述.

由于随机因素的作用,试验的结果有多种可能性. 如果对于试验的每一可能结果,也就是一个样本点 ω,都对应着一个实数 $X(\omega)$,而 $X(\omega)$ 又是随着试验结果不同而变化的一个变量,则称它为随机变量. 随机变量一般用希腊字母 ε,η,ξ 或大写拉丁字母 X,Y,Z 等表示,本章以小写字母 $x,y,z,\cdots$ 表示实数.

例 13.1.1　一个射手对目标进行射击,击中目标记为 1 分,未中目标记 0 分. 如果用 X 表示射手在一次射击中的得分,则它是一个随机变量,可以取 0 和 1 两个可能值.

例 13.1.2　某段时间内候车室的旅客数目记为 X,它是一个随机变量,可以取 0 及一切不大于 M 的自然数,M 为候车室的最大容量.

例 13.1.3　单位面积上某农作物的产量 X 是一个随机变量. 它可以取一个区间内的一切实数值,即 $X\in[0,T]$,T 为某一个常数.

例 13.1.4　一个沿数轴进行随机运动的质点,它在数轴上的位置 X 是一个随机变量,可以取任何实数,即 $X\in(-\infty,+\infty)$.

随机变量的取值随试验的结果而定,按其取值情况可以把随机变量分为两类.

(1) 离散型随机变量只可能取有限个或无限可列个值.

(2) 非离散型随机变量可以在整个数轴上取值,或至少有一部分值取某实数区间的全部值.

非离散型随机变量范围很广,情况比较复杂,其中最重要的,在实际中常遇到的是连续型随机变量.

本章只研究离散型随机变量与连续型随机变量.

13.2 离散型随机变量

定义 13.2.1 如果随机变量 X 只取有限个或可列个可能值,而且以确定的概率取这些不同的值,则称 X 为**离散型随机变量**.

显然,要掌握一个离散型随机变量 X 的统计规律,必须且只需知道 X 的所有可能取的值以及取每一个可能值的概率.

一般地,设离散型随机变量 X 所有可能取的值为 $x_k(k=1,2,\cdots)$,X 取各个可能值的概率,即事件 $\{X=x_k\}$ 的概率为

$$P\{X=x_k\}=p_k(k=1,2,\cdots), \tag{13.1}$$

其中 $\{X=x_1\},\{X=x_2\},\cdots,\{X=x_k\},\cdots$ 构成一个完备事件组. 称式(13.1)为离散型随机变量 X 的概率函数(分布律). 为直观起见,分布律也可以用如下形式表示.

X	x_1	x_2	$\cdots$	x_n	$\cdots$
p_k	p_1	p_2	$\cdots$	p_n	$\cdots$

由概率的定义, p_k 满足下列性质.

(1) $p_k \geqslant 0, k=1,2,\cdots$;

(2) $\sum\limits_k p_k=1$.

一般所说的离散型随机变量的分布就是指它的概率函数或分布律.

例 13.2.1 一批产品的废品率为 5%,从中任意抽取一个进行检验,用随机变量 X 来描述出现废品的情况. 即写出 X 的分布律.

解 在这个试验中,用 X 表示废品的个数,显然 X 只可能取 0 和 1 两个值. $\{X=0\}$ 表示“产品为合格品”,其概率为这批产品的合格率即 $P\{X=0\}=1-5\%=95\%$;$\{X=1\}$ 表示“产品为废品”,即 $P\{X=1\}=5\%$,分布律如下.

X	0	1
p_k	95%	5%

例 13.2.2 产品有一、二、三等品及废品 4 种,其一、二、三等品率及废品率分别为 60%,10%,20%,10%,任取一个产品检验其质量,用随机变量写出它的分布律.

解 令 $X=k(k=1,2,3)$ 表示产品为“k 等品”,$X=0$ 表示产品为“废品”. 则随机变量 X 只可能取这 4 个值,且 $P\{X=0\}=0.1,P\{X=1\}=0.6$, $P\{X=2\}=0.1,P\{X=3\}=0.2$.

分布律如下.

X	0	1	2	3
p_k	0.1	0.6	0.1	0.2

下面介绍三种重要的离散型随机变量的分布.

13.2.1　(0-1)分布

设随机变量 X 只可能取 0 和 1 两个值,它的分布律为

$$P\{X=k\}=p^k(1-p)^{1-k},\quad k=0,1(0<p<1), \tag{13.2}$$

则称 X 服从 **(0-1) 分布或两点分布**.

(0-1) 分布也可以写成如下形式

X	0	1
p_k	$1-p$	p

对于一个随机试验,如果它的样本空间只包含两个元素,即 $\Omega=\{\omega_1,\omega_2\}$,总能在 Ω 上定义一个服从 (0-1) 分布的随机变量

$$X=X(\omega)=\begin{cases}0, & \omega=\omega_1,\\ 1, & \omega=\omega_2\end{cases}$$

来描述这个随机试验的结果.例如,在对新生婴儿的性别进行登记,检查产品的质量是否合格,某车间的电力是否有超过负荷以及前面多次出现的抛硬币试验等都可以用 (0-1) 分布的随机变量来描述.

13.2.2　伯努利试验、二项分布

设试验 E 只有两个可能结果 A 与 $\bar{A}$,则称 E 为伯努利(Bernoulli)试验.设 $P(A)=p\,(0<p<1)$,此时 $P(\bar{A})=1-p$.将 E 独立地重复地进行 n 次,则称这一串重复的独立试验为 n **重伯努利试验**.

这里的"重复"是指在每次试验中 $P(A)=p$ 保持不变;"独立"指各次试验的结果互不影响.n 重伯努利试验是一种很重要的数学模型,它有广泛的应用.例如,抛一枚硬币,观察得到正面或反面.A 表示得正面,这是一个伯努利试验.如将硬币抛 n 次,就是 n 重伯努利试验.又如抛一颗骰子,若 A 表示得到"2 点",$\bar{A}$ 表示得到"非 2 点".将骰子抛 n 次,也是 n 重伯努利试验.

以 X 表示 n 重伯努利试验中事件 A 发生的次数,X 是一个随机变量,现在来求它的分布律.X 所有可能取得值为 $0,1,2,\cdots,n$,由于各次试验是相互独立的,因此事件 A 在指定的 $k(0\leqslant k\leqslant n)$ 次试验中发生,而在其他 $n-k$ 次试验中不发生

(如在前 k 次试验中发生,而在后 $n-k$ 次试验中不发生)的概率为

$$p\cdot p\cdot\cdots\cdot p\cdot(1-p)\cdot(1-p)\cdots(1-p)=p^k(1-p)^{n-k},$$

这种指定的方式共有 C_n^k 种,它们是两两互不相容的,故在 n 次试验中 A 发生 k 次的概率为

$$C_n^k p^k(1-p)^{n-k}.$$

记 $q=1-p$, 即有

$$P\{X=k\}=C_n^k p^k q^{n-k},\quad k=0,1,2,\cdots,n, \tag{13.3}$$

显然

$$P\{X=k\}\geqslant 0,\quad k=0,1,2,\cdots,n,$$

$$\sum_{k=0}^{n}P\{X=k\}=\sum_{k=0}^{n}C_n^k p^k q^{n-k}=(p+q)^n=1.$$

这说明 $P\{X=k\}$ 满足概率的两个性质. 又因为 $C_n^k p^k q^{n-k}$ 刚好是二项式 $(p+q)^n$ 的展开式中出现 p^k 的那一项,因此称随机变量 X 服从参数为 n,p 的**二项分布**,记为 $X\sim B(n,p)$.

当 $n=1$ 时,二项分布化为

$$P\{X=k\}=p^k q^{1-k},\quad k=0,1,$$

这就是 (0-1) 分布. 可见 (0-1) 分布是二项分布的特例.

例 13.2.3 某工厂每天用水量保持正常的概率为 0.75,求最近 6 天内用水量正常的天数的分布.

解 设最近 6 天内用水量保持正常的天数为 X, 它服从二项分布,其中 $n=6$, $p=0.75$, 用式(13.3)计算其概率值为

$$P\{X=0\}=(0.25)^6=0.0002,$$

$$P\{X=1\}=C_6^1(0.75)(0.25)^5=0.0044,$$

$$\cdots\cdots$$

$$P\{X=6\}=(0.75)^6=0.1780.$$

列成分布律如下.

X	0	1	2	3	4	5	6
p_k	0.0002	0.0044	0.0330	0.1318	0.2966	0.3560	0.1780

从这个表中的数据可以看到:当 k 增加时,概率 $P\{X=k\}$ 先是随之增加,直到达到最大值,随后单调减少. 一般地,对于固定的 n 及 p, 二项分布 $B(n,p)$ 都具有这一性质.

例 13.2.4 某人进行射击,设每次射击的命中率为 0.02,独立射击 400 次,求至少击中两次的概率.

解 将一次射击看作一次试验,设击中的次数为 X, 则 $X\sim B(400,0.02)$, X

的分布律为

$$P\{X=k\}=C_{400}^{k}\,(0.02)^{k}\,(0.98)^{400-k},\quad k=0,1,2,\cdots,400.$$

于是,所求概率为

$$\begin{aligned}P\{X\geqslant 2\}&=1-P\{X<2\}=1-P\{X=0\}-P\{X=1\}\\&=1-(0.98)^{400}-400(0.02)\,(0.98)^{399}\\&=0.9972.\end{aligned}$$

这个概率很接近于 1,这一结果的实际意义表明:虽然每次射击的命中率很小(0.02),但如果射击 400 次,则击中目标至少两次是几乎可以肯定的. 同时也说明,一个事件尽管在一次试验中发生的概率很小,但只要试验次数很多,而且试验是独立进行的,那么这一事件的发生几乎是可以肯定的. 即小概率事件在大量试验中是可以发生的,正如彩票中奖一样.

13.2.3　泊松分布

设随机变量 X 所有可能取的值为 $0,1,2,\cdots$, 而取各个值的概率为

$$P\{X=k\}=\frac{\lambda^{k}e^{-\lambda}}{k!},\quad k=0,1,2,\cdots,\tag{13.4}$$

其中 $\lambda>0$ 是常数. 则称 X 服从参数为 λ 的泊松分布,记为 $X\sim\pi(\lambda)$.

易知, $P\{X=k\}\geqslant 0, k=0,1,2,\cdots$,

$$\sum_{k=0}^{\infty}P\{X=k\}=e^{-\lambda}\sum_{k=0}^{\infty}\frac{\lambda^{k}}{k!}=e^{-\lambda}\cdot e^{\lambda}=1,$$

这说明 $P\{X=k\}$ 满足概率的两个性质.

泊松分布刻画了稀有事件在一段时间内发生次数这一随机变量的分布. 如一段时间内,电话用户对电话台的呼叫;候车的旅客数;原子放射粒子数,织布机上断头的次数,一本书一页中的印刷错误等都服从泊松分布.

例 13.2.5　设 $X\sim\pi(\lambda)$, 且已知 $P\{X=1\}=P\{X=2\}$, 求 $P\{X=4\}$.

解　因为 $P\{X=1\}=P\{X=2\}$, 于是 $\frac{\lambda}{1!}e^{-\lambda}=\frac{\lambda^{2}}{2!}e^{-\lambda}$, 所以 $\lambda=2$. 故

$$P\{X=4\}=\frac{\lambda^{4}}{4!}e^{-\lambda}=\frac{2^{4}}{24}e^{-2}=\frac{2}{3e^{2}}.$$

13.3　随机变量的分布函数

离散型随机变量的概率分布全面描述了随机变量的统计规律,而非离散型随机变量(主要指连续型随机变量),由于取值不能一个一个地列举出来,所以我们感兴趣的是这类随机变量的取值落在某个区间的概率 $P\{x_1<X\leqslant x_2\}$.

定义 13.3.1　若 X 是一个随机变量, x 是任意实数,函数

$$F(x)=P\{X\leqslant x\} \tag{13.5}$$

称为随机变量 X 的**分布函数**.

对于任意实数 $x_1,x_2(x_1<x_2)$，有

$$P\{x_1<X\leqslant x_2\}=P\{X\leqslant x_2\}-P\{X\leqslant x_1\}=F(x_2)-F(x_1). \tag{13.6}$$

因此,若已知 X 的分布函数就能知道 X 落在任一区间 $(x_1,x_2]$ 上的概率. 在这个意义上,分布函数完整地描述了随机变量的统计规律.

如果将 X 看成是数轴上的随机点的坐标,那么分布函数 $F(x)$ 在 x 处的函数值就表示 X 落在区间 $(-\infty,x]$ 上的概率,它具有以下几个性质.

(1) $F(x)$ 是一个不减函数;

(2) $0\leqslant F(x)\leqslant 1$, 对一切 $x\in(-\infty,+\infty)$ 成立. 且

$$F(-\infty)=\lim_{x\to-\infty}F(x)=0,$$

$$F(+\infty)=\lim_{x\to+\infty}F(x)=1;$$

(3) $F(x^+)=F(x)$, 即 $F(x)$ 是右连续的.

前两个性质可由定义及概率性质可直接得到,第三个性质在直观上容易理解,但严格的证明还要补充其他知识,这里证明略.

例 13.3.1 设随机变量 X 的分布律为

X	-1	2	3
p_k	0.25	0.5	0.25

求 X 的分布函数,并求 $P\left\{X\leqslant\frac{1}{2}\right\}$,$P\left\{\frac{3}{2}<X\leqslant\frac{5}{2}\right\}$,$P\{2\leqslant X\leqslant 3\}$.

解 $F(x)$ 的值是 $X\leqslant x$ 的累积概率值,由概率的有限可加性,可知即为小于或等于 x 的那些 x_k 处的概率 p_k 之和. 有

$$F(x)=\begin{cases}0, & x<-1,\\ P\{X=-1\}, & -1\leqslant x<2,\\ P\{X=-1\}+P\{X=2\}, & 2\leqslant x<3,\\ 1, & x\geqslant 3,\end{cases}$$

即

$$F(x)=\begin{cases}0, & x<-1,\\ 0.25, & -1\leqslant x<2,\\ 0.75, & 2\leqslant x<3,\\ 1, & x\geqslant 3.\end{cases}$$

$F(x)$ 的图形如图 13.1 所示,它是一条阶梯型的曲线,在 $x=-1,2,3$ 处有跳跃点,跳跃值分别为 0.25,0.5,0.25, 又

$$P\left\{X\leqslant\frac{1}{2}\right\}=F\left(\frac{1}{2}\right)=0.25,$$

$$P\left\{\frac{3}{2}<X\leqslant\frac{5}{2}\right\}=F\left(\frac{5}{2}\right)-F\left(\frac{3}{2}\right)=0.75-0.25=0.5,$$

$$\begin{aligned}P\{2\leqslant X\leqslant 3\}&=F(3)-F(2)+P\{X=2\}\\&=1-0.75+0.5=0.75.\end{aligned}$$

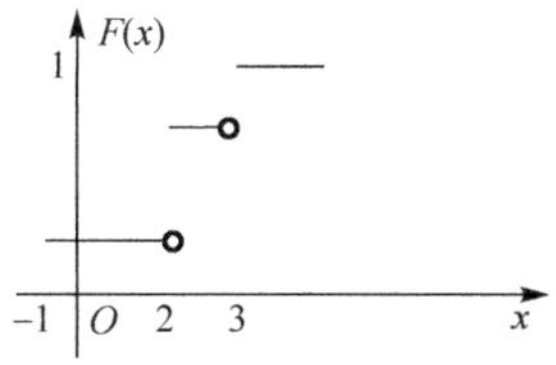

图 13.1

一般地,设离散型随机变量 X 的分布律为

$$P\{X=x_k\}=p_k,\quad k=1,2,\cdots.$$

由概率的可加性得 X 的分布函数为

$$F(x)=P\{X\leqslant x\}=\sum_{x_k\leqslant x}P\{X=x_k\},$$

即

$$F(x)=\sum_{x_k\leqslant x}p_k.$$

这里和式是对于所有满足 $x_k\leqslant x$ 的 k 求和. 分布函数 $F(x)$ 在 $x=x_k$ 有跳跃,其跳跃值为

$$p_k=P\{x=x_k\}.$$

13.4　连续型随机变量及其分布

定义 13.4.1　如果对于随机变量 X 的分布函数 $F(x)$,存在非负函数 $f(x)$,使得对于任意实数 x 有

$$F(x)=\int_{-\infty}^{x}f(t)\mathrm{d}t, \tag{13.7}$$

则称 X 为**连续型随机变量**,其中函数 $f(x)$ 称为 X 的**概率密度函数**,简称**概率密度**.

由定义知,概率密度函数 $f(x)$ 具有以下性质.

(1) $f(x)\geqslant 0$；

(2) $\int_{-\infty}^{+\infty}f(x)\mathrm{d}x=1$；

(3) 对于任意实数 $x_1, x_2 (x_1 < x_2)$ 有

$$P\{x_1 < X \leqslant x_2\} = F(x_2) - F(x_1) = \int_{x_1}^{x_2} f(x)\mathrm{d}x;$$

(4) 若 $F(x)$ 在点 x 处连续,则有 $F'(x) = f(x)$. 并且

$$f(x) = \lim_{\Delta x \to 0^+} \frac{F(x+\Delta x) - F(x)}{\Delta x} = \lim_{\Delta x \to 0^+} \frac{P\{x < X \leqslant x + \Delta x\}}{\Delta x}.$$

这表明 $f(x)$ 不是 X 取值 x 的概率,而在它在 x 点概率分布的密集程度. 但是 $f(x)$ 的大小能反映出 X 在 x 附近取值的概率的大小. 因此,对于连续型随机变量,用密度函数描述它的分布比分布函数直观. 今后一般用分布律和密度函数来分别描述离散型和连续型随机变量.

例 13.4.1 已知连续型随机变量 X 有概率密度

$$f(x) = \begin{cases} kx + 1, & 0 \leqslant x \leqslant 2, \\ 0, & \text{其他}. \end{cases}$$

求系数 k 及分布函数 $F(x)$, 并计算 $P\{1.5 < X \leqslant 2.5\}$.

解 (1) 由 $\int_{-\infty}^{+\infty} f(x)\mathrm{d}x = 1$, 得 $\int_0^2 (kx+1)\mathrm{d}x = 1$. 因此 $\left(\frac{1}{2}kx^2 + x\right)\Big|_0^2 = 1$, 即 $2k + 2 = 1$, 解得 $k = -\frac{1}{2}$.

$$(2)\ F(x) = \int_{-\infty}^{x} f(t)\mathrm{d}t = \begin{cases} 0, & x < 0, \\ -\frac{1}{4}x^2 + x, & 0 \leqslant x < 2, \\ 1, & x \geqslant 2. \end{cases}$$

(3) $P\{1.5 < X \leqslant 2.5\} = F(2.5) - F(1.5) = 0.0625$.

需要指出的是,对连续型随机变量 X 来说,它取任意指定实数值 a 的概率均为 0, 即 $P\{X = a\} = 0$. 事实上,设 X 的分布函数为 $F(x)$, $\Delta x > 0$, 则由 $\{X = a\} \subset \{a - \Delta x < X \leqslant a\}$ 得

$$0 \leqslant P\{X = a\} \leqslant P\{a - \Delta x < X \leqslant a\} = F(a) - F(a - \Delta x).$$

在上述不等式中,令 $\Delta x \to 0$, 且由于 X 是连续型随机变量,其分布函数 $F(x)$ 是连续的,即得

$$P\{X = a\} = 0.$$

因此,在计算连续型随机变量落在某一区间的概率时,可以不必区分该区间是开区间还是闭区间或者是半开半必区间. 例如,

$$P\{a < X \leqslant b\} = P\{a \leqslant X \leqslant b\} = P\{a < X < b\}.$$

下面介绍三种重要的连续型随机变量.

13.4.1 均匀分布

设连续型随机变量 X 具有概率密度

$$f(x)=\begin{cases}\dfrac{1}{b-a}, & a<x<b,\\ 0, & \text{其他},\end{cases} \tag{13.8}$$

则称 X 在区间 (a,b) 上服从**均匀分布**. 记为 $X\sim U(a,b)$.

易知 $f(x)\geqslant 0$，且 $\int_{-\infty}^{+\infty} f(x)\mathrm{d}x=1$.

由定义得 X 的分布函数为

$$F(x)=\begin{cases}0, & x<a,\\ \dfrac{x-a}{b-a}, & a\leqslant x<b,\\ 1, & x\geqslant b,\end{cases}$$

$f(x)$ 及 $F(x)$ 的图形分别如图 13.2 和图 13.3 所示.

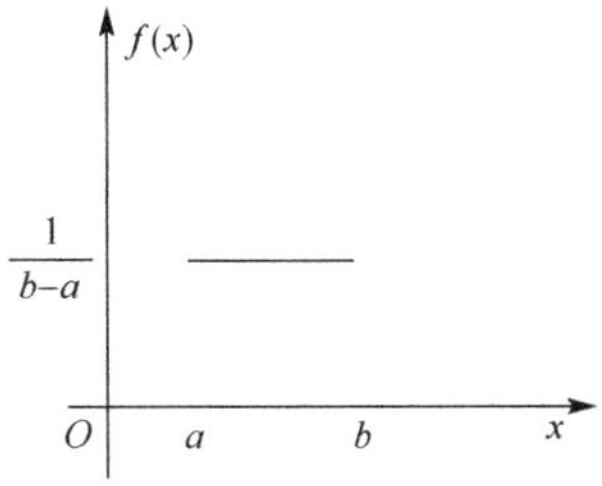

图 13.2

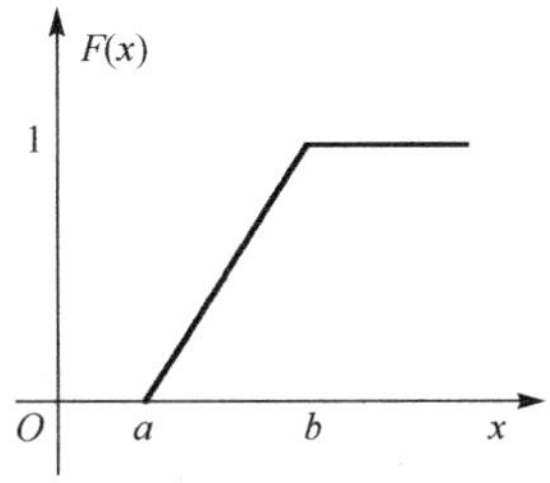

图 13.3

例 13.4.2　设电阻值 R 是一个随机变量，均匀分布在 $900\sim 1100\Omega$. 求 R 的概率密度及 R 落在 $950\sim 1050\Omega$ 的概率.

解　按题意，R 的概率密度为

$$f(x)=\begin{cases}\dfrac{1}{1100-900}, & 900<x<1100,\\ 0, & \text{其他},\end{cases}$$

故有

$$P\{950<R\leqslant 1050\}=\int_{950}^{1050}\frac{1}{200}\mathrm{d}x=\frac{1}{2}.$$

13.4.2　指数分布

设连续型随机变量 X 的概率密度为

$$f(x)=\begin{cases}\lambda \mathrm{e}^{-\lambda x}, & x>0,\\ 0, & x\leqslant 0,\end{cases} \tag{13.9}$$

其中 $\lambda>0$ 为常数，则称 X 服从参数为 λ 的**指数分布**，记为 $X\sim E(\lambda)$.

易知 $f(x)\geqslant 0$，且 $\int_{-\infty}^{+\infty} f(x)\mathrm{d}x=1$.

由定义得 X 的分布函数为

$$F(x)=\begin{cases}1-e^{-\lambda x}, & x>0,\\ 0, & x\leqslant 0.\end{cases}$$

对任何实数 $a,b(0\leqslant a<b)$，有

$$P\{a<X\leqslant b\}=\int_a^b \lambda e^{-\lambda x}dx=e^{-a\lambda}-e^{-b\lambda}.$$

指数分布常用来作为各种“寿命”分布的近似. 如随机服务系统中的服务时间，某些消耗性产品(如电子元件等)的寿命等，都常被假定服从指数分布.

例 13.4.3 已知某种电子元件的寿命 X (单位：小时)服从参数 $\lambda=\dfrac{1}{1000}$ 的指数分布，求 3 个这样的元件使用 1000 小时至少有一个已损坏的概率.

解 由题意，X 的概率密度为

$$f(x)=\begin{cases}\dfrac{1}{1000}e^{-\frac{x}{1000}}, & x>0,\\ 0, & x\leqslant 0,\end{cases}$$

于是

$$P\{X>1000\}=\int_{1000}^{+\infty}f(x)dx=e^{-1}.$$

各元件的寿命是否超过 1000 小时是独立的，因此 3 个元件使用 1000 小时都未损坏的概率为 e^{-3}，从而至少有一个已损坏的概率为 $1-e^{-3}$.

13.4.3 正态分布

设连续型随机变量 X 的概率密度为

$$f(x)=\frac{1}{\sqrt{2\pi}\sigma}e^{-\frac{(x-\mu)^2}{2\sigma^2}},\quad -\infty<x<+\infty,\tag{13.10}$$

其中 $\mu,\sigma(\sigma>0)$ 为常数，则称 X 服从参数为 μ,σ 的**正态分布**，记为 $X\sim N(\mu,\sigma^2)$.

显然 $f(x)\geqslant 0$，利用泊松积分 $\int_{-\infty}^{+\infty}e^{-x^2}dx=\sqrt{\pi}$ 可以验证 $\int_{-\infty}^{+\infty}f(x)dx=1$.

下面来验证：令 $t=\dfrac{x-\mu}{\sigma}$，得

$$\int_{-\infty}^{+\infty}\frac{1}{\sqrt{2\pi}\sigma}e^{-\frac{(x-\mu)^2}{2\sigma^2}}dx=\frac{1}{\sqrt{2\pi}}\int_{-\infty}^{+\infty}e^{-\frac{t^2}{2}}dt=1.$$

参数 μ,σ 的意义将在第 14 章中说明，$f(x)$ 的图形如图 13.4 所示，它具有以下性质.

(1) 曲线关于 $x=\mu$ 对称；

(2) 当 $x=\mu$ 时取到最大值，$f(x)=\dfrac{1}{\sqrt{2\pi}\sigma}$，$x$ 离 μ 越远，$f(x)$ 的值越小.

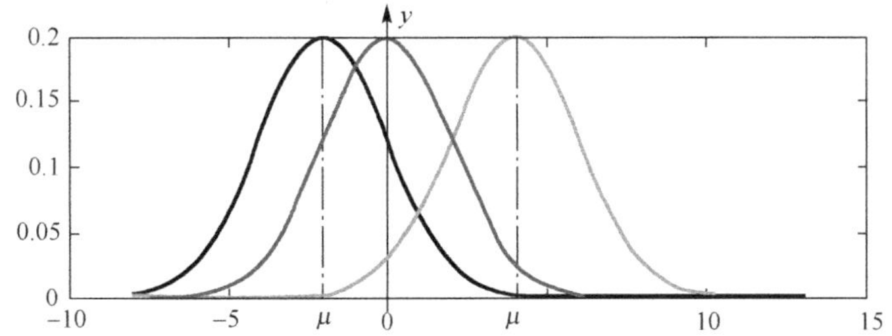

图 13.4

由定义得 X 的分布函数为

$$F(x)=\frac{1}{\sqrt{2\pi}\sigma}\int_{-\infty}^{x}\mathrm{e}^{-\frac{(t-\mu)^2}{2\sigma^2}}\,\mathrm{d}t.$$

特别地，当 $\mu=0,\sigma=1$ 时，称 X 服从**标准正态分布**，其概率密度和分布函数分别用 $\varphi(x)$，$\Phi(x)$ 表示，即有

$$\varphi(x)=\frac{1}{\sqrt{2\pi}}\mathrm{e}^{-\frac{x^2}{2}},$$

$$\Phi(x)=\frac{1}{\sqrt{2\pi}}\int_{-\infty}^{x}\mathrm{e}^{-\frac{t^2}{2}}\,\mathrm{d}t.$$

由图 13.4 易知，$\Phi(-x)=1-\Phi(x)$.

对于标准正态分布，任给 x 值，可以通过标准正态分布的概率密度函数表查出 $\varphi(x)$ 的值，一般的正态分布，即 $X\sim N(\mu,\sigma^2)$ 时，可以通过一个线性变换将它化成标准正态分布.

定理 13.4.1　若 $X\sim N(\mu,\sigma^2)$，则 $Z=\dfrac{X-\mu}{\sigma}\sim N(0,1)$.

证　$Z=\dfrac{X-\mu}{\sigma}$ 的分布函数为

$$P\{Z\leqslant x\}=P\left\{\frac{X-\mu}{\sigma}\leqslant x\right\}=P\{X\leqslant\mu+\sigma x\}$$
$$=\frac{1}{\sqrt{2\pi}\sigma}\int_{-\infty}^{\mu+\sigma x}\mathrm{e}^{-\frac{(t-\mu)^2}{2\sigma^2}}\,\mathrm{d}t.$$

令 $\dfrac{t-\mu}{\sigma}=u$，得

$$P\{Z\leqslant x\}=\frac{1}{\sqrt{2\pi}}\int_{-\infty}^{x}\mathrm{e}^{-\frac{u^2}{2}}\,\mathrm{d}u=\Phi(x),$$

因此有 $Z=\dfrac{X-\mu}{\sigma}\sim N(0,1)$.

于是，若 $X\sim N(\mu,\sigma^2)$，则它的分布函数 $F(x)$ 可以写成

$$F(x)=P\{X\leqslant x\}=P\left\{\frac{X-\mu}{\sigma}\leqslant\frac{x-\mu}{\sigma}\right\}=\Phi\left(\frac{x-\mu}{\sigma}\right).$$

对于任意区间 $(a,b]$，有

$$P\{a<X\leqslant b\}=P\left\{\frac{a-\mu}{\sigma}<\frac{X-\mu}{\sigma}\leqslant\frac{b-\mu}{\sigma}\right\}$$
$$=\Phi\left(\frac{b-\mu}{\sigma}\right)-\Phi\left(\frac{a-\mu}{\sigma}\right).$$

若 $X\sim N(0,1)$，则对于大于零的实数 x，$\Phi(x)$ 可以由正态分布函数表查得；若 $x<0$，需要利用 $\varphi(x)$ 的对称性，得到 $\Phi(x)-1-\Phi(-x)$. 概括起来为，若 $X\sim N(0,1)$，则

$$P\{X\leqslant x\}=\begin{cases}\Phi(x), & x>0,\\ 0.5, & x=0,\\ 1-\Phi(-x), & x<0.\end{cases}$$

例 13.4.4 设 $X\sim N(8,0.5^2)$，求 $P\{|X-8|<1\}$ 及 $P\{X\leqslant 10\}$.

解 (1)由于 $X\sim N(8,0.5^2)$，所以 $\dfrac{x-8}{0.5}\sim N(0,1)$，于是

$$P\{|X-8|<1\}=P\{-1<X-8<1\}=P\left\{-2<\frac{X-8}{0.5}<2\right\}$$
$$=\Phi(2)-\Phi(-2)$$
$$=\Phi(2)-[1-\Phi(2)]$$
$$=2\Phi(2)-1$$
$$=0.9545.$$

(2) $P\{X\leqslant 10\}=\Phi\left(\dfrac{10-8}{0.5}\right)=\Phi(4)=0.9999.$

例 13.4.5 将一温度调节器放置在储存着某种液体的容器内，调节器整定在 d℃ 时，液体的温度 X(℃)是一个随机变量，且 $X\sim N(d,0.5^2)$.

(1) 若 $d=90$，求 X 小于 89 的概率.

(2) 若要求保持液体的温度至少为 80 的概率不低于 0.99，问 d 至少为多少?

解 (1) $X\sim N(90,0.5^2)$，因此所求概率为

$$P\{X<89\}=P\left\{\frac{X-90}{0.5}<\frac{89-90}{0.5}\right\}$$
$$=\Phi\left(\frac{89-90}{0.5}\right)=\Phi(-2)$$
$$=1-\Phi(2)=1-0.9772$$
$$=0.0228.$$

(2) 按题意需求 d，使其满足 $P\{X\geqslant 80\}\geqslant 0.99$，又因为

$$P\{X\geqslant 80\}=P\left\{\frac{X-d}{0.5}\geqslant\frac{80-d}{0.5}\right\}=1-P\left\{\frac{X-d}{0.5}<\frac{80-d}{0.5}\right\}$$

$$= 1 - \Phi\left(\frac{80-d}{0.5}\right),$$

即

$$\Phi\left(\frac{80-d}{0.5}\right) \leqslant 1 - 0.99 = 1 - \Phi(2.327) = \Phi(-2.327),$$

所以

$$\frac{80-d}{0.5} \leqslant -2.327,$$

解得

$$d > 81.1635.$$

正态分布是最常见也是最重要的一种分布. 它常用于描述测量误差及射击命中点与靶心距离的偏差等现象. 另外,像一个地区的成年女性的身高、螺丝的口径等随机变量,它们的分布都具有"中间大,两头小"的特点. 这些都服从正态分布.

13.5 随机变量的函数的分布

在实际问题中,不仅需要研究随机变量,还要研究随机变量的函数. 例如,某商品的需求量是一个随机变量,而该商品的销售收入就是需求量的函数. 对于这类问题,用数学的语言描述就是:已知一个随机变量 X 的概率分布,求其函数 $Y = g(X)$ 的概率分布,这里 $g(\cdot)$ 是已知连续函数. 下面具体讨论.

13.5.1 离散型随机变量函数的分布

例 13.5.1 设随机变量 X 具有以下分布

X	-1	0	1	2
p_k	0.3	0.2	0.1	0.4

求(1) $Y = 2X$; (2) $Z = (X-1)^2$ 的分布律.

解 (1) Y 的所有可能值为 $-2,0,2,4$. 由 $P\{Y=2k\} = P\{X=k\} = p_k$,得 Y 的分布律为

Y	-2	0	2	4
p_k	0.3	0.2	0.1	0.4

(2) Z 的所有可能值为 0,1,4.

$$P\{Z=0\} = P\{(X-1)^2 = 0\} = P\{X=1\} = 0.1,$$

$$P\{Z=1\}=P\{(X-1)^2=1\}=P\{X=0\}+P\{X=2\}=0.6,$$
$$P\{Z=4\}=P\{(X-1)^2=4\}=P\{X=-1\}=0.3,$$

故 Z 的分布律为

Z	0	1	4
p_k	0.1	0.6	0.3

一般地，设 X 的概率分布为

X	x_1	x_2	$\cdots$	x_n	$\cdots$
p_k	p_1	p_2	$\cdots$	p_n	$\cdots$

记 $y_i=g(x_i)(i=1,2,\cdots)$，若随机变量 X 与 Y 的取值一一对应，则 $Y=g(X)$ 的概率分布为

Y	y_1	y_2	$\cdots$	y_n	$\cdots$
p_k	p_1	p_2	$\cdots$	p_n	$\cdots$

这是因为事件 $\{Y=y_i\}$ 发生当且仅当事件 $\{X=x_i\}$ 发生，于是

$$P\{Y=y_i\}=P\{X=x_i\},\quad i=1,2,\cdots.$$

通常把随机变量的可能取值按从小到大次序排列起来，由于 $y_i=g(x_i)(i=1,2,\cdots)$，如果其中有重复的，在求 Y 的分布律即计算 $P\{Y=y_i\}$ 时，应将使 $g(x_k)=y_i$ 的所有 x_k 所对应的概率 $P\{X=x_k\}$ 累加起来.

13.5.2　连续型随机变量函数的分布

例 13.5.2　设随机变量 X 具有概率密度 $f_X(x)$，$-\infty<x<+\infty$，求 $Y=X^2$ 的概率密度.

解　分别记 X,Y 的分布函数为 $F_X(x)$，$F_Y(y)$. 先来求 Y 的分布函数 $F_Y(y)$. 由于 $Y=X^2\geqslant 0$，因此当 $y\leqslant 0$ 时，$F_Y(y)=0$；当 $y>0$ 时，有

$$\begin{aligned}F_Y(y)&=P\{Y\leqslant y\}=P\{X^2\leqslant y\}\\&=P\{-\sqrt{y}\leqslant X\leqslant\sqrt{y}\}\\&=F_X(\sqrt{y})-F_X(-\sqrt{y}).\end{aligned}$$

将 $F_Y(y)$ 关于 y 求导，得到 y 的概率密度为

$$f_Y(y)=\begin{cases}\dfrac{1}{2\sqrt{y}}[f_X(\sqrt{y})+f_X(-\sqrt{y})], & y>0,\\ 0, & y\leqslant 0.\end{cases}$$

例 13.5.2 的解法具有普遍性. 一般地，对于连续型随机变量，先求 Y 的分布函

数 $F_Y(y)$，再求 Y 的概率密度. 在求 Y 的分布函数时，设法将其转化成 X 的分布函数. 具体步骤为.

(1)由"$g(X)\leqslant y$"解出 X，得到一个与"$g(X)\leqslant y$"等价的 X 的不等式，并以后者代替"$g(X)\leqslant y$"；

(2)根据函数"$y=g(x)$"的值域对分布函数 $F_Y(y)$ 的自变量 y 的定义域进行恰当的划分，并对每个区间进行讨论.

按照这种方法，得到如下定理.

定理 13.5.1　设连续型随机变量 X 具有概率密度 $f_X(x)$，$-\infty<x<+\infty$，函数 $y=g(x)$ 是 x 的严格单调函数，其反函数 $x=h(y)$ 具有连续导数，则 $Y=g(X)$ 是连续型随机变量，其概率密度为

$$f_Y(y)=\begin{cases}f_X(h(y))\cdot|h'(y)|, & \alpha<y<\beta,\\ 0, & \text{其他},\end{cases}$$

其中 $\alpha=\min(g(-\infty),g(+\infty))$，$\beta=\max(g(-\infty),g(+\infty))$.

证　不妨设 $y=g(x)$ 在 $(-\infty,+\infty)$ 内严格单调递增，它的反函数 $x=h(y)$ 在 (α,β) 严格单调增加，可导. 分别记 X,Y 的分布函数为 $F_X(x)$，$F_Y(y)$. 由于 $Y=g(X)$ 在 (α,β) 取值，故

当 $y\leqslant\alpha$ 时，$F_Y(y)=0$；

当 $y\geqslant\beta$ 时，$F_Y(y)=1$；

当 $\alpha<y<\beta$ 时，

$$F_Y(y)=P\{Y\leqslant y\}=P\{g(X)\leqslant y\}=P\{X\leqslant h(y)\}=F_X[h(y)].$$

将 $F_Y(y)$ 关于 y 求导，得到 y 的概率密度为

$$f_Y(y)=\begin{cases}f_X(h(y))\cdot|h'(y)|, & \alpha<y<\beta,\\ 0, & \text{其他},\end{cases}$$

$y=g(x)$ 在 $(-\infty,+\infty)$ 内严格单调递减的证明类似可得.

例 13.5.3　设随机变量 X 在 $\left(-\frac{\pi}{2},\frac{\pi}{2}\right)$ 内服从均匀分布，$Y=\sin X$，试求随机变量 Y 的概率密度.

解　$Y=\sin X$ 对应的函数 $y=g(x)=\sin x$ 在 $\left(-\frac{\pi}{2},\frac{\pi}{2}\right)$ 上单调递增，且有反函数

$$x=h(y)=\arcsin y,\quad h'(y)=\frac{1}{\sqrt{1-y^2}},$$

又 X 的概率密度为

$$f_X(x)=\begin{cases}\dfrac{1}{\pi}, & -\dfrac{\pi}{2}<x<\dfrac{\pi}{2},\\ 0, & \text{其他}.\end{cases}$$

由定理 13.5.1 得 $Y=\sin X$ 概率密度为

$$f_Y(y)=\begin{cases}\dfrac{1}{\pi}\cdot\dfrac{1}{\sqrt{1-y^2}}, & -1<x<1,\\ 0, & \text{其他}.\end{cases}$$

习 题 13

1. 将一枚硬币连续抛两次,以 X 表示所抛两次中反面出现的次数,写出随机变量 X 的分布律.

2. 若 X 服从两点分布,且 $P\{X=1\}=2P\{X=0\}$,求 X 的分布律.

3. 一大楼有 5 个类型的供水设备,调查表明在某时刻 t 每个设备被使用的概率为 0.1,问在同一时刻

(1) 恰有 2 个设备被使用的概率;

(2) 至少有 1 个设备被使用的概率.

4. 设某个车间里共有 9 台车床,每台车床使用电力都是间歇性的,平均起来每小时中约有 12 分钟使用电力. 假定车工们的工作是相互独立的. 试问在同一时刻有 6 台或 6 台以上车床使用电力的概率是多少?

5. 一女工照管 800 个纱锭,若一纱锭在单位时间内断纱的概率为 0.005,求单位时间内

(1) 恰好断纱 3 次的概率;

(2) 断纱次数不多于 3 次的概率.

6. 设连续型随机变量 X 的概率密度为

$$f(x)=\begin{cases}a\cos x, & -\dfrac{\pi}{2}<x<\dfrac{\pi}{2},\\ 0, & \text{其他},\end{cases}$$

(1) 求系数 a;

(2) 求随机变量 X 落在区间 $\left(0,\dfrac{\pi}{4}\right)$ 内的概率.

7. 设连续型随机变量 X 的概率密度为

$$f(x)=\begin{cases}\dfrac{2}{\pi(1+x^2)}, & a<x<+\infty,\\ 0, & \text{其他},\end{cases}$$

(1) 试确定常数 a 的值;(2) 如果 $P\{a<X<b\}=0.5$,试确定常数 b 的值.

8. 甲城市每天用电量不超过百万千瓦时,以 X 表示每天的耗电率(即用电量除以百万千瓦时所得之商),它的概率密度为

$$f(x)=\begin{cases}12x(1-x)^2, & 0<x<1,\\ 0, & \text{其他}.\end{cases}$$

若甲城市发电厂每天供电量为 80 万千瓦时，求供电量不能满足需要(即耗电率大于 0.8)的概率.

9. 已知随机变量 X 的分布律为

X	0	1	2
P	0.25	0.5	0.25

(1) 求 X 的分布函数 $F(X)$ 并画出图形；

(2) 求 $P\{-1<X\leqslant 1\}$，$P\{X\geqslant 1\}$.

10. 某种型号的电子元件的寿命 X(单位：小时)为一随机变量，其概率密度为

$$f(x)=\begin{cases}\dfrac{100}{x^2}, & x\geqslant 100,\\ 0, & \text{其他},\end{cases}$$

(1) 求 X 的分布函数 $F(X)$ 并画出图形；

(2) 若一电器配有三个这样的电子元件，计算该电器在使用 150 小时内不需要更换电子元件的概率.

11. 设 $X\sim N(\mu,\sigma^2)$，X 的概率密度为

$$f(x)=k_1\mathrm{e}^{-\frac{x^2-4x+k_2}{32}},$$

试确定 k_1,k_2,μ,σ^2 的值.

12. 设 $X\sim E(\lambda)$. 证明：对任意的 $s>0,t>0$，有

$$P\{X>s+t\mid X>s\}=P\{X>t\},$$

称为无记忆性.

13. 上海至嘉兴的长途汽车每隔 3 个小时发一班车，某人来到起点站前，不知道发车时刻表，试问等待事件少于半小时的概率是多少？

14. 设 $X\sim N(3,2^2)$，求

(1) $P\{2<X\leqslant 5\}$，$P\{|X|<2\}$，$P\{|X|>2\}$.

(2) 确定 C，使得 $P\{X>C\}=P\{X\leqslant C\}$.

15. 设成年男子身高 X(单位：cm) $\sim N(170,6^2)$，某种公共汽车车门的高度是按成年男子碰头的概率在 1%以下来设计的，问车门的高度最少应为多少？

16. 某产品的质量指标 $X\sim N(160,\sigma^2)$，若要求 $P\{120<X<200\}\geqslant 0.8$，问允许的 σ 最大为多少？

17. 假定成人的体重符合参数为 $\mu=55,\sigma=10$ (kg) 的正态分布，即

$X \sim N(55, 10^2)$. 试求任选一成人,他的体重(1)在[45,65]中的概率;(2)大于85kg的概率.

18. 某产品的质量指标 $X \sim N(108, 9)$,欲使 $P\{120 < X < 200\} \geqslant 0.80$,问允许 σ 最多为多少?

19. 已知随机变量 X 的概率分布为

X	-1	0	1	2
p_k	0.2	0.25	0.3	0.25

求 $Y = -3X + 1$ 及 $Z = X^2 + 1$ 的概率分布.

20. 设随机变量 X 的概率密度为

$$f(x) = \begin{cases} \frac{1}{3}x - \frac{1}{6}, & 1 < x < 3, \\ 0, & \text{其他}, \end{cases}$$

求 $Y = (X - 2)^2$ 的概率密度.

第 14 章　多维随机变量及其概率分布

在实际应用中,试验结果有时不能用一个数字来表示,而是同时用两个或两个以上的数字来表示.例如,人的身材,起码要用身高、体重两个数字表示;某地区新生婴儿的身体状况,需要用到身高、体重、血压等指标来描述,每个指标都是一个随机变量;要考虑一支股票的投资价值,会用到股票的市盈率、市净率、资本报酬率、净值周转率等指标,它们也是一些随机变量,而且这些随机变量并非彼此独立,因此有必要把它们作为一个整体来研究,这就引出了多维随机变量的概念.

14.1　二维随机变量

14.1.1　二维随机变量及其分布函数

定义 14.1.1　设 X,Y 是定义在样本空间 Ω 上的两个随机变量,则 (X,Y) 称为**二维随机向量**或**二维随机变量**.

定义 14.1.2　对于任意实数 x,y, 二元函数

$$F(x,y)=P\{X\leqslant x,Y\leqslant y\} \tag{14.1}$$

称为二维随机变量 (X,Y) 的**分布函数**,或**联合分布函数**.

若将二维随机变量 (X,Y) 看成是平面上随机点 (X,Y) 的坐标,那么 $F(x,y)$ 就表示随机点落在以点 (x,y) 为顶点的左下方的无限矩形域内的概率(图 14.1).因此给定了 X 和 Y 的联合分布函数,就可以求出 (X,Y) 落入矩形 $(x_1,x_2]\times(y_1,y_2]$ 图 14.2 中的概率

$$\begin{aligned}&P\{x_1<X\leqslant x_2,y_1<Y\leqslant y_2\}\\&=F(x_2,y_2)-F(x_1,y_2)-F(x_2,y_1)+F(x_1,y_1).\end{aligned}$$

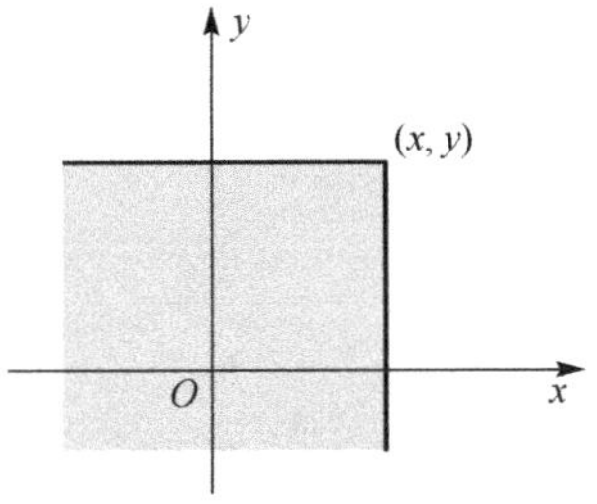

图 14.1

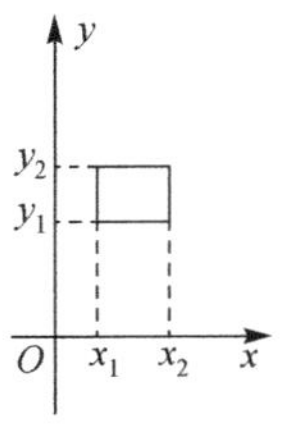

图 14.2

二维随机变量是随机变量的推广,但又比随机变量复杂. 所以产生了一些新的问题.

二维随机变量的分布函数的性质.

(1) 对每个固定的 x (或 y) $F(x,y)$ 是 y (或 x)的单调不减函数,即对固定的 x, 当 $y_1 < y_2$ 时,有 $F(x,y_1) \leqslant F(x,y_2)$;

(2) $0 \leqslant F(x,y) \leqslant 1$; $F(-\infty,-\infty)=0, F(+\infty,+\infty)=1$, 对任意给定的 $x \in (-\infty,y), y \in (x,-\infty)$,

$$F(-\infty,y)=0, \quad F(x,-\infty)=0;$$

(3) $F(x,y)$ 关于 x (关于 y)右连续;

(4) 对任意 $x_1 < x_2, y_1 < y_2$, 都有

$$F(x_2,y_2)-F(x_1,y_2)-F(x_2,y_1)+F(x_1,y_1) \geqslant 0.$$

例 14.1.1 判断二元函数

$$F(x,y)=\begin{cases}0, & x+y<0,\\ 1, & x+y \geqslant 0\end{cases}$$

是不是某二维随机变量的分布函数.

解 取 $x_1=-1, x_2=1; y_1=-1, y_2=1$, 则

$$F(x_2,y_2)-F(x_1,y_2)-F(x_2,y_1)+F(x_1,y_1)=-1<0.$$

故 $F(x,y)$ 不是某二维随机变量的分布函数.

定义 14.1.3 设 (X,Y) 是一个二维随机变量,其联合分布函数为 $F(x,y)$. 称

$$F_X(x)=P\{X \leqslant x\}=P\{X \leqslant x, Y<+\infty\}=F(x,+\infty),$$

$$F_Y(y)=P\{Y \leqslant y\}=P\{X<+\infty, Y \leqslant y\}=F(+\infty,y)$$

为 (X,Y) 关于 X 与 Y 的**边缘分布函数.**

14.1.2 二维离散型随机变量的分布律

如果二维随机变量 (X,Y) 只能取有限个或至多可列对值,则称它为**离散型随机变量**,称

$$p_{ij}=P\{X=x_i, Y=y_j\}, \quad i,j=1,2,\cdots \tag{14.2}$$

为二维随机变量 (X,Y) 的**联合分布律**. 也可以如下表示.

X \ Y	y_1	y_2	y_3	$\cdots$
x_1	p_{11}	p_{12}	p_{13}	$\cdots$
x_2	p_{21}	p_{22}	p_{23}	$\cdots$
$\vdots$	$\vdots$	$\vdots$	$\vdots$	

由定义易得出，p_{ij} 满足下列条件.

(1) $p_{ij} \geqslant 0$；

(2) $\sum_{i=1}^{\infty}\sum_{j=1}^{\infty} p_{ij} = 1$.

离散型随机变量的联合分布由下面式子求得

$$F(x,y) = \sum_{x_i \leqslant x}\sum_{y_j \leqslant y} p_{ij},$$

其中和式是对一切满足 $x_i \leqslant x, y_i \leqslant y$ 的 i, j 来求和的.

例 14.1.2　袋中有 2 只白球及 3 只黑球. 现进行有放回抽球. 且定义下列随机变量

$$X = \begin{cases} 1, & \text{第一次抽白球}, \\ 0, & \text{第一次抽黑球}, \end{cases} \quad Y = \begin{cases} 1, & \text{第二次抽白球}, \\ 0, & \text{第二次抽黑球}. \end{cases}$$

求 (X,Y) 的联合分布律.

解　$p_{1,1} = P\{X=1, Y=1\} = P\{X=1\}P\{Y=1 \mid X=1\}$

$$= \frac{2}{5}\times\frac{2}{5} = \frac{4}{25},$$

$$p_{1,0} = P\{X=1\}P\{Y=0 \mid X=1\} = \frac{2}{5}\times\frac{3}{5} = \frac{6}{25},$$

$$p_{0,1} = P\{X=0\}P\{Y=1 \mid X=0\} = \frac{3}{5}\times\frac{2}{5} = \frac{6}{25},$$

$$p_{0,0} = P\{X=0\}P\{Y=0 \mid X=0\} = \frac{3}{5}\times\frac{3}{5} = \frac{9}{25}.$$

(X,Y)的联合分布律列表如下.

Y \ X	1	0
1	$\frac{4}{25}$	$\frac{6}{25}$
0	$\frac{6}{25}$	$\frac{9}{25}$

14.1.3　二维连续型随机变量

与一维随机变量类似，设二维随机变量 (X,Y) 的分布函数为 $F(x,y)$，如果存在非负可积函数 $f(x,y)$，使得对任意实数 x, y，有

$$F(x,y) = \int_{-\infty}^{y}\int_{-\infty}^{x} f(u,v)\,\mathrm{d}u\mathrm{d}v, \tag{14.3}$$

则称 (X,Y) 是**二维连续型随机变量**，函数 $f(x,y)$ 为二维连续型随机变量 (X,Y) 的**联合概率密度函数**或称为随机变量 (X,Y) 的**联合概率密度**.

按定义，联合概率密度 $f(x,y)$ 具有以下性质.

(1) $f(x,y)\geqslant 0$;

(2) $\int_{-\infty}^{+\infty}\int_{-\infty}^{+\infty}f(x,y)\mathrm{d}x\mathrm{d}y=F(+\infty,+\infty)=1$;

(3) 设 G 是 xOy 平面上的一个区域，则 $P\{(X,Y)\in G\}=\iint\limits_{G}f(x,y)\mathrm{d}x\mathrm{d}y$;

(4) 若 $f(x,y)$ 在点 (x,y) 连续，则有 $\dfrac{\partial^2F(x,y)}{\partial x\partial y}=f(x,y)$.

例 14.1.3　设二维随机变量的联合概率密度函数为

$$f(x,y)=\begin{cases}\dfrac{C}{x^2y^3}, & x>\dfrac{1}{2},y>\dfrac{1}{2},\\ 0, & \text{其他},\end{cases}$$

求(1)系数 C; (2) (X,Y) 的分布函数.

解　(1)由联合概率密度函数的性质有

$$\int_{\frac{1}{2}}^{+\infty}\mathrm{d}x\int_{\frac{1}{2}}^{+\infty}\frac{C}{x^2y^3}\mathrm{d}y=1,$$

解得 $C=\dfrac{1}{4}$.

(2)

$$\begin{aligned}F(x,y)&=\begin{cases}\displaystyle\int_{\frac{1}{2}}^{x}\mathrm{d}u\int_{\frac{1}{2}}^{y}\frac{1}{4u^2v^3}\mathrm{d}v, & x>\dfrac{1}{2},y>\dfrac{1}{2},\\ 0, & \text{其他}\end{cases}\\ &=\begin{cases}\dfrac{1}{4}\left(\dfrac{1}{x}-2\right)\left(\dfrac{1}{y^2}-4\right), & x>\dfrac{1}{2},y>\dfrac{1}{2},\\ 0, & \text{其他}.\end{cases}\end{aligned}$$

例 14.1.4　设 G 是平面上一个有界区域，其面积为 A，二维随机变量 (X,Y) 只在 G 中取值，并且取 G 中的每一个点都是“等可能的”，即 (X,Y) 的联合概率密度为

$$f(x,y)=\begin{cases}C, & (x,y)\in G,\\ 0, & (x,y)\notin G.\end{cases}$$

由概率的性质 $\int_{-\infty}^{+\infty}\int_{-\infty}^{+\infty}f(x,y)\mathrm{d}x\mathrm{d}y=1$ 可得 $C=\dfrac{1}{A}$，因此

$$f(x,y)=\begin{cases}\dfrac{1}{A}, & (x,y)\in G,\\ 0, & (x,y)\notin G.\end{cases}$$

如果一个二维随机变量的联合概率密度满足上式，则称二维随机变量在区域 G 上服从二维均匀分布.

14.2　随机变量的边缘分布

14.2.1　离散型边缘分布

定义 14.2.1　设 $p_{i,j}=P\{X=x_i,Y=y_j\}(i,j=1,2,\cdots)$ 为 (X,Y) 的联合分布律. 则称

$$p_X(x_i)=P\{X=x_i\}=\sum_j P\{X=x_i,Y=y_j\}=\sum_j p_{i,j}(i=1,2,\cdots)\tag{14.4}$$

为 (X,Y) 关于 X 的**边缘分布律**. 类似地,称

$$p_Y(y_j)=P\{Y=y_j\}=\sum_i P\{X=x_i,Y=y_j\}=\sum_i p_{i,j}(j=1,2,\cdots)\tag{14.5}$$

为 (X,Y) 关于 Y 的**边缘分布律**.

边缘分布可由联合分布求得,二维随机变量的联合分布和边缘分布也可列成表格的形式.

$X \backslash Y$	y_1	y_2	$\cdots$	y_j	$\cdots$	$p_{i\cdot}$
x_1	p_{11}	p_{12}	$\cdots$	p_{1j}	$\cdots$	$p_{1\cdot}$
x_2	p_{21}	p_{22}	$\cdots$	p_{2j}	$\cdots$	$p_{2\cdot}$
$\vdots$	$\vdots$	$\vdots$		$\vdots$		$\vdots$
x_i	p_{i1}	p_{i2}	$\cdots$	p_{ij}	$\cdots$	$p_{i\cdot}$
$\vdots$	$\vdots$	$\vdots$		$\vdots$		$\vdots$
$p_{\cdot j}$	$p_{\cdot 1}$	$p_{\cdot 2}$	$\cdots$	$p_{\cdot j}$	$\cdots$	

上表中最后一列是 (X,Y) 关于 X 的边缘分布, $p_{i\cdot}$ 是表中第 i 行前面各数之和;类似地,最后一行是 (X,Y) 关于 Y 的边缘分布, $p_{\cdot j}$ 使表中第 j 列上面各数之和.

例 14.2.1　袋中有 2 只白球及 3 只黑球. 现进行有放回抽球,且定义下列随机变量.

$$X=\begin{cases}1, & \text{第一次抽白球},\\0, & \text{第一次抽黑球},\end{cases}\quad Y=\begin{cases}1, & \text{第二次抽白球},\\0, & \text{第二次抽黑球},\end{cases}$$

求 (X,Y) 的联合分布律及边缘分布.

解　$p_{1,1}=P\{X=1,Y=1\}=P\{X=1\}P\{Y=1\mid X=1\}=\dfrac{2}{5}\times\dfrac{2}{5}=\dfrac{4}{25}$,

$$p_{1,0}=P\{X=1\}P\{Y=0\mid X=1\}=\frac{2}{5}\times\frac{3}{5}=\frac{6}{25},$$

$$p_{0,1}=P\{X=0\}P\{Y=1\mid X=0\}=\frac{3}{5}\times\frac{2}{5}=\frac{6}{25},$$

$$p_{0,0}=P\{X=0\}P\{Y=0\mid X=0\}=\frac{3}{5}\times\frac{3}{5}=\frac{9}{25}.$$

联合分布列表如下.

Y \ X	1	0	$p_Y(y_i)$
1	$\frac{4}{25}$	$\frac{6}{25}$	$\frac{2}{5}$
0	$\frac{6}{25}$	$\frac{9}{25}$	$\frac{3}{5}$
$p_X(x_i)$	$\frac{2}{5}$	$\frac{3}{5}$	

例 14.2.2　将上例中的有放回抽球改为无放回抽球，X,Y 的意义不变,求 (X,Y) 的联合分布律及边缘分布.

解　如下表.

Y \ X	1	0	$p_Y(y_i)$
1	$\frac{2}{5}\times\frac{1}{4}$	$\frac{3}{5}\times\frac{2}{4}$	$\frac{2}{5}$
0	$\frac{2}{5}\times\frac{3}{4}$	$\frac{3}{5}\times\frac{2}{4}$	$\frac{3}{5}$
$p_X(x_i)$	$\frac{2}{5}$	$\frac{3}{5}$	

显然,根据联合分布可以唯一确定边缘分布,但例 14.2.1 和例 14.2.2 中两个边缘分布完全相同,但联合分布却不相同.

14.2.2　连续型随机变量的边缘密度

定义 14.2.2　若 (X,Y) 的联合概率密度函数为 $f(x,y)$，则称

$$f_X(x) = \int_{-\infty}^{+\infty} f(x,y)\mathrm{d}y, \tag{14.6}$$

$$f_Y(y) = \int_{-\infty}^{+\infty} f(x,y)\mathrm{d}x, \tag{14.7}$$

分别为关于 X 和关于 Y 的**边缘密度函数**.

例 14.2.3　设二维随机变量 (X,Y) 在区域 $G=\{(x,y)\mid 0\leqslant x\leqslant 1, x^2\leqslant y\leqslant x\}$ 上服从均匀分布,求边缘概率密度 $f_X(x), f_Y(y)$.

解　区域 G 的面积 $A=\int_0^1(x-x^2)\mathrm{d}x=\frac{1}{6}$,因此,二维随机变量 (X,Y) 的联合概率密度函数为

$$f(x,y)=\begin{cases}6, & 0\leqslant x\leqslant 1, x^2\leqslant y\leqslant x,\\ 0, & \text{其他},\end{cases}$$

则

$$f_X(x)=\int_{-\infty}^{+\infty} f(x,y)\mathrm{d}y=\begin{cases}\int_{x^2}^{x} 6\mathrm{d}y = 6(x-x^2), & 0\leqslant x\leqslant 1,\\ 0, & \text{其他},\end{cases}$$

$$f_Y(y)=\int_{-\infty}^{+\infty} f(x,y)\mathrm{d}x=\begin{cases}\int_{y}^{\sqrt{y}} 6\mathrm{d}x = 6(\sqrt{y}-y), & 0\leqslant y\leqslant 1,\\ 0, & \text{其他}.\end{cases}$$

注　尽管 (X,Y) 的联合分布在 G 上服从均匀分布,但是它们的边缘分布却不是均匀的.

14.3　随机变量的独立性

第 12 章给出了随机事件的独立性,若事件相互独立,则计算就可以简化. 对于二维随机变量 (X,Y),分布函数 $F(x,y)$ 是事件 $\{X\leqslant x\}$ 与 $\{Y\leqslant y\}$ 的积事件,如果事件 $\{X\leqslant x\}$ 与 $\{Y\leqslant y\}$ 相互独立,则求分布函数就容易得多.

定义 14.3.1　若二维随机变量的分布函数 $F(x,y)$ 与边缘分布函数 $F_X(x)$, $F_Y(y)$ 对所有的 x,y 有

$$F(x,y)=F_X(x)F_Y(y), \tag{14.8}$$

即

$$P\{X\leqslant x, Y\leqslant y\}=P\{X\leqslant x\}P\{Y\leqslant y\}, \tag{14.9}$$

则称随机变量 X 与 Y 是**相互独立的**.

由定义得到如下判别相互独立的判别定理.

定理 14.3.1　设 (X,Y) 的联合分布律为 $p_{i,j}=P\{X=x_i, Y=y_j\}$,它关于 X,Y 的边缘分布律分别为 $P\{X=x_i\}=p_X(x_i), P\{Y=y_j\}=p_Y(y_j), (i,j=1,$

2,3,…)，则随机变量 X 与 Y 相互独立的充分必要条件是对一切 i,j 都有

$$p_{ij} = P\{X = x_i, Y = y_j\} = p_X(x_i)p_Y(y_j) = p_{i\cdot}p_{\cdot j}. \quad (14.10)$$

定理 14.3.2 设 $f(x,y)$，$f_X(x)$，$f_Y(y)$ 依次是二维随机变量 (X,Y) 的联合概率密度和边缘概率密度. 则 X 与 Y 相互独立的充分必要条件是对一切 x,y，有

$$f(x,y) = f_X(x)f_Y(y). \quad (14.11)$$

例 14.3.1 袋中有 2 只白球及 3 只黑球. 现进行(1)有放回抽球，(2)无放回抽球，且定义下列随机变量

$$X = \begin{cases} 1, & \text{第一次抽白球}, \\ 0, & \text{第一次抽黑球}, \end{cases} \quad Y = \begin{cases} 1, & \text{第二次抽白球}, \\ 0, & \text{第二次抽黑球}, \end{cases}$$

随机变量在(1)、(2)两种抽球方式中是否相互独立?

解 (1) 有放回摸球中，X 与 Y 相互独立.

(2) 无放回摸球中，由于

$$p_{11} = \frac{1}{10}, \quad p_{1\cdot} = P\{X = 1\} = \frac{2}{5},$$

$$p_{\cdot 1} = P\{Y = 1\} = p_{0,\cdot} \times P(Y = 1 \mid X = 0) + p_{1,\cdot} \times P(Y = 1 \mid X = 1)$$

$$= \frac{3}{5} \times \frac{1}{2} + \frac{2}{5} \times \frac{1}{4} = \frac{2}{5}.$$

显然

$$p_{11} \neq p_{1\cdot}p_{\cdot 1},$$

故 X 与 Y 不相互独立.

例 14.3.2 设二维随机变量的分布律如下所示.

$X \backslash Y$	1	2	3
1	$\frac{1}{6}$	$\frac{1}{9}$	$\frac{1}{18}$
2	$\frac{1}{3}$	a	b

则当 a,b 为何值时，随机变量 X 与 Y 相互独立?

解 X 与 Y 的边缘分布律为

X	1	2
p_k	$\frac{1}{3}$	$\frac{1}{3}+a+b$

Y	1	2	3
p_k	$\frac{1}{2}$	$\frac{1}{9}+a$	$\frac{1}{18}+b$

若随机变量 X 与 Y 相互独立,则有

$$\frac{1}{9}=P\{X=1,Y=2\}=P\{X=1\}P\{Y=2\}=\frac{1}{3}\times\left(\frac{1}{9}+a\right),$$

$$\frac{1}{18}=P\{X=1,Y=3\}=P\{X=1\}P\{Y=3\}=\frac{1}{3}\times\left(\frac{1}{18}+b\right),$$

解得

$$a=\frac{2}{9},\quad b=\frac{1}{9}.$$

例 14.3.3　某人欲到车站乘车,已知人、车到达车站的时间相互独立,且都服从在 8：00～8：30 间均匀分布. 又设车到车站停留 10 分钟后准时离站,求此人能乘上车的概率.

解　设人、车到达车站的时间分别为 8 点过 X 分和 8 点过 Y 分,则当且仅当"$X<Y+10$"时此人方能乘上车. 由题意设 $X\sim U[0,30]$,$Y\sim U[0,30]$,从而有

$$f_X(x)=\begin{cases}\frac{1}{30}, & 0\leqslant x\leqslant 30,\\ 0, & \text{其他},\end{cases}$$

$$f_Y(y)=\begin{cases}\frac{1}{30}, & 0\leqslant y\leqslant 30,\\ 0, & \text{其他},\end{cases}$$

又 X 与 Y 相互独立,则联合概率密度为

$$f(x,y)=f_X(x)f_Y(y)=\begin{cases}\frac{1}{900}, & 0\leqslant x\leqslant 30,0\leqslant y\leqslant 30,\\ 0, & \text{其他},\end{cases}$$

于是此人乘上车的概率为

$$P\{X<Y+10\}=\iint\limits_{x<y+10}f(x,y)\mathrm{d}x\mathrm{d}y=\frac{1}{900}\iint\limits_{x<y+10}\mathrm{d}x\mathrm{d}y=\frac{7}{9}.$$

习　题　14

1. 盒子中有 3 只黑球、2 只白球、2 只红球,在其中任取 4 只. 以 X 表示取到黑球数,以 Y 表示取到红球数,求 (X,Y) 的联合概率分布.

2. 假设随机变量 (X,Y) 的联合概率密度为

$$f(x,y)=\begin{cases}k(6-x-y), & 0<x<2,2<y<4.5,\\0, & \text{其他}.\end{cases}$$

(1) 求系数 k;

(2) 求 $P\{X<1,Y<2\}$,$P\{X<2\}$,$P\{X+Y<4\}$.

3. 设随机变量 (X,Y) 的联合概率密度为

$$f(x,y)=\begin{cases}ke^{-(2x+y)}, & x>0,y>0,\\0, & \text{其他}.\end{cases}$$

(1) 求系数 k;

(2) 求随机变量 (X,Y) 的分布函数.

4. 设随机变量 X 在 1,2,3,4 四个整数中等可能地取值,另一随机变量 Y 在 $1\sim X$ 中等可能地取值,求 X,Y 的联合分布律及边缘分布律.

5. 设二维随机变量 (X,Y) 在以原点为圆心,r 为半径的圆上服从均匀分布,试求 (X,Y) 的联合概率密度及边缘概率密度.

6. 设 (ξ,η) 的联合概率密度为

$$\varphi(x,y)=\frac{c}{(1+x^2)(1+y^2)},\quad -\infty<x<+\infty,-\infty<y<+\infty.$$

(1) 求 c 值;(2) 求 (ξ,η) 落在(0,0),(0,1),(1,0),(1,1)为顶点的正方形内的概率;(3)问 ξ 与 η 是否相互独立?

7. 随机变量 (ξ,η) 在矩形区域 $D=\{(x,y):a<x<b,c<y<d\}$ 内服从均匀分布,求

(1)联合密度函数 $p(x,y)$;(2)边缘密度函数 $p_\xi(x)$,$p_\eta(y)$;(3) ξ 与 η 是否相互独立?

8. 设随机变量 (X,Y) 的联合概率密度为

$$f(x,y)=\begin{cases}2xy, & 0\leqslant x\leqslant 1,0\leqslant y\leqslant 1,\\0, & \text{其他},\end{cases}$$

问 X 与 Y 是否相互独立?

9. 设 X 与 Y 是相互独立且服从同一分布的两个随机变量,X 的概率密度为

$$f(x)=\begin{cases}e^{-x}, & x>0,\\0, & \text{其他},\end{cases}$$

试求 $U=X+Y$,$V=X-Y$ 的联合概率密度与边缘概率密度.

第 15 章 随机变量的数字特征

第 13 章介绍了随机变量的分布，它是对随机变量的一种完整的描述. 但在实际中，并不需要去全面地考察随机变量的变化情况，而只要知道随机变量的某些综合指标就够了. 例如，在测量某零件的长度时，一般关心的是这批零件的平均长度及测量结果的精确程度. 又如检查一批棉花的质量时，人们关心的不仅是棉花纤维的平均长度，而且还关心纤维长度与平均长度之差，在棉花纤维的平均长度一定的情况下，这个差越小，表示棉花的质量越高. 由上面的例子可以看到：需要引进一些用来表示上面提到的平均值和偏离程度的量. 这些与随机变量有关的数值，虽然不能完整地描述随机变量，但能描述它在某些方面的重要特征. 随机变量的数字特征就是用数字来表示随机变量的分布特点. 本章将介绍最常用的两种数字特征：数学期望和方差.

15.1 数学期望

15.1.1 离散型随机变量的数学期望

例 15.1.1 一批钢筋共有 10 根，抗拉强度指标为 120 和 130 的各有 2 根，125 有 3 根，110，135，140 的各 1 根，则它们的平均抗拉强度指标为

$$\frac{110+120\times2+125\times3+130\times2+135+140}{10}$$
$$=110\times\frac{1}{10}+120\times\frac{2}{10}+125\times\frac{3}{10}+130\times\frac{2}{10}+135\times\frac{1}{10}+140\times\frac{1}{10}$$
$$=126.$$

从计算中可以看到，平均抗拉强度并不是这 10 根钢筋所取到的 6 个值的简单平均，而是取这些值的次数与试验总次数的比值为权重的加权平均.

定义 15.1.1 设离散型随机变量 X 的分布律为

$$P\{X=x_k\}=p_k \quad k=1,2,\cdots,$$

若级数 $\sum_{k=1}^{\infty}x_kp_k$ 绝对收敛，则称这级数为随机变量 X 的**数学期望**，记为 $E(X)$，即

$$E(X)=\sum_{k=1}^{\infty}x_kp_k. \tag{15.1}$$

数学期望简称**期望**或**均值**，可简记为 $E(X)$. 数学期望 $E(X)$ 完全由随机变量

X 的概率分布所确定. 式(15.1)是随机变量 X 的取值乘以概率为权的加权平均.

例 15.1.2 若 X 服从 $(0-1)$ 分布,其分布律为

$$P\{X=k\}=p^k(1-p)^{1-k},\quad k=0,1,$$

求 $E(X)$.

解 $E(X)=\sum_{k=0}^{1}kP\{X=k\}=0\times(1-p)+1\times p=p.$

例 15.1.3 甲、乙两名射手在一次射击中得分(分别用 X,Y 表示)的分布律如下所示.

X	1	2	3
p_k	0.4	0.1	0.5

Y	1	2	3
p_k	0.1	0.6	0.3

试比较甲、乙两射手的技术.

解

$$E(X)=1\times0.4+2\times0.1+3\times0.5=2.1,$$

$$E(Y)=1\times0.1+2\times0.6+3\times0.3=2.2,$$

因此,如果进行多次射击,他们得分的平均值分别为 2.1 和 2.2,所以乙射手较甲射手的技术好.

例 15.1.4 一批产品中有一、二、三、四等品及废品 5 种,相应的概率分别为 0.7, 0.1, 0.1,0.06,0.04;若其产值分别为 6 元、5 元、4 元、2 元及 0 元. 求产品的平均产值.

解 产品产值 X 是一个随机变量,它的分布律如

X	6	5	4	2	0
p_k	0.7	0.1	0.1	0.06	0.04

因此

$$E(X)=6\times0.7+5\times0.1+4\times0.1+2\times0.06=5.22(\text{元}).$$

例 15.1.5 设 $X\sim\pi(\lambda)$, 求 $E(X)$.

解 X 的分布律为

$$P\{X=k\}=\frac{\lambda^k e^{-\lambda}}{k!},\quad k=0,1,2,\cdots,\lambda>0,$$

则 X 的数学期望为

$$E(X)=\sum_{k=0}^{+\infty}k\cdot\frac{\lambda^k e^{-\lambda}}{k!}=\lambda e^{-\lambda}\cdot\sum_{k=1}^{+\infty}\frac{\lambda^{k-1}}{(k-1)!}=\lambda e^{-\lambda}\cdot e^{\lambda}=\lambda.$$

例 15.1.6 设 $X\sim B(n,p)$, 求 $E(X)$.

解 X 的分布律为

$$P\{X=k\}=C_n^k p^k q^{n-k},\quad k=0,1,2,\cdots,n,$$

则

$$E(X)=\sum_{k=0}^{n}kC_n^kp^kq^{n-k}=\sum_{k=0}^{n}k\frac{n!}{k!(n-k)!}p^kq^{n-k}$$

$$=\sum_{k=1}^{n}\frac{n!}{(k-1)!(n-k)!}p^kq^{n-k}$$

$$=np\sum_{k=1}^{n}\frac{(n-1)!}{(k-1)!(n-k)!}p^{k-1}q^{n-k}$$

$$=np\sum_{k=1}^{n}C_{n-1}^{k-1}p^{k-1}q^{n-k},$$

令 $k'=k-1$，则有

$$E(X)=np\sum_{k'=0}^{n-1}C_{n-1}^{k'}p^{k'}q^{n-1-k'}=np.$$

15.1.2　连续型随机变量的数学期望

定义 15.1.2　设连续型随机变量 X 的概率密度为 $f(x)$，若积分 $\int_{-\infty}^{+\infty}xf(x)\mathrm{d}x$ 绝对收敛，则称积分 $\int_{-\infty}^{+\infty}xf(x)\mathrm{d}x$ 的值为随机变量 X 的数学期望，记为 $E(X)$，即

$$E(X)=\int_{-\infty}^{+\infty}xf(x)\mathrm{d}x. \tag{15.2}$$

例 15.1.7　计算在 $[a,b]$ 上服从均匀分布的随机变量 X 的数学期望.

解　依题意有

$$f(x)=\begin{cases}\dfrac{1}{b-a}, & a<x<b,\\ 0, & \text{其他},\end{cases}$$

因此

$$E(X)=\int_a^b x\cdot\frac{1}{b-a}\mathrm{d}x=\frac{1}{b-a}\left.\frac{x^2}{2}\right|_a^b=\frac{a+b}{2}.$$

即数学期望位于区间 $[a,b]$ 的中点.

例 15.1.8　计算随机变量 X 服从参数为 λ 的指数分布的数学期望.

解　依题意有指数分布的概率密度为

$$f(x)=\begin{cases}\lambda e^{-\lambda x}, & x>0,\\ 0, & x\leqslant 0,\end{cases}$$

因此

$$E(X)=\int_0^{+\infty}x\cdot\lambda e^{-\lambda x}\mathrm{d}x=\frac{1}{\lambda}.$$

15.1.3　随机变量函数的数学期望

有时还需要求出随机变量函数的数学期望,如飞机机翼受到压力 $W=kV^2$(V 是风速,$k>0$),需要求出 W 的数学期望,这里 W 是 V 函数. 下面不加证明地给出如下定理.

定理 15.1.1　设 Y 是随机变量 X 的函数:$Y=g(X)$(g 是连续函数).

(1) 若 X 是离散型随机变量,它的分布律为 $P\{X=x_k\}=p_k$, $k=1,2,\cdots$,若 $\sum\limits_{k=1}^{\infty}g(x_k)p_k$ 绝对收敛,则有

$$E(Y)=E(g(X))=\sum_{k=1}^{\infty}g(x_k)p_k. \tag{15.3}$$

(2) 若 X 是连续型随机变量,它的概率密度为 $f(x)$,若积分 $\int_{-\infty}^{+\infty}g(x)f(x)\mathrm{d}x$ 绝对收敛,则有

$$E(Y)=E(g(X))=\int_{-\infty}^{+\infty}g(x)f(x)\mathrm{d}x. \tag{15.4}$$

例 15.1.9　设随机变量 X 的概率分布为

X	-2	-1	1	2
p_k	$\frac{1}{4}$	$\frac{1}{4}$	$\frac{1}{8}$	$\frac{3}{8}$

求 $E(X^2)$.

解　$E(X^2)=(-2)^2\times\frac{1}{4}+(-1)^2\times\frac{1}{4}+1^2\times\frac{1}{8}+2^2\times\frac{3}{8}=\frac{23}{8}$.

例 15.1.10　设风速在 $(0,a)$ 上服从均匀分布,飞机机翼受到的正压力 W 是 V 函数:$W=kV^2$(V 是风速,$k>0$),求 W 的数学期望.

解　依题意有 $f(v)=\begin{cases}\frac{1}{a}, & 0<v<a,\\ 0, & \text{其他}.\end{cases}$

由式(15.4)有

$$E(W)=\int_{-\infty}^{+\infty}kv^2f(v)\mathrm{d}v=\int_0^a kv^2\frac{1}{a}\mathrm{d}v=\frac{1}{3}ka^2.$$

例 15.1.11　设 $X\sim N(0,1)$,求 $E(X)$.

解　X 的概率密度为

$$\varphi(x)=\frac{1}{\sqrt{2\pi}}\mathrm{e}^{-\frac{x^2}{2}},$$

于是

$$E(X)=\int_{-\infty}^{+\infty}x\varphi(x)\mathrm{d}x=\frac{1}{\sqrt{2\pi}}\int_{-\infty}^{+\infty}x\mathrm{e}^{-\frac{x^2}{2}}\mathrm{d}x=0.$$

15.1.4　二维随机变量的数学期望

对二维随机变量 (X,Y)，定义它的数学期望为 $E(X,Y)=(E(X),E(Y))$.

设二维离散型随机变量 (X,Y) 的联合分布律为

$$p_{ij}=P\{X=x_i,Y=y_j\}\quad i,j=1,2,\cdots,$$

则

$$E(X)=\sum_{i=1}^{\infty}x_ip_{i\cdot}=\sum_{i=1}^{\infty}\sum_{j=1}^{\infty}x_ip_{ij},\tag{15.5}$$

$$E(Y)=\sum_{j=1}^{\infty}x_jp_{\cdot j}=\sum_{i=1}^{\infty}\sum_{j=1}^{\infty}y_jp_{ij}.\tag{15.6}$$

设二维连续型随机变量 (X,Y) 的联合概率密度为 $f(x,y)$，则

$$E(X)=\int_{-\infty}^{+\infty}xf_X(x)\mathrm{d}x=\int_{-\infty}^{+\infty}\int_{-\infty}^{+\infty}xf(x,y)\mathrm{d}x\mathrm{d}y,\tag{15.7}$$

$$E(Y)=\int_{-\infty}^{+\infty}yf_Y(y)\mathrm{d}y=\int_{-\infty}^{+\infty}\int_{-\infty}^{+\infty}yf(x,y)\mathrm{d}x\mathrm{d}y.\tag{15.8}$$

例 15.1.12　设 (X,Y) 的联合概率密度为

$$f(x,y)=\begin{cases}3y^2, & 0\leqslant y\leqslant x\leqslant 1,\\ 0, & \text{其他},\end{cases}$$

求 $E(X),E(Y)$.

解　$$E(X)=\int_{-\infty}^{+\infty}\int_{-\infty}^{+\infty}xf(x,y)\mathrm{d}x\mathrm{d}y=\int_0^1x\mathrm{d}x\int_0^x3y^2\mathrm{d}y=\frac{1}{5},$$

$$E(Y)=\int_{-\infty}^{+\infty}\int_{-\infty}^{+\infty}yf(x,y)\mathrm{d}x\mathrm{d}y=\int_0^1\mathrm{d}x\int_0^xy\cdot 3y^2\mathrm{d}y=\frac{3}{20}.$$

15.2　数学期望的性质

性质 15.2.1　设 C 是常数，则有 $E(C)=C$.

性质 15.2.2　设 X 是一个随机变量，C 是常数，则有 $E(CX)=CE(X)$.

性质 15.2.3　设 X 是一个随机变量，C 是常数，则有 $E(X+C)=C+E(X)$.

性质 15.2.4　设 X,Y 是两个随机变量，则有 $E(X+Y)=E(Y)+E(X)$.

性质 15.2.5　设 X,Y 是相互的随机变量，则有 $E(XY)=E(X)\cdot E(Y)$.

性质 15.2.1～性质 15.2.4 的证明可根据定义来证明，这里仅给出性质 15.2.5 的证明.

证　以随机变量 X,Y 不妨设为连续型，其边缘概率密度分别为 $f_X(x)$，$f_Y(y)$，则联合概率密度为

$$f(x,y)=f_X(x)f_Y(y),$$

则有

$$\begin{aligned}E(XY)&=\int_{-\infty}^{+\infty}\int_{-\infty}^{+\infty}xyf(x,y)\mathrm{d}x\mathrm{d}y=\int_{-\infty}^{+\infty}\int_{-\infty}^{+\infty}xyf_X(x)f_Y(y)\mathrm{d}x\mathrm{d}y\\&=\int_{-\infty}^{+\infty}xf_X(x)\mathrm{d}x\int_{-\infty}^{+\infty}yf_Y(y)\mathrm{d}y\\&=E(X)\cdot E(Y).\end{aligned}$$

例 15.2.1　甲、乙两名射手在一次射击中得分(分别用 X,Y 表示)的分布律如下所示.

X	1	2	3
p_k	0.4	0.1	0.5

Y	1	2	3
p_k	0.1	0.6	0.3

计算 $E(X+Y)$ 及 $E(XY)$.

解　由于在 15.1 节例 15.1.2 中已经算出

$$E(X)=1\times0.4+2\times0.1+3\times0.5=2.1,$$
$$E(Y)=1\times0.1+2\times0.6+3\times0.3=2.2.$$

所以根据数学期望的性质有

$$E(X+Y)=E(X)+E(Y)=2.1+2.2=4.3.$$

又 X,Y 相互独立，因此有

$$E(XY)=E(X)E(Y)=2.1\times2.2=4.62.$$

例 15.2.2　据统计一位 40 岁的健康(一般体检未发现病症)者，在 5 年内活着或自杀死亡的概率为 $p(0<p<1,p$ 为已知)，在 5 年内非自杀死亡的概率为 $1-p$. 保险公司开办 5 年人寿保险，参加者需交保险费 a 元(a 已知)，若 5 年之内非自杀死亡保险公司赔偿 $b(b>a)$ 元. b 应如何取定才能使保险公司从中获益；若有 m 人参加保险，公司可期望从中收益多少?

解　设 X_i 表示公司从第 i 个参加者身上所得的收益，则 X_i 是一个随机变量，其分布律如下.

X_i	a	$a-b$
p_k	p	$1-p$

公司期望获益 $E(X_i)>0$，而

$$E(X_i)=ap+(a-b)(1-p)=a-b(1-p),$$

因此 $a<b<\dfrac{a}{(1-p)}$. 对于 m 个人，收益 X 元，$X=\sum\limits_{i=1}^{m}X_i$，

$$E(X) = \sum_{i=1}^{m} E(X_i) = ma - mb(1-p).$$

例 15.2.3　设 $X \sim N(\mu,\sigma^2)$，求 $E(X)$.

解　先求标准正态变量 $Z = \dfrac{X-\mu}{\sigma}$ 的数学期望. 由 15.1 节例 15.1.10 知 $E(Z) = 0$ 由于 $X = \mu + \sigma Z$，所以

$$E(X) = E(\mu + \sigma Z) = \mu.$$

15.3　方　差

虽然 15.2 节已经知道随机变量的数学期望，在实际问题中，这个数字特征还不能完全刻画事物的本质，有时还需要研究随机变量与其均值的偏离程度，看下例.

有两批钢筋，每批各 10 根，它们的抗拉强度指标如下.

第一批：110　120　120　125　125　125　130　130　135　140

第二批：90　100　120　125　130　130　135　140　145　145

它们的平均抗拉强度指标都是 126，但是在使用钢筋时，一般要求抗拉强度指标不低于一个指定数值(如 115). 那么，显然第二批钢筋的抗拉强度指标与其平均值偏离差较大，即取值较分散，所以尽管它们中有几根抗拉强度指标很大，但不合格的根数比第一批多. 因此从实用价值来讲，第二批的质量比第一批差.

可见在实际问题中，仅依据数学期望不能完善地说明随机变量的分布特征，还需要研究随机变量与其均值的偏离程度，那如何度量这个偏离程度呢? 容易看到

$$E\{|X - E(X)|\}$$

可以度量随机变量与其均值的偏离程度. 但由于上式带有绝对值，运算不便，为方便起见，通常用量

$$E\{[X - E(X)]^2\}$$

来度量随机变量与其均值的偏离程度. 即方差.

定义 15.3.1　设 X 是一个随机变量，若 $E\{[X-E(X)]^2\}$ 存在，则称 $E\{[X-E(X)]^2\}$ 为 X 的**方差**. 记为 $D(X)$ 或 $\mathrm{Var}(X)$，即

$$D(X) = E\{[X - E(X)]^2\}, \tag{15.9}$$

$\sqrt{D(X)}$ 称为 X 的**标准差**或**均方差**.

如果 X 是离散型随机变量，且 $P\{X = x_k\} = p_k$，$k = 1,2,\cdots$，则有

$$D(X) = \sum_{k=1}^{\infty} [x_k - E(X)]^2 \cdot p_k. \tag{15.10}$$

如果 X 是连续型随机变量，它的概率密度为 $f(x)$，则有

$$D(X) = \int_{-\infty}^{+\infty} [x - E(X)]^2 f(x)\mathrm{d}x. \tag{15.11}$$

随机变量 X 的方差表达了 X 的取值与其数学期望的偏离程度. 若 X 的取值较集中,则 $D(X)$ 较小,反之若取值较分散,则 $D(X)$ 较大. 因此 $D(X)$ 是刻画 X 取值分散程度的一个量.

随机变量 X 的方差可按下列公式计算.

$$D(X) = E(X^2) - [E(X)]^2. \tag{15.12}$$

事实上,由数学期望的性质有

$$\begin{aligned} D(X) &= E\{[X - E(X)]^2\} = E\{X^2 - 2XE(X) + [E(X)]^2\} \\ &= E(X^2) - 2E(X)E(X) + [E(X)]^2 \\ &= E(X^2) - [E(X)]^2. \end{aligned}$$

例 15.3.1　设随机变量 $X \sim (0\text{-}1)$ 分布,且

$$P\{X = k\} = p^k (1-p)^{1-k}, \quad k = 0,1(0 < p < 1),$$

求 $D(X)$.

解
$$E(X) = 1 \cdot P + 0 \cdot (1-p) = p,$$
$$E(X^2) = 1^2 \cdot P + 0^2 \cdot (1-p) = p.$$

由公式(15.12)有

$$D(X) = E(X^2) - [E(X)]^2 = p - p^2 = p(1-p).$$

例 15.3.2　计算在 $[a,b]$ 上服从均匀分布的随机变量 X 的方差.

解　依题意 X 的概率密度有

$$f(x) = \begin{cases} \dfrac{1}{b-a} & a < x < b, \\ 0, & \text{其他}. \end{cases}$$

由 15.2 节已经求得 $E(X) = \dfrac{a+b}{2}$, 因此

$$D(X) = E(X^2) - [E(X)]^2 = \int_a^b x^2 \cdot \frac{1}{b-a}\mathrm{d}x - \left(\frac{a+b}{2}\right)^2 = \frac{(b-a)^2}{12}.$$

例 15.3.3　计算随机变量 X 服从指数分布的方差.

解　依题意有指数分布的概率密度为

$$f(x) = \begin{cases} \lambda \mathrm{e}^{-\lambda x}, & x > 0, \\ 0, & x \leqslant 0, \end{cases}$$

且 $E(X) = \displaystyle\int_0^{+\infty} x \cdot \lambda \mathrm{e}^{-\lambda x}\mathrm{d}x = \frac{1}{\lambda}$,

$$E(X^2) = \int_0^{+\infty} x^2 \cdot \lambda \mathrm{e}^{-\lambda x}\mathrm{d}x = -x^2 \cdot \lambda \mathrm{e}^{-\lambda x}\Big|_0^{+\infty} + \int_0^{+\infty} 2x\lambda \mathrm{e}^{-\lambda x}\mathrm{d}x = \frac{2}{\lambda^2},$$

于是 $D(X) = E(X^2) - [E(X)]^2 = \dfrac{1}{\lambda^2}$.

15.4　方差的性质

性质 15.4.1　设 C 是常数,则有 $D(C)=0$.

证　$D(X)=E\{[C-E(C)]^2\}=0$.

性质 15.4.2　设 X 是一个随机变量,C 是常数,则有 $D(CX)=C^2D(X)$.

证　$D(CX)=E\{[CX-E(CX)]^2\}=C^2E\{[X-E(X)]^2\}=C^2D(X)$.

性质 15.4.3　设 X 是一个随机变量,C 是常数,则有 $D(X+C)=D(X)$.

证
$$\begin{aligned}D(X+C)&=E\{[X+C-E(X+C)]^2\}\\&=E\{X+C-E(X)-C\}^2\\&=E\{[X-E(X)]^2\}=D(X).\end{aligned}$$

性质 15.4.4　设 X,Y 是相互独立的随机变量,则有 $D(X+Y)=D(X)+D(Y)$.

证
$$\begin{aligned}D(X+Y)&=E\{X+Y-E(X+Y)\}^2\\&=E\{X-E(X)+Y-E(Y)\}^2\\&=E\{X-E(X)\}^2+E\{Y-E(Y)\}^2\\&\quad+2E\{[X-E(X)][Y-E(Y)]\}\\&=D(X)+D(Y).\end{aligned}$$

这一性质可以推广到一般情况,设 $X_1,X_2,\cdots,X_n$ 相互独立,且方差存在,则
$$D\left(\sum_{i=1}^{n}X_i\right)=\sum_{i=1}^{n}D(X_i).$$

例 15.4.1　设 $X\sim\pi(\lambda)$,求 $D(X)$.

解　X 的分布律为
$$P\{X=k\}=\frac{\lambda^k e^{-\lambda}}{k!},\quad k=0,1,2,\cdots,\lambda>0,$$
且 X 的数学期望为 $E(X)=\lambda$,而
$$\begin{aligned}E(X^2)&=E[X(X-1)+X]=E[X(X-1)]+E(X)\\&=\sum_{k=0}^{+\infty}k(k-1)\cdot\frac{\lambda^k e^{-\lambda}}{k!}+\lambda=\lambda^2e^{-\lambda}\cdot\sum_{k=2}^{+\infty}\frac{\lambda^{k-2}}{(k-2)!}+\lambda\\&=\lambda^2e^{-\lambda}\cdot e^{\lambda}+\lambda=\lambda^2+\lambda.\end{aligned}$$
所以有方差
$$D(X)=E(X^2)-[E(X)]^2=\lambda.$$
即泊松分布的数学期望和方差都等于参数 λ.

例 15.4.2　设 $X\sim B(n,p)$,求 $D(X)$.

解　由二项分布的定义知,随机变量 X 是 n 重伯努利试验中事件 A 发生的次

数,且在每次试验中 A 发生的概率为 p. 引入随机变量 $X_k, k=1,2,\cdots,n$, 令

$X_k=1$ 表示 A 在第 k 次试验发生;

$X_k=0$ 表示 A 在第 k 次试验不发生.

易知 $X=X_1+X_2+\cdots+X_n$. 由于 X_k 只依赖于第 k 次试验,而各次试验相互独立,于是 $X_1,X_2,\cdots,X_n$ 相互独立. 且 $X_k, k=1,2,\cdots,n$ 服从同一的 (0-1) 分布.

X_k	0	1
p_k	$1-p$	p

以上说明以 n,p 为参数的二项分布可以分解成 n 个相互独立且都服从以 p 为参数的 (0-1) 分布的随机变量之和.

已知 $D(X_k)=p(1-p)$, $k=1,2,\cdots,n$. 又 $X_1,X_2,\cdots,X_n$ 相互独立. 因此

$$D(X)=D\left(\sum_{k=1}^{n}X_k\right)=\sum_{k=1}^{n}D(X_k)=np(1-p).$$

例 15.4.3 设 $X\sim N(\mu,\sigma^2)$, 求 $D(X)$.

解 先求标准正态变量 $Z=\dfrac{X-\mu}{\sigma}$ 的方差. Z 的概率密度为

$$\varphi(x)=\frac{1}{\sqrt{2\pi}}e^{-\frac{x^2}{2}},$$

于是

$$E(Z)=\int_{-\infty}^{+\infty}x\varphi(x)dx=\frac{1}{\sqrt{2\pi}}\int_{-\infty}^{+\infty}xe^{-\frac{x^2}{2}}dx=0.$$

$$\begin{aligned}D(Z)&=E(Z^2)-[E(Z)]^2=\frac{1}{\sqrt{2\pi}}\int_{-\infty}^{+\infty}x^2e^{-\frac{x^2}{2}}dx-0\\&=\frac{-1}{\sqrt{2\pi}}xe^{-\frac{x^2}{2}}\Big|_{-\infty}^{+\infty}+\frac{1}{\sqrt{2\pi}}\int_{-\infty}^{+\infty}e^{-\frac{x^2}{2}}dx\\&=1.\end{aligned}$$

由于 $X=\mu+\sigma Z$, 所以

$$\begin{aligned}D(X)&=D(\mu+\sigma Z)=E\{[\mu+\sigma Z-E(\mu+\sigma Z)]^2\}\\&=E(\sigma^2Z^2)=\sigma^2E(Z^2)=\sigma^2D(Z)=\sigma^2.\end{aligned}$$

这说明,正态分布的概率密度函数中的两个参数 μ 和 σ 分别就是该分布的数学期望和均方差,因此正态分布可完全由它的数学期望和方差所确定.

例 15.4.4 设某机器活塞的直径(单位:cm) $X\sim N(22.40,0.03^2)$, 气缸的直径 $Y\sim N(22.50,0.04^2)$, X 与 Y 相互独立,任取一只活塞,任取一只气缸,求活塞能装入气缸的概率.

解 由题意即求 $P\{X<Y\}=P\{X-Y<0\}$, 由于 $X-Y\sim N(-0.10,0.0025)$,

于是有

$$\begin{aligned}P\{X<Y\}&=P\{X-Y<0\}\\&=P\left\{\frac{(X-Y)-(-0.10)}{\sqrt{0.0025}}<\frac{0-(-0.10)}{\sqrt{0.0025}}\right\}\\&=\Phi\left(\frac{0.1}{0.05}\right)=\Phi(2)=0.9772,\end{aligned}$$

常见分布的数学期望与方差如表 15.1 所示.

表 15.1　随机变量的数学期望与方差

分布名称及记号	参数	分布律或概率密度	数学期望	方差
(0-1)分布	$0<p<1$	$P\{X=k\}=p^k(1-p)^{1-k}$ $k=0,1$	p	$p(1-p)$
二项分布 $B(n,p)$	$0<p<1$ $n\geqslant 1$	$P\{X=k\}=C_n^k p^k q^{n-k}$ $k=0,1,2,\cdots,n$	np	$np(1-p)$
泊松分布 $\pi(\lambda)$	$\lambda>0$	$P\{X=k\}=\dfrac{\lambda^k e^{-\lambda}}{k!}$ $k=0,1,2,\cdots$	λ	λ
均匀分布 $U(a,b)$	$a<b$	$f(x)=\begin{cases}\dfrac{1}{b-a}, & a<x<b\\ 0, & 其他\end{cases}$	$\dfrac{a+b}{2}$	$\dfrac{(b-a)^2}{12}$
指数分布 $E(\lambda)$	$\lambda>0$	$f(x)=\begin{cases}\lambda e^{-\lambda x}, & x>0\\ 0, & x\leqslant 0\end{cases}$	$\dfrac{1}{\lambda}$	$\dfrac{1}{\lambda^2}$
正态分布 $N(\mu,\sigma^2)$	$\mu,\sigma(\sigma>0)$	$f(x)=\dfrac{1}{\sqrt{2\pi}\sigma}e^{-\frac{(x-\mu)^2}{2\sigma^2}}$	μ	σ^2

习　题　15

1. 设随机变量的分布律为

X	-2	0	2
P	0.4	0.3	0.3

求 $E(X)$,$E(2X-1)$,$E(X^2)$.

2. 连续型随机变量 X 的概率密度为

$$f(x)=\begin{cases}kx^a, & 0<x<1,\\ 0, & 其他,\end{cases}\quad (k,a>0),$$

又知 $E(X)=0.75$,求 k 和 a 的值.

3. 已知随机变量 X 的概率密度为

$$f(x)=\begin{cases}x, & 0\leqslant x<1,\\ 2-x, & 1\leqslant x\leqslant 2,\\ 0, & x<0 \text{ 或 } x>2,\end{cases}$$

求 $E(X)$.

4. 下表是某公共汽车公司的 188 辆汽车行驶到发生第一次引擎故障的里程数的分布数列(表中各组里程只包括上限,不包括下限).若表中分别以组中值为代表.从 188 辆汽车中,任意抽取 15 辆,得到下列数字:90,50,150,110,90,90,110,90,50,110,90,70,50,70,150.

(1) 求这 15 个数字的平均数;

(2) 计算表中的期望并与(1)相比较.

第一次发生引擎故障里数	车辆数	第一次发生引擎故障里数	车辆数
0～20	5	100～120	46
20～40	11	120～140	33
40～60	16	140～160	16
60～80	25	160～180	2
80～100	34		

5. 两种种子各播 100 公顷地,调查其收获量如下表所示(每组产量只包含上限,不包含下限).

公顷产量/kg	4350～4650	4650～4950	4950～5250	5250～5550	总计
种子甲公顷数	12	38	40	10	100
种子乙公顷数	23	24	30	23	100

分别求出它们产量的平均值(计算时以组中值为代表).

6. 设随机变量 (X,Y) 的联合分布律为

$Y \backslash X$	0	1
0	0.3	0.4
1	0.2	0.1

求 $E(X)$,$E(Y)$,$E(X-2Y)$,$E(3XY)$.

7. 设随机变量 (X,Y) 的概率密度分别为

$$f_X(x)=\begin{cases}2\mathrm{e}^{-2x}, & x>0,\\ 0, & x\leqslant 0,\end{cases}\quad f_Y(y)=\begin{cases}4\mathrm{e}^{-4y}, & y>0,\\ 0, & y\leqslant 0.\end{cases}$$

求(1) $E(X+Y)$,$E(2X-3Y^2)$;

(2) 若 X 与 Y 相互独立,求 $E(XY)$.

8. 某车间生产的圆盘半径服从均匀分布 $U(a,b)$，求圆盘面积的期望.

9. 已知某种零件 100 个中有 10 个是次品，求任意取出的 3 个零件中次品的期望值.

10. 设有分布函数 $F(x)=\begin{cases}1-\mathrm{e}^{-\lambda x}, & x>0,\\ 0, & \text{其他},\end{cases}$ 求 $E(X)$ 与 $D(X)$.

11. 设随机变量 $X\sim\varphi(x)=\begin{cases}\dfrac{1}{\pi\sqrt{1-x^2}}, & |x|<1,\\ 0, & \text{其他},\end{cases}$ 求 $E(X)$ 与 $D(X)$.

12. 设随机变量 X 的概率密度为

$$f(x)=\begin{cases}a+bx, & 0<x<1,\\ 0, & \text{其他},\end{cases}$$

且 $EX=0.6$，求(1) 常数 a,b；(2) X 的标准差 $\sqrt{D(X)}$.

第 16 章　统计量及其抽样分布

前几章介绍的概率论,只要知道随机变量的概率分布,就能得出所需的结论.从本章开始介绍数理统计,数理统计是以概率论为基础,并通过对随机现象的观察和试验,获得数据并分析数据,从而得出有用的结论.

16.1　总体和样本

虽然从理论上讲,对随机变量进行大量的观测,就得到一些随机变量的特征,可是实际进行的观测次数只能是有限的,因此关心的就是如何利用收集到的有限的资料来尽可能地对被研究的随机变量的概率特征做出精确而可靠的结论.

例 16.1.1　某钢厂每天生产 1000000 根钢筋.按规定强度小于 52kg/mm^2 的算作次品,怎样求次品率?

例 16.1.2　某灯泡厂为了了解所生产的灯泡的质量.需要估计某一天所生产的所有灯泡的平均寿命以及相差的程度.

为了解决上述问题,一个方法是把 1000000 根钢筋的强度,所有灯泡的寿命都测出来,但这是行不通的.一般,希望随机抽出几个或十几个测出它们的强度或寿命,从而对上述问题作出推断,这就是统计推断.这里有两个重要概念:总体和样本.

通常把研究对象的全体称为**总体**(或**母体**),总体中的每一个元素称为**个体**.

如在上面的例 16.1.1 中,每天生产的十万根钢筋的强度就是总体,每根钢筋的强度是个体,例 16.1.2 中,灯泡厂生产的所有灯泡的寿命是总体,每个灯泡的寿命是个体.

从总体中抽取若干个个体的过程称为**抽样**,抽样结果得到的一组实验数据称为**样本**,样本所含个体的数量称为**样本容量**.

例 16.1.1 中取出 9 根钢筋的强度就是总体的一个样本,9 是该样本的样本容量.例 16.1.2 中,若测得 n 个灯泡的寿命,这就是一个容量为 n 的样本.显然,总体中包含了很多个体,每个个体所取的值各不相同,这些数值也有一个分布,所以可以把总体看成一个随机变量.如在例 16.1.1 中,把 100000 根钢筋的强度记为 X,它是一个随机变量,而从总体中取出的 9 根钢筋的强度为一个样本,记为 X_1,X_2,…,X_9.它们也都是随机变量.且由于总体数量极大,故可认为取出一个或几个个体后总体的分布并不改变,故 $X_1,X_2,\cdots,X_9$ 都与总体 X 同分布.

数理统计的目的是根据样本来推断总体. 所以希望样本具有代表性,且抽样是随机的,于是引入简单随机样本的概念.

定义 16.1.1(简单随机样本)　设 $X_1,X_2,\cdots,X_n$ 是来自总体 X 的样本,若 $X_1,X_2,\cdots,X_n$ 与总体 X 同分布,且相互独立,则称 $X_1,X_2,\cdots,X_n$ 是一个**简单随机样本**.

今后讨论的都是简单随机样本,简称样本. 容易看出,若总体 X 的分布函数为 $F(x)$,则样本 $X_1,X_2,\cdots,X_n$ 的联合分布函数为

$$F(x_1,x_2,\cdots,x_n)=\prod_{i=1}^{n}F(x_i). \tag{16.1}$$

若总体 X 是连续型随机变量,其概率密度函数为 $f(x)$,则样本 $X_1,X_2,\cdots,X_n$ 的联合概率密度函数为

$$f(x_1,x_2,\cdots,x_n)=\prod_{i=1}^{n}f(x_i). \tag{16.2}$$

若总体 X 是离散型随机变量,则样本 $X_1,X_2,\cdots,X_n$ 的联合概率分布为

$$P\{X_1=x_1,X_2=x_2,\cdots,X_n=x_n\}=\prod_{i=1}^{n}p(x_i). \tag{16.3}$$

例 16.1.3　设总体 X 服从参数为 λ 的泊松分布,其概率分布为

$$P\{X=k\}=\frac{\lambda^k e^{-\lambda}}{k!},\quad k=0,1,2,\cdots,$$

求容量为 n 的样本 $X_1,X_2,\cdots,X_n$ 的联合概率分布.

解　因为 X_i 与总体 X 同分布,所以

$$P\{X_i=x_i\}=\frac{\lambda^{x_i}e^{-\lambda}}{x_i!},$$

从而

$$P\{X_1=x_1,X_2=x_2,\cdots,X_n=x_n\}=\prod_{i=1}^{n}\frac{\lambda^{x_i}e^{-\lambda}}{x_i!}=e^{-n\lambda}\prod_{i=1}^{n}\frac{\lambda^{x_i}}{x_i!}.$$

16.2　统计量及统计量的分布

用样本去推断总体,需要针对不同的问题构造相应的样本函数,然后再利用所构造的函数做出合理的推断.

定义 16.2.1　设 $X_1,X_2,\cdots,X_n$ 是取自某个总体 X 的样本,设 $g=g(X_1,X_2,\cdots,X_n)$ 是一个不含未知参数的连续函数,称 $g=g(X_1,X_2,\cdots,X_n)$ 为一个**统计量**. 称统计量的分布为**抽样分布**. 简言之,称样本的不含未知参数的连续函数为统计量.

例如

$$X_1+X_2+\cdots+X_n,$$

$$X_1^2+X_2^2+\cdots+X_n^2$$

都是统计量，而

$$\frac{1}{\sigma}(X_1+X_2+\cdots+X_n),(X_1-\mu)+(X_2-\mu)+\cdots+(X_n-\mu),$$

当 σ,μ 未知时，都不是统计量.

统计量 $g=g(X_1,X_2,\cdots,X_n)$ 是一个随机变量，若 $(x_1,x_2,\cdots,x_n)$ 是样本观测值，则 $g(x_1,x_2,\cdots,x_n)$ 称为 $g(X_1,X_2,\cdots,X_n)$ 的**观测值**.

设从总体 X 中取得一个容量为 n 的样本 $X_1,X_2,\cdots,X_n$，常见的统计量有

(1) 样本均值

$$\bar{X}=\frac{1}{n}\sum_{i=1}^{n}X_i \tag{16.4}$$

称为**样本均值**，若 $(x_1,x_2,\cdots,x_n)$ 为一组样本观测值，则

$$\bar{x}=\frac{1}{n}\sum_{i=1}^{n}x_i \tag{16.5}$$

为样本均值的观测值.

(2) 样本方差

$$S_n^2=\frac{1}{n}\sum_{i=1}^{n}(X_i-\bar{X})^2, \tag{16.6}$$

它的观测值为

$$s_n^2=\frac{1}{n}\sum_{i=1}^{n}(x_i-\bar{x})^2, \tag{16.7}$$

$S_n=\sqrt{\frac{1}{n}\sum_{i=1}^{n}(X_i-\bar{X})^2}$ 称为**样本标准差(样本均方差)**，$s_n=\sqrt{\frac{1}{n}\sum_{i=1}^{n}(x_i-\bar{x})^2}$ 称为样本标准差的观测值.

样本方差的计算公式

$$S_n^2=\frac{1}{n}\sum_{i=1}^{n}(X_i-\bar{X})^2=\frac{1}{n}\sum_{i=1}^{n}X_i^2-(\bar{X})^2. \tag{16.8}$$

证

$$\begin{aligned}S_n^2&=\frac{1}{n}\sum_{i=1}^{n}(X_i-\bar{X})^2=\frac{1}{n}\sum_{i=1}^{n}(X_i^2-2X_i\bar{X}+\bar{X}^2)\\&=\frac{1}{n}\sum_{i=1}^{n}X_i^2-\frac{2}{n}\bar{X}\sum_{i=1}^{n}X_i+\frac{1}{n}\sum_{i=1}^{n}\bar{X}^2\\&=\frac{1}{n}\sum_{i=1}^{n}X_i^2-2\bar{X}^2+\bar{X}^2\\&=\frac{1}{n}\sum_{i=1}^{n}X_i^2-\bar{X}^2.\end{aligned}$$

实际中常采用 $S^2=\frac{1}{n-1}\sum_{i=1}^{n}(X_i-\bar{X})^2$ 作为样本方差,称 S^2 为修正的样本方差,且有

$$S^2=\frac{n}{n-1}S_n^2=\frac{1}{n-1}\sum_{i=1}^{n}X_i^2-\frac{n}{n-1}(\bar{X})^2 \tag{16.9}$$

(3) 样本矩

k 阶原点矩

$$A_k=\frac{1}{n}\sum_{i=1}^{n}X_i^k,\quad k=1,2,\cdots; \tag{16.10}$$

k 阶中心矩

$$B_k=\frac{1}{n}\sum_{i=1}^{n}(X_i-\bar{X})^k,\quad k=1,2,\cdots. \tag{16.11}$$

显然,样本均值 $\bar{X}$ 为样本一阶原点矩,样本方差 S_n^2 为样本二阶中心矩.

16.3　抽样分布

统计量的分布称为抽样分布,数理统计学研究的,大部分问题都与正态分布有关,与正态分布相联系的统计量在统计分析、统计推断中尤为重要,本节介绍来自正态总体的几个常用统计量的分布.

16.3.1　χ^2 分布

定义 16.3.1　设 $X_1,X_2,\cdots,X_n$ 相互独立,且都服从标准正态分布 $N(0,1)$,则称统计量

$$\chi^2=X_1^2+X_2^2+\cdots+X_n^2 \tag{16.12}$$

为服从自由度为 n 的 χ^2 分布,记为 $\chi^2\sim\chi^2(n)$. 此处自由度是指式(16.12)右端包含的独立变量个数. χ^2 分布的概率密度函数为

$$f(x)=\begin{cases}\dfrac{1}{2^{\frac{n}{2}}\Gamma\left(\dfrac{n}{2}\right)}x^{\frac{n}{2}-1}\mathrm{e}^{-\frac{x}{2}}, & x>0,\\ 0, & x\leqslant 0.\end{cases} \tag{16.13}$$

$f(x)$ 的图形如图 16.1 所示.

1. χ^2 分布的性质

性质 16.3.1　$E(\chi^2)=n,D(\chi^2)=2n.$

证　因 $X_i\sim N(0,1)$,故

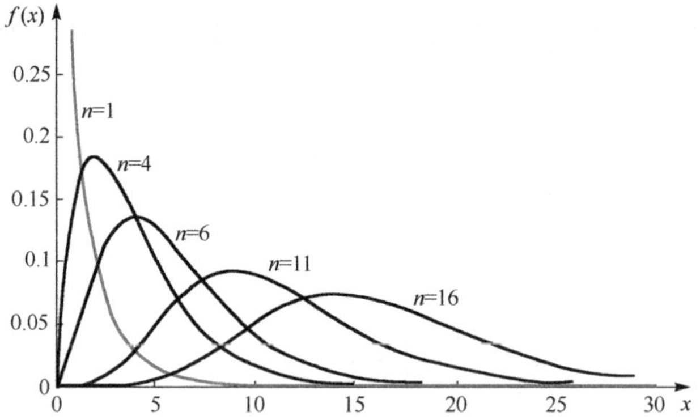

图 16.1

$$E(X_i^2)=D(X_i)=1;$$

$$D(X_i^2)=E(X_i^4)-[E(X_i^2)]^2=3-1=2,\quad i=1,2,\cdots,n.$$

于是

$$E(\chi^2)=E\Big(\sum_{i=1}^{n}X_i^2\Big)=\sum_{i=1}^{n}E(X_i^2)=n;$$

$$D(\chi^2)=D\Big(\sum_{i=1}^{n}X_i^2\Big)=\sum_{i=1}^{n}D(X_i^2)=2n.$$

根据Γ分布的可加性易得χ^2分布的可加性如下.

性质 16.3.2 若$X_i\sim\chi^2(n_i)$, $i=1,2,\cdots,n$, 则有

$$\sum_{i=1}^{n}X_i\sim\chi^2\Big(\sum_{i=1}^{n}n_i\Big).$$

2. χ^2 分布的分位数

定义 16.3.2 对于连续型随机变量X的概率密度函数$f(x)$, 对于给定的实数$\alpha(0<\alpha<1)$, 若

$$P\{X>x_\alpha\}=\int_{x_\alpha}^{+\infty}f(x)\mathrm{d}x=\alpha, \tag{16.14}$$

则称实数x_α为随机变量X的分布水平为α的上侧分位数(或临界值).

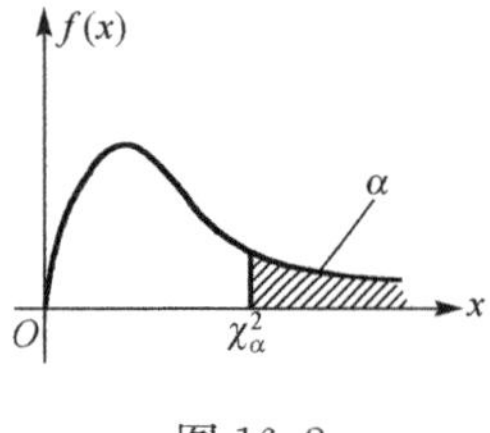

图 16.2

由定义有χ^2分布的上侧分位数为

$$P\{\chi^2>\chi^2_\alpha(n)\}=\alpha.$$

如图 16.2 所示,对给定的α,n, 由附录 4 可查出上侧分位数$\chi^2_\alpha(n)$, 如$\chi^2_{0.9}(10)=4.865$. 该表只详列到$n=45$为止.

16.3.2　t 分布

定义 16.3.3　设随机变量 X 与 Y 相互独立且 $X \sim N(0,1)$，$Y \sim \chi^2(n)$，则称

$$t = \frac{X}{\sqrt{Y/n}} \tag{16.15}$$

服从自由度为 n 的 t 分布，记为 $t \sim t(n)$. t 分布又称**学生**(student)**分布**，其概率密度为

$$f(x) = \frac{\Gamma\left(\frac{n+1}{2}\right)}{\sqrt{n\pi}\Gamma\left(\frac{n}{2}\right)}\left(1+\frac{x^2}{n}\right)^{-\frac{n+1}{2}}, \quad -\infty < x < +\infty. \tag{16.16}$$

$f(x)$ 的图形如图 16.3 所示.

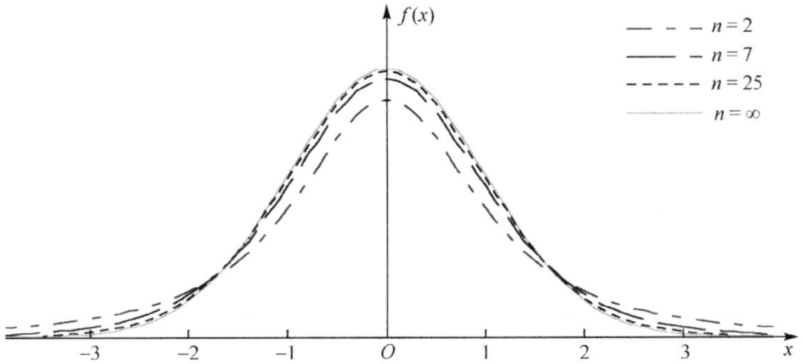

图 16.3

$f(x)$ 的图形关于 $x=0$ 对称，当 n 充分大时其图形类似于标准正态变量概率密度的图形.

1. t 分布性质

性质 16.3.3　$E(t)=0$，$D(\chi^2)=\dfrac{n}{n-2}(n>2)$.

性质 16.3.4　当 $n\to+\infty$ 时，t 分布的概率密度函数 $f(x)$ 无限趋于标准正态分布的密度 $\varphi(x)=\dfrac{1}{\sqrt{2\pi}}e^{-\frac{x^2}{2}}$.

性质 16.3.4 表明，t 分布的极限分布是标准正态分布，因此在实际中，当 $n \geqslant 30$ 时，可以用标准正态分布来近似 t 分布.

2. t 分布的分位数

t 分布的分位数由下式确定.

$$P\{t(n) > t_\alpha(n)\} = \alpha.$$

由图 16.4 可知,对给定的 α, n, 有附录 3 可查出上侧分位数 $t_\alpha(n)$. 例如,$t_{0.05}(8) = 1.8595$. 在 $n > 45$ 时,对于常用的 α 值,就用正态近似

$$t_\alpha(n) \approx z_\alpha,$$

其中 z_α 是标准正态分布的上 α 分位点.

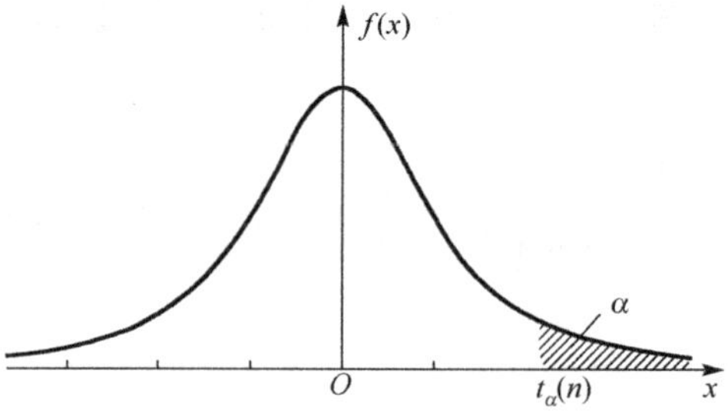

图 16.4

16.3.3　正态总体统计量的分布

设 $X_1, X_2, \cdots, X_n$ 是来自正态总体 $X \sim N(\mu, \sigma^2)$ 的样本,它们是独立同分布的,皆服从 $N(\mu, \sigma^2)$ 分布,样本均值与样本方差分别是

$$\bar{X} = \frac{1}{n}\sum_{i=1}^{n} X_i, \quad S^2 = \frac{1}{n-1}\sum_{i=1}^{n} (X_i - \bar{X})^2.$$

定理 16.3.1　设总体 $X \sim N(\mu, \sigma^2)$, 则 $\bar{X} \sim N\left(\mu, \frac{\sigma^2}{n}\right)$, 从而 $\frac{\bar{X}-\mu}{\sigma/\sqrt{n}} \sim N(0,1)$.

证　因为随机变量 $X_1, X_2, \cdots, X_n$ 相互独立,并且与总体 X 同服从 $N(\mu, \sigma^2)$ 分布,所以由正态分布的性质可知,它们的线性组合

$$\bar{X} = \frac{1}{n}\sum_{i=1}^{n} X_i = \sum_{i=1}^{n} \frac{1}{n} X_i$$

服从正态分布 $N\left(\mu, \frac{\sigma^2}{n}\right)$, 即 $\frac{\bar{X}-\mu}{\sigma/\sqrt{n}} \sim N(0,1)$.

定理 16.3.2　设总体 $X \sim N(\mu, \sigma^2)$, 则

(1) 样本均值 $\bar{X}$ 与样本方差 S^2 相互独立;

(2) 统计量 $\frac{\sum_{i=1}^{n} (X_i - \bar{X})^2}{\sigma^2} = \frac{(n-1)S^2}{\sigma^2} \sim \chi^2(n-1)$.

证明略.

例 16.3.1　设 $X_1,X_2,\cdots,X_n$ 是来自 $N(\mu,\sigma^2)$ 的样本,则统计量 $t=\dfrac{(\bar{X}-\mu)}{S/\sqrt{n}}\sim t(n-1)$.

证　由定理 16.3.1 知, $u=\dfrac{(\bar{X}-\mu)\sqrt{n}}{\sigma}\sim N(0,1)$, 又由定理 16.3.2 知,统计量

$$\chi^2=\frac{(n-1)S^2}{\sigma^2}\sim\chi^2(n-1).$$

因为 $\bar{X}$ 与 S^2 相互独立,所以 $u=\dfrac{(\bar{X}-\mu)\sqrt{n}}{\sigma}$ 与 $\chi^2=\dfrac{(n-1)S^2}{\sigma^2}$ 也相互独立. 于是由 t 分布定义可知,统计量

$$t=\frac{u}{\sqrt{\dfrac{\chi^2}{n-1}}}=\frac{\dfrac{(\bar{X}-\mu)}{\sigma/\sqrt{n}}}{\sqrt{\dfrac{(n-1)S^2/\sigma^2}{n-1}}}=\frac{(\bar{X}-\mu)}{S/\sqrt{n}}\sim t(n-1).$$

习　题　16

1. 设 $X_1,X_2,\cdots,X_5$ 是来自 $(0,\theta)$ 内均匀分布的样本, $\theta>0$ 未知

(1) 写出样本的联合密度函数;

(2) 指出下列样本函数中哪些是统计量,哪些不是?

$t_1=\dfrac{X_1+X_2+\cdots+X_5}{5}$;　$t_2=X_3-\theta$;

$t_3=X_3-E(X_1)$;　$t_4=\max\{X_1,X_2,\cdots,X_5\}$.

(3) 设样本的一组观察值是: 0.5,1,0.8,0.7,1, 写出样本均值,样本方差和标准差.

2. 从正态总体 $N(\mu,0.5^2)$ 中抽取容量为 10 的样本 $X_1,X_2,\cdots,X_{10}$,

(1) 已知 $\mu=0$, 求 $\sum\limits_{i=1}^{n}X_i^{\ 2}\geqslant 4$ 的概率;

(2) μ 未知,求 $\sum\limits_{i=1}^{n}(X_i-\bar{X})^2<2.85$ 的概率.

3. 设总体 $X\sim B(1,p)$, $X_1,X_2,\cdots,X_n$ 是来自总体 X 的样本,

(1) 求 $(X_1,X_2,\cdots,X_n)$ 的分布律;

(2) 求 $\sum\limits_{i=1}^{n}X_i$ 的分布律;

(3) 求 $E(\bar{X}),D(\bar{X}),E(S^2)$.

4. 在总体 $N(80,20^2)$ 中随机抽取一容量为 100 的样本,求样本均值与总体均值差的绝对值大于 3 的概率(已知 $\Phi(1.5)=0.9332$).

5. 设总体 $X\sim N(\mu,\sigma^2)$ 分布, μ,σ^2 是已知常数, $X_1,X_2,\cdots,X_n$ 是来自总体的一个容量为 n 的简单随机样本,证明:统计量 $\chi^2=\frac{1}{\sigma^2}\sum_{i=1}^{n}(X_i-\mu)^2$ 服从自由度为 n 的 χ^2 分布.

6. 设 $X_1,X_2,\cdots,X_5$ 是独立且服从相同分布的随机变量,且每一个 $X_i(i=1,2,\cdots,5)$ 都服从 $N(0,1)$,

(1) 试给出常数 c 使得 $c(X_1^2+X_2^2)$ 服从 χ^2 分布,并指出它的自由度;

(2) 试给出常数 d 使得 $d\frac{X_1+X_2}{\sqrt{(X_3^2+X_4^2+X_5^2)}}$ 服从 t 分布,并指出它的自由度.

7. 设总体 X 服从指数分布 $E(\lambda)$, 抽取样本 $X_1,X_2,\cdots,X_n$, 求

(1) 样本均值的数学期望与方差;

(2) 样本方差 S^2 的数学期望.

8. 设总体 X 服从参数 $p=\frac{1}{3}$ 的(0-1)分布,即

X	0	1
p	$\frac{2}{3}$	$\frac{1}{3}$

记 $\bar{X}=\frac{1}{n}\sum_{i=1}^{n}X_i$ 为样本均值,求 $D(\bar{X})$.

第 17 章　参 数 估 计

在许多实际问题中，需要用样本来估计总体分布中的参数，或者某些未知的数字特征如数学期望、方差等，这就是参数估计问题. 对总体的某个参数的估计方式有两种，一种是参数值估计，另一种是参数的范围估计，它们统称为参数估计.

17.1　参数的点估计

直接用统计量来估计某个参数叫点估计. 本节介绍点估计的两种方法. 如要考察某城市人口中拥有手机的人所占的比例，抽查了 1000 个居民，然后估计出这个比例值为 0.668，这个值就是“比例”这个未知量的点估计.

设总体 X 的分布函数的形式为已知，但它的一个或多个参数为未知，借助于总体 X 的一个样本来估计总体未知参数值的问题称为参数的点估计问题.

定义 17.1.1　设 θ 为总体 X 的待估参数，用样本 $X_1,X_2,\cdots,X_n$ 的一个统计量 $\hat{\theta}=\hat{\theta}(X_1,X_2,\cdots,X_n)$ 来估计 θ，称 $\hat{\theta}(X_1,X_2,\cdots,X_n)$ 为 θ 的**点估计量**，对应于样本观测值 $(x_1,x_2,\cdots,x_n)$，称 $\hat{\theta}(x_1,x_2,\cdots,x_n)$ 为 θ 的**点估计值.**

下面介绍两种常用的点估计方法：矩估计与极大似然估计.

17.1.1　矩估计法

矩估计是一种简单且直观的估计方法，由统计学家皮尔逊在 19 世纪末引进的. 基本思想用样本矩估计总体矩，计算步骤为

(1)写出待估参数与总体矩的关系；

(2)用样本矩代替总体矩.

按照此方法，容易看出，若 $X_1,X_2,\cdots,X_n$ 是来自总体 X 的一个样本，则样本均值 $\bar{X}=\frac{1}{n}\sum\limits_{i=1}^{n}X_i$ 是总体数学期望 $E(X)$ 的矩估计，样本方差 $S_n^2=\frac{1}{n}\sum\limits_{i=1}^{n}(X_i-\bar{X})^2$ 是总体方差 $D(X)$ 的矩估计.

例 17.1.1　设总体 $X\sim E(\lambda)$，求 λ 的矩估计.

解　因为 $X\sim E(\lambda)$，所以 $E(X)=\frac{1}{\lambda},\lambda=\frac{1}{E(X)}$，所以 $\hat{\lambda}=\frac{1}{\bar{X}}$.

例 17.1.2　设总体 $X\sim U[0,\theta]$，求 θ 的矩估计.

解　因为 $X \sim U[0,\theta]$, 故 $E(X)=\dfrac{\theta}{2}$, 所以 $\theta=2E(X)$, 从而 $\hat{\theta}=2\bar{X}$.

例 17.1.3　设总体 $X \sim U[a,b]$, 求 a,b 的矩估计.

解　因为 $X \sim U[a,b]$, 故 $E(X)=\dfrac{a+b}{2}$, $D(X)=\dfrac{1}{12}(b-a)^2$. 于是

$$a+b=2E(X),\quad b-a=2\sqrt{3D(X)}.$$

从而

$$\begin{cases} a=E(X)-\sqrt{3D(X)}, \\ b=E(X)+\sqrt{3D(X)}, \end{cases}$$

所以

$$\begin{cases} \hat{a}=\bar{X}-\sqrt{3S_n}, \\ \hat{b}=\bar{X}+\sqrt{3S_n}. \end{cases}$$

例 17.1.4　设总体 X 的密度函数

$$p(x,\theta)=\begin{cases} \dfrac{x}{\theta^2}e^{-\frac{x}{\theta}}, & x>0, \\ 0, & x\leqslant 0 \end{cases}\quad(\theta>0),$$

$X_1,X_2,\cdots,X_n$ 是来自总体 X 的样本. 求 θ 的矩估计.

解

$$\begin{aligned} E(X) &= \int_{-\infty}^{+\infty} xp(x,\theta)\mathrm{d}x=\int_{0}^{+\infty}\frac{x^2}{\theta^2}e^{-\frac{x}{\theta}}\mathrm{d}x=-\int_{0}^{-\infty}\theta u^2e^u\mathrm{d}u=\theta\int_{-\infty}^{0}u^2e^u\mathrm{d}u \\ &= \theta\int_{-\infty}^{0}u^2\mathrm{d}e^u=\theta\left[u^2e^u\,|_{-\infty}^{0}-2\int_{-\infty}^{0}ue^u\mathrm{d}u\right]=\theta\left[-2\int_{-\infty}^{0}u\mathrm{d}e^u\right] \\ &= -2\theta\left[ue^u\Big|_{-\infty}^{0}-\int_{-\infty}^{0}e^u\mathrm{d}u\right]=2\theta. \end{aligned}$$

所以 $\theta=\dfrac{E(X)}{2}$, 故 $\hat{\theta}=\dfrac{1}{2}\bar{X}=\dfrac{1}{2n}\sum\limits_{i=1}^{n}X_i$.

17.1.2　极大似然估计

在随机试验中,许多事件都有可能发生,概率大的事件发生的可能性也大. 若在一次试验中,某事件 A 发生了,则有理由认为事件 A 比其他事件发生的概率大,这就是所谓的极大似然原理,极大似然估计法就是依据这一原理得到的一种参数估计方法.

例 17.1.5　一个老猎手带领一个新手去打猎,遇见一只飞奔的兔子,他们各打一枪,兔子被打中了,且身上只有一个弹孔,问究竟是谁打中的? 一般认为是老猎手打中的. 因为老猎手打中的概率比新手打中的概率大.

例 17.1.6　一个患者咳嗽,到医院就诊,引起咳嗽的原因很多,如感冒、气管炎、肺炎甚至 SARS,但一般会先按感冒治,这也是因为由感冒引起咳嗽的概率最大.

例 17.1.7　已知两种型号的电子元件 A,B 使用的寿命分别为 200 小时与 50 小时，各取一只在同一系统中使用，显然有理由认为先坏的元件为 B.

基于上面的基本思想介绍极大似然估计法的步骤.

设总体 X 是离散型随机变量. 其分布律为

$$P(X=x)=p(x;\theta_1,\theta_2,\cdots,\theta_k),$$

其中 $\theta_1,\theta_2,\cdots,\theta_k$ 为待估计的未知参数，设 $X_1,X_2,\cdots,X_n$ 是来自总体 X 的一个样本，其观测值为 $x_1,x_2,\cdots,x_n$，记

$$A=\{X_1=x_1,X_2=x_2,\cdots,X_n=x_n\},$$

事件 A 发生的概率记为

$$L(\theta_1,\theta_2,\cdots,\theta_k)=\prod_{i=1}^{n}p(x_i;\theta_1,\theta_2,\cdots,\theta_k), \tag{17.1}$$

这一概率是 $\theta_1,\theta_2,\cdots,\theta_k$ 的函数，称 $L(\theta_1,\theta_2,\cdots,\theta_k)$ 为样本的**似然函数**.

若在一次实验中，事件 A 发生了，则认为事件 A 发生的概率最大，由此在参数 $\theta_1,\theta_2,\cdots,\theta_k$ 的可能取值范围内，挑选使概率 $L(\theta_1,\theta_2,\cdots,\theta_k)$ 达到最大的参数值 $\hat{\theta}_1,\hat{\theta}_2,\cdots,\hat{\theta}_k$ 作为对应参数 $\theta_1,\theta_2,\cdots,\theta_k$ 的估计值.

对于连续型随机变量 X，其概率密度为 $f(x,\theta_1,\theta_2,\cdots,\theta_k)$，则样本的似然函数定义为

$$L(\theta_1,\theta_2,\cdots,\theta_k)=\prod_{i=1}^{n}f(x_i;\theta_1,\theta_2,\cdots,\theta_k). \tag{17.2}$$

定义 17.1.2　如果样本似然函数 $L(\theta_1,\theta_2,\cdots,\theta_k)$ 在 $\hat{\theta}_i(x_1,x_2,\cdots,x_n),i=1,2,\cdots,k$ 处达到最大值，则称 $\hat{\theta}_i(x_1,x_2,\cdots,x_n)$ 为参数 θ_i 的**极大似然估计值**，称 $\hat{\theta}_i(X_1,X_2,\cdots,X_n)$ 为参数 θ_i 的**极大似然估计量**.

由定义可知，求参数的极大似然估计问题就是求似然函数的最大值点问题，即找 $\theta_1,\theta_2,\cdots,\theta_k$ 的估计值 $\hat{\theta}_1,\hat{\theta}_2,\cdots,\hat{\theta}_k$ 使得 $L(\theta_1,\theta_2,\cdots,\theta_k)$ 最大. 又由于 $\ln L$ 与 L 具有相同的最大值点，故只需求 $\ln L$ 的最大值点. 一般情况下，$\ln L$ 的最大值点的一阶偏导数为零，此时只需解极大似然方程组

$$\frac{\partial \ln L}{\partial \theta_i}=0,\quad i=1,2,\cdots,k, \tag{17.3}$$

即可得到参数的极大似然估计.

例 17.1.8　设产品分为合格品和不合格品两类，用随机变量 X 表示某个产品是否合格，$X=0$ 表示合格，$X=1$ 表示不合格，则 $X\sim B(1,p)$，其中 p 是未知参数，它表示产品的不合格率. 现抽取 n 个样品，得到样本观测值 $x_1,x_2,\cdots,x_n$，求 p 的极大似然估计.

解　令 $L(p)=\prod\limits_{i=1}^{n}p^{x_i}(1-p)^{1-x_i}=p^{\sum\limits_{i=1}^{n}x_i}(1-p)^{n-\sum\limits_{i=1}^{n}x_i}$,

$$\ln L = (\sum_{i=1}^{n} x_i)\ln p + (n - \sum_{i=1}^{n} x_i)\ln(1-p).$$

令 $\frac{\mathrm{d}\ln L}{\mathrm{d}p} = (\sum_{i=1}^{n} x_i)\frac{1}{p} - (n - \sum_{i=1}^{n} x_i)\frac{1}{1-p} = 0$，得

$$(1-p)\sum_{i=1}^{n} x_i - (n - \sum_{i=1}^{n} x_i)p = 0,$$

$$p = \frac{1}{n}\sum_{i=1}^{n} x_i = \bar{x}.$$

例 17.1.9　设总体 X 服从参数为 λ 的泊松分布，$X_1, X_2, \cdots, X_n$ 是来自总体 X 的样本，观测值为 $x_1, x_2, \cdots, x_n$，求 λ 的极大似然估计.

解　令 $L(\lambda) = \prod_{i=1}^{n} P\{X_i = x_i\} = \prod_{i=1}^{n} \frac{\lambda^{x_i}}{(x_i)!}\mathrm{e}^{-\lambda} = \mathrm{e}^{-n\lambda}\frac{\lambda^{\sum_{i=1}^{n} x_i}}{x_1!x_2!\cdots x_n!}$,

$$\ln L = -n\lambda + (\sum_{i=1}^{n} x_i)\ln\lambda - \ln(x_1!x_2!\cdots x_n!),$$

$$\frac{\mathrm{d}\ln L}{\mathrm{d}\lambda} = -n + \frac{1}{\lambda}\sum_{i=1}^{n} x_i = 0,$$

得

$$\hat{\lambda}_L = \frac{1}{n}\sum_{i=1}^{n} x_i = \bar{x}.$$

极大似然估计量为 $\hat{\lambda}_L = \bar{X}$.

例 17.1.10　设总体 $X \sim E(\lambda)$，$X_1, X_2, \cdots, X_n$ 是来自总体的样本，求 λ 的极大似然估计.

解　令 $L(\theta) = \prod_{i=1}^{n} f(x_i, \theta) = \prod_{i=1}^{n} (\lambda \mathrm{e}^{-\lambda x_i}) = \lambda^n \mathrm{e}^{-\lambda(\sum_{i=1}^{n} x_i)}\ (x_i > 0)$,

$$\ln L = n\ln\lambda - \lambda\sum_{i=1}^{n} x_i,$$

$$\frac{\mathrm{d}\ln L}{\mathrm{d}\lambda} = \frac{n}{\lambda} - \sum_{i=1}^{n} x_i = 0,$$

得

$$\hat{\lambda}_L = \frac{n}{\sum_{i=1}^{n} x_i} = \frac{1}{\bar{x}}.$$

例 17.1.11　设总体 $X \sim N(\mu, \sigma^2)$，$X_1, X_2, \cdots, X_n$ 是来自总体的样本，求 μ，σ^2 的极大似然估计.

解　似然函数为

$$L(\mu,\sigma^2)=\frac{1}{(\sqrt{2\pi\sigma^2})^n}\exp\left\{-\frac{1}{2\sigma^2}\sum_{i=1}^{n}(x_i-\mu)^2\right\},$$

$$\ln(L(\mu,\sigma^2))=-\frac{n}{2}\ln(2\pi)-\frac{n}{2}\ln\sigma^2-\frac{1}{2\sigma^2}\sum_{i=1}^{n}(x_i-\mu)^2.$$

似然方程为

$$\begin{cases}\dfrac{\partial(\ln(L(\mu,\sigma^2)))}{\partial\mu}=\dfrac{1}{\sigma^2}\sum\limits_{i=1}^{n}(x_i-\mu)=0,\\ \dfrac{\partial(\ln(L(\mu,\sigma^2)))}{\partial\sigma^2}=-\dfrac{n}{2\sigma^2}+\dfrac{1}{2\sigma^4}\sum\limits_{i=1}^{n}(x_i-\mu)^2=0,\end{cases}$$

解得

$$\begin{cases}\hat{\mu}=\dfrac{1}{n}\sum\limits_{i=1}^{n}x_i=\bar{x}_i,\\ \sigma^2=\dfrac{1}{n}\sum\limits_{i=1}^{n}(x_i-\bar{x})^2=s_n^2.\end{cases}$$

极大似然估计有一个简单有用的性质.如果 $\hat{\theta}$ 是 θ 的极大似然估计,则对任意 θ 的函数 $g(\theta)$,其极大似然估计为 $g(\hat{\theta})$. 该性质称为**极大似然估计的不变性**.

例 17.1.12 设总体 X 的密度函数

$$p(x,\theta)=\begin{cases}\dfrac{x}{\theta^2}e^{-\frac{x}{\theta}}, & x>0,\\ 0, & x\leqslant 0\end{cases}\quad(\theta>0),$$

$X_1,X_2,\cdots,X_n$ 是来自总体 X 的样本.求 θ 的极大似然估计.

解 令 $L(\theta)=\prod\limits_{i=1}^{n}p(x_i,\theta)=\prod\limits_{i=1}^{n}\dfrac{x_i}{\theta^2}e^{-\frac{x_i}{\theta}}=\dfrac{1}{\theta^{2n}}(x_1x_2\cdots x_n)e^{-\frac{1}{\theta}\sum\limits_{i=1}^{n}x_i}$,

$$\ln L=-2n\ln\theta+\ln(x_1x_2\cdots x_n)-\frac{1}{\theta}\sum_{i=1}^{n}x_i,$$

$$\frac{\mathrm{d}\ln L}{\mathrm{d}\theta}=-2n\frac{1}{\theta}+\frac{1}{\theta^2}\sum_{i=1}^{n}x_i=0,$$

解得 $\hat{\theta}=\dfrac{1}{2n}\sum\limits_{i=1}^{n}x_i=\dfrac{1}{2}\bar{x}$.

例 17.1.13 设总体 $X\sim U[0,\theta]$,$X_1,X_2,\cdots,X_n$ 是来自总体的样本,求 θ 的极大似然估计.

解 设 $x_1,x_2,\cdots,x_n$ 是一组样本值,令 $L(\theta)=\prod\limits_{i=1}^{n}f(x_i,\theta)=\dfrac{1}{\theta^n}(x_i\leqslant\theta)$,

$$\ln L=-n\ln\theta.$$

显然,此函数无驻点,但并不是它没有最大值点.因为 $0\leqslant x_i\leqslant\theta(i=1,2,\cdots,n)$.

则有

$$0 \leqslant \max\{x_1, x_2, \cdots, x_n\} \leqslant \theta.$$

令 $\hat{\theta} = \max\{x_1, x_2, \cdots, x_n\}$，则必有 $\hat{\theta} \leqslant \theta$，从而有 $L(\hat{\theta}) = \dfrac{1}{\hat{\theta}^n} \geqslant \dfrac{1}{\theta^n} = L(\theta)$，则 θ 的极大似然估计为 $\hat{\theta} = \max\limits_{i=1,2,\cdots,n} \{x_i\}$.

此例说明，θ 的极大似然估计不一定是似然方程的根也不一定与矩估计相同(见例 17.1.1)，它是 L 的极大值点，必是一个统计量.

17.2 估计量的评价标准

在参数估计中，对同一参数，采用不同的估计方法，得到的估计量也不一定相同. 如 17.1 节中的例 17.1.13. 那么在实际应用中到底用哪一种方法呢? 下面给出评价标准.

1. 无偏性

定义 17.2.1 设 $\hat{\theta} = \hat{\theta}(X_1, X_2, \cdots, X_n)$ 是未知量 θ 的一个估计量，如果

$$E(\hat{\theta}) = \theta, \tag{17.4}$$

则称 $\hat{\theta}$ 为 θ 的一个**无偏估计量**.

例 17.2.1 试证样本均值 $\bar{X} = \dfrac{1}{n}\sum\limits_{i=1}^{n} X_i$ 是总体 X 的数学期望的无偏估计.

证 $E(\bar{X}) = E\left(\dfrac{1}{n}\sum\limits_{i=1}^{n} X_i\right) = \dfrac{1}{n}\sum\limits_{i=1}^{n} E(X_i) = E(X).$

例 17.2.2 证明:样本方差 $S_n^2 = \dfrac{1}{n}\sum\limits_{i=1}^{n} (X_i - \bar{X})^2$ 不是总体 X 的方差的无偏估计.

证

$$\begin{aligned}\sum_{i=1}^{n} (X_i - \bar{X})^2 &= \sum_{i=1}^{n} (X_i^2 - 2X_i\bar{X} + \bar{X}^2) \\ &= \sum_{i=1}^{n} X_i^2 - 2\bar{X}\sum_{i=1}^{n} X_i + n\bar{X}^2 = \sum_{i=1}^{n} X_i^2 - n\bar{X}^2,\end{aligned}$$

故

$$\begin{aligned}E(S_n^2) &= E\left[\frac{1}{n}\sum_{i=1}^{n} (X_i - \bar{X})^2\right] = \frac{1}{n}E\left[\sum_{i=1}^{n} X_i^2 - n\bar{X}^2\right] \\ &= \frac{1}{n}\sum_{i=1}^{n} E(X_i^2) - E(\bar{X}^2) = E(X^2) - D(\bar{X}) - [E(\bar{X})]^2 \\ &= D(X) + (EX)^2 - D(\bar{X}) - (E\bar{X})^2 = D(X) - \frac{1}{n}D(X) = \frac{n-1}{n}D(X).\end{aligned}$$

为得到一个样本方差的无偏估计，于是引入修正的样本方差

$$S^2=\frac{1}{n-1}\sum_{i=1}^{n}(X_i-\bar{X})^2=\frac{n}{n-1}S_n^2.$$

容易看出

$$E(S^2)=\frac{n}{n-1}E(S_n^2)=\frac{n}{n-1}\cdot\frac{n-1}{n}D(X)=D(X).$$

2. 有效性

参数的无偏估计也是不唯一的. 那么，在诸多的无偏估计中，又如何来评价其优劣呢？下面引入有效性.

定义 17.2.2　设 $\hat{\theta}_1,\hat{\theta}_2$ 都是 θ 的无偏估计. 若 $D(\hat{\theta}_1)\leqslant D(\hat{\theta}_2)$，则称 $\hat{\theta}_1$ 比 $\hat{\theta}_2$ 更有效.

例 17.2.3　设 X_1,X_2 是来自总体 X 的一个样本. $\frac{1}{2}(X_1+X_2)$，$\frac{1}{3}X_1+\frac{2}{3}X_2$ 都是 EX 的无偏估计. 比较哪个更有效.

解

$$D\left[\frac{1}{2}(X_1+X_2)\right]=\frac{1}{2}D(X),$$

$$D\left(\frac{1}{3}X_1+\frac{2}{3}X_2\right)=\left(\frac{1}{9}+\frac{4}{9}\right)D(X)=\frac{5}{9}D(X).$$

由于 $\frac{1}{2}D(X)<\frac{5}{9}D(X)$，所以 $\frac{1}{2}(X_1+X_2)$ 比 $\frac{1}{3}X_1+\frac{2}{3}X_2$ 更有效.

3. 一致性

定义 17.2.3　设 θ 是一个待估参数，$\hat{\theta}=\hat{\theta}(X_1,X_2,\cdots,X_n)$ 是 θ 的一个估计量，n 是样本容量，若对任给的 $\varepsilon>0$，有

$$\lim_{n\to\infty}P\{|\hat{\theta}_n-\theta|<\varepsilon\}=1,$$

则称 $\hat{\theta}$ 为 θ 的**一致估计**.

由定义知 $\hat{\theta}$ 是 θ 的一致估计量的充分必要条件为，任给的 $\varepsilon>0$,，均有

$$\lim_{n\to\infty}P\{|\hat{\theta}_n-\theta|\geqslant\varepsilon\}=0$$

无偏性、有效性、一致性是常用的三个准则，一致性的使用需要样本的容量大，这个在实际中是有困难的.

17.3　区间估计

17.3.1　参数的区间估计

前面讨论了参数的点估计，一旦给出了一组样本值，就能计算出参数的估计值，但它既没有给出误差范围也没有给出置信水平. 看下面的例子.

例 17.3.1 一个同学问:张老师什么时间到?

答:95%是在 7:00~7:30 之间到. 这就是对老师到达时间的一个区间估计. 给出的区间是(7:00,7:30),同时还给出了置信水平 95%.

一般,给出置信区间的定义如下.

定义 17.3.1 设 θ 为总体 X 的一个未知参数,$X_1,X_2,\cdots,\bar{X}_n$ 为来自总体的样本. $\underline{\theta}=\underline{\theta}(X_1,X_2,\cdots,X_n)$, $\bar{\theta}=\bar{\theta}(X_1,X_2,\cdots,X_n)$ 都是由样本 $X_1,X_2,\cdots,X_n$ 确定的统计量,若对于给定的 $0<\alpha<1$,

$$P\{\underline{\theta}<\theta<\bar{\theta}\}=1-\alpha, \tag{17.5}$$

则称 $(\underline{\theta},\bar{\theta})$ 是 θ 的置信度(置信水平)为 $1-\alpha$ 的**置信区间**. $\underline{\theta},\bar{\theta}$ 分别称为 θ 的**置信下限**和**置信上限**.

定义中置信水平为 $1-\alpha$ 的含义是:随机区间 $(\underline{\theta},\bar{\theta})$ 包含参数 θ 真值的概率为 $1-\alpha$,不包含真值的概率为 α.

下面介绍正态总体的均值与方差的区间估计.

17.3.2 单个正态总体参数的区间估计

设总体 $X\sim N(\mu,\sigma^2)$,$X_1,X_2,\cdots,X_n$ 是来自总体 X 的样本,有如下区间估计.

1. σ^2 已知,求均值 μ 的置信区间

因为 $X\sim N(\mu,\sigma^2)$, 所以 $\bar{X}\sim N\left(\mu,\frac{\sigma^2}{n}\right)$, 从而

$$u=\frac{\bar{X}-\mu}{\frac{\sigma}{\sqrt{n}}}\sim N(0,1),$$

于是给定置信水平 $1-\alpha$.

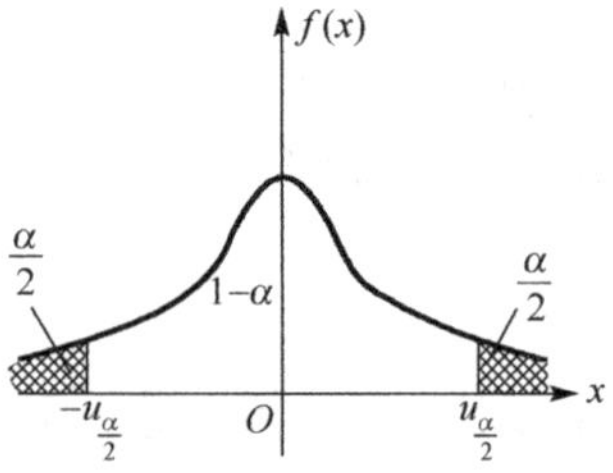

图 17.1

利用标准正态分布的密度函数的图像及其对称性有

$$P\{-u_{\frac{\alpha}{2}}<u<u_{\frac{\alpha}{2}}\}=1-\alpha,$$

其中 $u_{\frac{\alpha}{2}}$ 为标准正态分布的上 $\frac{\alpha}{2}$ 分位点，如图 17.1 所示，即 $-u_{\frac{\alpha}{2}}<\frac{\bar{X}-\mu}{\sigma/\sqrt{n}}<u_{\frac{\alpha}{2}}$，由此解出

$$\bar{X}-u_{\frac{\alpha}{2}}\frac{\sigma}{\sqrt{n}}<\mu<\bar{X}+u_{\frac{\alpha}{2}}\frac{\sigma}{\sqrt{n}}. \tag{17.6}$$

所以 $\left(\bar{X}-u_{\frac{\alpha}{2}}\frac{\sigma}{\sqrt{n}},\ \bar{X}+u_{\frac{\alpha}{2}}\frac{\sigma}{\sqrt{n}}\right)$ 为 μ 的置信水平为 $1-\alpha$ 的置信区间.

例 17.3.2　某电器公司生产了一批灯泡，其寿命(小时)服从正态分布 $N(\mu,80)$，现从这批灯泡中抽取 10 个进行寿命测试，测得样本均值为 $\bar{x}=1147$，求该批灯泡平均寿命 μ 的置信水平为 90%的置信区间.

解　已知 $\sigma^2=80,n=10,1-\alpha=0.9$，从而 $\alpha=0.1$，$\frac{\alpha}{2}=0.05$，查附录 1 得 $u_{0.05}=1.64$，故由式(17.6)有 μ 的置信水平为 $1-\alpha$ 的置信区间

$$(1142.36,\ 1151.64).$$

例 17.3.3　设总体 X 为正态分布 $N(\mu,1)$，为使 μ 的置信水平为 0.95 的置信区间的长度不超过 1.2，样本容量 n 应为多大($u_{0.025}=1.96$)?

解　由题意知 $\alpha=0.05$，μ 的置信度为 0.95 的置信区间为

$$\left(\bar{X}-u_{0.025}\frac{\sigma}{\sqrt{n}},\bar{X}+u_{0.025}\frac{\sigma}{\sqrt{n}}\right)=\left(\bar{X}-1.96\times\frac{1}{\sqrt{n}},\bar{X}+1.96\times\frac{1}{\sqrt{n}}\right)$$

其长度为 $l=3.92\times\frac{1}{\sqrt{n}}$，故为使该区间长度不超过 1.2，必须且只需

$$\sqrt{n}\geqslant\frac{3.92}{1.2}\approx3.27,$$

即 $n\geqslant11$. 所以当样本容量至少为 11 时，置信区间的长度就能不大于 1.2.

2. σ^2 未知，求 μ 的置信区间

σ^2 未知时，式(17.6)不能再用，原因是其中含有未知参数 σ^2. 考虑到 S^2 是 σ^2 的无偏估计，将式(17.6)中的 σ 换成 $S=\sqrt{S^2}$ 得

$$t=\frac{\bar{X}-\mu}{S/\sqrt{n}}\sim t(n-1).$$

并且右边的 $t(n-1)$ 分布不依赖于任何未知参数. 由于 t 分布的概率密度曲线是关于纵轴对称的(图 17.2)，当置信水平为 $1-\alpha$ 时，可以选择 t 分布的上 $\frac{\alpha}{2}$ 分位点 $t_{\frac{\alpha}{2}}(n-1)$ 使 $P\{|t|<t_{\frac{\alpha}{2}}(n-1)\}=1-\alpha$，变形得 μ 的置信水平为 $1-\alpha$ 的置信区间

$$\left(\bar{X}-t_{\frac{\alpha}{2}}(n-1)\frac{S}{\sqrt{n}},\ \bar{X}+t_{\frac{\alpha}{2}}(n-1)\frac{S}{\sqrt{n}}\right), \tag{17.7}$$

实际中方差未知比方差已知更合乎情理,因此这种情形的区间估计很有用.

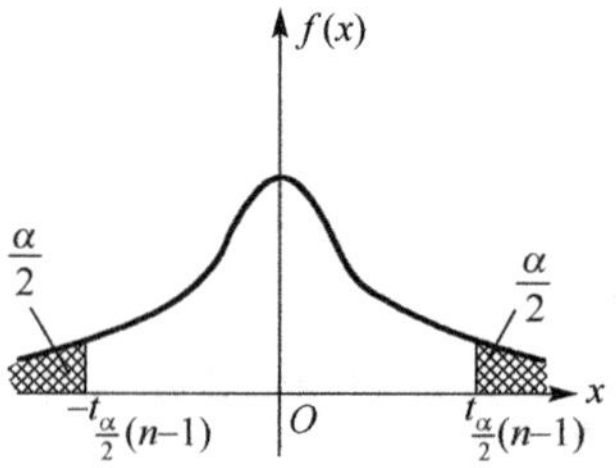

图 17.2

例 17.3.4　假设轮胎寿命 X(单位:万千米)服从正态分布.为估计某种轮胎的平均寿命,现随机地抽 12 只轮胎试用,测得它们的寿命如下.

4.68, 4.85, 4.32, 4.85, 4.61, 5.02, 5.20, 4.60, 4.58, 4.72, 4.38, 4.70

求平均寿命为 0.95 的置信区间.

解　总体 $X\sim N(\mu,\sigma^2)$, 未知 σ^2, $\alpha=0.05$. 则 μ 的置信度为 0.95 的置信区间为

$$\left(\bar{X}-t_{0.025}(11)\frac{S}{\sqrt{12}},\bar{X}+t_{0.025}(11)\frac{S}{\sqrt{12}}\right),$$

查附表 3 得 $t_{0.025}(11)=2.201$, 使用计算器算得

$$\bar{x}=4.709,\quad s=0.248.$$

因此所求置信区间为 $\left(4.709\pm 2.201\times\frac{0.248}{\sqrt{12}}\right)=(4.551,4.867)$.

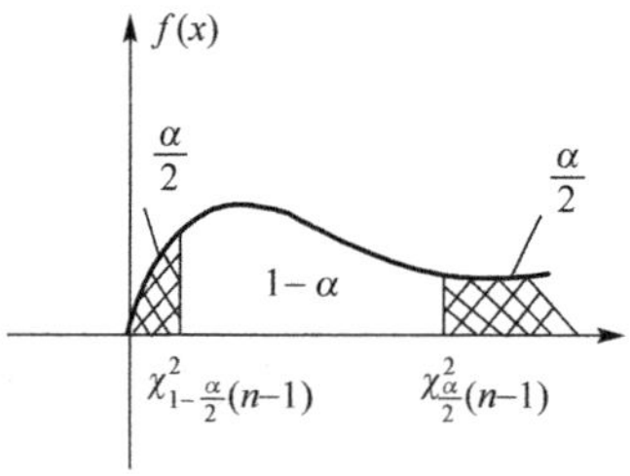

图 17.3

3. 未知 μ, 求 σ^2 的置信区间

σ^2 的无偏估计为 S^2, 由 16.3 节定理 16.3.2有

$$\frac{(n-1)S^2}{\sigma^2}\sim\chi^2(n-1),\qquad(17.8)$$

并且式(17.8)右端的分布不依赖于任何未知参数,由于 χ^2 分布为非对称分布(图 17.3).故有

$$P\left\{\chi^2_{1-\frac{\alpha}{2}}(n-1)<\frac{(n-1)S^2}{\sigma^2}<\chi^2_{\frac{\alpha}{2}}(n-1)\right\}=1-\alpha,\qquad(17.9)$$

即

$$P\left\{\frac{(n-1)S^2}{\chi^2_{\frac{\alpha}{2}}(n-1)\sigma^2}<\sigma^2<\frac{(n-1)S^2}{\chi^2_{1-\frac{\alpha}{2}}(n-1)}\right\}=1-\alpha.$$

这就是方差为 σ^2 的一个置信水平为 $1-\alpha$ 的置信区间

$$\left(\frac{(n-1)S^2}{\chi^2_{\frac{\alpha}{2}}(n-1)\sigma^2}, \frac{(n-1)S^2}{\chi^2_{1-\frac{\alpha}{2}}(n-1)}\right). \tag{17.10}$$

例 17.3.5　设有一组来自正态总体 $N(\mu,\sigma^2)$ 的样本，其样本值为

0.497，0.506，0.518，0.524，0.488，0.510，0.510，0.515，0.512，

求 σ^2 的 95%置信区间.

解　查附录4得 $\chi^2_{0.025}(9-1)=17.535$，$\chi^2_{0.975}(9-1)=2.180$. 由式(17.10)得到 σ^2 的 95%置信区间

$$\left(\frac{8\times 0.1184\times 10^{-3}}{17.535}, \frac{8\times 0.1184\times 10^{-3}}{2.180}\right)=(0.0540\times 10^{-3}, 0.4345\times 10^{-3}).$$

习　题　17

1. 设总体 $X\sim P(\lambda)$，$X_1,X_2,\cdots,X_n$ 为来自总体的样本，求 λ 的矩估计.

2. 设总体 $X\sim B(n,p)$，$X_1,X_2,\cdots,X_n$ 为来自总体的样本，已知 n，求 p 的矩估计.

3. 设总体 X 服从泊松分布 $P\{x=k\}\dfrac{\lambda^k}{k!}e^{-\lambda}$，$(k=0,1,2,\cdots)$，其中 $\lambda>0$ 为未知参数，$X_1,X_2,\cdots X_n$ 为来自总体的样本，记 $\bar{X}=\dfrac{1}{n}\sum\limits_{i=1}^{n}X_i$，求 2λ 的矩估计.

4. 设总体 X 服从参数为 p 的几何分布，即 $p_k=P\{X=k\}=(1-p)^{k-1}p$ $(k=1,2,\cdots)$. $X_1,X_2,\cdots,X_n$ 是来自总体 X 的样本，求 λ 的极大似然估计.

5. 设总体 X 的密度函数

$$p(x,\theta)=\begin{cases}\dfrac{x}{\theta^2}e^{-\frac{x}{\theta}}, & x>0,\\ 0, & x\leqslant 0,\end{cases}$$

$\theta>0$ 为未知参数，$X_1,X_2,\cdots,X_n$ 为总体 X 的一个样本，求

(1) θ 的极大似然估计量 $\hat{\theta}$；

(2) $\hat{\theta}$ 是否是 θ 的无偏估计.

6. $X_1,X_2,\cdots,X_n$ 是均匀总体 $U[0,3\theta]$，$\theta>0$ 的样本，θ 是未知参数，$\bar{X}=\dfrac{1}{n}\sum\limits_{i=1}^{n}X_i$，求 θ 的无偏估计.

7. 设总体 X 服从区间 $\left[\theta-\dfrac{1}{2},\theta+\dfrac{1}{2}\right]$ 上的均匀分布，其中 $\theta>0$ 为未知参数，又 $X_1,X_2,\cdots,X_n$ 为来自总体的样本，试证：$\bar{X}=\dfrac{1}{n}\sum\limits_{i=1}^{n}X_i$ 是 θ 的无偏估计.

8. 总体 $X \sim N(52, 6.3^2)$，现抽取容量为 36 的样本，求样本均值 $\bar{X}$ 落在 50.8 到 53.8 之间的概率.(已知 $\Phi(1.14) = 0.8729$，$\Phi(1.71) = 0.9564$，$\Phi(1.96) = 0.9750$)

9. 随机从一批钉子中抽取 16 枚，测得它们的直径 $x_i(i = 1,2,\cdots,16)$（单位：cm）. 并求得其样本均值 $\bar{x} = \frac{1}{16}\sum_{i=1}^{16} x_i = 2.125$. 样本方差 $S^2 = \frac{1}{15}\sum_{i=1}^{16}(x_i - \bar{x})^2 = 0.01713^2$，已知 $t_{0.95}(15) = 1.753$，$t_{0.95}(16) = 1.746$，设钉子直径分布为正态分布. 求总体均值 μ 的置信水平为 0.90 的置信区间.

10. 设总体 X 服从正态分布 $N(\mu,\sigma^2)$，其中 μ,σ^2 均为未知参数，$X_1,X_2,\cdots,X_n$ 为来自总体的样本，记 $\bar{X} = \frac{1}{n}\sum_{i=1}^{n} X_i$，$S^2 = \frac{1}{n-1}\sum_{i=1}^{n}(X_i - \bar{X})^2$，则 μ 的置信水平为 90%的置信区间为(　　).

(A) $\left(\bar{X} - Z_{0.95}\frac{\sigma}{\sqrt{n}}, \bar{X} + Z_{0.95}\frac{\sigma}{\sqrt{n}}\right)$　　(B) $\left(\bar{X} - t_{0.95}\frac{S}{\sqrt{n}}, \bar{X} + t_{0.95}\frac{S}{\sqrt{n}}\right)$

(C) $\left(\bar{X} - Z_{0.90}\frac{\sigma}{\sqrt{n}}, \bar{X} + Z_{0.90}\frac{\sigma}{\sqrt{n}}\right)$　　(D) $\left(\bar{X} - t_{0.90}\frac{S}{\sqrt{n}}, \bar{X} + t_{0.90}\frac{S}{\sqrt{n}}\right)$

11. 设总体 X 的分布中带有未知参数 θ，$X_1,X_2,\cdots,X_n$ 为来自总体的样本，$\hat{\theta} = \hat{\theta}(X_1,X_2,\cdots,X_n)$ 为参数 θ 的一个估计量，$\hat{\theta}$ 为参数 θ 的无偏估计量，则应满足条件(　　).

(A) $\hat{\theta} = \theta$　　(B) $D(\hat{\theta}) = \theta$　　(C) $E(\hat{\theta}^2) = \theta$　　(D) $E(\hat{\theta}) = \theta$

12. 设总体 X 的分布中含有一个未知参数 θ，由样本 $X_1,X_2,\cdots,X_n$ 确定两个统计量，$\underline{\theta}(X_1,X_2,\cdots,X_n)$ 和 $\bar{\theta}(X_1,X_2,\cdots,X_n)$ 满足对给定的 $\alpha(0 < \alpha < 1)$，有 $P\{\underline{\theta} < \theta < \bar{\theta}\} = 1 - \alpha$，则下面的说法中错误的是(　　).

(A) $(\underline{\theta},\bar{\theta})$ 是 θ 的置信水平为 $1-\alpha$ 的置信区间

(B) $(\underline{\theta},\bar{\theta})$ 以 $1-\alpha$ 的概率包含 θ

(C) $(\underline{\theta},\bar{\theta})$ 不包含 θ 的概率为 α

(D) $\underline{\theta},\bar{\theta}$ 都是 θ 的无偏估计

13. 设总体 X 的数学期望是 μ，$X_1,X_2,\cdots,X_n$ 为总体 X 的样本，则下列命题中正确的是(　　).

(A) X_1 是 μ 的无偏估计量　　(B) X_1 是 μ 的极大似然估计量

(C) X_1 是 μ 的有偏估计量　　(D) X_1 不是 μ 的估计量

参 考 文 献

陈建华. 2005. 经济应用数学——线性代数. 北京：高等教育出版社

黄惠青，梁治安. 2006. 线性代数. 北京：高等教育出版社

李博纳，赵新泉. 2006. 概率论与数理统计. 北京：高等教育出版社

李心灿. 1997. 高等数学应用 205 例. 北京：高等教育出版社

刘三阳，马建荣. 2005. 线性代数. 北京：高等教育出版社

申亚男，张晓丹，李为东. 2006. 线性代数. 北京：机械工业出版社

盛骤，谢式千，潘承毅. 1993. 概率论与数理统计. 北京：高等教育出版社

苏德矿，裘哲勇. 2006. 线性代数. 北京：高等教育出版社

同济大学数学教研室. 2001. 线性代数. 北京：高等教育出版社

同济大学应用数学系. 2001. 高等数学. 第 2 版. 北京：高等教育出版社

同济大学应用数学系. 2002. 微积分（上册）. 北京：高等教育出版社

吴传生. 2004. 概率论与数理统计. 北京：高等教育出版社

姚孟臣. 2005. 大学文科高等数学. 北京：高等教育出版社

袁荫棠. 1985. 概率论与数理统计. 北京：中国人民大学出版社

赵树嫄. 2005. 线性代数. 北京：中国人民大学出版社

附录 1　标准正态分布函数数值表

$$\Phi(x)=\frac{1}{\sqrt{2\pi}}\int_{-\infty}^{x}\mathrm{e}^{-\frac{t^2}{2}}\mathrm{d}t\,.\qquad \Phi(-x)=1-\Phi(x)\,.$$

n \ x	0.00	0.01	0.02	0.03	0.04	0.05	0.06	0.07	0.08	0.09
0.0	0.5000	0.5040	0.5080	0.5120	0.5160	0.5199	0.5239	0.5279	0.5319	0.5359
0.1	0.5398	0.5438	0.5478	0.5517	0.5557	0.5596	0.5636	0.5675	0.5714	0.5753
0.2	0.5793	0.5832	0.5871	0.5910	0.5948	0.5987	0.6026	0.6064	0.6103	0.6141
0.3	0.6179	0.6217	0.6255	0.6293	0.6331	0.6368	0.6406	0.6443	0.6480	0.6517
0.4	0.6554	0.6591	0.6628	0.6664	0.6700	0.6736	0.6772	0.6808	0.6844	0.6879
0.5	0.6915	0.6950	0.6985	0.7019	0.7054	0.7088	0.7123	0.7157	0.7190	0.7224
0.6	0.7257	0.7291	0.7324	0.7357	0.7389	0.7422	0.7454	0.7486	0.7517	0.7549
0.7	0.7580	0.7611	0.7642	0.7673	0.7703	0.7734	0.7764	0.7794	0.7823	0.7852
0.8	0.7881	0.7910	0.7939	0.7967	0.7995	0.8023	0.8051	0.8078	0.8106	0.8133
0.9	0.8159	0.8186	0.8212	0.8238	0.8264	0.8289	0.8315	0.8340	0.8365	0.8389
1.0	0.8413	0.8438	0.8461	0.8485	0.8508	0.8531	0.8554	0.8577	0.8599	0.8621
1.1	0.8643	0.8665	0.8686	0.8708	0.8729	0.8749	0.8770	0.8790	0.8810	0.8830
1.2	0.8849	0.8869	0.8888	0.8907	0.8925	0.8944	0.8962	0.8980	0.8997	0.9015
1.3	0.9032	0.9049	0.9066	0.9082	0.9099	0.9115	0.9131	0.9147	0.9162	0.9177
1.4	0.9192	0.9207	0.9222	0.9236	0.9251	0.9265	0.9278	0.9292	0.9306	0.9319

续表

n \ x	0.00	0.01	0.02	0.03	0.04	0.05	0.06	0.07	0.08	0.09
1.5	0.9332	0.9345	0.9357	0.9370	0.9382	0.9394	0.9406	0.9418	0.9430	0.9441
1.6	0.9452	0.9463	0.9474	0.9484	0.9495	0.9505	0.9515	0.9525	0.9535	0.9545
1.7	0.9554	0.9564	0.9573	0.9582	0.9591	0.9599	0.9608	0.9616	0.9625	0.9633
1.8	0.9641	0.9648	0.9656	0.9664	0.9671	0.9678	0.9686	0.9693	0.9700	0.9706
1.9	0.9713	0.9719	0.9726	0.9732	0.9738	0.9744	0.9750	0.9756	0.9762	0.9767
2.0	0.9772	0.9778	0.9783	0.9788	0.9793	0.9798	0.9803	0.9808	0.9812	0.9817
2.1	0.9821	0.9826	0.9830	0.9834	0.9838	0.9842	0.9846	0.9850	0.9854	0.9857
2.2	0.9861	0.9864	0.9868	0.9871	0.9874	0.9878	0.9881	0.9884	0.9887	0.9890
2.3	0.9893	0.9896	0.9898	0.9901	0.9904	0.9906	0.9909	0.9911	0.9913	0.9916
2.4	0.9918	0.9920	0.9922	0.9925	0.9927	0.9929	0.9931	0.9932	0.9934	0.9936
2.5	0.9938	0.9940	0.9941	0.9943	0.9945	0.9946	0.9948	0.9949	0.9951	0.9952
2.6	0.9953	0.9955	0.9956	0.9957	0.9959	0.9960	0.9961	0.9962	0.9963	0.9964
2.7	0.9965	0.9966	0.9967	0.9968	0.9969	0.9970	0.9971	0.9972	0.9973	0.9974
2.8	0.9974	0.9975	0.9976	0.9977	0.9977	0.9978	0.9979	0.9979	0.9980	0.9981
2.9	0.9981	0.9982	0.9982	0.9983	0.9984	0.9984	0.9985	0.9985	0.9986	0.9986
3.0	0.9987	0.9990	0.9993	0.9995	0.9997	0.9998	0.9998	0.9999	0.9999	1.0000

注：本表最后一行自左至右依次是 $\phi(3.0)$，…，$\phi(3.9)$的值

附录 2　泊松分布数值表

$$P\{X=k\}=\frac{\lambda^k e^{-\lambda}}{k!}$$

n \ λ	0.1	0.2	0.3	0.4	0.5	0.6	0.7	0.8	0.9	1.0	1.5	2.0	2.5	3.0
0	0.9048	0.8187	0.7408	0.6703	0.6065	0.5488	0.4966	0.4493	0.4066	0.3679	0.2231	0.1353	0.0821	0.0498
1	0.0905	0.1637	0.2223	0.2681	0.3033	0.3293	0.3476	0.3595	0.3659	0.3679	0.3347	0.2707	0.2052	0.1494
2	0.0045	0.0164	0.0333	0.0536	0.0758	0.0988	0.1216	0.1438	0.1647	0.1839	0.2510	0.2707	0.2565	0.2240
3	0.0002	0.0011	0.0033	0.0072	0.0126	0.0198	0.0284	0.0383	0.0494	0.0613	0.1255	0.1805	0.2138	0.2240
4		0.0001	0.0003	0.0007	0.0016	0.0030	0.0050	0.0077	0.0111	0.0153	0.0471	0.0902	0.1336	0.1681
5				0.0001	0.0002	0.0003	0.0007	0.0012	0.0020	0.0031	0.0141	0.0361	0.0668	0.1008
6							0.0001	0.0002	0.0003	0.0005	0.0035	0.0120	0.0278	0.0504
7										0.0001	0.0008	0.0034	0.0099	0.0216
8											0.0002	0.0009	0.0031	0.0081
9												0.0002	0.0009	0.0027
10													0.0002	0.0008
11													0.0001	0.0002
12														0.0001

n \ λ	3.5	4.0	4.5	5	6	7	8	9	10	11	12	13	14	15
0	0.0302	0.0183	0.0111	0.0067	0.0025	0.0009	0.0003	0.0001						
1	0.1057	0.0733	0.0500	0.0337	0.0149	0.0064	0.0027	0.0011	0.0004	0.0002	0.0001			
2	0.1850	0.1465	0.1125	0.0842	0.0446	0.0223	0.0107	0.0050	0.0023	0.0010	0.0004	0.0002	0.0001	
3	0.2158	0.1954	0.1687	0.1404	0.0892	0.0521	0.0286	0.0150	0.0076	0.0037	0.0018	0.0008	0.0004	0.0002
4	0.1888	0.1954	0.1898	0.1755	0.1339	0.0912	0.0573	0.0337	0.0189	0.0102	0.0053	0.0027	0.0013	0.0006

续表

n \ λ	3.5	4.0	4.5	5	6	7	8	9	10	11	12	13	14	15
5	0.1322	0.1563	0.1708	0.1755	0.1606	0.1277	0.0916	0.0607	0.0378	0.0224	0.0127	0.0071	0.0037	0.0019
6	0.0771	0.1042	0.1281	0.1462	0.1606	0.1490	0.1221	0.0911	0.0631	0.0411	0.0255	0.0151	0.0087	0.0048
7	0.0385	0.0595	0.0824	0.1044	0.1377	0.1490	0.1396	0.1171	0.0901	0.0646	0.0437	0.0281	0.0174	0.0104
8	0.0169	0.0298	0.0463	0.0653	0.1033	0.1304	0.1396	0.1318	0.1126	0.0888	0.0655	0.0457	0.0304	0.0195
9	0.0065	0.0132	0.0232	0.0363	0.0688	0.1014	0.1241	0.1318	0.1251	0.1085	0.0874	0.0660	0.0473	0.0324
10	0.0023	0.0053	0.0104	0.0181	0.0413	0.0710	0.0993	0.1186	0.1251	0.1194	0.1048	0.0859	0.0663	0.0486
11	0.0007	0.0019	0.0043	0.0082	0.0225	0.0452	0.0722	0.0970	0.1137	0.1194	0.1144	0.1015	0.0843	0.0663
12	0.0002	0.0006	0.0015	0.0034	0.0113	0.0264	0.0481	0.0728	0.0948	0.1094	0.1144	0.1099	0.0984	0.0828
13	0.0001	0.0002	0.0006	0.0013	0.0052	0.0142	0.0296	0.0504	0.0729	0.0926	0.1056	0.1099	0.1061	0.0956
14		0.0001	0.0002	0.0005	0.0023	0.0071	0.0169	0.0324	0.0521	0.0728	0.0905	0.1021	0.1061	0.1025
15			0.0001	0.0002	0.0009	0.0033	0.0090	0.0194	0.0347	0.0533	0.0724	0.0885	0.0989	0.1025
16				0.0001	0.0003	0.0015	0.0045	0.0109	0.0217	0.0367	0.0543	0.0719	0.0865	0.0960
17					0.0001	0.0006	0.0021	0.0058	0.0128	0.0237	0.0383	0.0551	0.0713	0.0847
18						0.0002	0.0010	0.0029	0.0071	0.0145	0.0255	0.0397	0.0554	0.0706
19						0.0001	0.0004	0.0014	0.0037	0.0084	0.0161	0.0272	0.0408	0.0557
20							0.0002	0.0006	0.0019	0.0046	0.0097	0.0177	0.0286	0.0418
21							0.0001	0.0003	0.0009	0.0024	0.0055	0.0109	0.0191	0.0299
22								0.0001	0.0004	0.0013	0.0030	0.0065	0.0122	0.0204
23									0.0002	0.0006	0.0016	0.0036	0.0074	0.0133
24									0.0001	0.0003	0.0008	0.0020	0.0043	0.0083
25										0.0001	0.0004	0.0011	0.0024	0.0050
26											0.0002	0.0005	0.0013	0.0029
27											0.0001	0.0002	0.0007	0.0017
28												0.0001	0.0003	0.0009
29													0.0002	0.0004
30													0.0001	0.0002
31														0.0001

附录 3　*t* 分布临界值表

$P\{t(n) > t_\alpha(n)\} = \alpha$

n	$\alpha = 0.25$	$\alpha = 0.10$	$\alpha = 0.05$	$\alpha = 0.025$	$\alpha = 0.01$	$\alpha = 0.005$
1	1.0000	3.0777	6.3138	12.7062	31.8207	63.6574
2	0.8165	1.8856	2.9200	4.3207	6.9646	9.9248
3	0.7649	1.6377	2.3534	3.1824	4.5407	5.8409
4	0.7407	1.5332	2.1318	2.7764	3.7469	4.6041
5	0.7267	1.4759	2.0150	2.5706	3.3649	4.0322
6	0.7176	1.4398	1.9432	2.4469	3.1427	3.7074
7	0.7111	1.4149	1.8946	2.3646	2.9980	3.4995
8	0.7064	1.3968	1.8595	2.3060	2.8965	3.3554
9	0.7027	1.3830	1.8331	2.2622	2.8214	3.2498
10	0.6998	1.3722	1.8125	2.2281	2.7638	3.1693
11	0.6974	1.3634	1.7959	2.2010	2.7181	3.1058
12	0.6955	1.3562	1.7823	2.1788	2.6810	3.0545
13	0.6938	1.3502	1.7709	2.1604	2.6503	3.0123
14	0.6924	1.3450	1.7613	2.1448	2.6245	2.9768
15	0.6912	1.3406	1.7531	2.1315	2.6025	2.9467
16	0.6901	1.3368	1.7459	2.1199	2.5835	2.9028
17	0.6892	1.3334	1.7396	2.1098	2.5669	2.8982
18	0.6884	1.3304	1.7341	2.1009	2.5524	2.8784
19	0.6876	1.3277	1.7291	2.0930	2.5395	2.8609
20	0.6870	1.3253	1.7247	2.0860	2.5280	2.8453

续表

n	$\alpha = 0.25$	$\alpha = 0.10$	$\alpha = 0.05$	$\alpha = 0.025$	$\alpha = 0.01$	$\alpha = 0.005$
21	0.6864	1.3232	1.7207	2.0796	2.5177	2.8314
22	0.6858	1.3212	1.7171	2.0739	2.5083	2.8188
23	0.6853	1.3195	1.7139	2.0687	2.4999	2.8073
24	0.6848	1.3178	1.7109	2.0639	2.4922	2.7969
25	0.6844	1.3163	1.7081	2.0595	2.4851	2.7874
26	0.6840	1.3150	1.7056	2.0555	2.4786	2.7787
27	0.6837	1.3137	1.7033	2.0518	2.4727	2.7707
28	0.6834	1.3125	1.7011	2.0484	2.4671	2.7633
29	0.6830	1.3114	1.6991	2.0452	2.4620	2.7564
30	0.6828	1.3104	1.6973	2.0423	2.4573	2.7500

附录 4　χ^2 分布临界值表

$$P\{\chi^2(n) > \chi^2_\alpha(n)\} = \alpha$$

n \ α	0.995	0.99	0.975	0.95	0.90	0.75	0.25	0.10	0.05	0.025	0.01	0.005
1	—	—	0.001	0.004	0.016	0.102	1.323	2.706	3.841	5.024	6.635	7.879
2	0.010	0.020	0.051	0.103	0.211	0.575	2.773	4.605	5.991	7.378	9.210	10.597
3	0.072	0.115	0.216	0.352	0.584	1.213	4.108	6.251	7.815	9.348	11.345	12.838
4	0.207	0.297	0.484	0.711	1.064	1.923	5.385	7.779	9.488	11.143	13.277	14.860
5	0.412	0.554	0.831	1.145	1.610	2.675	6.626	9.236	11.071	12.833	15.086	16.750
6	0.676	0.872	1.237	1.635	2.204	3.455	7.841	10.645	12.592	14.449	16.812	18.548
7	0.989	1.239	1.690	2.167	2.833	4.255	9.037	12.017	14.067	16.013	18.475	20.278
8	1.344	1.646	2.180	2.733	3.490	5.071	10.219	13.362	15.507	17.535	20.090	21.955
9	1.735	2.088	2.700	3.325	4.168	5.899	11.389	14.684	16.919	19.023	21.666	23.589
10	2.156	2.558	3.247	3.940	4.865	6.737	12.549	15.987	18.307	20.483	23.209	25.188
11	2.603	3.053	3.816	4.575	5.578	7.584	13.701	17.275	19.675	21.920	24.725	26.757
12	3.074	3.571	4.404	5.226	6.304	8.438	14.845	18.549	21.026	23.337	26.217	28.299
13	3.565	4.107	5.009	5.892	7.042	9.299	15.984	19.812	22.362	24.736	27.688	29.819
14	4.075	4.660	5.629	6.571	7.790	10.165	17.117	21.064	23.685	26.119	29.141	31.319
15	4.601	5.229	6.262	7.261	8.547	11.037	18.245	22.307	24.966	27.488	30.578	32.801
16	5.142	5.812	6.908	7.962	9.312	11.912	19.369	23.542	26.296	28.845	32.000	34.267
17	5.697	6.408	7.564	8.672	10.085	12.792	20.489	24.769	27.587	30.191	33.409	35.718
18	6.265	7.015	8.231	9.390	10.865	13.675	21.605	25.989	28.869	31.526	34.805	37.156
19	6.844	7.633	8.907	10.117	11.651	14.562	22.718	27.204	30.144	32.852	36.191	38.582
20	7.434	8.260	9.591	10.851	12.443	15.452	23.828	28.412	31.410	34.170	37.566	39.997

续表

n \ α	0.995	0.99	0.975	0.95	0.90	0.75	0.25	0.10	0.05	0.025	0.01	0.005
21	8.034	8.897	10.283	11.591	13.240	16.344	24.935	29.615	32.671	35.479	38.932	41.401
22	8.643	9.542	10.982	12.338	14.042	17.240	26.039	30.813	33.924	36.781	40.289	42.796
23	9.260	10.196	11.689	13.091	14.848	18.137	27.141	32.007	35.172	38.076	41.638	44.181
24	9.886	10.856	12.401	13.848	15.659	19.037	28.241	33.196	36.415	39.364	42.980	45.559
25	10.520	11.524	13.120	14.611	16.473	19.939	29.339	34.382	37.652	40.646	44.314	46.928
26	11.160	12.198	13.844	15.379	17.292	20.843	30.435	35.563	38.885	41.923	45.642	48.290
27	11.808	12.879	14.573	16.151	18.114	21.749	31.528	36.741	40.113	43.194	46.963	49.645
28	12.461	13.565	15.308	16.928	18.939	22.657	32.620	37.916	41.337	44.461	48.278	50.993
29	13.121	14.257	16.047	17.708	19.768	23.567	33.711	39.087	42.557	45.722	49.588	52.336
30	13.787	14.954	16.791	18.493	20.599	24.478	34.800	40.256	43.773	46.979	50.892	53.672
31	14.458	15.655	17.539	19.281	21.434	25.390	35.887	41.422	44.985	48.232	52.191	55.003
32	15.134	16.362	18.291	20.072	22.271	26.304	36,973	42.585	46.194	49.480	53.486	56.328
33	15.815	17.074	19.047	20.867	23.110	27.219	38.058	43.745	47.400	50.725	54.776	57.648
34	16.501	17.789	19.806	21.664	23.952	28.136	39.141	44.903	48.602	51.966	56.061	58.964
35	17.192	18.509	20.569	22.465	24.797	29.054	40.223	46.059	49.802	53.203	57.342	60.275
36	17.887	19.233	21.336	23.269	25.643	29.973	41.304	47.212	50.998	54.437	58.619	61.581
37	18.586	19.960	22.106	24.075	26.492	30.893	42.383	48.363	52.192	55.668	59.892	62.883
38	19.289	20.691	22.878	24.884	27.343	31.815	43.462	49.513	53.384	56.896	61.162	64.181
39	19.996	21.426	23.654	25.695	28.196	32.737	44.539	50.660	54.572	58.120	62.428	65.476
40	20.707	22.164	24.433	26.509	29.051	33.660	45.616	51.805	55.758	59.342	63.691	66.766
41	21.421	22.906	25.215	27.326	29.907	34.585	46.692	52.949	56.942	60.561	64.950	68.053
42	22.138	23.650	25.999	28.144	30.765	35.510	47.766	54.090	58.124	61.777	66.206	69.336
43	22.859	24.398	26.785	28.965	31.625	36.436	48.840	55.230	59.304	62.990	67.459	70.616
44	23.584	25.148	27.575	29.987	32.487	37.363	49.913	56.369	60.481	64.201	68.710	71.893
45	24.311	25.901	28.366	30.612	33.350	38.291	50.985	57.505	61.656	65.410	69.957	73.166

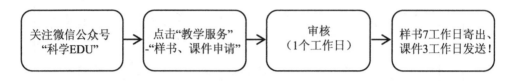